Richter
Ent-Zweiung

Steffi Richter

Ent-Zweiung

Wissenschaftliches Denken in Japan zwischen Tradition und Moderne

THEORIA CUM PRAXI

Akademie Verlag

Gedruckt mit Unterstützung von The Japan Foundation

Titelbild: Ausschnitt aus M. C. Escher, „Liberation“ (Lithographie, 1955)

Die Deutsche Bibliothek – CIP-Einheitsaufnahme

Richter, Steffi :
Ent-Zweiung : wissenschaftliches Denken in Japan zwischen
Tradition und Moderne / Steffi Richter. – Berlin : Akad. Verl., 1994
ISBN 3-05-002161-6

Der Akademie Verlag ist ein Unternehmen der VCH-Verlagsgruppe.

Gedruckt auf chlorfrei gebleichtem Papier.
Das eingesetzte Papier entspricht der amerikanischen Norm ANSI Z.39.48 – 1984 bzw. der europäischen Norm ISO TC 46.

Druck: GAM Media GmbH, Berlin
Bindung: Dieter Mikolai, Berlin
Einbandgestaltung: Ralf Michaelis

Printed in the Federal Republic of Germany

Inhaltsverzeichnis

Einblicke:
Kulturen im Austausch, Kulturen im Vergleich

BEFREIUNG
Eine rollbildähnliche Fläche. Auf deren unterem, nicht ganz aufgerolltem Rand sind helle Dreiecke so gruppiert, daß der dunkle Hintergrund ebenfalls Dreiecke bildet. Oder hebt sich – umgekehrt – die Anordnung dunkler Dreiecke von dem hellen Hintergrund ab, der dadurch ebenso figuriert ist? Wandert der Blick nach oben, dann krümmen sich die geraden Seiten immer stärker und lassen allmählich die Konturen von Vögeln erkennen. Und wieder schwankt der Betrachter, ob nun die hellen, sich sowohl hinaufschwingenden als auch herabsenkenden Vögel die Fläche so bedecken, daß im Hintergrund die dunklen Figuren erscheinen oder umgekehrt. Innere Strukturierung und Schattierungen lassen diese sodann als individuell gestaltet erscheinen, schließlich lösen sich bislang unmittelbar figural (rekursiv) aufeinander bezogener Vorder– und Hintergrund voneinander. Der freie Flug der nach oben oder unten schwebenden Vögel ist nunmehr durch Zwischenräume vermittelt, deren Formen eher als zufälliges Nebenprodukt erscheinen. Bald fallen diese ganz aus dem Blick. Und verlieren nicht auch die Vögel droben an innerer Gestaltung, werden wieder beliebig?

Das Bild ist auch in umgekehrter Reihenfolge, von oben nach unten lesbar. Dann geraten die zunächst scheinbar unabhängig voneinander fliegenden, "vogelfreien" Gebilde in einen Kontext, bei dem die Konturen der hellen Figuren – erst Vögel, dann Dreiecke – mit denen der dunklen Figuren zusammenfallen, zugleich trennen und verbinden.

Das Unendliche, Prozeßhafte mittels Endlichem darzustellen, Paradoxes nicht zu verdrängen, sondern zu Bewußtsein, zum Ausdruck zu bringen – darin sehe ich ein Motiv des Schaffens von M.C. Escher, dessen hier in Worte gefaßte Lithographie "Befreiung" dem folgenden Text eine Art Sinnbild gibt. Das reale Miteinander von Kulturen, die praktischen Begegnungen ihrer Träger ebenso wie deren Versuche, das Andere (eo ipso das Eigene) zu beschreiben, zu interpretieren, ähneln diesem Unterfangen in mancherlei Hinsicht. Schier unendliche Mannigfaltigkeit ist da nicht nur im interkulturellen Vergleich zu konstatieren. Ebenso vielgestaltig sind die Erscheinungen, Strukturen und Prozesse innerhalb einer Kultur. Es hängt nun zunächst von der Perspektive wie auch vom Interesse des jeweiligen Betrachters ab, ob sein Blick - über das Bild gleitend - sich in Details versenken oder ob er eher das Ganze ins Auge fassen möchte. Sucht man die einzelnen Teile als solche festzuhalten oder interessieren die Übergänge zwischen ihnen, die Dynamik des Bildes? Wird eher Konstanten, strukturellen Kontinuitäten nachgespürt oder sind es die Brüche und Neuanfänge, denen sich zugewendet wird? Und nimmt man Konturen des Gesamtbildes mehr als das Trennende oder als das Verbindende wahr? Dann kann "trennend" heißen: das Andere/Fremde unversöhnlich ausschließen oder aber als Pendant des Eigenen akzeptieren; "verbindend": das Andere/Fremde bis zur Indifferenz integrieren, homogenisieren oder nach funktionalen Äquivalenten befragen und es so in seiner Heterogenität belassen.

Die Prioritäten wird der jeweilige Interpret selbst setzen. Doch hat er dabei auch dem Gegenstand der Betrachtung Rechnung zu tragen. Wenn es im folgenden darum geht, die japanische Kultur ein Stück weit auf ihrem Weg in die Moderne zu verfolgen, so interessiert mich am Wandel natürlich das Moment des Konfliktes zwischen Überkommenem und Neuem: die mit den Auflösungserscheinungen bisher funktionierender sozialer Mechanismen in traditionellen Gemeinschaften einhergehende Verschiebung nicht nur individueller Sinnhorizonte, sondern Veränderungen gruppenspezifischer Lebensgewohnheiten, Wahrnehmungs-, Bewertungs- und Handlungsorientierungen, also der Habitusformen (Bourdieu) als "Transmissionsriemen" zwischen objektiven Verhältnissen und subjektiven Praxen. Doch zwingen die Logik dieser Prozesse seit dem ausgehenden 18. und der ersten Hälfte des 19. Jahrhunderts selbst wie auch Diskurse darüber im heutigen Japan dazu, die Aufmerksamkeit zugleich auf das Moment der Beständigkeit, der Fortdauer zu richten. Und es sind die mich bewegenden **Fragen nach dem *Wie***, die immer wieder auch zu entgrenzen suchen: *wie* sich bestimmte soziale Verhältnisse aus objektiv bedeutsamen Verhaltensweisen und letztlich subjektiv sinnstiftenden Handlungen einander mitteilender Individuen herleiten; *wie* diese sich die sie umgebenden realen Bedingungen tätig aneignen, sie verinnerlichen, was immer zugleich deren (Veränderungen einschließende) Reproduktion und Mitgestaltung impliziert - sei es durch aktives Intendieren auf Neues, sei es durch Festhaltenwollen an Überkommenem, oder aber durch die Resultante beider widerstreitender Tendenzen; *wie* sich also kultureller Wandel vollzieht.

Solche Fragen nach der Modalität von Prozessen setzen die Beantwortung von Fragen nach dem *Was* in gewissem Maße bereits voraus (vgl. - auch im weiteren - Krüger 1990). Sie richten die Aufmerksamkeit darauf, aus einer bestimmten Perspektive Gesellschaften und Kulturen synthetisierend, d.h. nach Zusammenhängen suchend und somit auch disziplinübergreifend zu erfassen: wie Menschen unter gegebenen raum-zeitlichen Bedingungen, in pragmatischen Kontexten zusammenwirken, sich einander mitteilen und ihr Verhalten durch wechselseitigen, nonverbalen und - als soziale Wesen - vor allem verbalen Informations- und Zeichenaustausch koordinieren. Perspektivisch, also unter einem bestimmten Blickwinkel weniger auf einen Teilbereich, einen Gegenstand denn auf funktionale Zusammenhänge zielend, wird von solchen Untersuchungen auch der *Kultur*-Begriff konstituiert. Dieser erfaßt die Lebensprozesse der Menschen unter jenen Aspekten, wie diese sich die Bedeutungen der sie umgebenden objektiven Realität (materielle Bedingungen, Institutionen, politisch-ideologische Verhältnisse, Werte und Normen des Alltags ebenso wie der Kunst, der Wissenschaft etc.) sowie intersubjektive Verhaltensweisen zu eigen machen und damit den eigenen Handlungen Sinn geben, Sinn produzieren. Eine zentrale Rolle spielt dabei die Sprache als spezifisches Zeichen- und Symbolsystem, als Organ des Denkens und der sozialen Praxis, des Erlebens. Beide Funktionen von Sprache - die kommunikative, die Beziehungen zwischen Subjekten betreffend, und die kognitive, Sein und Bewußtsein ins Verhältnis setzend - in ihrer Einheit zu sehen, ist gerade auch für kulturkomparative Untersuchungen eine entscheidende Voraussetzung, soll Verschiedenheit/Andersheit nicht letztlich doch dadurch eingeebnet werden, daß sie zum einen als unvergleichlich dargestellt ("etwas ist nicht übersetzbar") und zum anderen in den eigenen Maßstäben aufgelöst wird ("es ist alles genauso sagbar").

Mit diesen theoretischen Prämissen möchte ich in vorliegender Arbeit den Anfängen der Formierung von Wissenschaft als einer modernen Expertenkultur mit relativ autonomen Tätigkeits- und Verhaltensweisen, Regelwerken und Fachsprachen nachgehen, und zwar in einem Kontext, der bislang am chinesisch-ostasiatischen Kulturkreis partizipierte und im Rahmen *dieser* Universalität wiederum auch eigene Wege beschritt, Wissen zu ordnen und zum Ausdruck zu bringen. Dabei konzentriere ich mich auf die Holland-Wissenschaften (Rangaku 蘭学) der späten Edo-Zeit (1603-1868), die sowohl in ihrer *realen* Entwicklung skizziert als auch - im Sinne des Max Weberschen Begriffs - *idealtypisch* für diesen spezifischen Modernisierungsprozeß gesetzt werden, um so die Kulturbedeutung der historischen Erscheinungen herauszuarbeiten. Während der Zeit der Selbstisolation Japans (1639-1854) so genannt nach den Holländern bzw. holländischsprachigen Schriften, die damals im Prinzip die einzige Brücke zur Welt darstellten, hießen sie nach der Öffnung des Landes allgemein Westliche Wissenschaften (Yôgaku 洋学).

Nomen est omen. Zwar bildete sich moderne Wissenschaft nun einmal primär in den westlichen Kulturen heraus und wurde - keineswegs nur von diesen selbst - zum Maßstab für alle folgenden, wesentlich auf Rezeption beruhenden Entwicklungen in anderen Regionen erhoben. Als eine Art Fokus der Verquickung von Inner- und Interkulturellem lassen sich aber an Rangaku, später Yôgaku, die Probleme solcherlei verortenden Vergleichs der verschiedenen, in einer bestimmten (welt)geschichtlichen Konstellation aufeinander treffenden wissenschaftlichen Denkweisen besonders deutlich zeigen. Nähert man sich diesem kulturellen Phänomen, indem die jeweiligen kognitiven Strukturen und Erkenntnisleistungen unmittelbar zueinander in Beziehung gesetzt werden, ohne die jeweils feldspezifischen gesellschaftlich-praktischen Gegebenheiten, die kommunikativen Bedürfnisse, denen sie letztlich entwuchsen und entsprachen, zu berücksichtigen, so verfällt man schließlich einer *lingua substantiae* und deren Pendant, einer Sprache des Mangels. Das zum einen. Zugleich - und das ist ein sehr gegenwärtiges Motiv meines Interesses am Thema - geriet der angebliche einstige "Mangel an Entzauberung in 'nicht-westlichen' Denkweisen" inzwischen manch einem zum Alibi, die konstatierte Misere der Moderne mit einem Verweis auf eben ihre westliche Variante (gleichgesetzt mit Szientismus, Ratio, Dichotomie) abzutun und ihr eine verklärte Vormoderne (mitunter als ein ganzheitlicher Osten, oft als Postmoderne getarnt) entgegenzustellen.

Ziel des gesamten Textes ist es, solchen Verortungen als verschiedenen Wegen wissenschaftlichen Denkens in die Moderne auf die Spur zu kommen:

verschieden im Verhältnis zu den je eigenen Traditionen (bzw. darin, wie diese erst geschaffen wurden), in der soziokulturellen Einbindung nicht nur von Wissen selbst, sondern auch derjenigen, die es rezipieren und produzieren. Hat deren Art, miteinander zu verkehren, doch damit zu tun, was und wie gedacht und erkannt wird. Holland-Wissenschaften, Rangaku im Widerstreit von Wandel und Kontinuität jener Zeit zu begreifen, verlangt nicht nur zu zeigen, *daß* westliche Wissenschaften übernommen wurden. Zu fragen ist, auf welche Weise sich das vollzog, woran angeknüpft und womit gebrochen wurde, wie die innerkulturellen Entwicklungen das Maß sowie Formen und Inhalte der interkulturellen Begegnungen bestimmten bzw. letztere die ersteren überlagerten und so Einfluß auf deren Verlauf nahmen.

Wissenschaft wird demnach als ein kulturelles Geflecht verstanden, das sich durch Bedürfnisse nach text- oder metasprachlicher Erkenntnis konstituiert, die bestimmten sozialen Kontexten entspringen und - im Zuge ihrer eigenen Realisierung - auf diese Kontexte zurückwirken bzw. sich neue schaffen. So geht es im ersten Teil um die Rekonstruktion von Ebenen, auf denen Gelehrte jener Zeit einander mitteilten. Mit H.-P. Krüger (1990: 472–508) werden drei Kommunikationsebenen unterschieden, die als Rahmen der Aktivitäten auch von Holland-Wissenschaftlern konkretisiert werden können:

1. die des unmittelbaren Zusammenwirkens von Denkern in Gruppen, eng verbunden mit dem Nachzeichnen von Wissenschaftlerbiographien;
2. die der kommunikativen Praktiken von Wissenschaftler-Gemeinschaften als relativ selbständigen gesellschaftlichen Teilbereich und
3. die Ebene gesamtgesellschaftlicher Bezüge, auf der gefragt wird, wie die verschiedenen Praktiken - neben wissenschaftlichen auch politische, literarisch-künstlerische, die des Alltags usw.- zusammenhängen.

Meine Aufmerksamkeit richtet sich zunächst auf die erste Ebene. In ihren Tätigkeiten sind die Individuen an Bedingungen gebunden, die im Prozeß ihrer Sozialisierung als lebensweltliche mehr oder weniger selbstverständlich wirken. Unmittelbar, d.h. vor allem mittels gesprochener Sprache, verkehren sie in Gemeinschaften wie familiären und lokalen Verbänden, im Kreis von Freunden oder Personen gleichen oder ähnlichen Interesses. Sich dieser lebensweisebedingten Mikroebene des Miteinanders zuzuwenden erlaubt nicht nur, konkrete Mechanismen der Tradierung von Handlungs- und Denkweisen offenzulegen, die aus der Vogelperspektive oft als quasi natürliche Wesenheiten erscheinen oder dargestellt werden. Das ermöglicht auch Einblicke in

Modifikationen des Überkommenen, die aus makrostruktureller Sicht meist als zufällig entstanden betrachtet oder vorausgesetzt werden (vgl. ebenda, 475). Beides, sich in Gewohnheiten einzuleben und sie – bewußt und unbewußt – zu unterlaufen, wird an einem der diesbezüglich repräsentativsten Holland-Wissenschaftler (Rangakusha 蘭学者) der ersten Hälfte des 19. Jahrhunderts gezeigt: Takano Chôei (1804–1850). Seinem Lebensweg nachzugehen geschieht nicht in der Absicht, durch Feldforschungen bislang unbekannte Seiten seines Lebens ans Licht zu befördern. Vielmehr interessiert das Netz seiner verwandtschaftlichen, Clan- und Freundesbeziehungen als Kontext der bereits problematisierten Begegnung jener zwei Entwicklungslinien wissenschaftlichen Denkens, in dem beide entscheidende – inhaltliche und funktionale – Veränderungen erfuhren.

Eine wichtige Rolle spielte dabei jene Institution, die nicht nur als Brücke zwischen mikrostruktureller (1) und gesamtgesellschaftlicher (3) Kommunikationsebene fungierte, sondern ebenso zwischen den Zeiten – es gibt sie schon seit etwa tausend Jahren – und nun auch zwischen den Kulturen: die Privat- oder Hausschulen (shijuku 私塾 oder kajuku 家塾), eine zentrale Aktionsebene auch für Takano Chôei. Neben den offiziellen – zunächst noch fürstlich-feudalen, dann staatlichen – Einrichtungen waren sie das wichtigste Organisationsprinzip für die Rezipienten westlicher Wissenschaften, für die Rangakusha. Unter dem Aspekt sozialer Wirkungsmöglichkeiten der sich hier spezialisierenden Gelehrten sind diese Schulen für das Verständnis der Spezifik moderner Wissenschaftskultur, generell der Intellektuellenkultur und somit des Problems der Öffentlichkeit, des Verhältnisses von Geist und Macht, in Japan von doppeltem Interesse. Einerseits "wie eine Familie/ein Haus (ie 家)" organisiert, tendierten sie zwar als solch ein Mikrokosmos zur partikularen Abgeschlossenheit, blieben dadurch jedoch stets in einer gewissen Nähe zum Lebensweltlichen, mithin auch zum gemeinen Publikum. Nicht ungewöhnlich war zum anderen, daß Betreiber einer shijuku aus sehr verschiedenen Gründen in den Dienst der Macht traten. Dieser Balanceakt zwischen dem, was "knapp unter der öffentlichen Meinung" lag, und Offiziellem, öffentlicher Gewalt, zieht sich thematisch durch den gesamten Text und führt schließlich zu einigen Fragen auch an unsere eigene intellektuelle Verfaßtheit.

Im zweiten Teil geht es darum, diese kommunikativen Strukturen auf mögliche Konsequenzen für Formen und Inhalte kognitiver Unternehmungen der Rangakusha hin zu untersuchen.

"Die für die Wissenschaft charakteristische Kognitionsform ist die des textsprachlichen Denkens." (ebenda, 465)

Daher konzentriere ich mich auf Texte des Takano Chôei, die in drei Klassen unterteilt und im Prinzip je den oben beschriebenen Kommunikationsebenen zugeordnet werden können. Den Übersetzungen des enzyklopädischen Kopfes Chôei aus dem Holländischen wird – aufgrund meiner sprachlichen Barrieren – nicht weiter nachgegangen, wohl aber spielen das Übersetzen als kreative geistige Arbeit und als Form des Perspektivenwechsels zwischen den Kulturen sowie deren Medium, die Sprache, eine Rolle. Auch hier ist mein Anspruch bescheiden, es werden Problemfelder abgesteckt, die im Rahmen kommunikationsorientierter Forschungen – darauf sei nochmals verwiesen – ohnehin nur multidisziplinär diskutierbar sind: Kontinuität und Diskontinuität bei der sprachlichen Rezeption fremder Kulturprodukte, deren Tradition in Japan in die Zeit der Schaffung von Schriftsprache überhaupt zurückreicht; die Herausbildung von Wissenschaftssprachen über die Spezialisierung und Generalisierung von Zeichen – ebenfalls als interkultureller Prozeß in Auseinandersetzung mit der (offiziellen) chinesischen Gelehrtensprache (kango 漢語) und zunächst dem Holländischen als Träger westlichen Wissens – und deren Verhältnis zur Alltagssprache Japanisch (yamato kotoba 大和言葉).

Ein weiteres sprachliches Problem wird in Verbindung mit der Erörterung der Ereignis- wie auch der Wissenschaftsschriften des Chôei aufgeworfen, dem japanologische Forschungen bislang kaum nachgegangen sind, obwohl Individualität, das *Ich* in dieser Kultur, ein Dauerthema ist: ob und wie sich der jeweilige Denker in seinen Texten selbst zum Ausdruck bringt (und in einem größeren Zusammenhang, wie überhaupt Personalpronomina entstanden)? Erstere Frage läßt mich auf weitere zwei Kennzeichen von Rangaku am Beginn des Weges in die Moderne zu sprechen kommen, die aufs engste miteinander verknüpft sind. Soweit ich deren Entwicklung vor allem auf dem Gebiet medizinischer Diskurse verfolgen konnte, knüpft sie an einen chinesisch-ostasiatischen Denkstil an, der eher als funktionales oder Kontext-Denken denn als Substanzdenken zu charakterisieren ist. Es interessiert sich weniger für das Wesen von Dingen und Erscheinungen als solche, sondern sucht nach deren Bestimmung und Funktionsweise in konkreten Zusammenhängen, an denen sie teilhaben. Rezipiert werden demzufolge zunächst vor allem Wissenszweige, die – wie die westliche Medizin des ausgehenden 18. Jahrhunderts – analoge Strukturen aufweisen (vgl. Foucault 1988), sowie Wissenschaften, die bestimmten theoretischen Ansprüchen gerecht werden und zugleich dem Kriterium der praktischen Relevanz, der Nützlichkeit entsprechen: Rangaku als Erbe realitätsbezogener Gelehrsamkeit (jitsugaku 実学), die unter sich formierenden bürgerlich-kapitalistischen Bedingungen eine neue Bedeutung erfährt.

Diese kognitiven Spezifika der kommunikativen Praktik Wissenschaft in Japan in ihrer konkreten raum-zeitlichen Bedingtheit herauszuarbeiten, ist Ziel der ersten beiden Teile. Im dritten Teil werden sie erneut aufgegriffen, um sie zunächst im einem größeren diskursiven Raum der späten Edo-Zeit zu explizieren. Dazu illustriert eingangs ein Exkurs in die Geschichte medizinischen Denkens in Japan, wie diese Spezifika sich auch einer gewissen Eigenlogik geistiger Traditionen verdanken. Er leitet zu den beiden Strömungen über, die - ebenfalls idealtypisch überhöht - komplementär zur Rangaku begriffen und in dieser widersprüchlichen Einheit als wichtige Elemente kultureller Modernisierung vorgestellt werden: die Alte Schule (Kogaku 古学) als sich verselbständigende ethische bzw. politische Diskurse sowie die Nationale Schule (Kokugaku 国学), in der insbesondere auch ästhetische Inhalte des Denkens eigene Ausdrucksformen fanden.

Alle drei Richtungen werden über die Formel "Östliche Moral - Westliche Kunstfertigkeit" verklammert, die weit mehr als nur eine Ideologie impliziert. Vielmehr verstehe ich diese Verortung sich autonomisierender geistiger Unternehmungen als Ausdruck eines Locozentrismus, eines topologischen Denkstils (vgl. Heise 1988). Dabei beziehen Zeichen bzw. Symbole ihre Bedeutung nicht aus der Repräsentation (der Abbildung) einer Erscheinung oder eines Dinges, sondern durch die Beziehungen innerhalb eines Ganzen, einer ganzheitlichen Struktur, die sie präsentieren. Von S. Langer (vgl. 1987: besonders 86-108) als *präsentativer Symbolismus* bezeichnet, prägte er nicht nur die Argumentationstechniken von Kogaku und Kokugaku, sondern ist auch im steten Bemühen der Rangaku-Repräsentanten um Analogien, Symbolisierungen zur Begründung von Aussagen wiederzufinden. Sein Erbe reicht bis in die Gegenwart, wovon etwa die sogenannten "Debatten über die japanische Kultur" (*Nihonbunkaron* 日本文化論) zeugen, die den Hintergrund bilden, um abschließend auf Fragen des Kulturvergleichs zurückzukommen.

Das Eigene und das Fremde. Sich dem Anderen zuwenden, um seiner selbst, der eigenen Kultur gewahr zu werden, das ist mir ein wesentliches Motiv, nach dem Weg der japanischen Kultur in die Moderne zu fragen. Kontrastive Selbstreflexion, mittels derer das Andere zunächst in seiner

Eigenheit zu erfassen versucht wird, um dann anhand der konstatierten Gemeinsamkeiten und Unterschiede das Selbstverständnis aus dieser neuen Perspektive zu befragen.

> "Das Verstehen des Fernen setzt Verständnis für die eigene Geschichte und Identität frei." (Lenz 1989: 229).

Das eine dient als Folie, als rekursiver Hintergrund für das andere. Und so will der zusammenfassende Ausblick auf die beiden Denkstile, auf Formen der Selbst-Reflexion in Ost und West und die damit einhergehenden verschiedenen Intellektuellenkulturen nicht einer neuerlichen ausschließenden Verortung das Wort reden, sondern - im Gegenteil - anregen, das Andere auch bei sich selbst, für sich selbst zu entdecken.

Wie es sich für eine kommunikationsorientierte Studie gehört, waren die Diskussionen mit Freunden und Interessierten von unschätzbarem Wert für das Zustandekommen dieses Textes samt der Übersetzungen. Ich danke ganz besonders Euch, Jaqueline, Eiko, Buki und Melitta, HPK, Satô-san, Uwe, Mutsumi-san und Enno.

Noch ein Wort zum Anmerkungsapparat: Ich habe dem Krügerschen kommunikationstheoretischen Ansatz viel zu verdanken, so auch die Tatsache, mich selbst keiner Disziplin allein zuordnen zu können und zu wollen. Das hat für den Text zur Folge, daß philosophisch interessierten Lesern möglicherweise nicht ausreichend Wissen zur Geschichte der japanischen Kultur geliefert wird, welches den Japanologen wiederum täglich Brot ist. Einen Kompromiß sah ich darin, dieses Wissen wenigstens partiell in den Anmerkungen nachzureichen, die daher vielleicht ungewöhnlich umfangreich wurden.

Transkribiert wurden japanische Bezeichnungen nach dem Hepburn-System, Eigennamen nennen den Familien- vor dem Rufnamen.

Erster Teil:
Zum Beispiel Takano Chôei

I. Takano Chôei als Vehikel?

Kulturelle Prozesse lassen sich auch aus philosophischer Perspektive auf verschiedenen Wegen rekonstruieren. Im folgenden wird versucht, dem Leben des japanischen Denkers Takano Chôei (1804–1850) nachzuspüren und so der Frage nachzugehen, wie die in konkreten Gemeinschaften miteinander kommunizierenden Individuen sich vorgefundene soziokulturelle Handlungs- und Wertmuster aneignen und wie sich zugleich aus ihren Tätigkeiten und Verhaltensweisen Möglichkeiten der Neugestaltung sozialer Verhältnisse ergeben – insbesondere in Zeiten des Umbruchs. Seine Lebensdaten verweisen bereits darauf, Chôei wirkte in einer Zeit, da sich in der japanischen Gesellschaft und Kultur grundlegende Veränderungen andeuteten, partiell auch bereits vollzogen, die hier einstweilen sehr allgemein der Entwicklung vormodern–feudalistischer Verhältnisse zu modernen, bürgerlich–kapitalistischen[1] zugeordnet werden. Die Wahl fiel demnach nicht zufällig auf diesen Mann. Es geht auch nicht um die erwähnte Dialektik von Prägefunktion und Münzfunktion (vgl. Elias 1988b: 91) an sich. Vielmehr gilt es, konkret zu ergründen, wie gerade in dieser Umbruchzeit überkommene Denk- und Verhaltensmuster – mit neuen Handlungszwängen und -möglichkeiten konfrontiert – Modifizierungen erfahren oder sich überhaupt neue Kommunikationsweisen und kulturelle Formen herausgebildet haben. Gezeigt wird vor allem, wie die Tradition selbst erst im Prozeß der inner- und interkulturellen Auseinandersetzung zwischen alt und neu geschaffen wird.

Was meint in diesem Falle dann aber *Zum Beispiel*?
Zum einen wird damit dem methodischen Instrumentarium Rechnung getragen. Ein kommunikationstheoretisch orientiertes Verständnis des Individuums geht davon aus, daß dieses zu keiner Zeit der Gesellschaft als ein auf sein *inneres Ich* verwiesenes Einzelwesen gegenübersteht. Durch seine sinngebende Tätigkeit in der Gemeinschaft mit anderen Menschen verhält es sich zu diesen, erfüllt es eine bestimmte Funktion in einem konkreten

Beziehungsgeflecht, und diese Verhaltensweisen wiederum sind zugleich Produzent und Resultat bestimmter (gesellschaftlicher) Verhältnisse (vgl. Krüger 1988: 128 ff., sowie ders. 1990: 67–73). Das Maß an Individualität bestimmt sich durch die sozialen Gegebenheiten, Gesellschaft ist die Gesamtheit der Verhaltensweisen gemeinschaftlich kooperierender Individuen. Die Spezifik dieses Miteinanders (bestimmte Individualitäts- und Gesellschaftstypen) ist zeitlich/historisch determiniert und zugleich auch räumlich bedingt. Lokale Unterschiede in der materiellen und geistigen Aneignung von Realität bildeten sich bereits in Gesellschaften heraus, deren Abhängigkeit von den natürlichen Gegebenheiten aufgrund der Dominanz agrarischer Produktion viel unmittelbarer spürbar als unter modernen Verhältnissen war. Und einmal entstanden, reproduzierten sie sich und gestalteten so die Mannigfaltigkeit menschlicher Kulturen mit.

Von einer historisch und lokal bestimmten Kultur zu sprechen, heißt auch, deren innere Differenziertheit zu berücksichtigen, die sich aus den konkreten Lebensbedingungen der sie konstituierenden einzelnen Gemeinschaften ergibt. So soll Takano Chôei als ein Repräsentant der Holland–Wissenschaft (Rangaku 蘭学, später auch als Westliche Wissenschaft, Yôgaku 洋学, bezeichnet) vorgestellt werden, die insbesondere im letzten Drittel der Edo- oder Tokugawa–Zeit (1600–1868; Edo, heute Tôkyô, Regierungssitz des herrschenden Tokugawa–Hauses) als ein wichtiges Strukturelement im geistigen Leben fungierte. Selbst keine einheitliche Strömung darstellend, wird sie hier als ein dem japanischen Kontext entsprungenes kulturelles Phänomen betrachtet, das nur im Zusammenhang mit anderen Denkrichtungen – etwa den verschiedenen Schulen der China–Wissenschaft (Kangaku 漢学) oder der Nationalen Wissenschaft (Kokugaku 国学) – zu verstehen ist und mit diesen gemeinsam einen diskursiven Raum bildete, der die soziokulturellen Prozesse jener Zeit reflektierte, repräsentierte und mitgestaltete. Daß diese Holland–Wissenschaften und ihre Akteure (Rangakusha 蘭学者) bedeutende Impulse von der Entwicklung des europäischen Kulturkreises seit dem ausgehenden Mittelalter empfingen, versteht sich von selbst. Generell wird hier davon ausgegangen, daß sich einzelne Gemeinwesen mit ihren Kulturen stets im Austausch mit anderen Gemeinwesen konstituieren und reproduzieren, Unterschiede zwischen ihnen demnach auch aus dem Grad und der Art dieser gegenseitigen Beeinflußung resultieren.

Zum Beispiel Takano Chôei meint also einmal das in seinem – für damalige Zeiten erstaunlich häufig wechselnden – sozialen Umfeld inter–

agierende Individuum, das die Welt mit neuem Blick zu erfassen sucht und doch bei aller Auseinandersetzung mit überkommenen Denkstilen zugleich einem unentrinnbaren kulturellen Kontext entstammt. Insofern bieten lediglich ideologisch verstandene Begriffe wie Gegensatz zwischen feudalistischer und neu entstehender bürgerlicher Weltanschauung keine ausreichende Erklärung. Die Repräsentanzfunktion des Takano Chôei soll zudem verdeutlichen: Wichtigen Lebensstationen und schriftlichen Zeugnissen dieses Denkers nachzuspüren ist nicht nur Ziel, sondern auch Mittel dieses Diskurses - Mittel, um ein wenig mehr Einblick in die Lebens- und Schaffensprozesse derjenigen zu erhalten, die wir oft nur von den *Resultaten* geistiger Kommunikation her betrachten.

Zu nennen ist aber zum anderen auch eine subjektive Ursache für den beispielhaften Bezug auf Chôei. Wie bei fast allen Denkern aus Zeiten, da es aufgrund des vorherrschenden Individualitäts- und Gesellschaftstypus weder üblich noch möglich war, distanzierte, d.h. nicht von didaktischen oder anderen Gemeinschaftsinteressen geprägte (Auto-)Biographien zu verfassen, ist die Rekonstruktion individueller Lebensläufe äußerst schwierig. Im Falle Chôeis liegen eine Reihe von biographischen Abhandlungen vor, die aus unterschiedlichen Motiven und zu verschiedenen Zeiten verfaßt wurden (wobei natürlich auch der Stand der Chôei-Forschung von Bedeutung war)[2], und selbst genügend Stoff zu einem ideengeschichtlichen Thema bieten würden. Man hat mitunter den Eindruck, es handle sich gar nicht um ein und dieselbe Persönlichkeit: Da begegnet man einem heldenmütigen Chôei, der - umgeben von den ihn zermürbenden Feudalverhältnissen, an denen er letztlich scheitert - sich für eine neue Gesellschaft gleichberechtigt miteinander lebender Bürger engagiert, in der die Wissenschaft (insbesondere die Medizin) dem Wohle der Menschen dient - eine etwas zugespitzte Kurzfassung der Darstellung Chôeis in den Arbeiten von Takahashi Shinichi, die seiner generellen Einschätzung der Holland-Wissenschaften als Kritikpotential an den alten Anschauungen des Konfuzianismus und Buddhismus entspricht. Satô Shôsuke wiederum sieht in ihm einen Repräsentanten der sogenannten Orthodoxen Richtung (Seitôha 正統派) der Holland-Wissenschaft, dessen Interesse sich zunächst recht eng auf die reine Wissenschaft begrenzte; seine politischen Äußerungen werden an Watanabe Kazan (1793-1841)[3] gemessen, dem Holland-Wissenschaftler der sogenannten Verwaltungsmännischen Richtung (Keiseikaha 経世家派 -, Näheres dazu weiter unten), und daher als eher naiv und von ihren Wirkungen her ungewollt eingeschätzt. Hangai Jirô wiederum stellt Ähnlichkeiten in den Lebensgeschichten Choeis, Maximilien de Robespierres und Sun Zhongshan (Yat-sen) fest.

Gerade wegen dieser differierenden Urteile und in Verbindung mit Quellentexten sowie geeigneter Sekundärliteratur scheint es mir jedoch möglich, ein dem Ziel des Textes entsprechendes Bild des Denkers und seiner Zeit zu zeichnen. Unter Bezugnahme auf Elias und diesen zugleich verkehrend, ist Gesellschaft nicht nur das Individualisierende, sondern auch das Gleichmachende und Typisierende (vgl. Elias 1988b: 90), und so werden Vergleiche und Schlüsse, Analyse und Synthese hoffentlich verhindern, etwaige Wunschvorstellungen (wie es hätte sein sollen), die Wissenschaftler doch auch in sich tragen, in dieses Bild einfließen zu lassen.

II. Was Etsusaburô lernt, vergißt Chôei nimmermehr...

Chôeis Kindheit und frühe Jugend betreffende Überlieferungen aus seiner Zeit selbst sind spärlich und ähneln in vielem dem, was auch über manch anderen namhaften Akteur der späten Edo-Zeit zu Papier gebracht wurde.

1804 wurde er als dritter Sohn des Gotô Sôsuke Saneyoshi, in zweiter Ehe mit Miya aus dem Hause Takano, in Mizusawa geboren, einer Burgstadt in der Provinz Rikuchû im Nordosten Japans. Bis zum Tag der Initiation, der meist zwischen dem 11. und 16. Lebensjahr begangen wurde, nannte man ihn Etsusaburô, danach zunächst Kyôsai. Die Oberhäupter der Gotô wie auch die der Familie Takano - in die Chôei, wie es für Nichterstgeborene üblich war, 1817 adoptiert wurde, um später deren Erbe anzutreten - waren zwar jeweils höhere Vasallen des Rusu-Hauses (welche wiederum den Date-Fürsten unterstanden, die zu den mächtigsten Territorialherrschern und Lehnsherren, daimyô 大名, Japans gehörten). Ihre in Form von Reis gezahlten Einkünfte jedoch waren äußerst gering, und so war man zu einem sparsamen bis kärglichen Leben gezwungen, vor allem in Jahren der Mißernte, aber auch bei niedrigen Reispreisen, denn der Reis mußte zum Kauf lebensnotwendiger Dinge in Geld getauscht werden. Für das Haus Takano kam hinzu, daß es an der Wende zum 19. Jahrhundert aus im einzelnen noch ungeklärten Gründen in Ungnade gefallen war, zeitweise Mizusawa verlassen mußte und somit zusätzlichen Belastungen ausgesetzt war (dazu auch unten).

Dieser Widerspruch zwischen hohem (Beamten-)Status der Krieger (samurai 侍 oder bushi 武士) und ihrem in den meisten Fällen niedrigen Einkommen sowie zwischen der Berentung durch Reis und - mit sich entwickelnder Produktion für den Markt - der Durchsetzung des Geldes als wichtigstes Medium, über das verschiedene Stände ökonomisch miteinander kommunizierten, sorgte mit für gravierende inhaltliche Veränderungen in der seit dem 17. Jahrhundert festgeschriebenen Gesellschaftshierarchie von Militär-adel–Bauern–Handwerker–Kaufleute (shi–nô–kô–shô 士農工商). Vor allem die Grenzen zwischen dem höchsten Stand und den beiden untersten, großenteils in den Städten tätigen Ständen waren durchlässiger geworden: Nicht nur eigneten sich die Städter auf ihre Weise Wertvorstellungen und Verhaltensweisen der Herrschenden an, sie konnten ihren sozialen Status auch gänzlich *von unten nach oben kehren* und sich Adelstitel erkaufen (oder einheiraten und damit manch einer materiell ruinierten Krieger–Familie wieder auf die Beine helfen). Doch auch Bewegungen in die andere Richtung wurden häufiger: Davon abgesehen, daß die städtische Kultur (vor allem der Zentren Edo, Kyôto und Ôsaka) natürlich auch die Lebenswelt der Samurai prägte, verkauften vor allem Angehörige des niederen Adels (kakyûbushi 下級武士; vgl. Hirner 1979) ihre Schwerter – und damit ihren Status – und übten nun als Bürger einen Beruf aus. Diejenigen höherer Ränge neigten eher dazu, sich durch Nebenarbeit (naishoku 内職) etwas hinzuzuverdienen, wobei man sich häufig als Lehrer oder Arzt (oder beides), aber auch handwerklich betätigte. Generell kann also festgestellt werden: Um den Status quo eines Gesellschaftssystems zu garantieren, dessen einzelne Funktions- oder Teilbereiche (Herrschaft, materielle und geistige Produktion, Handel) mit der hierarchisch–ständischen Gliederung zusammenfallen (siehe Haucke 1990: 44), diffundierte diese Funktionsteilung, womit das System selbst langfristig untergraben wurde.

Speziell scheint mir die Daseinsweise als Arzt in ihren verschiedenen Varianten – Leibarzt am Hofe eines Fürsten, praktizierender städtischer Arzt, Heilpraktiker auf dem Lande – ein wichtiges Element bei der Herausbildung eines neuen geistigen Habitus in der Ideengeschichte der späten Edo–Zeit allgemein und in Bezug auf Chôei im besonderen gewesen zu sein; sie wird daher im weiteren aus verschiedener Sicht problematisiert. So ist zu fragen, ob sich ein Zusammenhang zwischen der nicht eindeutig festzulegenden Stellung von Ärzten im ständischen System und geistiger Beweglichkeit, auch Kritikfreudigkeit[4], herstellen läßt; ob die Medizin (Heil- und Pflanzenkunde; "Menschenwissenschaft" im weiteren Sinn) in Japan möglicherweise ein funktionales Äquivalent zum mathematisch–physikalischen Wissen über die Natur bei der Formierung eines neuen Rationalitätstyps in der europäischen Kultur der Renaissance bzw. Neuzeit bildete.

Dieser kurze Ausblick ist in der Tatsache begründet, daß auch das Haus Takano, offensichtlich seit der Generation des Gentan (Vater von Chôeis Mutter und seines späteren Adoptivvaters Gensai), gezwungen war, durch ärztliche Dienste für die Lehensvasallen und deren Familien sein Einkommen aufzubessern, wollte es einigermaßen statusgerecht leben. Gentan hatte sich nach Kyôto begeben, wo er nicht nur mit der Heilkunst chinesisch-ostasiatischer Herkunft bekannt wurde, sondern auch auf Gelehrte traf, die sich für Rangaku interessierten: die Holland-Wissenschaft, deren Blüte sich seit der zweiten Hälfte des 18. Jahrhunderts mit dem Studium und der Übersetzung vor allem europäischer medizinischer Schriften aus dem Holländischen durch die Männer um Sugita Gempaku (1733–1817)[5] zu entfalten begann. Dazu hier nur soviel, daß die geistige Bewegung der Rangaku ihren Namen den Holländern (Holland - oranda - ran) verdankt, die seit 1639 als einzige Bewohner eines westlichen Landes Handel mit Japan treiben durften. Über sie gelangten Bücher aus und über Europa - zum einen als Gastgeschenke für die Regierung in Edo, zum anderen und hauptsächlich durch den zur holländischen Faktorei gehörigen Mannschaftsarzt - in die japanische Gelehrtenwelt, natürlich vorrangig in holländischer Sprache und mit einer Ausnahme: Schriften mit explizite christlichem Inhalt waren verboten (wie aber wollte man naturwissenschaftlich-technisches Wissen vom christlichen Weltbild trennen, beide einem kulturellen Kontext zugehörig und eine widersprüchliche Symbiose bildend?!). Gleiches galt übrigens auch für chinesischsprachige Bücher über Europa, auf deren Bedeutung für die Rezeption von Wissen aus dem Westen in Japan Kawajiri verweist (vgl. Kawajiri 1982: 31–39 und Itô Tasaburô 1972: 36–61).

Auf diese Weise mit recht unterschiedlichen Vorstellungen über den Zusammenhang von Mikrokosmos (Mensch) und Makrokosmos, über das Innere des menschlichen Körpers konfrontiert, ließ Gentan zwei seiner Söhne je Medizin chinesischer (Kanpôigaku 漢方医学) und holländischer Richtung (Ranpôigaku 蘭方医学) studieren. Letzterer widmete sich Takano Gensai, Chôeis Adoptivvater, der sich dazu nach Edo zu Sugita Gempaku begab. In einer Gesellschaft der Häuser/Familien (ie 家) mit der *Vater - ältester Sohn - Beziehung* als Kontinuität gewährender Achse bedeutete das eine gewisse Vorentscheidung für Chôeis weiteres Leben, zumal dieser bereits vor seiner Adoption häufig bei den Takanos weilte. Zunächst aber galt es, ihn als Sohn eines Samurai mit einigen Grundlagen des konfuzianischen Bildungsideals und Verhaltenskodexes vertraut zu machen, damit er einst ein im Bereich der

Finanzverwaltung angesiedeltes Amt seines (Adoptiv-)Vaters übernehmen und die Traditionslinie der Familie Takano fortführen könne.

In jener Zeit hatte der Stand des Militäradels sich längst in einen Beamtenstand verwandelt. Obwohl in Japan das Militärische in der Ausbildung der Samurai zumindest an den offiziellen Schulen untrennbar mit dem Zivilen verbunden war (bumbu fugi 文武不岐), stand doch im Zentrum der Politik der Regierung (bakufu 幕府) wie auch der einzelnen Lehen (han 藩) die Verwaltungsleistung. Erzogen werden sollte zum allseitig gebildeten "'Kulturmenschen', ... höfisch stilisierten Ritter" (M. Weber 1978: 409), der zum praktisch-politischen Handeln fähig ist (Einheit von Wissen und Handeln - chigyô gôitsu 知行合一) - und zwar zum Wohle des Ganzen (Familie/Haus) - Lehen - Reich, Herrschende - Untertanen). Die in diesem Bildungsideal verkündete Ganzheitlichkeit und Harmonie sind entsprechend dem realen Funktionieren der einzelnen Gesellschaftsbereiche nicht denkbar ohne Hierarchie und feste Einbindung eines jeden in seine konkrete Gemeinschaft: nur innerhalb dieser kommt ihm - als ihr Bestandteil, nicht an sich - Bedeutung zu, nimmt er seinen genau festgelegten Platz ein. Zugleich steht er für diese vor anderen. Unter anderem hierin mag eine Erklärung dafür zu finden sein, daß im vormodernen Japan mit veränderter sozialer Stellung (z.B. mit fortschreitendem Lebensalter) auch der Name eines Menschen wechselte. Kognitiv findet das eher in einem Verhältnis- oder *Kontext*denken seinen Ausdruck denn in Substanzdenken - davon zeugen auch zentrale Kategorien dieses sich wesentlich am (Neo-)Konfuzianismus orientierenden Ideals wie die *Fünf Grundbeziehungen* (jap. gorin 五倫): Herrscher-Untertan (Loyalität - chû 忠), Eltern-Kind (Pietät - kô 孝), Mann-Frau, ältere-jüngere Geschwister, Freund-Freund; die Fünf Grundtugenden (gojô 五常): Menschlichkeit (jin 仁), Einhalten der Etikette/Schicklichkeit (rei 礼), Rechtlichkeit (gi 義), Wissen (chi 知), Vertrauen (shin 信) sowie die universalen Begriffspaare Oben-Unten und Yin-Yang (jap. in yô 陰陽). Sie alle wurzeln letztlich in der grundsätzlich patriarchalischen Strukturiertheit der traditionellen Gesellschaft, deren Spezifik sich wiederum auf die Grundstruktur agrarisch-bäuerlicher Produktion zurückführen läßt: In dieser haben die patriarchalisch-hierarchisch geprägten Kommunikationsformen in anderen gesellschaftlichen Teilbereichen und Gemeinschaftsebenen ihren gemeinsamen Ursprung, auch wenn sie natürlich nicht deren bloßes Spiegelbild sind.

Über Jahrhunderte eigneten sich Hof- und auch Kriegeradel solcherlei Ideen über das Studium der kanonisierten chinesischen Klassiker[6] an, die vor allem in Form von affirmativen wie auch negativen Kommentaren in China wie in Japan jeweils konkret historisch ausgelegt und weiterentwickelt wurden. Lehrmeister waren dabei buddhistische Mönche, dem Adel entstammende Beamtengelehrte an offiziellen Schulen oder Gelehrte, die Privatschulen gründeten. "Lehrmeister" waren aber auch andere literarische Quellen und vor allem der Alltag, die konkrete Lebenswelt mit den verschiedensten Formen nichtsprachlicher Kommunikation und unmittelbarer Erfahrung.

Chôei ging die ersten Schritte in diese Welt der Gebildeten - wie es üblich war - an der Hand des jedoch früh verstorbenen Vaters. Weiterhin waren es Itô Tetsuo und Hangai zufolge vor allem Takano Gentan und der Hofarzt des Date-Lehens, Sakano Chôan (sowie dessen Tochter), die ihn in die Schriften der chinesischen Klassiker einführten. Wenn Chôei später in seinem "Vogelgezwitscher" (Wasuregatami) schreibt, er habe die Klassiker nicht gelesen, so meint er vermutlich die Tatsache, sie an keiner offiziellen, für Söhne des Schwertadels eingerichteten Schule studiert, d.h. vor allem auswendig gelernt zu haben, was für den Prozeß und das Maß der Verinnerlichung ihrer Inhalte sicher von Bedeutung war[7]. Gentan mag ihm zudem auch Heilpraktiken und Massagetechniken, Gensai erste Kenntnisse in der Rangaku beigebracht haben. Interessanter als einzelne Namen ist jedoch das Beziehungsgeflecht, in das Chôei dabei geriet. Denn über das System der Haupt- und Nebenhäuser wie auch der Adoption - beide wurzeln letztlich in den in erbrechtlichen Verhältnissen geronnenen ökonomischen Gegebenheiten - waren die für ihn maßgeblichen Personen alle in irgendeiner Weise miteinander verwandt, daher statusmäßig und im großen und ganzen auch von der Aneignungs-, Interpretations- und Vermittlungsweise des oben sehr allgemein beschriebenen Gesellschaftsideals her nicht weit voneinander entfernt. Mit aller Deutlichkeit wird er in dieser Phase seines Sozialisierungsprozesses die Vor- und Nachteile des strengen Eingebundenseins, des stets notwendigen "wechselseitigen sozialen Taxierens" (Hijiya-Kirschnereit 1988: 176) gespürt und natürlich auch verinnerlicht haben.

Es war bereits die Rede von den Lebenswelten der gemeinschaftlich tätigen einzelnen, über die ein allgemeingültiges Kultur- und Gesellschaftsbild konkret funktioniert und vor allem in Umbruchzeiten Wandlungen erfährt.

Chôeis Kindheits- und Jugendwelt ist lokal an die nordöstliche Kulturregion Japans, an Tôhoku, und soziokulturell an das Haus Takano (und "Umgebung") gebunden. Beides steht im unmittelbaren Zusammenhang und damit auch die sich je vollziehenden Veränderungen.

Ersteres, die lokale Bedingtheit seines sozialen Umfeldes stellt uns zunächst vor das Problem *Zentrum und Peripherie* in einer noch vormodernen Gesellschaft, wobei hier das politische und kulturelle Zentrum Edo gemeint ist, wohl wissend, daß dessen Profil auch vom Verhältnis zu den beiden anderen Zentren im Land - Kyôto als Sitz des kaiserlichen Tennô-Hauses mit Hofadel und Ôsaka als Handelsmetropole und "Reiskammer" - geprägt war. Zentrum und Peripherie implizieren zwar auch verschiedene geographische Gegebenheiten, werden hier aber als soziales Verhältnis gefaßt, das neben der ständischen Hierarchie eine weitere Variante hierarchischer Strukturiertheit traditioneller Gesellschaften zum Ausdruck bringt. Das Japan der Edo-Zeit bietet dafür ein geradezu klassisches Beispiel: Die ca. 250 Lehen (ryô 領 oder han) und die sie beherrschenden Fürsten (daimyô) waren ihrer Nähe zum herrschenden Tokugawa-Geschlecht nach in verwandte han (shimpan 親藩), Hausdaimyô (fudai 普代, von Tokugawa Ieyasu, 1542-1616, ernannt) und außenstehende Herren (tozama 外様) unterteilt und auch lokal so angeordnet, daß eine Bedrohung der Zentralregierung mit dem obersten Militär, dem Shôgun, an der Spitze ausgeschlossen werden konnte. Das die gesamte Gesellschaft auf verschiedenen Ebenen durchziehende Verhältnis zwischen Herrscher und Untertan (Oben und Unten) bewirkte u.a., daß sich die politischen und Verwaltungsstrukturen der Besitzungen des Zentrums vom Wesen her in den anderen Gebieten wiederholten, die nach gleichen Prinzipien aufgebaut waren; das niedrigere Oben orientierte sich zwecks Legitimation seiner Herrschaft über sein Unten am jeweils höheren Oben. Und je näher man sich interessenmäßig stand, desto mehr glichen sich die Bilder. Die Unterschiede wiederum ergaben sich aus nicht zuletzt natürlich bedingten wirtschaftlichen und kulturellen Differenzen, weshalb auch in Japan von regional verschiedenen Kulturen gesprochen werden konnte und kann. Es bleibt die (nur kollektiv und interdisziplinär zu bewältigende) Forschungsaufgabe, konkret zu untersuchen, welche Rolle gerade auch die kulturellen Unterschiede zwischen Peripherie(n) und Zentrum bei der Konstituierung neuer sozialer Verhältnisse in Japan gespielt haben, ob kreative Impulse nicht eher aus bisherigen (oder später dazu gewordenen?) "Randgebieten" gekommen sind, die sich der Kontrolle des selbstzufriedenen Zentrums zunächst besser entziehen konnten. Tatsache ist jedenfalls, daß ein Großteil der politischen und geistigen Wegbereiter der Umbrüche seit der Meiji-Zeit (Meiji ishin 明治維新, der japanischen Variante einer bürgerlichen Revolution von oben, die 1867 mit der formalen Restauration der politischen Macht des Tennô-Hauses eingeleitet wurde) aus den damals südlichsten bzw. nördlichen Regionen kamen[8].

Tsurumi verweist z.B. auf die besondere geistige Atmosphäre in Mizusawa, das selbst nach der Verkündung der Selbstisolationspolitik (sakoku 鎖国, 1639) ein Aktionszentrum des verbotenen Christentums gewesen sei. In Tôhoku hätten sich eigenartige Beziehungen zwischen dem Amida-Buddhismus, vor allem in dessen Gestalt der Wahren Schule des Reinen Landes (Jôdo shinshû 浄土真宗), und christlichem Glauben herausgebildet, symbolisiert etwa in der als Jungfrau Maria erscheinenden Göttin der Barmherzigkeit (Kannon 観音; vgl. Tsurumi 1985: 3 ff.). Zahlreiche Besonderheiten in dieser Region stehen zweifellos im Zusammenhang mit den harten natürlichen Bedingungen, denn als nördlichstes Reisanbaugebiet wirkten hier Wetterunbilden besonders verheerend, Mißernten und Hungersnöte bedrohten die Bevölkerung mehr als anderswo in Japan. Hinzu kamen verfehlte ökonomische und politische Maßnahmen: kein oder unzureichender Anbau von widerstandsfähigen Nutzpflanzen oder etwa Verkauf des ohnehin knappen Reises zu hohen Preisen an das Zentrum, so daß sich die Bauern dieser Gegend sehr oft zu Aufständen erhoben. Doch nicht nur das: Speziell das zum Haus der Date gehörende Mizusawa-Lehen hatte im Verhältnis zur Menge des zur Verfügung stehenden Reis-Deputats überdurchschnittlich viele Vasallen (vgl. Itô 1980: 429), weshalb deren Einkommen sehr niedrig waren und im Zuge der in der späten Edo-Zeit immer wieder verkündeten Sparmaßnahmen noch weiter sanken. Daher wurde gerade in diesem Lehen die bereits erwähnte Praxis der Nebenberufe offiziell gefördert. Samurai und ihre Familien produzierten Laternen und Lampions, Textilien, Pinsel, Mäntel, Regenschirme (vgl.Yawata 1963: 381 f.), vor allem aber auch Fischernetze (vgl. Itô Tetsuo 1980: 429). Die häufige Betätigung auf medizinischen Gebieten sowie die Tatsache, daß 1821 am medizinischen Amt der Date-Verwaltung in Sendai erstmals außerhalb von zentralen Regierungsbehörden offiziell eine Abteilung für die Holländische Richtung eingerichtet wurde (vgl. Hangai 1983: 95), können sicher in Verbindung mit den häufigen Katastrophen und den sie begleitenden Seuchengefahren gesehen werden.

Während die Ideen des Maßhaltens sowie des praktischen Nutzens (vgl. Gurjewitsch 1978: 311 ff.) durchaus dem Weltbild der bushi entsprachen, war ihr Verhältnis zum Ökonomischen bislang lediglich ein Problem des Konsums bzw. des Verteilens (Verwaltens), nicht jedoch der Arbeit. Teilnahme an Erwerbstätigkeit galt als standeswidrig und ethisch bedenklich. So mochte die oben genannte Entwicklung vielleicht zu einer – der realen Situation zunehmend widersprechenden – stärkeren Betonung der formalen Überlegenheit des bushi-Standes geführt haben. Im Alltag hingegen wurde der Prestigeverlust immer deutlicher erfahren, was letztlich den Boden für die Akzeptanz veränderter Lebensführung, damit eines Wertewandels und auch des vereinzelten "Aussteigens" aus der bisherigen Lebenswelt bereitete, wie im Falle Chôeis noch gezeigt wird.

Für ihn kommt, im Zusammenhang mit dem **zweiten** Aspekt, der soziokulturellen Einbindung in das Haus-System, das bereits erwähnte Mißgeschick hinzu, das die Familie Takano wohl gegen Ende des 18./Beginn des 19. Jahrhunderts ereilte[9]. Ein in den Augen der Lehensobrigkeit als Vergehen gedeutetes Ereignis führte zum zeitweisen Weggang von Angehörigen der Takano-Familie aus Mizusawa und damit auch zu ihrer Trennung: Während Gensai, der älteste Sohn, sich mit Frau und Töchtern nach Iwayado (heute Esashi, dort lebte die Familie seiner Frau) begab und als Mediziner seinen Unterhalt verdiente, hatte Gentan in Higashiyama-Okita ein Haus gemietet, eine Privatschule (shijuku 私塾; Itô spricht von einer terakoya 寺子屋, den Tempelschulen, die allerdings in der Edo-Zeit mehr und mehr zu Schulen für das gemeine Volk wurden) eröffnet und unterrichtete die Kinder dieses Dorfes. Mehrere Jahre pendelte Chôei nun ständig zwischen diesen Orten und Mizusawa – allesamt nicht weit voneinander entfernt. 1814, so wird berichtet, sei er zum Großvater Gentan gegangen, von diesem unterrichtet worden, und bereits ein Jahr später habe er nicht mehr nur mit den Dorfkindern gespielt, sondern diese selbst unterrichtet. Bis zum Jahre 1817, als die Takanos wieder in das Leben in Mizusawa integriert waren, Gensai zum Familienoberhaupt ernannt wurde und der Adoption nichts mehr im Wege stand, erlebte Chôei nicht nur den beschwerlichen Alltag einer in Mißkredit geratenen, getrennt lebenden bushi-Familie. Er lernte wohl zugleich auch die Licht- und Schattenseiten des unentrinnbaren Verwandtschafts- und Familiengeflechts der ständischen Gesellschaft kennen: Zum einen erfuhr man Unterstützung durch die Familien Katô (ihr entstammte Gensais Frau) und Igari (aus ihr kamen

Gentans wie auch Gotô Sôsukes erste Frau); die Familien Obata (Gentans jüngerer Bruder) und Suda (deren Familienoberhaupt war mit der ältesten Tochter von Gentans jüngerem Bruder verheiratet) bemühten sich um die Begnadigung und damit den Fortbestand des Hauses Takano. Zum anderen engagierten sie sich natürlich auch der eigenen Unbescholtenheit wegen, denn für die Schande eines Hauses hatten in bestimmtem Maße alle geradezustehen (Suda z.B. war eine Art Vormund der Takano während der "Bußzeit") - ein Integrationsprinzip, das auf allen Ebenen gemeinschaftlichen Lebens funktionierte sowie bestimmte Verhaltensweisen erforderte und prägte. Vielleicht erklären sich daraus auch die schlechten Beziehungen zwischen Chôei und seiner Mutter Miya einerseits und dem ältesten (Stief-)Bruder Chôeis (aus der ersten Ehe des Vaters) Gotô Jitsumoto andererseits, der sich - als ältester Sohn - nach dem Tod des Vaters kaum um die Witwe kümmerte und ihrem ohnehin schweren Leben weitere Lasten aufbürdete: Einst, vor ihrem Einzug in das Haus Gotô, wurde sie nämlich im Zusammenhang mit der Bestrafung der Takano von ihrem ersten Mann geschieden und ins Vater-Haus zurückgeschickt.

Diese ausnahmsweise detaillierte Darstellung soll nicht nur die ganze Kompliziertheit der Beziehungen verdeutlichen, in denen sich der einzelne zurechtfinden und seiner Rolle gerecht werden mußte, die ihn je nach Lage der Dinge schützen, aber auch zerstören konnten. Sie dient auch dem besseren Verständnis einiger der beigefügten Übersetzungen, speziell der Briefe, in denen oft von der Mutter die Rede ist bzw. die an die Obata und Suda gerichtet sind. Dieses Erbe also sollte Chôei später als Oberhaupt des Hauses antreten, weshalb er nach 1817 unter der gestrengen Aufsicht des Gensai - Adoptivvater und Lehrer zugleich - aufwuchs und mit dessen inzwischen einziger Tochter Chio verlobt wurde. Unter diesen Umständen wird wohl nicht nur die Neugier eine Rolle gespielt haben, als sich der sechzehnjährige Chôei 1820 entschloß, sich mit seinem zweiten älteren Bruder Tansai (er hatte noch einen jüngeren dritten, Keizô) und einem Cousin auf den Weg nach Edo zu begeben, um sich dem Studium der Holland-Wissenschaft zu widmen. Daß ihm der Adoptivvater seine Zustimmung zunächst verweigerte, hatte sicher nichts mit dem Ziel an sich zu tun, sondern mit der gerade erst überwundenen Krise der Familie. Schließlich wußte Gensai aus eigener Erfahrung, wie schwierig, aber auch verführerisch das Leben für einen jungen Mann aus der Provinz in dieser damals vielleicht größten Stadt der Welt sein konnte – Edo hatte in jenen Zeiten bereits weit über eine Million Einwohner.

III. Der Frosch springt auf den Brunnenrand – und beginnt die Weite des Meeres, der Welt zu erahnen

Das folgende Dezennium ist für Chôei eine Zeit der Wanderschaft und damit soziokultureller Erfahrungen, die es ihm am Ende ermöglichen, sich von der zunehmend als Fremdzwang empfundenen Integrationsebene der Familie, des Hauses loszusagen und eine neue *Wir*-Ebene zu entdecken, die seinem *Ich* größeren Raum zur Entfaltung bietet. Dieser Prozeß läßt sich an Chôeis Korrespondenz aus diesen Jahren gut nachvollziehen, weshalb sie partiell übersetzt und dem Text beigelegt wurde. Fünf Jahren Aufenthalt in Edo folgte die Studienreise (yûgaku 遊学) nach Nagasaki, wo er bis 1828 blieb und von wo aus er im Rahmen seines Lernens und Forschens Ausflüge auf Kyûshû und kleinere Inseln unternahm. Bevor er 1830 aus Kyôto nach Edo zurückkehrte, durchzog er weite Teile des südlichen Japan: Über die Provinzen Higo und Chikuzen gelangte er nach Hiroshima, von dort über Onomichi und Ôsaka nach Kyôto.

Sankinkôtai im Großen wie im Kleinen

Die Problematik des Reisens ist in ihrer Bedeutung für das Durchbrechen bornierter Autarkie vormoderner Gesellschaften kaum zu überschätzen. Im Zusammenhang mit der Entwicklung von Geld- und Warenwirtschaft, entsprechender Kommerzialisierung des Alltagslebens und der Bildung eines nationalen Marktes ist sie zweifellos eng mit den ökonomischen Gegebenheiten von Gemeinwesen verflochten. Darauf basierend interessieren hier jedoch vor allem deren kulturelle Aspekte: Erweiterung der Erfahrungsbereiche durch den Austausch (a) zwischen verschiedenen Lokalitäten – im Falle Japans während der Zeit der Selbstisolation auf die Lehen (han) im eigenen Land begrenzt, (b) zwischen unterschiedlichen Funktionsbereichen (Ständen/Berufsgruppen) sowie (c) – landesweit – innerhalb dieser, etwa der zwischen der Ärzteschaft; die Herausbildung einer wie auch immer gearteten Öffentlichkeit und damit zunehmende Bedeutung (schrift-)sprachlicher Kommunikation mit ihrem "unaufhörlichen Widerspruch zwischen 'Generalisierung' des Gehaltes der Zeichen und der 'Spezialisierung' dieses Gehaltes", was zu einer wachsenden Komplexität der Sprache und zu neuen Anforderungen an die "metasprachlichen Kommunikations- und Kognitionsformen, wie Philosophie, Wissenschaft und Literatur" führte, die die "natürlichen Sprachen bereits als problematisches Material (behandeln)" (vgl. Krüger 1990: 96/97).

Bezüglich der erweiterten Erfahrungsbereiche sind – nicht nur, aber auch – aufgrund der Selbstisolation im Vergleich zum europäischen Kulturkreis wichtige Unterschiede zu konstatieren, deren Einfluß auf das *Was* und *Wie* geistiger Auseinandersetzungen in Japan ebenfalls noch zu untersuchen bleibt: Die Entstehung nationaler Kulturen in Europa ist ohne die vorausgehende "Internationalisierung" innerhalb der Lebenswelten des Adels bis hin zur Sprache – nicht denkbar; sie prägte wiederum die nationalen Konflikte zwischen Adel und Bürgertum entscheidend.
Elias charakterisierte sie als

> "eine, das Abendland umgreifende, höfische Aristokratie mit ihrem Zentrum in Paris, ihren Dependenzen an allen anderen Höfen... Und die gesellschaftliche Kommunikation zwischen Hof und Hof bleibt lange hindurch immer noch enger, als die Kommunikation und die Kontakte zwischen der höfischen Gesellschaft und den anderen Schichten des gleichen Landes" (Elias 1988a (2): 6/7).

Auch das Bürgertum versteht sich als Weltbürgertum. In Japan war die gegenseitige Verpflichtung des bürokratisierten Militäradels und der Bürger (chônin 町人, vor allem der Kaufleute) viel unmittelbarer, nicht zuletzt wegen der Monopolisierung u.a. von bestimmten Produktionszweigen, Handel und Münzwesen durch die Herrschenden als wichtige Methode der Wirtschaftskontrolle in den Regierungsgebieten wie in den Lehen. So war zwar schon in der frühen Edo-Zeit ein vergleichsweise hochentwickeltes Kommunikationsnetz (Straßen zu Lande und zu Wasser, Nachrichtenübermittlung) entstanden. Doch stand dies im Dienst der feudalen Warenwirtschaft, in der Reisen - von Pilgerfahrten zu Heiligtümern einmal abgesehen - noch weitestgehend ein Privileg der Aristokratie sowie der ihr dienenden Händler war und landesweit streng kontrolliert wurde. Öffentlichkeit war auch in diesem Bereich noch ganz durch Repräsentation, durch den Gegensatz *öffentlich* und *gemein* gekennzeichnet, also feudale Öffentlichkeit (vgl. Habermas 1982: 17-28).

Eine Mobilisierung aller Bevölkerungsschichten setzte erst mit den ökonomischen Veränderungen auf dem Dorf ein: Einerseits bildete sich eine wohlhabende Schicht heraus, die sich den Luxus des Reisens leisten konnte und - aus Prestigegründen - auch mußte. Und über bäuerliche Warenwirtschaft gewannen von ländlichen Kaufleuten kontrollierte regionale Märkte an Bedeutung, wodurch sich der Reiseverkehr auch zwischen den einzelnen Lehen belebte. Andererseits ging die Verarmung eines Großteils der Bauern mit einer nie gekannten Landflucht in die Burgstädte, aber auch in die Zentren des Landes einher. Das fand seinen Ausdruck nicht nur in den immer häufigeren Erlassen der Zentralregierung (die u.a. zu Sparsamkeit und Gehorsam vor allem der Bauern aufriefen; vgl. Barth 1979: 408). Dem Thema Reisen begegnet man auch in der damaligen Malerei - etwa des Andô Hiroshige (1797-1858) - oder in der Literatur - so in Jippensha Ikku's (1765-1831) "Auf Schusters Rappen unterwegs durch die fließend-vergängliche Welt" (Ukiyo dôchû hizakurige) -, in der im Rahmen der Reiseliteratur einfache Leute mit ihren Erlebnissen in den Mittelpunkt des Geschehens rückten bzw. regelrechte Reiseführer entstanden.

Für die Kommunikation im besonderen sowie für die gesamtgesellschaftliche Entwicklung in der Edo-Zeit allgemein war ein Phänomen von kaum zu überschätzender Bedeutung: das System der turnusmäßigen, in der Regel alle zwei Jahre zu absolvierenden Pflichtbesuche der Fürsten in Edo (sankinkôtai 参勤交代), wo sie Residenzen zu errichten und zu unterhalten hatten, in denen nicht nur Frau und Kinder als Geiseln bzw. Loyalitätsbeweis zurückblieben, sondern auch ein Gefolge von Dienern, Beamten und Gelehrten aus den jeweiligen Lehen lebte. Die kulturellen Folgen waren - wie gesagt - weitreichend, hier soll nur auf folgende Aspekte verwiesen werden:

- Entwicklung des Transport- und Verkehrsnetzes für die Reise und Versorgung;

- Edo wurde zum Knotenpunkt des Austausches von Informationen und Wissen zwischen der Zentralregierung und den Lehen, zwischen den einzelnen Lehen selbst sowie zwischen den Lehen und den Holländern, die ebenfalls regelmäßig aus Nagasaki anreisten, um dem obersten Militär und gleichzeitigen Herrscher, dem Shôgun, aufzuwarten und bei dieser Gelegenheit anwesenden Gelehrten zu Konsultationen zur Verfügung standen (vgl. Chôeis Bericht an Takano Gensai vom 19. Tag des 7. Monats im Jahre Bunsei 8 (1825) im Übersetzungsanhang, S. 217–221);
- damit wurde aber auch die direkte Kontrolle und - wenn nötig - Bespitzelung der Denker durch die Regierung und Beamten-Gelehrte der regierungsoffiziellen Lehranstalt, der Shôheikô[10], möglich;
- enormer Anstieg der Bildung (Lesen, Schreiben, Rechnen, Verhaltensregeln) unter den Städtern durch Gründung von Schulen (shijuku und terakoya), durch deren Betreiben die von Edo als einem Schmelztiegel des Wissens angezogenen Gelehrten oft ihr Leben unterhielten - nach Passin gab es um 1850 ca. 1200 terakoya in Edo, hinzu kommen über 100 shijuku (vgl. Passin 1965: 28 sowie Rubinger 1982: 4).

Sankinkôtai brachte seinen Initiatoren daher sowohl vom kommunikativen als auch vom kognitiven Aspekt seiner Funktionsweise her ambivalente Resultate: Einst als Kontrollinstanz des Zentrums über die potentiellen "Zentrifugalkräfte" entstanden, verkörperte es nicht nur das feudalistische Vereinheitlichungsprinzip durch Repräsentation. Es schuf auch wichtige Voraussetzungen für die Überwindung regionaler Borniertheit und Autarkie zumindest auf nationaler Ebene. Die Verallgemeinerung des vom Neokonfuzianismus dominierten Gesellschafts*ideals* bzw. Weltbildes und seiner Sprache befördernd, wurde durch die soziokulturellen Unterschiede und durch das Einfließen neuer Erfahrungsbereiche (sprachlicher und nichtsprachlicher Art) zugleich dessen Diversifizierung möglich.

Gleiches läßt sich auch hinsichtlich der bereits erwähnten Praxis des Reisens zum Zwecke des Studiums (yûgaku) feststellen. Rubinger betont vor allem den integrativen Effekt dieses Reisemotivs, die Standardisierung und Homogenisierung des intellektuellen Lebens. Zudem sei es dabei nicht nur um Wissenserweiterung, Erkenntniszuwachs an sich gegangen, vielmehr habe man yûgaku als eine wichtige Erfahrung für später zu übernehmende verantwortungsvolle Posten betrachtet, darin dem System der Auslandsstudienreisen (ryûgaku 留学) seit der Meiji-Zeit nicht unähnlich (vgl. Rubinger 1982: 15–38). Demzufolge habe es zwei Typen von Studienreisen

gegeben. Zum einen seien sie in Form von offiziellen Studienreise-Programmen eine Art "Kaderpolitik" der einzelnen Fürstentümer und eng mit der Gründung von sogenannten Lehensschulen (hankô 藩校) seit dem Ende des 18. Jahrhunderts verbunden gewesen. Diese orientierten sich administrativ und inhaltlich an der Lehranstalt der Zentralregierung, der Shôheikô, und sorgten für die militärische und Gentleman-Ausbildung der Söhne des Schwertadels (als Beispiel für die Errichtung einer solchen Schule vgl. Kracht 1975). Um den Preis strengster Kontrolle wurden die auf diese Weise Studierenden großenteils von den jeweiligen Lehen finanziert. Daher begab sich andererseits die Mehrzahl der Lernenden auf eigene Kosten auf den Weg, doch mußten auch sie die Obrigkeit um Erlaubnis bitten und benötigten außer einem oder mehreren Begleitern noch ein Empfehlungsschreiben, um am Zielort entsprechende Unterkunft zu erhalten. Auf diese Details zu verweisen ist durchaus nicht überflüssig, besteht doch ein innerer "Zusammenhang zwischen der Organisation der Denker und der Organisation der Gedanken" (Schnädelbach/Martens 1989: 581), der Institutionalisierung geistiger Tätigkeit und dem *Was* und *Wie* geistiger Produktion.
So hatte auch Chôei von seinem Klassikerlehrer Sakano ein Empfehlungsschreiben erhalten, mit dem er zunächst bei seinem Landsmann Genzô Kanzakiya, Betreiber einer Drogerie, unterkam - sankinkôtai en miniature? Chôeis Ziel aber war mit der Privatschule (auch: Hausschule - kajuku) der Sugita-Familie eine der bekanntesten Hollandwissenschaftlichen Schulen in Japan. Ihr stand jetzt der Adoptivsohn(!) des Gempaku, des bereits erwähnten geistigen Vaters der Holländischen Medizin und Lehrers von Chôeis Adoptivvater, vor. Auf solcherlei Beziehungen setzte er nun, um in dieser Einrichtung studieren und - als eine Art Entgelt - dienen zu können. Der Hausherr jedoch wies ihn ab. Vielleicht fühlte er sich von der draufgängerischen Neugier dieses jungen Mannes bedrängt, möglicherweise war ihm auch dessen familiärer Hintergrund zu unbedeutend und zu ärmlich. Denn die verschiedenen shijuku, vor allem die kleineren, hinter denen keine "Sponsoren" standen, mußten sich im Unterschied zu den Lehensschulen in der Regel selbst unterhalten. Die Schüler hatten neben einem Eintrittsgeld auch Gebühren für den Unterricht zu zahlen oder Naturalien abzuliefern und lebten dann meist gemeinsam in dem als Schule dienenden Haus *wie in einer Familie* zusammen - mit strenger Regelung des Alltagslebens durch sogenannte Hausordnungen.

Generell ist in diesem Zusammenhang zu den shijuku als einer Form institutionalisierten Wissens und zugleich der Sozialisierung von Individuen folgendes festzuhalten: Trotz ihrer vielfältigen inhaltlichen Ausrichtungen - auch hier lassen sich wieder die schon bekannten Verortungen (Kangaku, Rangaku, Kokugaku) ausmachen - einte sie nach Rubinger vor allem (a) der private Charakter ihrer administrativen Struktur, d.h. sie wurden ganz vom Profil der sie tragenden Persönlichkeit bestimmt und unterlagen im Normalfall keiner offiziellen Kontrolle; (b) die vorrangige Spezialisierung auf das den Hausherren interessierende Gebiet[11], was auch in den Lehr- und Stundenplänen zum Ausdruck kam; (c) ihr sozial und geographisch übergreifender Charakter, da die soziale Struktur der Lehrenden wie der Lernenden wohl bereits stark vom Geldbeutel bestimmt wurde (vgl. Rubinger 1982: 8 ff.). Zum einen können die shijuku also aus der Perspektive der Entfaltung des widersprüchlichen Verhältnisses zwischen (feudaler) Öffentlichkeit und Privatheit[12], zwischen Kulturbildung und Fachwissen, zwischen Autarkie und Generalisation, und damit der Diskontinuität beleuchtet werden. Zum anderen sind bei aller Verschiedenheit zu anderen Institutionen und deren Handlungsträgern die Gemeinsamkeiten bzw. Kontinuitäten bestimmter Strukturen und Funktionsweisen nicht zu übersehen: Die Familie als kleinste gesellschaftliche Einheit galt - ebenso wie z.B. im Falle von Auszubildenden im Bereich der kaufmännischen oder handwerklichen Tätigkeit (vgl. Bellah 1957: 48 ff.) - als Prototyp sozialer Integration, wenn auch das *Wie eine Familie* bereits Differenzen in sich barg. Der Unterricht konzentrierte sich vor allem in den Kangaku- und Rangaku-Schulen weiterhin in hohem Maße auf Lese- und Übersetzungstechniken, also auf Studien fremdsprachiger Texte (vgl. etwa Chôeis "Regeln des Studiums" im Übersetzungsanhang, S. 288/289), wenn auch in den Rangaku-Schulen experimentelles und praxisorientiertes Lernen an Bedeutung gewann.

Einen Namen bekommen

Chôei wurde also abgewiesen. Er durfte lediglich als *Externer* tagsüber am Unterricht teilnehmen, mußte aber für Unterkunft und Essen selbst sorgen. Er fand zunächst bei Kanzakiya, dann im Hause eines Arztes Chinesischer Richtung, wo sein Bruder lebte und lernte, Unterkunft und verdiente sich seinen Unterhalt allabendlich als Massage-Helfer. Ein Jahr lang führte er -

als Siebzehnjähriger – dieses kräftezehrende Leben, bevor er 1821 durch den bekannten Konfuzianer Ôta Kinjô (1765–1825)[13] an die shijuku des Yoshida Chôshuku[14] vermittelt wurde. Dieser betrieb die kleine Schule auf der Grundlage der Einkünfte seiner Tätigkeit als städtischer Arzt. Über die klinische Praxis war er als einer der ersten Japaner bestrebt, sich neben den westlichen Erkenntnissen auf dem Gebiet der Chirurgie auch mit denen der inneren Medizin vertraut zu machen und sie anzuwenden. Betrachtet man Chôeis erste medizinische, meist auf seinen Übersetzungen aus dem Holländischen fußende Schriften, so wird der Einfluß Yoshidas auf den jungen Mann deutlich, der später als Begründer physiologischer Studien in die japanische Geschichte einging. Auch äußerlich hinterließ dieser Einfluß Spuren. 1823 nämlich wurde aus dem Kyôsai endlich der Chôei: Da Yoshida diesen eifrigen und offensichtlich begabten Schüler besonders schätzte und ihn zur Gefolgschaft in Sachen innerer Medizin an seiner Schule ermuntern wollte, trug er ihm das erste Zeichen seines eigenen Namens (chô 長) an, dem das Zeichen für überragend (ei 英) hinzugefügt wurde. Diese Art von Namensgebung entsprach einem überkommenen Brauch (des Knüpfens von Loyalitätsbeziehungen) ebenso, wie die Praxis, sich Pseudonyme zuzulegen – so begegnet man Chôei in den Texten, in denen er über sich selbst schrieb bzw. die er unterschrieb, als Zuikô. In den Jahren der Flucht vor den Häschern der Regierung (1844–50) trug er dann immer wieder andere Namen, doch im Normalfall scheint mir äußerer Druck, sich auf diese Weise verbergen zu müssen, nicht der einzige Grund für dieses Phänomen gewesen zu sein.

An Chôeis Namen geradezu exemplarisch sichtbar sind zwei weitere Momente in Betracht zu ziehen: Zum einen ist es vorstellbar, daß aufgrund der konkreten Bedeutungen der Namenszeichen (Ideogramme bzw. Phonoideogramme) diese sich mit der Entwicklung des einzelnen oder seiner Lebenswelt änderten und das *Ist*, vielleicht aber auch das *Soll* dieser Veränderungen zum Ausdruck bringen konnten. Zum anderen verweist die wechselnde Bezeichnung auf das spezifische Rollen-Dasein des einzelnen in einer traditionellen Gesellschaft. Seine Identität ist hier stärker an ein in seinen vorgezeichneten Veränderungen relativ konstantes Beziehungsgefüge gebunden und daher mehr fremdbestimmt als in Gesellschaften, die aufgrund ihrer funktionalen Differenzierung in relativ autonome Subsysteme eine größere Flexibilität des einzelnen in seinen Beziehungen zu anderen Menschen und damit zugleich ein stärker in sich selbst ruhendes *Ich* erfordern. So, wie in

Chôeis Umwelt z.B. noch partikularistische und anthropomorphe (besser: soziozentrierte) Formen der Zeitbestimmung, etwa bei der Jahreszählung[15], vorherrschten, so war auch das Selbstbild der Menschen, das Gefühl ihrer eigenen Identität, in verschiedenen Kulturen und

> "auf früheren Stufen der Menschheitsentwicklung flüssiger und weniger fest organisiert... Menschen mögen nach einem Initiationsritus oder der Einnahme einer neuen gesellschaftlichen Position sich selbst als eine andere Person mit einem anderen Namen erleben und von anderen erlebt werden;" (vgl. Elias 1989: 36/37).

Beständigkeit des den einzelnen umgebenden Beziehungsgeflechts bedeutet für ihn größere Abhängigkeit von diesem, letztlich fremdbedingte Nicht-Permanenz seiner *Ich*-Identität. Veränderlichkeit seines soziokulturellen Netzes erfordert mehr Selbstbezogenheit und kann damit ein Mehr an Individualität befördern. Vorhandensein oder Nicht-Vorhandensein von Individualität, oft als Argument zur Erklärung von Verschiedenheit diachronisch und synchronisch existierender menschlicher Kulturen herangezogen, geht meines Erachtens am Wesen der Sache vorbei. Zu fragen ist nach deren Maß, den Formen und der Art, diese zu integrieren: Wie verhält sich eine Gemeinschaft z.B. zu solchen Mitgliedern, die aufgrund bestimmter Lebensumstände zu neuen, ihr Selbstbewußtsein über das "normale Maß" hinaus steigernden sozialen Erfahrungen gelangen? Wie werden solche Erfahrungen von beiden Seiten sozialisiert, unter welchen Umständen werden daraus welche neuen Verhaltensweisen? Welche Kontinuitäten zum bislang Gewohnten weisen sie auf - und warum?

Solche Fragen allgemeiner Natur stellen sich auch bei der weiteren Erkundung des Lebens und Schaffens von Takano Chôei. Dessen Alltag verlief bei Yoshida zunächst recht ruhig, erfüllt vor allem vom eifrigen Studium der holländischen Sprache und über diese der Medizin. Denn die finanziellen Mittel, die er aus Mizusawa erhielt, erlaubten keine größeren Abwechslungen. Lediglich eine Reise in die weitere Umgebung Edos unternahm er im Auftrag seines Lehrers, um Heilkräuter zu sammeln. Auch in der Heilpraxis befleißigte er sich also anfangs, um so schnell wie möglich mit Übersetzungen und medizinischen Behandlungen Geld zu verdienen und materiell unabhängig zu werden. Die Ereignisse der nächsten zwei Jahre

(1823/24) ließen diese Pläne allerdings in Verzug geraten und zwangen ihm sehr unterschiedliche soziale Erfahrungen auf. Deren Bewältigung führte ihn zwar fast an den Rand seiner physischen Kräfte, doch trugen sie wesentlich zur Befähigung bei, sein Leben - soweit wie es unter damaligen Verhältnissen möglich war - dem einige Jahre später gefaßten Entschluß gemäß zu gestalten und die auf diesem Weg erwachsenden Schwierigkeiten in Kauf zu nehmen bzw. im positiven Sinne zu wenden:

> "Daher meine ich, daß es sich krankheitshalber nicht lohnt, nun auch die Heilkünste zu studieren und so möchte ich selbst mein Leben in ganzer Hingabe an die Wissenschaft verbringen." (vgl. Chôeis Brief an die Verwandten vom 24. Tag des 9. Monats im Jahr Tempô 1 (1830) im Übersetzungsanhang, S. 236).

Zunächst starb sein älterer Bruder, mit dem er einst nach Edo ging. In seinen Bemühungen um dessen Genesung hatte Chôei sich verschuldet, diese Schulden galt es durch Heilbehandlungen abzutragen, die er an des Bruders Statt verrichtete. Im gleichen Jahr 1823 erreichte ihn die Nachricht von der Krankheit des Adoptivvaters. Erstmals bekam er nun den Druck der Verwandtschaft zu spüren, er möge zurückkehren und sich auf die Übernahme der Rolle des Familienoberhauptes vorbereiten. Auf die Unerbittlichkeit seitens des heimatlichen Clans wird noch zurückzukommen sein, schließlich rang Chôei mehr als sieben Jahre um seine Entlassung aus dem Familien- und Gefolgschaftsverband - zu verfolgen am Briefwechsel zwischen Mizusawa/Maesawa und Chôei (vgl. die Übersetzungen im Anhang). Die dafür notwendige Hartnäckigkeit, die beispielsweise in den stereotypen Beteuerungen des Bald-Zurückkommens bzw. den Begründungen des Noch-nicht-Zurückgekehrtseins zum Ausdruck kommt, eignete er sich wohl erst im Laufe der Jahre an. Denn Ende 1823 leistete er dem Ruf des Onkels Mogi Samanosuke (des Adoptivvaters Takano Gensai jüngerer Bruder) noch Folge und kehrte in die Heimat zurück. Doch verweigerte der Adoptivvater dem noch "unfertigen" Chôei jegliches Gespräch und schickte ihn zurück nach Edo, wo er seine Studien zu Ende führen möge. Anfangs darob enttäuscht, wurde diese Verfahrensweise später zu seinem wichtigsten Alibi, die Heimkehr hinauszuschieben und seine Fähigkeiten weiter zu vervollkommnen.

Wie bei allen seinen Wanderungen kehrte er auch auf dem Rückweg nach Edo in verschiedene Tempel und Schreine ein, um für das Wohl des Adoptivvaters, des Hauses und für eigenes Wohlergehen zu beten[16]. Vor allem aber legte er seine Routen nach den Möglichkeiten fest, Kontakte zu bekannten Gelehrten knüpfen und sich allmählich in dem mittlerweile das ganze Land überspannenden Netzgeflecht der Holland-Wissenschaftler eine Position erobern, einen Namen machen zu können. So wartete er in Sendai, dem Sitz der Date-Fürsten, Sasaki Chûtaku auf, der auf Empfehlung der bekanntesten Holland-Wissenschaftler (Rangakusha) in Edo an der bereits erwähnten Holland-Abteilung des medizinischen Amtes dieses Lehens lehrte. In einem Brief nach Mizusawa versuchte Chôei später, seine nichtlegitimierte Studienreise nach Nagasaki zu den Holländern unter Berufung auf Sasaki zu rechtfertigen, denn dieser habe es mit seinen Rangaku-Kenntnissen ja schließlich weit gebracht: Widme er sich weiter fleißig seinen Studien in Edo bzw. Nagasaki, so würde er vor Sasaki nicht mehr auf die Knie fallen zu brauchen (d.h. so wäre er ihm ebenbürtig; vgl. im Übersetzungsanhang den Brief an Takano Gensai vom 27. Tag des 10. Monats Bunsei 8 (1825), S. 222). Bei dieser Gelegenheit dürfte er auch einem seiner in der Folgezeit besten Freunde und Studiengefährten, Ozeki San'ei (1787-1839)[17], erstmals begegnet sein, der von 1823-1825 im Dienst dieses Amtes stand.

Unterwegs schloß sich ihm ein junger Mann an, der in Edo sein Glück versuchen wollte und der durch Chôeis Vermittlung eine Anstellung bei einem Ladenbesitzer fand. Als dieser von dem Jungen bestohlen wurde, mußte Chôei - dessen Bürge - für eine seinen Verhältnissen nach unbezahlbare Summe aufkommen, die aufzubringen ihm nur durch einen mehrmonatigen Dienst in der Residenz des Matsudaira-Clans möglich war. Im Range eines "Zwischen (Militäradel und gemeinem Volk) Stehenden" (chûgen 中間) war er nun im wahrsten Sinne des Wortes sozial zum Diener degradiert, was die Chôei-Biographen einhellig als einen prägenden Einschnitt in seinem Leben bewerten, der sehr unterschiedlich gewirkt habe: Zum einen empfand der höheren Kreisen entstammende angehende Mediziner ob dieser Schande große Scham, die ihn für diese Zeit jeglichen Kontakt zur Heimat abbrechen ließ; zum anderen habe Chôei sich in die ärmliche Situation des "Sünders" durchaus hineinversetzen und für ihn Verständnis aufbringen können, wofür die Tatsache spricht, daß er kurze Zeit darauf zum zweitenmal einem Hilfesuchenden vertraute und wiederum zwar enttäuscht wurde, doch ebenfalls keinerlei Nachforschungen anstellen ließ. Vor allem aber habe er sich erstmals mit dem für jene Zeit noch schwerwiegenden Erlebnis des Standeswechsels, des Überschreitens des Standesbewußtseins, in neue Erfahrungsbereiche begeben, diese als so dramatisch, gar unerträglich nicht erlebt und sich damit manch spätere Entscheidung erleichtert (vgl. Tsurumi 1985: 78–82 bzw. Hangai 1983: 56–60).

Zwei weitere Schicksalsschläge mögen dazu beigetragen haben, daß Chôei sich 1825 zum Studium in den Südwesten, nach Nagasaki, begab, wodurch sich zugleich auch die Einflußmöglichkeiten der Verwandtschaft allein durch die große Entfernung zum Nordosten minimierten. Zunächst brannte ihm – nicht zum letztenmal – bei einem der unzähligen Großfeuer in Edo seine kurz nach dem Diener-Dasein eingerichtete Heilpraxis ab, mit der er nun verdienen wollte. In einer Seiten- oder Hintergasse hatte er sich einen Laden gemietet, um von dort aus eines Tages den (sozialen) Sprung zu schaffen, auf der Hauptstraße eine Praxis betreiben zu können und zu dürfen. Kurz darauf (1824) verstarb dann auch noch der verehrte Lehrer Yoshida. Von der freundschaftlichen und kreativen Atmosphäre in der shijuku zeugt wohl die Tatsache, daß die jungen Leute nicht sofort auseinanderliefen, sondern sich in eigener Regie – mit Chôei als Vormund – mehrmals im Monat zu fachlichen Diskussionen trafen und gegenseitigen Rat auch in anderen Dingen suchten (vgl. die Übersetzung des Briefes Chôeis an Takano Gensai vom 19. Tag des 7. Monats, Bunsei 8 (1825), S. 215–219). Neben dieser von gleichen fachlichen Interessen getragenen Art von Gleichgesinnten-(Freund-Freund-) Beziehungen war er zugleich als Lernender im Rahmen einer anderen Holland-wissenschaftlichen Schule auf der Ebene des Lehrer-Schüler-Verhältnisses hierarchisch gebunden und außerdem gezwungen, den Lebensunterhalt durch Verkauf seiner Dienste in der wiedererrichteten Praxis zu bestreiten. Dem Brief an den Adoptivvater vom 19. Tag des 7. Monats, Bunsei 8 (1825) zufolge scheint Chôei im Rahmen dieser verschiedenen Integrationsebenen einen Weg gefunden zu haben, sein Ziel – sich "einzig der Wissenschaft zu verschreiben" – zumindest teilweise verfolgen zu können. Meinte er dies ernst, und das ist anzunehmen, so dürfte sein geschildertes Zögern, die Einladung zur Begleitung Imamuras nach Nagasaki anzunehmen, nur ein Vorwand gewesen sein, um die Verwandtschaft angesichts seines eigenmächtigen Aufbruchs zu beschwichtigen. Bevor dieser Prozeß der Loslösung aus den *Wir*-Beziehungen der Familie (des Hauses) und der Findung eines neuen Identitätsbezuges weiter verfolgt wird, ist ein kurzer Abstecher in die Historie der Holland-Wissenschaften angebracht.

Exkurs in die Geschichte der Rangaku

Es ist nun an der Zeit, in gebotener Kürze einen den Intentionen des Textes entsprechen Begriff von Rangaku zu erarbeiten. Das schließt auch Periodisierungsvorstellungen ein, will man der Dynamik der von diesem Begriff erfaßten Inhalte gerecht werden und Takano Chôeis Wirkungsfeld in seiner historischen Gewordenheit begreifen. Dabei versteht es sich von selbst, daß die Periodisierungsangebote der Rangaku-Forscher aufs engste mit ihren wissenschaftlichen Zielstellungen und Methoden, bewußt oder unbewußt aber auch mit außerwissenschaftlichen Bedingungen verknüpft sind. Eine Untersuchung der Holland-Wissenschaften unter wissenschaftshistorischem Aspekt unterscheidet sich möglicherweise in ihrer Zeiteinteilung von einer Betrachtung, die deren Verhältnis zu politischen oder institutionellen Gegebenheiten problematisiert. Kulturhistorische oder philosophische Studien können andere Ergebnisse bringen als im Rahmen politischer Ideengeschichte verfaßte Arbeiten[18]. Insgesamt jedoch ist ein allgemeiner zeitlicher Rahmen dadurch gegeben, daß sich - zumal im noch vormodernen Japan - politische, soziokulturelle und kognitive Prozesse nicht voneinander losgelöst vollzogen und demnach nicht gänzlich separat zu betrachten sind. Zudem ist ein kommunikationstheoretisches Herangehen um ein synthetisierendes Bild bemüht.

Es fragt danach, *wie* sich Rangaku als soziale Interaktion, als ein Prozeß des Mitteilens unter gegebenen und stets neu zu reproduzierenden gesellschaftlichen Bedingungen entwickelte. Und da dieses Kommunizieren über sprachliche Zeichen erfolgte, ist der allgemein üblichen Bestimmung von Rangaku als Studium westlichen Wissens und westlicher Technik über die holländische (oder eine andere europäische) Sprache während der Edo-Zeit grundsätzlich zuzustimmen (vgl. etwa Katagiri 1982: 1). Rangakusha, Holland-wissenschaftliche Gelehrte, widmeten sich demnach vorrangig solcherlei Studien. Diese bildeten einen wesentlichen Bestandteil ihrer lebensunterhaltenden Tätigkeit - im Unterschied zu Gelehrten, die aus kurzfristigen Anlässen heraus sich der fremden Kultur zuwandten[19]. Die Charakterisierung als Lebenstätigkeit verweist allerdings bereits auf die Notwendigkeit, die obige Bestimmung in wenigstens zweierlei Hinsicht zu präzisieren: Erstens ging es bei diesen Studien nicht nur um ein Aufeinandertreffen unterschiedlicher Kulturen - des europäischen Westens und Ostasiens - an sich, wenn auch den Erinnerungen des Sugita Gempaku zufolge Fremdheit und Neuartigkeit, durch die so manch einer hoffte, zu Ruhm und Reichtum gelangen zu können, durchaus von Bedeutung für das wachsende Interesse an den "Dingen des Westens" gewesen sein mag (vgl. Môri 1942: 146 bzw. Sugita 1983: 11/12). Diese Kulturen repräsentierten zugleich verschiedene Etappen gesellschaftlicher Entwicklung, die u.a. im Grad sowie der Art und Weise der Autonomisierung von Wissenschaft und ihrer praktischen Relevanz zum Ausdruck kamen. Rangaku ist also ein konkret-historischer Begriff, der zu seiner Erklärung zwar primär des japanischen Kontextes bedarf, zugleich aber auch ein Verhältnis zu soziokulturell Anderem impliziert.

Zweitens unterscheiden sich die der Rangaku als Ausgangsmaterial dienenden holländischsprachigen Texte zwar von den in der chinesisch-ostasiatischen Tradition stehenden Kommunikationsformen und -inhalten (etwa der Kangaku und der Kokugaku). Sie als nur gegensätzlich zu erfassen verbietet sich aber zum einen deshalb, weil sich die überkommenen Denkweisen zu dem Neuen verhalten, sich ihm öffnen mußten und so selbst von ihm beeinflußt wurden. Zum anderen wurden diese Texte in einer vom ursprünglichen kulturellen Kontext differenten Weise interpretiert und funktionalisiert, denn ihre Aneignung war an den gesamtgesellschaftlichen und den jeweiligen lebensweltlichen Kontext der sie rezipierenden Individuen gebunden. Und schließlich bemühten sich letztere nicht selten um ein Eindringen in beide Kotexte wie auch Kontexte[20]. Den genannten Zusammenhängen nach lassen sich nun folgende Etappen bzw. Richtungen der Rangaku-Entwicklung (bis zur Mitte des 19. Jahrhunderts) grob bestimmen[21].

Eine **erste Periode** des Aufschwungs ist lokal an den einzigen Anlaufpunkt für holländische Schiffe gebunden, an die Stadt Nagasaki. Zeitlich (etwa 1730-1770/75) fällt sie mit dem Beginn wellenartiger Reformbestrebungen zusammen, mit denen die politischen Machthaber seit dem zweiten Drittel des 18. Jahrhunderts mehr als 100 Jahre lang versuchten, den Konflikt zwischen

Agrar- und Geldwirtschaft, zwischen feudaler und Markt-Hörigkeit zu ihren Gunsten zu entscheiden. Diese Versuche gingen einher mit einer ebenso wechselvollen Gestaltung der Außenbeziehungen im Spannungsfeld zwischen zaghafter Lockerung der Abschließungspolitik aus ökonomischen Gründen und ihrer Bekräftigung zwecks Erhaltung des Status quo. Rangaku bekam die Auswirkungen beider Tendenzen stets recht unmittelbar zu spüren, wobei eben zwischen 1730 und 1790 erstere Tendenz überwog. Personell wird diese Etappe im wesentlichen von den sog. Holländisch-Dolmetschern (oranda-tsûji オランダ通詞) getragen. Diese wurden von der Zentralregierung nicht nur für die offizielle Kommunikation mit den Holländern eingesetzt, sondern waren auch mit der Kontrolle der Schiffsfrachten sowie mit der Übersetzung von Berichten zur Weltlage beauftragt, die die Holländer zu liefern hatten (vgl. dazu auch Takano Chôeis "Traumgeschichte", im Übersetzungsanhang, S. 253-260).

Diese Tätigkeiten dürften bereits damals bei den Beamten-Gelehrten zu zwiespältigen Haltungen bezüglich ihres Gegenstandes geführt haben: Von ihrem Status, ihrem kulturellen Umfeld her zu Mißtrauen und einer äußerlich-dienstlichen Haltung gegenüber der Gelehrtheit der Südlichen Barbaren (Nambangaku 南蛮学, so wurden die Anschauungen der von Süden her Japan anlaufenden Europäer anfangs genannt) angehalten, wurde dies bei den meisten sehr bald intellektueller Neugier auf das Unbekannte untergeordnet. Da in der holländischen Faktorei auf der - zwecks Isolation künstlich aufgeschütteten - Insel Dejima vor Nagasaki stets ein universitär gebildeter Arzt weilte, der außer seinem umfangreichen Wissen auch über neueste wissenschaftliche Literatur verfügte, suchten die Dolmetscher immer wieder nach Möglichkeiten, diesen Fundus für sich nutzbar zu machen. Das war schwierig und riskant zugleich, denn private Kontakte zu den Fremden waren im Prinzip untersagt. Der wachsende Informationsfluß gereichte jedoch dem Zentrum in Edo ebenfalls zum Vorteil, und so förderte man alsbald nicht mehr nur das direkte Studium der Sprache bei den Holländern, worauf seit dem 17. Jahrhundert und noch während der ersten Etappe das Schwergewicht lag, denn schließlich war sie die Grundlage für alle weiteren Aktivitäten. Auch Kenntnisse der Medizin/Heilkunde (einschließlich Botanik), Geographie und Astronomie konnte man sich jetzt offiziell bei ihnen aneignen, natürlich in begrenztem Maße und unter strenger Kontrolle der örtlichen Behörden. Noch geschah dies allerdings sehr fragmentarisch und vorwiegend auf mündlichem Wege, kaum durch systematische Arbeit an geschlossenen Texten, die es ja erst zu erarbeiten galt (vgl. Numata 1972: 64/65).

Es wird im Zusammenhang mit den Fragen nach dem ***Warum*** von Entwicklungen noch gezeigt, daß die Konzentration der Rangakusha gerade auf diese Wissensgebiete - später verlagerte sich das offizielle Interesse zunehmend auf militärwissenschaftliche Studien - weder allein dem Ausbildungsprofil und den eingeführten Schriften der Holländer geschuldet war noch ausreichend mit sozialen/technologischen Bedürfnissen der japanischen Gesellschaft jener Zeit zu erklären ist. Vielmehr kamen sie zugleich traditionellen Inhalten und Formen geistiger Aneignung der Realität entgegen.

Zwar wandten sich damals auch in Edo bereits einzelne bedeutende konfuzianische Gelehrte - z.T. im direkten Auftrag der Regierung - dieser Strömung zu; in dieser Zeit jedoch war es Nagasaki, das zu einer Art Keimzelle für einen neuen Typ interkultureller Beziehungen wurde. In den Folgejahren mehr und mehr auch von nichtbeamteten bzw. nicht offiziell entsandten Lerneifrigen aufgesucht, wurde es für diese sozusagen zum "Ersatz-Ausland", das neben neuem Wissen und Fremdsprachenpraxis zugleich unmittelbare Erfahrungen mit anderen Verhaltens- und Handlungsweisen ermöglichte.

Die **zweite Periode** (letztes Drittel 18. Jahrhundert bis ca. zweite Dekade 19. Jahrhundert) ist dadurch gekennzeichnet, daß die Holländische Wissenschaft - nach wie vor lediglich über Dejima als Türchen zur Welt nach Japan gelangend - nun allmählich auch im Landesinneren, vor allem in den drei Großstädten, Fuß faßte. Edos Aufstieg zu einem Rangaku-Zentrum stand im engen Zusammenhang mit der Tätigkeit der Gelehrtengruppe um Sugita Gempaku (vgl. Môri 1942 bzw. Sugita 1983). Zweifellos begünstigte die Verflechtung des Systems der turnusmäßigen Pflichtbesuche (sankinkôtai) mit einem verstärkten öffentlichen Bedürfnis nach Informationen über das Ausland diese Entwicklung. Zum einen wurde die Edo-Residenz der Holländer, die ja in dieses System eingegliedert waren, zu einem Austauschzentrum von Wissen und Materialien, vorwiegend natürlich für die im Auftrag ihrer Lehnsherren oder zum Studium in Edo weilenden Gelehrten. Zum anderen gesellten diese sich zueinander, um ihr Wissen untereinander auszutauschen, mit Überkommenem zu vergleichen, es auf der Grundlage der schon erbrachten Erkenntnisse zu vertiefen und Texte zu übersetzen. Wie sich das konkret in dieser Zeit vollzog, welche Schwierigkeiten dabei zu überwinden waren, beschrieb Sugita eingängig in dem Zeitzeugnis "Anfänge der Holland-Wissenschaften" (Rangakukoto hajime)[22].

Folgenden Aspekten gebührt dabei besondere Aufmerksamkeit:

1. Im Unterschied zu den bisher offiziell mit Holland-Studien Beauftragten verstanden sie sich bezüglich Rangaku als Gemeine (jôjin 常人), aus eigenem Antrieb Forschende; nach der Meister-Schüler-Struktur organisierte man sich in Gruppen und begann damit, auch diese Wissensgebiete nach dem (Haus-)Prinzip der shijuku zu institutionalisieren.
2. Diese Rangakusha einte trotz unterschiedlicher Spezialisierungsrichtungen (vor allem Medizin, aber auch Sprache und "Produktenforschung"[23]) der Wohltätigkeitsgedanke - gegenüber dem Volk - und der Gedanke der Selbstvervollkommnung - es in ihrer Wissenschaft zu etwas zu bringen.
3. Die ständige Betonung des eben Genannten diente aber möglicherweise der Legitimation eines weiteren Motivs ihres Engagements: der Wahrheitssuche, abgehoben vom unmittelbar praktischen Nutzen (Satô sieht in diesem Verhältnis von Nützlichkeit/Praktikabilität (jitsuyôsei 実用性) und Theoretischem/realitätsbezogener Prinziphaftigkeit (jitsurisei 実理性) die Grundlage, um Kontinuität und Diskontinuität zwischen konfuzianischer und Yôgaku-Wissenschaftsauffassung bestimmen zu können; vgl. Satô 1980).
4. Eine zentrale Rolle spielte der Vergleich der Westlichen Wissenschaft mit der Chinesischen Wissenschaft anhand der Texte, und zwar in sprachlicher Hinsicht (Übersetzungsprobleme, Sprachstil) und methodisch (Experiment!).

Die kognitive Überlegenheit ersterer konnte zu Beginn des 19. Jahrhunderts nur unter der Bedingung öffentlich konstatiert werden, daß deren gesellschaftlich-praktische (kommunikative) Wirksamkeit evident war, auch für die Rangakusha selbst.

Zugleich bedurfte, wie erwähnt, die Gesellschaft zur Koordinierung der Reproduktion ihrer Zusammenhänge tatsächlich neuer Erkenntnisse, die die Kangaku oder Kokugaku nicht erbringen konnte - und angesichts der Entwicklung der Rangaku vor allem nicht brauchte. Auf die Prozesse, die diese Bedürfnisse weckten, kann nicht näher eingegangen werden. Hier sei lediglich darauf verwiesen, daß sich in dieser Periode ein der relativ geschlossenen Gesellschaft latent innewohnender Widerspruch endgültig entfaltete, sich im weiteren stets neu formierte und auch den geistigen Habitus der Folgezeit prägte: Die innergesellschaftliche Entwicklung machte es allmählich möglich und notwendig, sich der Welt zu öffnen, doch schickte diese sich bereits in Gestalt der europäischen Mächte an, die Türen zu dem Inselland selbst aufzustoßen - zunächst im Norden (Rußland), seit den zwanziger Jahren dann auch vom Westen her (England). Dadurch wurden ein weiteres Mal in der japanischen Geschichte gesellschaftsformative Veränderungen vom Prozeß des Aufeinandertreffens zweier Kulturen begleitet, die sich in ihren konkreten sozialen Entwicklungsstufen wie auch der naturhistorischen Gewordenheit unterschieden, was beider Tradierung und Aufeinanderbezogenheit im japanischen Kontext wesentlich beeinflußte.

Das ambivalente Verhältnis der politischen Machtträger zu Rangaku kam in der 1811 erfolgten Gründung einer Dienststelle zur Übertragung von Barbarenschriften ins Japanische (banshoyawarage goyô 蛮書和解御用) beim Regierungsamt für Kalenderfragen[24] in Edo zum Ausdruck, die faktisch die **dritte Periode** einleitete. Verbot und Förderung zugleich - denn noch tat man sich mit der Vermittlung von Wissen aus und über den Westen an den offiziellen Lehreinrichtungen schwer[25]. Verzichten aber wollte man darauf nicht, zumal mit einer solchen Institutionalisierung von Rangaku zwei Fliegen mit einer Klappe zu schlagen waren: Indem deren beste Köpfe engagiert und dienstverpflichtet wurden[26], konnten diese und die ins Land gelangenden Materialien zugleich unter Kontrolle gebracht werden. Eine einseitig ideologisierende Wertung dieser Tatsache, damit wäre Rangaku endgültig in das Feudalsystem zwecks dessen Sanierung integriert worden, scheint mir nicht angebracht. Das hieße zum einen, indirekt von einer Opposition Rangaku(sha) versus Feudalismus auszugehen und damit verschiedene gesellschaftliche Realitäten bzw. Ebenen (und die sie bedeutenden Begriffe) inadäquat in Beziehung zu setzen. Zum anderen darf nicht übersehen werden, daß aus diesem Kontrollmechanismus zugleich Nutzen gezogen werden konnte, indem diesen Gelehrten ein großer Fundus an Büchern und Informationen zur Verfügung stand - immerhin war für sie die Beschaffung von Quellen unter den Isolationsbedingungen nicht nur ein Geldproblem. Es bleibt allerdings die Frage nach dem Verhältnis von Erkenntnismöglichkeiten, Erkanntem und dessen Rezeption durch die Gesellschaft unter solch restriktiven Bedingungen.

Ein wesentliches Merkmal dieser Etappe ist demnach die sich nun auch auf institutioneller Ebene manifestierende Aufspaltung der Holland-Wissenschaften in eine offiziell geförderte und in die an den Privatschulen betriebenen Richtungen, wobei ein und derselbe Gelehrte nicht selten auf beiden Ebenen tätig war, also auch hier eine einfache Entgegensetzung nicht möglich ist. Die Entstehung letzterer verweist auf ein weiteres Charakteristikum jener Zeit: Mit den Schülern der ersten Gruppen gelangte Rangaku auch in andere Gebiete des Landes. Sugita merkt dazu an:

> "... aber sie sind doch Enkel und Urenkel von den Kindern meiner Kinder und ich weiß über sie nichts Näheres. Es gibt wohl viele, die verstreut in den drei Städten (Edo, Kyôto, Ôsaka) und in den Ländern der Fürsten wirken." (Môri 1943: 517).

Im Verhältnis zu den ausschließlich an der traditionellen Gelehrsamkeit ausgerichteten shijuku blieb ihre Zahl allerdings gering (weniger als 5% aller shijuku; vgl. Rubinger 1982: 13).

Damit bot sich seit dem zweiten Dezennium des 19. Jahrhundert grob folgendes Bild: Die unter der Obhut feudaler Öffentlichkeit stehende Aneignung der Wissensinhalte und -formen, die in verschiedenen soziokulturellen Kontexten gewachsen und daher ohnehin recht schwierig zu vermitteln waren, erfolgte durch die auch äußerliche, institutionelle Trennung zweigleisig. Den Rangaku-Studien wurden dabei vor allem kognitive Leistungen über Natur- bzw. technische Prozesse abverlangt, während das an den anderen offiziellen Lehreinrichtungen vermittelte Wissen primär auf die Sozialisation und Interaktion von gesellschaftlichen Subjekten gerichtet war. Daß der letztere, also der kommunikative Aspekt der letztlich übergreifende war und ist, wird an der Entwicklung der offiziellen Rangaku seit den vierziger/fünfziger Jahren besonders deutlich, als die Zuspitzung der äußeren Situation zu deren Konzentration auf militärwissenschaftliche Schriften führte.

Die an den shijuku betriebenen gemeinen Rangaku-Studien wiesen im Grunde in die gleiche Richtung: Die hier Tätigen erarbeiteten sich ein wahrhaft enzyklopädisches Wissen über die belebte und unbelebte Natur. Ihre Erkenntnisse über menschliche Gemeinschaften waren durch das eigene Beziehungsgeflecht, in dem sie lebten, geprägt, was kritische Distanz zwar nicht ausschloß, aber doch wegen des erheblichen politischen Drucks ins Private verbannte und/oder andere Formen der Artikulation als die aus dem europäischen Verbürgerlichungsprozeß bekannten entstehen ließ. Beide Richtungen haben letztlich zur Herausbildung einer den gesamten Modernisierungsprozeß mitgestaltenden Konstellation beigetragen, die Sakuma Shôzan

(1811- 1864)[27] am prägnantesten in der Formel "Östliche Moral und Westliche Kunstfertigkeit" (tôyôdôtoku seiyôgeijutsu 東洋道徳西洋芸術) zum Ausdruck brachte:

> "...der Auffassung, wonach eine Einheit der Weltanschauung in Kosmologie, Anthropologie und Ethik unter dem höheren Gesichtspunkt der Verfolgung der praktischen Ziele weder möglich noch notwendig sei und damit dem praktischen Denken der Geltendmachung prinzipieller Erwägungen der Vorrang gebühre." (Kracht 1986: 241).

Zum Abschluß dieses Exkurses soll noch kurz der erste Japan-Aufenthalt des Phillip Franz Balthasar von Siebold (1796-1866)[28] von 1823-1829 berührt werden, der für die Rangaku in zweifacher Hinsicht bedeutsam war: Zunächst brachte Siebold als Mannschaftsarzt der Holländer nicht nur den natürlichen Gegebenheiten Japans, Asiens überhaupt, sondern auch den soziokulturellen Verhältnissen großes Interesse entgegen und sah beides im engen Zusammenhang. Daher war er von Beginn an bemüht, die Isolation auf Dejima zu durchbrechen, über die Dolmetscher etwas vom Leben der Japaner zu erfahren und schließlich mit diesen in ihrer gewohnten Umgebung in Kontakt zu treten. Durch beharrliches Bitten bei den Behörden erhielt er 1824 schließlich als erster und bis in die sechziger Jahre einziger Europäer die Erlaubnis, Heilbehandlungen in Nagasaki selbst vornehmen, in der Nähe der Stadt, in Narutaki, eine shijuku gründen und Wissen vermitteln zu dürfen (Chôei nannte sie: oranda shiboruto juku オランダ・シーボ ルト塾, vgl. den Brief an Takano Gensai vom 27. Tag des 10. Monats im Jahr Bunsei 8 (1825) im Übersetzungsanhang, S. 222). Charakteristisch für diese Schule waren das Lernen anhand der Praxis, der Demonstration (vgl. Rubinger 1982: 112-118) sowie das gegenseitige Nehmen und Geben von Wissen, denn Siebolds Lebenswerk "Nippon" beruht zu großen Teilen auf Ausarbeitungen seiner Schüler, die diese in holländischer Sprache verfaßten (vgl. Acta Sieboldiana III : 1989).

Von - allerdings negativer - Bedeutung für die Rangaku-Entwicklung war weiterhin die sogenannte Siebold-Affäre, die zu einem abrupten Ende der produktiven Atmosphäre in Narutaki führte. Einer der Schüler Siebolds hatte diesem eine Japan-Karte besorgt, was damals Hochverrat gleichkam. Die Beteiligten wurden hart bestraft, Siebold des Landes verwiesen, einem Teil der Schüler - darunter auch Chôei - gelang die Flucht (vgl. Genschorek

1988: 129–137). Nachdem ein wenig Gras über die Sache gewachsen war, begann Siebolds Arbeit zu fruchten: Von denen, die bei ihm in die Lehre gingen, wurden einige alsbald selbst bedeutende Rangaku-Lehrer[29], die nicht nur über das neueste faktologische Wissen sowie eine gewisse Systematik verfügten, sondern auch die Erfahrung dieser Art von wissenschaftlicher Kommunikation in sich trugen.

IV. Lieber ein kleiner Herr als ein großer Knecht

Im folgenden geht es um die Rekonstruktion des Netzes der *Wir*-Beziehungen, in denen Chôei seit seinem Aufbruch aus Edo bis zu seiner Rückkehr dorthin agierte und die auch den darauffolgenden Lebensabschnitt eines knappen Dezenniums fruchtbaren Gelehrtendaseins prägten. Dabei interessiert hier zunächst vorwiegend der soziale Aspekt von Kommunikation in den für ihn relevanten Gemeinschaften: der Gelehrtenkreis der Rangakusha einerseits und der Verwandtschaftsverband andererseits, wobei er sich auf beiden Integrationsebenen in einem spezifischen Spannungsfeld von Studieren, Dienen und Verdienen bewegte. Ähnliche Probleme, doch im Zusammenhang mit ganz anderen äußeren Bedingungen - Verhaftung (1839) und nach dem Ausbruch aus dem Gefängnis (1844) ein von ständiger Flucht gekennzeichnetes Leben -, stehen dann im Mittelpunkt des fünften Abschnitts. Die konkrete wissenschaftlich-kognitive Tätigkeit in diesen sozialen Umfeldern wird im sechsten Abschnitt unter Hinwendung zu den von Chôei produzierten Texten betrachtet. Diese in einem breiteren Rahmen aus kulturphilosophischer Sicht zu bewerten, ist - wie bereits vermerkt - Ziel des dritten Textteils.

Sich einen Namen machen

Im historischen Abriß zur Rangaku sollte u.a. verdeutlicht werden, daß diese zu Beginn von Chôeis Laufbahn bereits zu einem gesellschaftlich relevanten Faktor geworden war, der nicht nur quantitativ wog: um 1800 soll es über 1000 Lehrende und Lernende gegeben haben (vgl. Satô 1972: 13–14) und in einem 1852 veröffentlichten Katalog sind knapp 500 ins Japanische übersetzte Titel aufgelistet, übertragen von mehr als 100 Sprach- und Fachkundigen (vgl. Numata 1972: 66). Auch qualitativ hatte es einen Schub in Richtung

Diversifizierung - Einführung neuer Disziplinen, etwa der Chemie - und Spezialisierung, so z.B. innerhalb der Medizin, gegeben. Größerer Überblick über die Disziplinen brachte erste Ansätze enzyklopädischen Wissens mit sich. In einer Gesellschaft nach wie vor strikt hierarchischer Beziehungen, die des einzelnen Wert danach bestimmte, wie er im Rahmen seines Funktionsbereiches der Pflicht zur Selbstvervollkommnung nachkommt und auf diese Weise der Gemeinschaft nützt, eröffnete sich damit eine weitere Möglichkeit, unter den Rangakusha zu Rang und Namen zu gelangen: Bislang war vor allem für die Beamten-Gelehrten die - im Falle der Holland-Dolmetscher sogar erbliche - Beschäftigung mit den *Dingen des Westens* ein Mittel, sich nützlich erweisen und dem Status des Hauses/der Familie gerecht werden zu können. Nun wuchs eine Generation heran, für die Rangaku als solche ein Statussymbol, ein Beruf war. Die Aneignung entsprechenden Wissens galt als Ziel und Mittel ihres Daseins zugleich, weshalb der Grad der Beherrschung dieses Wissens zunächst wenigstens innerhalb des Berufsstandes zu einem wesentlichen Kriterium der Anerkennung wurde.

Beide soziale Motivationen, die hier idealtypisch herausgehoben wurden, sind im engen Zusammenhang mit den verschiedenen Formen und Inhalten von Rangaku zu sehen. Vom formalen Aspekt her wurde bereits die institutionelle Aufspaltung erwähnt. Inhaltlich kann an die von Satô eingeführte Unterscheidung der Orthodoxen (hier im Sinne von sich vorwiegend an den originalsprachigen Texten wissenschaftlichen Inhalts orientierenden) und der Verwaltungsmännischen (vor allem am technischen und geographisch-historischen Wissen interessierten) Richtung der Yôgaku angeknüpft werden (Satô 1972: 7-80; 1980). Kriterium für eine Zuordnung der Gelehrten sollte jedoch nicht allein die Wertigkeit ihrer in der jeweiligen Richtung erbrachten Leistungen sein. Vielmehr sind auch die Intentionen und die diesen zugrunde liegenden konkreten Lebensverhältnisse in Betracht zu ziehen, aus denen heraus sie sich dieser oder jener zuwandten und die beispielsweise auch die Art und Weise bestimmten, an Material und Quellen heranzukommen. Letzteres Problem hatte - wie auch Chôeis Briefen zu entnehmen ist - unter den Bedingungen der Isolation und der weitgehenden Monopolisierung des Informationsflusses von außen durch die zentralen Behörden einen enormen Einfluß auf die Kommunikation (1) innerhalb der Rangaku-Richtungen und (2) zwischen ihnen einerseits sowie (3) zwischen diesen und den über dieses Monopol verfügenden politischen Kräften andererseits. Chôeis Tätigkeit ist mit jeder dieser drei Ebenen verknüpft, weshalb sie an seiner Person konkretisiert werden können: (1) seine Beziehungen zu den Gefährten in der Siebold-Schule und später aus der eigenen sowie aus anderen shijuku in Edo; (2) seine Beziehungen zu Vertretern der Verwaltungsmännischen Richtung (speziell zu Watanabe Kazan) und (3) sein Verhältnis zu Trägern politischer Macht.

(1) Die Kommunikationsebene Gleichgesinnter

Takahashi Shinichi charakterisiert die an der Siebold-Schule herrschende Atmosphäre folgendermaßen: Die Studierenden (wie Siebold selbst auch) waren in der Regel jünger als 30 Jahre, wobei der jeweils Älteste und Fähigste als Oberhaupt (jukutô 塾頭) fungierte und damit berechtigt war, in der Einrichtung selbst zu leben. Die anderen suchten sich in Nagasaki Unterkunft, eben weil es eine von einem Ausländer geführte Schule war. Die Ausbildung war, unabhängig von der Herkunft eines jeden, für alle gleich. Auf die Betonung der Praxisbezogenheit ("klinische Vorlesungen") wurde bereits verwiesen. Prägend für die dort Studierenden waren wohl vor allem auch zwei weitere, eng miteinander verbundene Studienmethoden: (a) eine universelle, über die Medizin hinausgehende Ausbildung, die (b) zugleich an den japanischen Kontext gebunden war. Denn für seine eigenen wissenschaftlichen Interessen verlangte Siebold von seinen Schülern (im wahrsten Sinne des Wortes als Entgelt für den Unterricht), daß sie ihm in holländischer Sprache Aufsätze zur Botanik, Zoologie, Geographie, Geschichte, Lebensweise in Japan verfaßten, die dann in sein Werk "Nippon" eingeflossen sind und für die er seinen Eleven einen Doktortitel verlieh (vgl. Takahashi 1972: 109–111).

Durch gegenseitiges Nehmen und Geben war man also aufeinander angewiesen, was den Betreffenden Erfahrungen brachte, die über den gesellschaftlich üblichen Rahmen der gestrengen Meister-Schüler-Beziehung hinauswiesen. Zwar konnten diese Erfahrungen weder damals noch in den folgenden Jahrzehnten im großen Maßstab sozialisiert werden. Punktuell jedoch gingen sie in die im weiteren gegründeten Schulen ein und wurden beispielsweise über die shijuku des Ogata Kôan (1810–1863), die bedeutende Tekijuku in Ôsaka, in die Generation von Fukuzawa Yukichi (1835–1901) getragen, aus dessen Schule wiederum die erste private Universität Japans, die Keiôgijuku, hervorging[30].

Da im sechsten Abschnitt auf die vor diesem Hintergrund von Chôei geschriebenen Aufsätze im einzelnen nicht weiter eingegangen wird, soll dazu hier folgendes festgehalten werden: Über deren Anzahl gibt es unterschiedliche Angaben[31]; sie stellen zusammenfassende Übertragungen von damals anerkannten japanisch- oder chinesischsprachigen Schriften ins Holländische dar und beinhalten daher natürlich eigene Wertungen zu den einzelnen, von Siebold aufgegebenen, Themen. Somit begegnen wir hier der gleichen Schreibart, die für seine ebenfalls zu jener Zeit beginnenden Übersetzungen aus dem Holländischen ins Japanische charakteristisch ist. Daraus resultiert die Tatsache, daß Chôei sich in jenen Jahren zu seiner eigenen Kultur explizite nur in dieser Fremdsprache äußerte, während er in seinen muttersprachlichen Schriften versuchte, sich selbst mit einer anderen Kultur vertraut zu machen und sie seinen Landsleuten nahezubringen. Von Beginn an war er sich dabei der subjektiven - seine eigenen Fähigkeiten betreffenden - und objektiven - in den unterschiedlichen kulturellen Traditionen wurzelnden und auch sprachlich zum Ausdruck kommenden - Schwierigkeiten bewußt, was aus einem an den holländischen Leser gerichteten Vorwort zu "Beknopte Lijst van de tempelen en kerken te Mijako" deutlich wird: Er verwies darin auf die Unmöglichkeit wortwörtlicher Übersetzungen, was in den verschiedenen Bedeutungen der sprachlichen Zeichen sowie in der Kompliziertheit der chinesischen Schriftzeichen begründet sei (vgl. TCZ 6: 157/158 bzw. 109/110; auf spätere sprachwissenschaftliche Betrachtungen, die er seinen Übersetzungen voranstellte, wird weiter unten eingegangen); einhellig wird von den Chôei-Forschern dessen außerordentliche Begabung im Umgang mit Sprachen hervorgehoben, sowohl hinsichtlich des Schreibstils in seiner Muttersprache als auch des Grades, in dem er die Fremdsprache beherrschte.

Letzteres war nicht nur vom kognitiven Aspekt her - d.h. für das Eindringen in den anderen Kontext, das sich über Texte vollzog, nicht über unmittelbare Erfahrungen in diesem soziokulturellen Kontext selbst - von Bedeutung, sondern zugleich aus kommunikativer Sicht: Da Chôei zu den begabtesten Schülern der Siebold-shijuku gehörte und Siebold trotz direktem Kontaktverbot damals Beziehungen zu dem Shimazu-Clan[32] unterhielt, ist es denkbar, daß jener zum Dolmetschen von geheimen Gesprächen herangezogen wurde. Auf diese Begegnungen mag dann auch das spätere (nach 1845) "Dienst"-Verhältnis im Sinne der oben genannten Kommunikationsebene (3) zwischen Chôei und dem Reformpolitiker Shimazu Nariakira, überhaupt mit den südlichen Verfechtern der Öffnung des Landes (kaikoku ha 開国派) zurückgehen.

Zudem war die Kenntnis der holländischen Sprache eine Art Zeichen der Zugehörigkeit zur Rangaku-Gemeinschaft, die als Band weit über die wissenschaftlich-sachlichen Tätigkeiten hinaus fungierte. Man half einander auch in Situationen persönlicher und finanzieller Bedrängnis, wie etwa im Falle von Chôeis Nagasaki-Reise oder nach dessen Flucht aus Nagasaki, als er – stets von Schülern begleitet – über ein Jahr lang an verschiedenen Orten Unterschlupf bei Bekannten und Gefährten finden konnte[33]. Dabei hatte er durch sein Wissen, das er in Vorlesungen und Heilbehandlungen weitergab, sein Auskommen und wurde zugleich in den Kreisen der Holland-Wissenschaftler zum Begriff. Trotz – oder wegen? – dieser Schwierigkeiten war das übrigens eine produktive Zeit des Lehrens und Lernens, in der er nicht nur seine (beruflichen) Erfahrungen in den "Niederschriften auf Wanderschaft" (Kyakujûanshô, vgl. TCZ 1: 353–427) festhielt. Im Zusammenhang mit einem Erdbeben in Kyôto faßte er auch sein aus holländischen Quellen stammendes Wissen über diese Japan immer wieder heimsuchende Naturkatastrophe in "Westliche Lehren über Erdbeben" (Taisei jishinsetsu, vgl. TCZ 4: 55–60) zusammen und stellte es vorherrschendem Aberglaube entgegen.

Hilfe erfuhr er in den dreißiger Jahren auch von ehemaligen Schülern seiner 1830 in Edo gegründeten shijuku, der "Halle des weiten Blicks" (Daikandô 大観堂). Fukuda und Yanagida – nun als Heilpraktiker in der Provinz Kôzuke (Jôshû) tätig – standen Chôei bei der Beschaffung von Geld für die Herausgabe der ersten Schrift über Physiologie in Japan zur Seite, dem "Schlüssel zu den Quellen der Medizin in westlichen Lehren" (Seisetsu igen sûyô, vgl. TCZ 1: 5–106). Zwar hatte Chôei sich die der Arbeit zugrunde liegenden Werke der Vertreter des französischen und deutschen Vitalismus G. de la Faye, J.F. Blumenbach und Th.G.A. Rose vom Fürsten Matsuura von Hizen beschaffen lassen (vgl. Chôeis Brief an Takano Gensai von Anfang Herbst, Bunsei 9 (1826) im Übersetzungsanhang, S. 225/226), doch wollte er die zusammenfassende Übersetzung nicht nur oberen Gesellschaftsschichten zur Verfügung stellen und mußte sich daher andere Geldgeber für die Veröffentlichung suchen.

Versteht man Sprache auch als erlebnisbildendes, Identitäten formierendes Organ, so leuchtet ein, daß die Kenntnis der anderen Sprache und der von ihr symbolisierten Kultur auch emotionale Bindungen zwischen den Rangakusha schuf. Und von ihnen (meist in Verborgenheit) nachgelebte fremde Bräuche[34] trugen ebenfalls zu ihrer Konsolidierung als relativ abgeschlossene Gruppen bei. Doch lagen all dem ihre gemeinsamen **sachlich-fachlichen** Interessen zugrunde, durch die *Wir*-Beziehungen auf persönlich-freundschaftlicher wie auf Gruppen-Ebenen kleineren und größeren Maßstabs eingegangen und gestaltet wurden. Das soll exemplarisch an Chôeis Beziehungen zu Uchida Yatarô (1805-1882)[35] und Ozeki San'ei gezeigt werden, die in seinen ereignisbezogenen Schriften mehrfach Erwähnung fanden (Ozeki erscheint auch unter seinen Pseudonymen Gakusai und Tokusai; vgl. die "Traumgeschichte" und "Kurze Beschreibung des Unheils, das dem Verein der Barbaren widerfuhr" sowie das "Vogelgezwitscher" im Übersetzungsanhang, S. 266/267, 273/274, 285).

Chôei selbst bezeichnete Uchida in diesen Aufsätzen als seinen Schüler, was formal auch richtig war - Uchida war an seiner shijuku und um ein Jahr jünger. Jedoch haben Kawajiri wie auch Sugawa auf die gegenseitige Befruchtung verwiesen, die für beider Entwicklung entscheidend war (Kawajiri 1982: 134-196/Sugawa 1990: 127-142). Gemeinsam erschlossen sie sich neue Wissenschaftsgebiete, wobei Chôei für Uchida vor allem der Sprachlehrer bzw. Übersetzer war und ihm - mit dem in Nagasaki erworbenen Wissen - einen Überblick über westliche Wissenschaften bieten konnte, während letzterer aufgrund seines mathematisch-deduktiven Wissens ersteren zu Übersetzungen über unmittelbar praktisch verwertbare Kenntnisse hinaus veranlaßte. So schrieb Chôei die erste Studie zur europäischen Philosophiegeschichte in Japan wahrscheinlich auf Bitten von oder gar für Uchida, worauf sein spezifisches Eingehen auf Mathematisches schließen läßt (vgl. die "Lehren der westlichen Weisen" im Übersetzungsanhang, S. 246-252), ebenso Schriften zur Astronomie, speziell zur Sternenkunde (vgl. Sugawa 1990: 39-51).

Einen Meilenstein ihrer **gemeinschaftlichen Studien** stellten die anläßlich der Hungerkatastrophen der Tempô-Zeit (1830-1844) 1836 erschienenen "Gedanken zu zwei Produkten, die bei Mißernten helfen" (Kyûkô nibutsukô, vgl. TCZ 4: Handschriftenteil) dar. Darin wurden Informationen der bereits genannten Heilpraktiker Fukuda und Yanagida aus Kôzuke verarbeitet, illustriert von Watanabe Kazan. Sprachlich leicht verständlich wird der Anbau je einer Buchweizen- und Kartoffelart in Gebieten beschrieben, in denen Reisanbau nur begrenzt möglich war (vor allem Tôhoku!), um bei Mißernten zukünftig Hungersnöten vorbeugen zu können. Dieser Aufsatz steht nicht nur für die direkte, mit dem Nützlichkeitswert eng verbundene Praxisbezogenheit (jitsuyô 実用), die den Gelehrten damals ein wichtiges Kriterium für *Theoretische/realitätsbezogene Prinziphaftigkeit* (jitsuri 実理) war. Seine Entstehungsweise ist zugleich exemplarisch für einen Arbeitsstil, der in jener Zeit offensichtlich für Wissensaneignung und -produktion gang und gäbe war: Es wurden Diskussionsrunden gebildet (oft aus aktuellen Anlässen), deren Ergebnisse dann unter dem Namen des *Meisters* erschienen, wobei auch die Schüler aufgeführt wurden (*durchgesehen, aufgeschrieben von*... u.ä). Ähnliches war in der Literaturszene anzutreffen (*Gemeinschaftsarbeit* – gassaku 合作; vgl. May 1983: 143–150), und auch die im Zusammenhang mit der Kommunikationsebene (2) zu betrachtende "Gesellschaft der Alten" (Shôshikai 尚歯会[36]) war eine Variante dieser Form geistigen Lebens, die sich sicher als Pendant zur strengen Hierarchie offizieller Bildungseinrichtungen herausbildete.

Daß Chôei mit Ozeki eine besonders enge Freundschaft verband, geht aus dem Porträt hervor, das er von ihm im "Vogelgezwitscher" zeichnet. Zwar charakterisierte er ihn dort als kleinmütig und furchtsam, doch ist es schwierig, diese charakterliche und emotionale Ebene heute auf ihre Ursachen hin zu rekonstruieren. Möglicherweise stand Ozekis Ängstlichkeit und Zurückhaltung auch mit der Tatsache im Zusammenhang, daß er sich (wie auch Uchida) insgeheim mit Problemen des verbotenen Christentum beschäftigte und an der Übersetzung einer Jesus-Biographie arbeitete. Tsurumi jedenfalls sieht darin die Ursache, weshalb er sich, als man 1839 nach ihm fahndete, das Leben nahm (Tsurumi 1985: 191). Darüber konnte Chôei natürlich nicht schreiben, da dieses Thema für die Öffentlichkeit zum Tabu erklärt worden war. Zweifellos aber tauschten die Freunde auch diesbezüglich ihr Wissen und ihre Anschauungen aus.
Demzufolge fand unter solch restriktiven Bedingungen gerade auf dieser *Wir*-Ebene über unmittelbar gesprochenes Denken eine Kommunikation statt, die allein aus Textanalysen nicht zu erschließen ist. Darauf kann hier nicht weiter eingegangen werden, doch gilt es das generell bei der Geschichtsschreibung zu berücksichtigen – zumal, wenn es um andere Kulturen und Epochen geht, in denen textsprachlicher Kommunikation (noch) nicht die Bedeutung wie in modernen Gesellschaften zukam.

(2) Die Kommunikationsebene zwischen den Rangaku-Richtungen

Da Chôeis fachlicher Austausch mit Ozeki vor allem an die Beziehungen zu Watanabe Kazan, einem Verwaltungsmännischen Rangakusha, gebunden war, soll nun kurz das Verhältnis zwischen den beiden Richtungen beleuchtet werden. Obwohl Chôeis Selbstdarstellung, die Schilderung seiner Rolle im Fall der Einkerkerung von (Mitgliedern des) Barbaren-Vereins (bansha no goku 蛮社の獄[37]) in den bereits genannten ereignisbezogenen Schriften nicht der Realität entsprach, liefern die beiden Porträts Ozekis und Kazans im "Vogelgezwitscher" ein reales Bild der Unterschiede im jeweiligen Umgang miteinander (was auch sprachlich, in der Anrede, zum Ausdruck kommt). Die Charakterisierung Kazans als gestrengen Meister verweist auf eine Distanz, die sich vor allem aus folgenden, einander bedingenden Unterschieden ergab: in den Funktionsbereichen und damit gesellschaftshierarchischen Stellungen (hoher Lehnsbeamter versus städtischer Arzt); in den Lebenstätigkeiten und damit dem Zweck ihrer Rangaku-Beschäftigung, in der Nähe ihres Nützlichkeits- und Wohlfahrtsverständnisses zur Politik (Primat unmittelbar praktisch-politischer Interessen versus wissenschaftlich vermittelte praktische Interessen); in ihren Wertorientierungen.

Ozeki und Chôei waren in den Augen Kazans Leute, die ihm bei der Aneignung der holländischen Sprache und von Wissen über den Westen hilfreich zur Seite standen. Erstere wiederum sahen in diesem Dienst (Übersetzen, Lehren) in der Edo-Residenz des Tawara-Lehens zusätzliche Möglichkeiten, sich Geld für ihre eigentliche Tätigkeit zu verdienen und an Bücher heranzukommen (beide zogen den Schreibtisch der Heilpraxis vor). Sie waren sich ihrer fachlichen Überlegenheit bewußt und profitierten zugleich von Kazans politischer und *Gentleman*-Bildung. Kazan zog dem Spezialistentum noch die traditionelle Kulturbildung vor und meinte zu Chôeis Gelehrsamkeit, sie sei auf die eines Korporals begrenzt: Zum Befehlshaber einer ganzen Truppe müsse er erst noch werden (vgl. Satô 1972: 60).

Die bereits erwähnte "Gesellschaft der Alten" (Shôshikai) funktionierte auf breiterer Ebene in ähnlicher Weise, wie aus der "Kurzen Beschreibung..." hervorgeht: An Erkenntnissen der Rangaku interessierte konfuzianische Gelehrte wie auch Regierungsbeamte tauschten hier ihr Wissen mit den Verwaltungsmännischen Rangakusha aus (die Grenze zwischen ihnen dürfte oft fließend gewesen sein); diese luden zu bestimmten Themen "Fachleute" (also Orthodoxe Rangakusha) ein, die dabei ihren Horizont ebenfalls erweitern konnten, Anregungen oder gar Aufträge erhielten. Umezao sieht in dieser

Gesellschaft eine Art Vermittlungsinstanz zwischen drei verschiedenen sozialen Gruppen: den in der späten Edo-Zeit zunehmend von den konkreten Verwaltungs- und Regierungsaufgaben isolierten konfuzianischen Gelehrten (vor allem der Shôheikô), den Beamten der Bakufu-Regierung sowie den berufsmäßigen Rangakusha. Aufgrund ihrer Fertigkeiten im verwaltungstheoretischen Denken seien erstere eher als letztere in der Lage gewesen, die westliche Gesellschaft als Ganzes zu überblicken (was allerdings zumindest im Falle Chôeis zu bezweifeln ist). Daher hätte ein Großteil der Bürokratenelite des Bakufu intensive Beziehungen zu diesen auch "westlich" gebildeten Literaten (bunjin 文人) gepflegt. Dieses "Bündnis von Beamten und Intellektuellen" (Umezao 1988: 206) habe sowohl zur höheren Bildung ersterer geführt als auch letzteren zu mehr Einflußnahme auf die Politik verholfen, es sei zur Herausbildung eines "engen kooperativen Verhältnisses" gekommen (ebenda).

Fast könnten Parallelen zur höfisch-bürgerlichen Intelligenz Frankreichs im 18. Jahrhunderts, insbesondere zu den Physiokraten, gezogen werden, die als Reformbeamte ihren sozialen Ort in der höfischen Gesellschaft hatten und die durch den Fortschritt des Wissens, Aufklärung der Regierenden, Besetzung der leitenden Stellen mit reformwilligen Männern die Institutionen, Erziehung und Gesetzgebung zu verbessern trachteten (vgl. Elias 1988a: 50-64). Doch im großen Unterschied zu dieser Reformbewegung waren selbst höheren Beamten-Gelehrten (auch Rangakusha) scharfe Grenzen gezogen, wenn es darum ging, gewonnene Einsichten in Kritik an der Politik der Regierung münden zu lassen. Die Shôshikai war kein politischer Zirkel. Die Nähe der Verwaltungsmännischen Rangakusha zu sozialen Fragen, zur Problematik des Status quo bedeutete für sie zugleich, daß man sie seitens der Herrschenden vor allem ideologisch-engagiert und somit argwöhnisch betrachtete. Eine distanziert-argumentative Betrachtungsweise konnte nur bei genügender Entfernung zu oder in Verborgenheit vor der Tagespolitik vorgenommen werden. Ließen sich aber Orthodoxe Rangakusha wie Chôei – oft über die Vermittlung von Vertretern der Verwaltungsmännischen Richtung – aus ihrer Perspektive auf soziale oder politische Probleme ein, so bedurfte es in jener Zeit schon eines starken Selbst-Bewußtseins, dies zu überleben.

(3) Die Kommunikationsebene zwischen den Rangakusha und den Mächtigen
Damit sind bereits wichtige Aussagen zur Frage getroffen, wie Rangaku zu Chôeis Zeiten in jene gesamtgesellschaftliche Kommunikationsweise integriert wurde, die noch von ethico-politischen Inhalten dominiert wurde. Den Machthabern ging es darum, unmittelbar verwertbares Wissen ("Machtwissen" – angefangen bei den militärischen, agronomischen, technischen und historisch-geographischen Kenntnissen bis hin zu den Heilkünsten) auf verschiedenen Wegen öffentlich dienstbar zu machen. Weitergehende Studien duldete man auf privater, besser: *gemeiner* Ebene, in relativ geschlossenen Gruppen, sofern sie nicht "oben und unten in Aufruhr versetzten", also sich aus ihrem Wissen heraus öffentlich kritisch positionierten – nicht nur die Rangakusha, auch hohe Beamte der zentralen und regionalen Regierungen schufen sich ihre Informations- und Lerngesellschaften. Das bedeutete für die in entsprechenden Ämtern tätigen Träger von neuem Wissen, dieses allein in den jeweiligen Gremien, nicht aber öffentlich zur Disposition zu stellen (kein Diskussionsverbot an sich), gemeine Gelehrte hatten sich zu Verwaltungs- und Regierungsangelegenheiten generell nicht zu äußern.

Wie sehr diese strenge Trennung zwischen den zu Ständen geronnenen gesellschaftlichen Funktionsbereichen von den Gelehrten selbst als Norm verinnerlicht worden war, zeigen Stil und Inhalt der ereignisbezogenen Schriften Chôeis, in denen er – ob rhetorisch oder nicht – immer wieder erwähnt, gegen diese Regeln verstoßen zu haben. In der "Traumgeschichte" etwa meinte er:

> "...und wenn ich törichter Mann in meiner Unbescheidenheit eine Meinung zur Politik unseres Staates äußerte, obwohl ich nicht den Beruf (eines Beamten) habe und auch die darauf stehende Strafe nicht gering ausfällt, falls dies jemanden zu Ohren kommt, so nur, weil Sie mich darum baten. Aber da ich in jedem Falle aus treuer Sorge gegenüber meinem Lande handelte, wird man mein Vergehen wohl für so schwerwiegend nicht erachten." (Übersetzungsanhang, S. 260)

Chôeis Schriften wie auch dem Briefwechsel mit seinem Verwandtschaftsverband in der Heimat ist zu entnehmen, daß zwischen ihm und den Machtträgern zweierlei Arten von Beziehungen bestanden: Zum einen begab er sich, wie im Falle des Fürsten Matsuura von Hirado, dessen Residenz sich in Nagasaki befand, und des Fürsten Miyake von Tawara, dem Kazan als hoher Beamter diente – als Rangakusha in die Dienste von Würdenträgern, die dieser Strömung aufgeschlossen gegenüberstanden und im Besitz holländischsprachiger Literatur waren (vgl. im Übersetzungsanhang die Briefe an Takano Gensai, Anfang Herbst des Jahres Bunsei 9 (1826) und Neujahr Bunsei 10 (1827), S. 225 bzw. S. 227 sowie die "Kurze Beschreibung...", S. 282). Abgesehen von dem Prestigegewinn auch über die Kreise der Rangakusha hinaus, ging es ihm bei diesen Diensten also vorrangig ums Verdienen durch Übersetzungen (auch bei wohlhabenden Städtern/Kaufleuten verdiente er mit Übersetzen hinzu) und Unterricht in Sprache und Landeskunde sowie um das Beschaffen von Quellen. Beides galt ihm als Voraussetzung für seine wissenschaftliche Tätigkeit in Nagasaki bzw. Edo, nicht aber als (feudaler) Dienst an einem Haus im Sinne einer Herr Gefolgsmann–Loyalitätsbeziehung, wie er im Brief an die Verwandten im 9. Monat des Jahres Tempô 1 (1830) betonte.

Von diesem distanzierten, auf private Absicherung gerichteten Verhältnis zu unterscheiden ist zum anderen Chôeis Engagement bezüglich der Obrigkeit des heimatlichen Lehens, in deren Pflicht das Takano-Haus stand, sowie – nach seiner Absage an dieses Loyalitätsverhältnis (vgl. unten) bezüglich des Landes, in deren Dienste er sein Wissen stellen wollte. Bemerkenswert und im weiteren Verlauf dieses Textes nochmals aufzugreifen sind dabei erste Ansätze, den sich hinter dem Dienst- und Loyalitätsbegriff verbergenden Wohlfahrts- und Gemeinnützigkeitsgedanken[38] in Richtung gesamter Gesellschaft zu erweitern. Die am Erhalt der Abschließungspolitik interessierten Kräfte verstanden sehr wohl das diesen Ansätzen immanente Kritikpotential am bornierten Verständnis von Wissen/Wissenschaft als im Dienst der Macht stehend – ein Konflikt, der nicht nur von den Rangakusha thematisiert wurde[39]. Es war letztlich auch ein Faktor, der die Machthaber veranlaßte, mit dem Fall *Bansha no goku* (1839) ein Exempel gegen Kompetenzüberschreitungen durch Rangakusha, d.h. gegen die Überwindung ständischer Hierarchien in Form von Ansätzen generalisierten Denkens zu statuieren, der auch Chôei als einer ihrer damals führenden Köpfe zum Opfer fiel.

Hinter den persönlichen Schicksalen der Betroffenen ist zugleich ein massiver Eingriff in den gerade einsetzenden Prozeß der Autonomisierung von wissenschaftlichen Erkenntnisprozessen zu sehen, die für ein distanziertes Verhältnis zur eigenen sozialen Realität allgemein von großer Bedeutung ist. Zwar läßt sich die Spezifik wissenschaftlichen, allgemein diskursiven Denkens in Japan nicht allein und auch nicht primär aus staatlich-politischen Maßnahmen erklären. Doch sind solcherlei Versuche, Wissenschaft für Machtinteressen zu monopolisieren, deren Entwicklungsrichtung über diese zu kanalisieren und zugleich dem entgegenlaufende Tendenzen aus der Öffentlichkeit (in relativ geschlossene Gruppen) zu verbannen, seit jener Zeit permanente Begleiter bzw. Mitgestalter der japanischen Variante von Modernisierung. Diese Dominanz der Politik (des Staates) über die sich herausbildenden Teilsysteme der Gesellschaft charakterisiert den "historisch entstandene(n) Versuch im Übergang von der Tradition in die Moderne, die Einheit der Gesellschaft durch Repräsentation herzustellen" (Haucke 1990: 26). Ideengeschichtlich bediente man sich dabei vor allem des Begriffes der Familie, des Hauses, der auf den Staat (mit dem Tennô-Haus an der Spitze) ausgedehnt werden sollte.

Chôeis Ausbruch aus seinem provinziellen Familienverband ist also einerseits auch unter diesem Aspekt zu sehen, der ihn als Kind seiner Zeit erscheinen läßt (das der Obrigkeit nützen will). Andererseits bleibt er in seiner Gesellschaft zunächst Außenseiter, wenn er nun keinem Haus mehr dienen will, sondern die Holland-Wissenschaften als seine Berufung betrachtet und an dieser seinen Loyalitätsbegriff orientiert:

> "Machte ich die Holland-Wissenschaften zu meinem Beruf und sterbe nun dafür, handelte ich in Loyalität und sterbe nun dafür, so gäbe es vom Prinzip her nichts zu bedauern und von der Redlichkeit her nichts, dessen man sich zu schämen hätte." (aus dem "Vogelgezwitscher", Übersetzungsanhang, S. 269)

"Kehrte ich zurück, es wäre der Tod"

Kulturgeschichtlich und wissenssoziologisch interessant ist die Frage nach den familiären Integrationsebenen Intellektueller verschiedener Zeiten bzw. Kulturen. So werden nun kurz auch Chôeis familiäre *Wir*-Beziehungen im Zusammenhang mit den oben aufgezeigten Tätigkeitsfeldern als Rangakusha rekonstruiert. Als er nach seiner Rückkehr nach Edo 1830 endgültig seinen Verzicht auf die Erbfolge des Hauses Takano durchsetzen konnte – was objektiv den Abstieg in der sozialen Hierarchie von einem bushi zum städtischen Mediziner bedeutete –, stand ihm der Sinn wohl kaum nach bewußter Rebellion gegen dieses Ständesystem. Im Gegenteil: Anhand des

Briefwechsels kann nachvollzogen werden, wie sehr er dem vorherrschenden Wertesystem verhaftet war und zwischen der Erfüllung seiner repräsentativen Rolle als Hausvorstand, den damit verbundenen Lehensdiensten nach außen und der genealogischen Kontinuität nach innen sowie seiner Kindespflicht gegenüber den (Adoptiv-)Eltern einerseits und seinem selbstbewußten Aufstiegs-Denken andererseits schwankte. Das bedeutete, sich zwischen einer Tätigkeit als *Rangaku-Heilpraktiker* im heimatlichen Mizusawa oder als *Rangaku-Gelehrter (Wissenschaftler)* zu entscheiden. Abgesehen davon, daß Chôei seine Stärke vor allem auf letzterem Gebiet sah und diese sich seiner Meinung nach nur in Edo entfalten ließ, wären seine Aufstiegschancen etwa zu einem der Leibärzte im Dienst des Fürsten von Mizusawa - was ihn auch finanzieller Sorgen enthoben hätte - nur sehr gering gewesen. Im Kreise der Rangakusha aber nahm er bereits eine beachtliche Position ein. In seiner Schule war er sein eigener Herr, und so gelangte er zu der Auffassung, Loyalität und Kindespflicht in Edo besser gerecht werden zu können als in der Heimat (vgl. Chôeis Brief an seinen Onkel Mogi Samanosuke aus dem Jahre Tempô 2 (1831) im Übersetzungsanhang, S. 239). Seine subjektive Überzeugung, einst komme die Zeit, da man es vielmehr auch als Loyalität gegen die Obrigkeit betrachte, daß er in Edo geblieben sei, entspricht dem oben bereits angedeuteten objektiven Prozeß der Ausweitung des Loyalitäts- und Wohltätigkeitsbegriffes auf gesamtgesellschaftliche Belange auf der Grundlage universal praktizierbarer wissenschaftlicher Erkenntnisse.

Das Ringen um eine akzeptable Lösung, bei der beide Seiten, Chôei und die Verwandtschaft in Tôhoku, nicht das Gesicht verlieren mochten, war kompliziert und zäh. Die feudalen Verwaltungen konnten noch immer tief in die Familienbelange der bushi eingreifen, ihnen im Falle eines fehlenden männlichen Erben sogar das Reisdeputat entziehen, was dem faktischen Ende des Hauses gleichkam (daher wohl u.a. auch der verbreitete Brauch der Adoption von Söhnen). Generell bedurften Erbfolgefragen der Zustimmung seitens des Lehnsherrn, und so wird die Hartnäckigkeit verständlich, mit der Chôei spätestens nach dem Tode des Adoptivvaters Gensai von den Mogi, Suda oder Gotô nicht nur in deren eigenem Interesse zur Rückkehr aufgefordert wurde. Gerieten sie doch gegenüber der Lehnsobrigkeit in zunehmende Erklärungsnot: Solch lange Abwesenheit des Hausvorstandes war absolut unüblich und der Bote (Ono Ryôsaku), der dem Abtrünnigen nachgeschickt wurde, um den Aufforderungen Nachdruck zu verleihen, ließ verlauten, dieser vermittle nicht gerade den Eindruck, heimkehren zu wollen (vgl. Inoue Tetsuo 1980: 415).

Chôei wiederum wußte um die Unerbittlichkeit der - sicher auch Schutz vor Eingriffen der Obrigkeit gewährenden - Familienzwänge im Falle seiner Rückkehr, wollte aber weder dem Ansehen des Hauses Schaden zufügen noch einen vollständigen Bruch riskieren, der ihm zudem auch den Namen gekostet hätte. Daher begründete er die Verzögerungen und schließlich auch seinen Entschluß, vom Erbe zurückzutreten, mit seinem schlechten Gesundheitszustand - was wohl doch mehr eine Notlüge war angesichts der der Nachwelt überlieferten Berichte über seine "Ausschweifungen" (shushoku 酒色 - Wein und Frauen) schon seit der Nagasaki-Zeit. Schließlich schloß man den Kompromiß, Chôei nicht zu enterben, sondern aufs "Altenteil" zu setzen (inkyo 隠居[40]). Die Verlobung mit Chio wurde gelöst und in eine Vater-Tochter-Beziehung geändert, um ihr einen Mann und damit einen neuen Erben des Hauses suchen zu können: Takano Genkyô als Repräsentant der 10. Generation des Hauses, die jedoch nur von kurzer Dauer war, weshalb 1832 Takano Tôei adoptiert wurde (erst dessen Sohn schaffte den vom Hause Takano angestrebten Sprung, zum Leibarzt des Fürsten ernannt zu werden; vgl. Hangai 1983: 37).

Damit hatte Chôei vorerst nur noch für sich und seine Mutter zu sorgen, die er nach Edo holte, und konnte sich den mit dem Betreiben seiner shijuku verbundenen Tätigkeiten widmen. Vor allem aus finanziellen Gründen und wegen der Angelegenheit mit Chio habe er nicht heiraten wollen (vgl. Tsurumi 1985: 124). Doch adoptierte er Satô zufolge 1836 einen seiner Schüler (Satô 1980: 440 bzw. 446), um die Fortführung seiner Schule und damit seines Namens als Mediziner zu sichern - auch hier also die Einbindung von Wissenserwerb und -vermittlung in ein familienartiges Geflecht, für das nicht unbedingt

> "die verwandtschaftliche Beziehung ... primär konstitutiv (war) ..., sondern das Zusammenleben und -arbeiten der Mitglieder unter einem Dach und ihre Orientierung an einem gemeinsamen genealogischen Ursprung." (Neuss-Kaneko 1990: 51).

Schließlich heiratete er dann doch, und zwar eine Geisha namens Yuki (1838), die ihm im Jahr darauf eine Tochter (Moto) und 1846 bzw. 1850 noch zwei Söhne (Yuzuru und Kaname) gebar. Bezeichnenderweise wird über seine Familie in den Chôei-Biographien nur soviel berichtet, daß sie während seiner späteren Gefangenschaft und den Jahren der Flucht vom Freund Uchida Yatarô betreut wurden. Chôei selbst erwähnte sie in den ereignisbezogenen Schriften nicht ein einziges Mal, während seine Sorgen um die Mutter mehrfach Ausdruck fanden. Auch über das Schicksal seiner Familie nach dem Tod im Oktober 1850 fanden sich in den mir zur Verfügung stehenden wissenschaftlichen Quellen keine weiteren Angaben[41].

Abschließend bleibt zu diesem Thema nur soviel festzustellen, daß auch die Familienverhältnisse Chôeis von seiner endgültigen Einrichtung in der Lebenswelt eines einfachen Städters (chônin 町人) zeugen: nur dieser konnte ohne Gesichtsverlust eine "in den Künsten Bewanderte" (geisha 芸者) - in ihrer sozialen Einordnung ebenso umstritten wie die Ärzte - heiraten und in relativ kleinem Familienkreis (Eltern, Kinder, Großeltern) leben. Und allein dessen Beruf (shoku 職) ernährte sie und lag seinem Image zugrunde, das dann mit dem Haus vererbt werden konnte.

V. Was viel nützt, kann auch viel schaden

Im Fall *Bansha no goku* spielte Takano Chôei durchaus nicht die zentrale Rolle, die er sich in seinen ereignisbezogenen Schriften selbst zuschrieb. Wohl trug auch die aus einem Mißverständnis heraus verfaßte "Traumgeschichte" (vgl. Anmerkung[91] zu den Übersetzungen) dazu bei, das Mißtrauen der Behörden gegen die "Gesellschaft der Alten" zu vertiefen. Ausgelöst wurde die Verhaftungswelle der Rangakusha bzw. ihrer Sympathisanten jedoch erst etwa ein halbes Jahr später, im April/Mai 1839: Ein von der Regierung angeforderter und vom Statthalter (daikan 代官) Egawa Tarozaemon erbrachter Bericht über Maßnahmen zum Küstenschutz, dem die nach westlichen Erkenntnissen und Methoden angestellten Vermessungen von Uchida Yatarô zugrunde lagen, stellte Torii Yôzô - einen mit der gleichen Aufgabe betrauten, sich aber an traditionellen Verfahren orientierenden obersten Polizeibeamten (metsuke 目付) - bloß[37]. Daraufhin brach der seit geraumer Zeit schwelende Konflikt zwischen den Verfechtern einer Politik der *Öffnung des Landes* (kaikoku 開国) und den Befürwortern der *Vertreibung der Barbaren* (jôi 攘夷), die gemäß des 1825 von der Regierung erlassenen Befehls über die notfalls gewaltsame Vertreibung fremder Schiffe zu handeln gedachten, ein erstes Mal offen zutage. Daß die "Konservativen", verkörpert durch Torii, die Oberhand behielten, wirkte sich vor allem auf die Härte der Strafen gegen die Betroffenen sowie auf die weitere Entwicklung von Rangaku aus.

Zugleich ist diese Auseinandersetzung zwischen beiden Gruppierungen (die Rangaku-Problematik darin eingebettet) vor dem Hintergrund tiefgreifender Umwälzungen in den sozialökonomischen Verhältnissen zu sehen. Denen suchten die Regierenden im Zentrum wie auch in den Provinzen politisch zu begegnen: mit den Reformen der Tempô-Ära (1830-1843), einer Zeit, in der sich die ohnehin komplizierte Situation noch durch die Natur- und

Hungerkatastrophen in den Jahren zwischen 1832 und 1838 und die diese begleitenden Aufstände verarmter Bauern und Städter zuspitzte. Diese Reformen waren nicht nur in ökonomischer Hinsicht eine Reaktion feudalistischer Kräfte auf die Untergrabung der bestehenden Eigentumsverhältnisse durch entstandene manufakturelle und eigenständige ländliche Warenproduktion, welche zur Herausbildung regionaler Märkte und damit eines selbständigen, nicht-monopolisierten Handels führte. In den verordneten Sparsamkeitsvorschriften für den Schwertadel (bushi) wie für die Städter, in den Aufforderungen an die Bauern, aufs Land zurückzukehren und sich der Neulandgewinnung zu widmen, kurzum: in den "Bemühungen, 'die Klassen auf den rechten Weg zurückzuführen'" (Hall 1980: 234), kamen zugleich die traditionellen Wertvorstellungen der bushi zum Vorschein, die - wenn auch differenziert - als Normativ für alle Stände repräsentativ waren. Ähnlich wie bei vorangegangenen Reformprojekten des 18. Jahrhunderts wurde deren immer eindringlicher betonte Verbindlichkeit auch jetzt (etwa 1841) wieder von Zensurmaßnahmen flankiert, die sich sowohl gegen die im Spaß geschriebene Literatur (gesaku bungaku 戯作文学) richteten (vgl. May 1983: 76/77) als auch den Umgang mit Schriften in westlichen Sprachen betrafen:

> "Es wurde verboten, in holländischer Sprache zu schreiben und alle Übersetzungen ausländischer Bücher erforderten die Genehmigung der Bakufu-Behörden." (Barth 1979: 491).

Aus diesen alle Lebensbereiche erfassenden Erschütterungen im Japan der späten Edo-Zeit erklärte sich letztlich die Nervosität und auch die Härte, mit der die Leute um Mizuno Tadakuni, führender Kopf der Tempô-Reformen, gegen jegliche Kritik "von außen" an dem ohnehin umstrittenen eingeschlagenen Kurs reagierten. Chôei, der infolge der obigen Machtkämpfe ebenfalls von den Behörden gesucht wurde, stellte sich am 18. Tag des fünften Monats 1839 freiwillig, einen Tag, nachdem sein Freund Ozeki San'ei sich aus Furcht vor der Verhaftung das Leben genommen hatte. Bald darauf wurde er zu lebenslanger Haft in einem Gefängnis in Edo verurteilt.

"In der Unterwelt gibt es auch ein Paradies"

So sah im "Vogelgezwitscher" Chôei selbst seinen Gefängnisaufenthalt, den er nach fünf Jahren durch Flucht eigenmächtig beendete[42]. Woher, so ist zu fragen, nahm er angesichts der im gleichen Aufsatz beschriebenen schier unerträglichen Haftbedingungen, die fast allen Miteingekerkerten im Falle *Bansha no goku* das Leben kosteten, die Kraft zu einer solchen Einschätzung seiner Situation? Fokusartig scheinen die bereits erwähnten unterschiedlichen Lebenswelten mit den entsprechenden Denk- und Handlungsweisen noch einmal in den Haltungen des ebenfalls verhafteten Watanabe Kazan einerseits und des Takano Chôei andererseits zu ihrem jeweiligen Schicksal auf. Kazan wurde nach etwa einem Jahr Haft in einem Gefängnis für bushi zu lebenslänglichem Hausarrest in seinem Heimat-Lehen (Tawara) "begnadigt", beides als unerhörte Schmach für sein Haus wie auch sein Fürstentum empfindend. Der ihn bereits seit seiner Kindheit begleitende Konflikt zwischen **Pflicht**: Befolgen des seiner ererbten Stellung gemäßen, vorgezeichneten Weges und **Neigung**: Koordinierung dieses Weges mit veränderten Kontexten und eigenen Interessen brachte ihn zudem ein weiteres Mal in eine Situation, die er nur durch radikale Selbstverleugnung bewältigen konnte, wollte er nicht die seine Autorität begründende Integrationsebene des bushi-Standes aufgeben. Im Arrest heimlich in Verbindung mit Gleichgesinnten stehend und seine Rangaku-Studien vertiefend, fürchtete er letztlich die Verleumdung seines Fürsten sowie der Freunde durch die gemeinsamen politischen Gegner und wählte 1841 den Freitod.

Chôei hingegen kam in ein Gefängnis für Städter (chônin; dieser schon mehrfach gefallene Begriff steht für die nichtadlige Bevölkerung in den Städten). Auch er sprach von der *Schmach der Gefangenschaft* (vgl. "Vogelgezwitscher" im Übersetzungsanhang, S. 264), bezog dies aber weder auf seine Person an sich noch auf das soziale Umfeld, in dem er sich nun befand. Es wird im sechsten Abschnitt noch ausführlicher auf das Problem der Selbstdarstellung in seinen Schriften einzugehen sein, doch während er sich in der - an die Obrigkeit gerichteten - "Traumgeschichte" noch der Torheit bezichtigte (gumai 愚昧), um seine unbefugte Einmischung in Dinge der Herrschenden zu legitimieren, stellte er sich nun als Opfer einer Verschwörung dar. Sei seine Wortmeldung vielleicht auch etwas ungeschickt gewesen, vom Prinzip her gäbe es nichts zu bedauern, und schließlich habe man einst selbst Weise und Heilige aufgrund von Verleumdungen unschuldig eingesperrt[43]!... Wenn Chôei einen solchen Vergleich auch sogleich relativiert ("...von uns einfachen Menschen ganz zu schweigen"), so ist es doch dieses - sich auf die Tätigkeit als Rangakusha gründende - Selbstbewußtsein, das es ihm ermöglichte, dem neuen, *höllischen* Beziehungsfeld etwas *Paradiesisches* abzugewinnen.

Es ist untrennbar mit zwei weiteren, ebenfalls einander bedingenden Aspekten verbunden: Zum einen betrifft das seine Haltung zu den mit ihm eingekerkerten *wilden, schurkischen Bösewichten*. Diese in ihrer *todesverachtenden Entschlossenheit* mit den *treuen Gefolgsmännern* in den Zeiten des Krieges zu vergleichen, beinhaltet wohl auch eine leise Kritik an den *schwächlichen und sich eitlem Gepränge* hingebenden bushi. So problematisch diese Argumentation: *Weg des Kriegers* (bushidô 武士道)/Aktivismus versus lange währender Friede/Trägheit und Verfall auch sein mag[44], sie zeigt die widersprüchlichen Bemühungen des selbst dem Militäradel entstammenden städtischen Gelehrten, das eigene Engagement zu begründen und objektiv die Tätigkeitsfelder der unteren Stände in ihrer Bedeutung für das Ganze (Chôei spricht vom Staat oder vom Land) aufzuwerten. Und zwar nicht allein, wie von den Ideologen des *Weges des Kriegers* angestrebt, durch die Konzipierung eines sich an der ständischen Hierarchie orientierenden Weges der einzelnen Stände (d.h. Erweiterung des repräsentativen *Weg*-Begriffes der bushi über seine kontextabhängige Partikularisierung), sondern durch seine tendenzielle Universalisierung (d.h. Ansätze einer ständegruppen- bzw. gemeinschaftsübergreifenden Vergesellschaftung von Wert- und Handlungsorientierungen). Darauf verweisen der staatsbezogene Begriff der *Loyalität* (chû 忠) bzw. die Versuche, Begriffe wie den der *Menschlichkeit* (jin 仁) und den der *Gerechtigkeit* (gi 義) auf die westliche Kultur auszudehnen. Wohl nicht zufällig gehen hier Ansprüche auf ein höheres Maß an Individualität einher mit Bestrebungen nach größerer Universalität.

Zum anderen war Chôei auch unter den Bedingungen der Haft bemüht, seine Fähigkeiten für sich selbst und für andere nutzbringend anzuwenden. Zunächst zielten seine Aktivitäten darauf, den Gefängnisalltag erträglicher zu gestalten: Als Briefschreiber und Ratgeber - also als Gebildeter - sowie vor allem als Arzt - d.h. als Spezialist - bot er seine Dienste Mithäftlingen wie auch Beamten an und sicherte damit zugleich sein eigenes Überleben. Denn auf diese Weise gelang es ihm, innerhalb der Gefängnishierarchie bis zum Oberhaupt der Häftlinge (rô nanushi 牢名主) aufzusteigen, was ihm neben finanziellen Vorteilen auch andere Vergünstigungen brachte, so z.B. eigene Räumlichkeit (vgl. Hangai 1983: 199/200).

Das wiederum mochte eine wichtige Voraussetzung gewesen sein, um seinen eigentlichen, d.h. wissenschaftlichen Interessen selbst hier nachkommen zu können, und sei es durch Übersetzungsarbeiten. Folgt man den Recherchen Tsurumis, bemühte Chôei sich 1843 darum, ein umfangreiches Werk zur Geographie der Länder übertragen zu dürfen: wohl einmal, um sich dem bakufu und damit dem Land in Zeiten zunehmender außenpolitischer Sorgen nützlich zu erweisen; aber auch in der Hoffnung auf eine mögliche Freilassung als Gegenleistung (vgl. Tsurumi 1985: 205). Satô wiederum weist anhand detaillierter Material- und Textanalysen nach, daß Chôei bereits während der Gefängnisjahre von seinem einstigen Schüler und späteren Vertrauten Suzuki Shunzan (1801-1846)[45] bei Übersetzungen militärwissenschaftlicher Schriften zu Rate gezogen wurde, die dieser im Auftrag hoher Regierungsbeamter anzufertigen hatte (Satô 1980: 429–446)[46].

Trotz unterschiedlicher methodischer Herangehensweisen Tsurumis und Satôs an Leben und Werk des Takano Chôei, die - wie sogleich an der Rekonstruktion der Fluchtjahre gezeigt wird - zudem von verschiedenen faktologischen Grundlagen ausgehen und auch deshalb zu differierenden Wertungen gelangen, konstatieren beide, daß er sich seit spätestens Mitte der 40er Jahre verstärkt fremdsprachigen Abhandlungen über Dinge des Militärs - seiner Technik und Organisation - zuwandte. Die Gründe dafür liegen im Persönlichen ebenso wie allgemein in der Situation des damaligen Japan. Sie sind mithin ohne die Jahre der Haft und dem im Juni 1844 erfolgten Ausbruch Chôeis aus dem Gefängnis ebensowenig zu verstehen wie ohne die Berücksichtigung einer zunehmenden Verflechtung der auch zur Produktion von Herrschaftswissen herangezogenen Rangaku-Strömungen und Machtinteressen - eines Prozesses, den es jetzt und im weiteren näher zu betrachten gilt, da in ihm bereits zu jener Zeit Züge der spezifisch japanischen Modernisierungsvariante zu erkennen sind: Die sich zu relativ selbständigen Sub- oder Teilsystemen der Gesellschaft entwickelnden Funktionsbereiche (hier: Wissenschaft, getragen von öffentlich kaum miteinander kommunizierenden Gruppen) steuern entweder auf eine kaum noch integrierbare Autonomie zu oder aber werden machtpolitisch dominiert und funktionalisiert.

Große Fische gehen in kleinen Teichen ein

Wesentliche Knotenpunkte des Netzes der *Wir*-Ebenen, in denen Chôei bis zu seiner Inhaftierung agierte, bildeten die Beziehungen zu sachlich-fachlich wie persönlich-freundschaftlich verbundenen Holland-Wissenschaftlern. Diese wurden dann gewaltsam aufgelöst und konnten auch nach der Flucht nicht wieder auf die gleiche Art geknüpft werden. Einem Schwerverbrecher gleich wurde er landesweit durch Aushänge und Häscher von der Zentralregierung gesucht, so daß all sein Tun nunmehr zunächst einmal auf Überleben denn auf reine Wissenschaft gerichtet war. In ein von Unstetigkeit gekennzeichnetes Beziehungsgeflecht eingebunden, war er mit seinen Tätigkeiten als Heilpraktiker, Lehrer und Übersetzer von Schriften mit vornehmlich militärischen Inhalten vor allem auf Gruppen von Leuten angewiesen, die sich seiner Fähigkeiten primär aus nichtwissenschaftlichen (politischen, medizinpraktischen, finanziellen) Interessen bedienten.

Die Relativierungen ***primär, zunächst, vor allem*** sind hier subjektiver Natur und deshalb nicht zu umgehen, da es zu Chôeis Leben nach dem Gefängnisausbruch bis 1848 außer den übersetzten Texten[47] kaum schriftliche Zeugnisse gibt (oder diese verloren gingen). Bestrebt, diese Leerstelle zu füllen, haben die Chôei-Biographen recht unterschiedliche Bilder jener Zeit gezeichnet, Unterschiede, die jeweils verschiedenen Erkenntnisbedürfnissen und dementsprechenden Forschungsmethoden geschuldet sind. Dreh- und Angelpunkt dabei ist eben das oben angerissene Problem des Verhältnisses der Tätigkeitsfelder und -motive zu Chôeis wissenschaftlichen Interessen, des Maßes an Selbstbestimmtheit auch in den Jahren erzwungener Verborgenheit. Zwei Grundschemen dieser Bilder sollen an dieser Stelle kurz vorgestellt werden, auf die sich dann die abschließende Interpretation dieser Etappe seines Wirkens bezieht.

Satô Shôsuke und der späte Takano Chôei

Das erste ist den "Studien zur Geschichte der Yôgaku" von Satô Shôsuke zu entnehmen, in denen er anhand von intratextuellen Analysen nachzuweisen versucht, daß Chôei nach seiner Flucht bis zum Jahre 1848 - außer nur kurzzeitigen Abstechern nach Omagi in der heutigen Präfektur Saitama und nach Nagoya – ständig in Edo weilte[48]. Hier standen ihm insbesondere seine Freunde Uchida Yatarô und Suzuki Shunzan zur Seite. Sie waren für ihn in mehrfacher Hinsicht unverzichtbar, um das schwierige Alltagsleben zu bewältigen: Nicht nur kümmerten sie sich seit 1839 um Chôeis Familie, die sich – von Seitensprüngen entstammenden Sprößlingen abgesehen – 1846 und 1850 um zwei Söhne vergrößerte; sie beschafften ihm auch Unterschlupf an verschiedenen Orten in und um Edo, dabei stets sich selbst und die Hilfeleistenden gefährdend. Vor allem aber waren sie ihm ob ihrer Stellung als bushi in der Edo-Gesellschaft wichtige Vermittler von Informationen (in mündlicher Form wie auch durch das Beschaffen von Büchern) sowie von Aufträgen, mit denen er sich finanziell einigermaßen über Wasser halten konnte.

Die Konzentration Satôs auf diese Dreierbeziehung ergibt sich aus seiner textanalytischen, mündliche Überlieferungen nicht berücksichtigenden Methode: Über Vergleiche der Ausgangsmaterialien, Terminologien und Strukturen von Shunzans und Chôeis Übersetzungen militärwissenschaftlicher Schriften gelangt er zu der eingangs erwähnten Schlußfolgerung betreffs der engen Zusammenarbeit zwischen beiden in Edo. Daß letzterer auch nach dem Tode Shunzans (1846) an diesen Themen weiterarbeitete, liegt – nach Satô – zum einen daran, daß er die gemeinsam begonnene Arbeit zu vollenden trachtete. Zum anderen wird darauf verwiesen, er habe über Uchida von der an europäischsprachigen Büchern reichen Bibliothek der reformwilligen Date-Fürsten des Iyo-Lehens in Uwajima auf Shikoku[49] erfahren, denen Chôei dann 1847 seine "Hilfe, andere zu verstehen" (Chihiichijo; vgl. Auszüge daraus im Übersetzungsanhang, S. 290–301) überreichte. So trug auch dieser Freund – dem Trend der Zeit folgend – zur militärischen Orientierung Chôeis bei. Indem er jedoch wesentlich an dessen heimlicher Berufung als Rangaku-Lehrer und Übersetzer nach Uwajima durch die Date mitwirkte, mochte er wohl zugleich darauf gehofft haben, Chôei könne sich so auch Mittel und Zeit verschaffen, seinen ursprünglichen Interessen nachzukommen. Denn die Tatsache, daß dieser (um 1846) auf Bitten Uchidas die neuesten Ergebnisse der westlichen Sternenkunde in Japanisch zusammenfaßte (vgl. auch Sugawa 1990: 39–80), zeigt, daß nach Satôs Version wenigstens zwischen diesen beiden etwas von dem kreativen Zusammenwirken des einstigen Freundeskreises erhalten geblieben war.

1848/49, das ist allgemein anerkannt, weil schriftlich belegbar, schlüpfte Chôei in die Rolle eines herrenlosen samurai (rônin 浪人) und diente etwa ein Jahr lang unter dem Pseudonym Itô Zuikei dem Date-Lehen als Rangakusha. Seine Tätigkeit als Lehrer spiegelt sich in den "Regeln des Studiums" wider (Gakusoku, vgl. im Übersetzungsanhang, S. 288/289), welche darüberhinaus Zeugnis von der intensiven Beschäftigung mit Problemen des Übertragens von Texten aus anderen kulturellen Kontexten ablegen. Darauf verweist Satô auch in seiner Analyse der "Drei Taktiken" (San hei takochiki, vgl. TCZ Bd.3: 3-7), denen Chôei acht Übersetzungsregeln voranstellte. Zweifellos hatte die erneute Hinwendung zu diesen Fragen etwas mit den Inhalten der von ihm damals studierten Schriften zu tun: Die zahlreichen militärwissenschaftlichen Abhandlungen, die damals aus Europa nach Japan gelangten, standen im engen Zusammenhang mit der Neuordnung des europäischen Heerwesens, welche wiederum Ausdruck und Bestandteil der Umstrukturierung der Gesellschaft insgesamt seit dem Ende des 18. Jahrhunderts war. Die als Resultat und Reflexion dieser Prozesse stattfindende Systematisierung, Neuordnung von Wissen (d.h. Herausbildung bzw. Revolutionierung von Wissenschaftsdisziplinen) bedeutete zugleich eine allumfassende Neusetzung von Normen: Was gilt als normal, gesund, gut, schön? Und so ist es einleuchtend, daß die Übersetzung solcher Texte enorme Anforderungen an kultur- und gesellschaftskomparatistische Fähigkeiten stellte. Wie noch zu zeigen sein wird, leisteten Holland-Wissenschaftler wie Chôei auch hier, beim Erfassen und Vermitteln von Realitäten, die sich zudem in den verschiedenen Ländern jeweils besonders gestalteten, Pionierarbeit, die natürlich an den eigenen historischen und kulturellen Kontext gebunden war.

Anfang 1849 verließ Chôei plötzlich seine "Reis- und Schutzgeber" wie auch seine Schüler und die ihm zur Seite stehende "Dienerin", da er von Häschern ausfindig gemacht worden war. Über Zwischenstationen in Unomachi, Kotohira[50], Hiroshima und Ôsaka gelangte er nach Nagoya, wo er eigentlich bei Bekannten unterzukommen gedachte. Doch beklagte er sehr bald die provinzielle Atmosphäre dieser Gegend (vgl. Satô 1980: 490/491) und brach nach Edo auf. Dort langte er gegen Ende des Jahres mit verätztem Gesicht an, um unerkannt - als Takabayashi Ryôsuke - weiter für die Date übersetzen zu können. Zugleich hoffte er darauf, daß angesichts der sich vertiefenden außenpolitischen Krise, welche doch die Bedeutung der Rangaku bzw. Yôgaku vom Verteidigungsstandpunkt offensichtlich werden ließe, die Zentralregierung endlich ein Einsehen habe, seine Verfolgung einstelle und sich statt dessen seines Wissens bediene (vgl. Satô 1980: 494).

Waren diese Vorstellungen politischer Naivität geschuldet - was in Satôs Wertungen mitschwingt - oder, im Gegenteil, seiner intellektuellen Weitsicht? Jedenfalls ging diese Rechnung ob des sich auch innerhalb Japans verschiebenden Kräfteverhältnisses nicht auf: Die Zentralregierung reglementierte den der westlichen Literatur entspringenden Informationsfluß wieder und wieder[51], da sie ihn sehr wohl als potentielle Quelle für das (militärische) Erstarken einzelner Fürstentümer erkannte. Nicht zuletzt dem südlichen Date-Clan begegnete man mit zunehmenden Mißtrauen, was wohl mit eine Rolle spielte, als dieser in der ersten Hälfte des Jahres 1850 die Verbindungen zu Chôei abbrach - nachdem dieser gerade eine weitere größere Übersetzung überreicht hatte[47]. Damit verlor er nicht nur seinen Schutz-, sondern auch Geldgeber. Um sich und seine Familie mit dem Lebensnotwendigen versorgen zu können, blieb ihm nichts anderes, als die angeschafften und selbstgeschriebenen Bücher zu verkaufen bzw. zu verpfänden und erneut (Juli 1850) eine Heilpraxis zu eröffnen, die er als ein gewisser Sawa Sampaku im Stadtteil Aoyama pachtete. Dort spürten ihn bald darauf, am 30. Oktober, Häscher der städtischen Verwaltung auf. Nach einem kurzen Handgemenge habe Chôei sich dann mit einem Kurzschwert den Tod gegeben.

Die letzten Jahre des Takano Chôei - Zweites Szenarium

Dieses folgt den Federn Tsurumi Shunsukes und Hangai Jirôs, deren Biographien "Takano Chôei" im wesentlichen mit dem in der 1971 eingeweihten Takano-Chôei-Gedenkstätte in Mizusawa gezeichneten Lebensweg übereinstimmen (vgl. Takano Chôei kinenkan tenjiroku 1987)[52]. Auch sie ziehen natürlich zu dessen Rekonstruktion die von und über den Holland-Wissenschaftler geschriebenen Texte heran, legen aber - speziell hinsichtlich der hier betrachteten Etappe - zugleich großen Wert auf nichtschriftlich fixierte Spuren: (erst viele Jahre nach seinem Tod niedergeschriebene) mündliche Überlieferungen, nonverbale Zeichen an Orten, wo er sich versteckt hielt, sowie auch fehlende Aufzeichnungen von Hilfeleistenden gerade zu der Zeit, als Chôei sich offensichtlich an sie wandte.

Daraus resultieren zwei gewichtige Unterschiede zu Satôs Darstellung: Zum einen ist es Chôeis Odyssee gleich nach dem Gefängnisausbruch durch Kôzuke, Echigo, über das Japanische Meer nach Mizusawa (um die Mutter wiederzusehen[53]) und nach längerer Station in Yonezawa 1846 zurück nach

Edo, wo er – also viel kürzere Zeit und wiederum mit Unterbrechungen – bis zu seinem Aufbruch nach Shikoku verweilte. Doch nicht darin liegt das Entscheidende. Vielmehr ergibt sich daraus ein weitaus komplizierteres Beziehungsgeflecht, in dem einstige Schüler und Freunde und damit die mehr am einfachen Volk orientierte Rangaku eine viel größere Rolle als im ersten Szenarium spielte. In diesem fand man ihn fast ausschließlich in die von Herrschaftsinteressen instrumentalisierte Rangaku eingebunden, ging es zudem vor allem um den Wissenschaftler Chôei, während letztere Biographen – und das zum anderen – mehr an dessen Lebenswelt interessiert sind und von ihnen mehr über das Umfeld zu erfahren ist, in dem er – auch wissenschaftlich – tätig war.

So erscheint es durchaus plausibel, daß es Chôei gerade nach Kôzuke zog. Hier gab es zahlreiche heiße Quellen, an denen sich Heilpraktiker niedergelassen hatten, und so konnte er darauf hoffen, einstige Freunde und Schüler wiederzutreffen und ihre Hilfe in Anspruch nehmen zu können: In der Nähe der Stadt Nakanojô suchte er neben dem oben bereits erwähnten Fukuda Sôtei auch Yanagida Teizô sowie das einstige Oberhaupt seiner Schule (jukutô), Takahashi Keisaku, auf, der nun die Chinesische und Holländische Medizin zugleich praktizierte[54]. Chôei zeigte sich ihnen mit seinem Wissen und neuen Rezepten erkenntlich. Außerdem war gerade diese Gegend damals von den zentralen wie lokalen Behörden nur schwer zu verwalten: Als ein Zentrum für die von und nach Edo strömenden Obdachlosen und Tagelöhner bekannt, blühten entlang der Poststationen nicht nur die Seidenweberei, sondern auch Glücksspiele. Früheren Landsamurai-Gruppen entstammende Yakuza-Banden hielten weite Gebiete unter Kontrolle, so daß der Flüchtling relativ sicher vor der Obrigkeit war (vgl. Tsurumi 1985: 231-234). Und auf seinem Weg nach Naoetsu, von wo aus er über das Japanische Meer ein letztes Mal nach Mizusawa aufbrach, kam er durch jene Gegenden in Echigo, von denen Suzuki Bokushi noch 1835 zu berichten wußte, daß sie erst kürzlich in die allgemeine Besteuerung einbezogen worden seien, also bis dahin keiner zentralen Obrigkeit untertan waren (vgl. Bokushi Suzuki 1989: 136).

Tsurumi zufolge waren viele von denen, die Chôei Unterschlupf gewährten, als Ärzte (Chinesischer und/oder Holländischer Richtung) tätig, was wohl beiden Seiten zum Vorteil gereichte: Die einen profitierten von seinen Erfahrungen, während dieser wenigstens auf solche Weise mit seinem "Lebensziel" verbunden blieb, vor allem aber auch seine vom "Vagabundendasein" angeschlagene Selbstsicherheit immer wieder etwas stärken konnte. Außer der schon angedeuteten "ausschweifenden Lebensführung" insbesondere in den letzten Jahren (so erinnert sich einer seiner Schüler in Uwajima, sein Lehrer habe im Prinzip keinen Tag ohne Alkoholgenuß verbracht und von seinem kärglichen Gehalt vier Leute (Nebenfrau und Kinder?) versorgen müssen; vgl. Hangai 1983: 246) ist nämlich das in jedem Falle von dem Menschen Takano Chôei ins kollektive Gedächtnis Japans aufgenommen und - zwischen Bewunderung und Unbehagen schwankend - tradiert worden: daß er ein von Überheblichkeit oft nur schwer zu unterscheidendes Maß an Selbstbewußtsein besessen habe. Dieses resultierte nicht allein aus seinen Fähigkeiten und seinem enzyklopädischen Wissen, durch die er unter seinesgleichen wie auch unter den Reform-Fürsten (neben den Date auch die Shimazu und Nabeshima[32] auf Kyûshû) als Nr.1 der Orthodoxen Holland-Wissenschaftler galt und gefragt war. Es hatte seine Wurzeln auch in dem oben geschilderten Ausbruch aus dem für ihn naturwüchsigen (weil in ihn hineingeborenen) Verwandtschafts- und Lehensverband, den er durch neue, relativ selbstbestimmte *Wir*-Beziehungen ersetzte. Nachdem diese weitestgehend zerstört worden waren und - unter den damaligen Verhältnissen allgemein sowie konkret in seinem Fall - auch nicht einfach durch andere ersetzt werden konnten, blieb ihm nur wieder die Enge überkommener Abhängigkeitsverhältnisse, in denen er seine - von außen bestimmte, ortsabhängige - Rolle zu spielen hatte.

Damit ist der Übergang zu einer Zusammenschau beider Chôei-Bilder bereits vollzogen, denn eben Gesagtes knüpft an den - durchaus nicht neuen - Gedanken Tsurumis bzw. Hangais an, "Ausschweifungen" könnten auch Ausdruck von Verbitterung sein und in enger Verbindung mit dem Auseinanderklaffen von (unzeitgemäßen) Einsichten einzelner in bestimmte Zusammenhänge einerseits und dem (noch) Nicht-Bedarf der Gesellschaft an diesen andererseits stehen. Dieser Konflikt endet für diese einzelnen meist tragisch. Im Urteil ihrer Zeitgenossen wie auch der Nachwelt kann man dann zumeist zwei Extremen begegnen: Gemessen an den Normen der Zeit, in der sie lebten, werden sie - im positiven wie im negativen Sinn - für unnormal befunden (so etwa die Beurteilung Chôeis als ungewöhnlich selbstbewußt bzw. affektiert und überheblich, was noch als harmlos gelten kann im Vergleich zu Außenseitern, die des Wahnsinns bezichtigt werden[55]). Das wiederum brachte Heroisierungen oder aber Verdammungen mit sich. Solcher historiographischen Schwierigkeiten gilt es sich vor allem dann bewußt zu sein, wenn man auf unreflektierte Zeitzeugnisse, noch dazu mündlich überkommene oder aus späteren Zeiten stammende, zurückgreift.

Es liegt nicht in meiner Kompetenz zu befinden, welche der hier vorgestellten Versionen dem tatsächlichen Geschehen jener Jahre von 1844 bis 1850 entspricht oder am nächsten kommt. Beide gewähren Einblicke nicht nur in die Lebenswelt und das Gedankengebäude eines Rangakusha, sondern in die Rangaku überhaupt. Deren widersprüchliche Entwicklung wiederum läßt sich auch und gerade an Chôei nachvollziehen, da er in seinem Werdegang alle ihre Etappen und Formen - gleichsam im Zeitraffertempo - durchlief. Mag sein Ende auch tragisch gewesen sein, mit einer auf ein "Opferdasein" zusammengeschrumpften Sicht auf ihn sind die letzten Jahre nicht hinreichend bewertet. In seinem - freilich von außen erzwungenen - Hin und Her zwischen den an verschiedene *Wir*-Ebenen gebundenen Tätigkeiten scheinen wie durch einen Fokus noch einmal die damals praktizierten Varianten von Rangaku auf:
(1) die (noch) in ihrer Unmittelbarkeit verhafteten, d.h. nicht gesellschaftlich vermittelten, Gruppen von Gelehrten an den mehr oder weniger privaten Hausschulen (shijuku; meist in größeren Städten), die zudem oft als Praktiker direkt an den lokalen Alltag der Städter oder - in den ländlichen Provinzen - der Bauern gebunden waren und in diesem Umfeld über einen breiten Horizont an Wissen verfügten (Chôei in Kôzuke, Yonezawa und auch in/um Edo); (2) die in den Institutionen bzw. unter der Kontrolle der Obrigkeit dienenden Gelehrten, deren Aufträge meist an spezielle Gebiete gebunden waren (Chôei in Uwajima und Edo).

Diese Strukturierung verweist auf ein Grundproblem, welches das Scheitern der Bemühungen Chôeis (Kazans u.a.) um eine Vermittlung zwischen (1) und (2) nicht nur als ein - widrigen politischen Umständen geschuldetes - persönliches Schicksal erscheinen läßt, sondern als im soziokulturellen Kontext wurzelnd: Die Strukturierung der Gesellschaft nach - nicht notwendigerweise blutsverwandtschaftlichen - Familien/Häusern (ie 家), der auch die Organisation der Wissenschaft(ler) auf der Ebene (1) weitestgehend folgte, ermöglichte nur schwer inhaltliche Diskussionen über die in den jeweiligen Gemeinschaften studierten Richtungen/Probleme hinaus. Das verhinderte die Herausbildung einer intellektuellen Atmosphäre, in der das rezipierte Wissen aus den westlichen Ländern und den eigenen geistigen Traditionen über objekt- und problembezogene Auseinandersetzungen zu kritischen Gedankengebäuden fusionieren konnten. Unreflektiert oder bewußt in verschiedenen Lebensbereichen nebeneinander Gestelltes kann durchaus als komplementär zu dessen machtpolitischer Funktionalisierung durch Hierarchisierung oder aber zu dessen ideologisch motivierter Entgegensetzung (die Formel "Östliche Moral - Westliche Technik" etwa ist durchaus für beide und weitere Varianten offen) betrachtet werden. Die Abgeschlossenheit des Landes und das Informationsmonopol der Regierenden - beides hat diese geistigen Konstellationen mit befestigt und befördert, weil das Andere, Fremde fast ausschließlich über Vergegenständlichtes (u.a. Texte) daher kam, nicht jedoch lebensweltlich erfahren werden konnte und: weil das, was eindrang, sehr bald von Eliten selektiert wurde[56].

Welchen Weg Chôei gegangen wäre, hätte er die Öffnung des Landes erlebt, darüber ist nicht zu spekulieren. Die nun folgende Analyse seiner Texte wird u.a. zu zeigen haben, daß selbst die militärische Phase keine eindeutige Prognose zulassen würde. Durch intensive Studien konnte er Einblicke in, dem Heerwesen zugrunde liegende, soziale Strukturen gewinnen, die ihn - wie früher auch Kazan[57] - zumindest ahnen ließen, daß die Macht der westlichen Gesellschaften nicht nur auf überlegener Technik beruhte. Andererseits war er sich spätestens seit dem ersten Opiumkrieg gegen China (1840–1842) auch der "Wolfsmanier" dieser Mächte bewußt und um die Zukunft des eigenen "Landes der Gottheiten, des Mikado" besorgt (vgl. das "Vogelgezwitscher" im Übersetzungsanhang S. 268/269). Bei ihm scheint die Geschichte noch offen, seine Vorstellungen sprechen für die Bereitschaft, sowohl die Welt hereinzunehmen als auch sich der Welt zu präsentieren.

Zweiter Teil:
Die Texte des Takano Chôei

VI. Allgemeine Charakteristik der Texte und ihre Bedingtheit durch die sozialen Kontexte

In den vorstehenden Abschnitten habe ich versucht, die Lebensweise[58] der Holland-Wissenschaftler (Rangakusha) - exemplifiziert an Takano Chôei - unter dem Aspekt des sozialen Verkehrs auf den verschiedenen Integrationsebenen zu rekonstruieren. Im folgenden wird anhand ausgewählter Texte des Chôei[59] der kognitive Aspekt, d.h. das bewußtseinsmäßige Verhältnis zur Realität im Mittelpunkt der Betrachtungen stehen, um auf dieser Grundlage zu einigen allgemeinen Aussagen zur geistigen Situation in der späten Edo-Zeit zu gelangen.

Zunächst einige Bemerkungen zum Auswahlprinzip der Texte: Sie verfolgen natürlich das Ziel, das Denken des Takano Chôei in seiner Entwicklung und Vielfalt widerzuspiegeln. Zugleich sollen sie dem eingangs gestellten Anspruch auf Repräsentativität des Denkers als Rangakusha gerecht werden. Es geht also hier nicht um die Analyse einzelner Texte als solcher, vielmehr werden Themen- und Problemstellungen sowie Formen ihrer Lösung herausgearbeitet.

Zugleich sind auch subjektiv bedingte Einschränkungen der Textauswahl zu verdeutlichen. Einen wichtigen und umfangreichen Teil des Chôeischen Schaffens bilden seine Übersetzungen medizinischer, natur- und militärwissenschaftlicher Abhandlungen aus dem Holländischen ins Japanische. Um sich ein umfassendes Verständnis der Herausbildung modernen wissenschaftlichen Denkens, der dies zum Ausdruck bringenden Sprache sowie der Rezeptionsgeschichte europäischer Wissenschaft in Japan zu erarbeiten, ist es erforderlich, diese Übersetzungen mit den ihnen zugrunde liegenden Texten zu vergleichen und mit den entsprechenden Fachleuten zusammenzuarbeiten. Beides kann hier nicht geleistet werden. Itô Shuntarô zufolge steht solch eine Kontrastierung auch in Japan selbst noch am Anfang. Sie sei aber notwendig, wolle man eine mit dem Needhamschen Werk "Science and Civilization in China" vergleichbare Zivilisationgeschichte auch für Japan schreiben. Dabei gehe es nicht um mögliche Übersetzungsfehler vor allem der Pioniere der Rangaku, sondern von Interesse seien die durch unterschiedliche kulturelle Hintergründe verursachten Brüche im Prozeß der Rezeption (vgl. Itô/ Murakami/Yoshida 1989: 383–386).

Fragen des Übersetzens, der Rezeption westlicher Kultur werden jedoch im Zusammenhang mit zwei anderen Textformen Chôeis aufgegriffen, in denen er sie selbst problematisiert. Das sind zum einen die hier als *Wissenschaftsschriften* bezeichneten Aufsätze, in denen aus Übersetzungen gewonnene Kenntnisse konkreten Wissens- und Handlungsbedürfnissen entsprechend zusammengefaßt und systematisiert wurden. Und es sind die *ereignisbezogene Schriften* genannten Abhandlungen, in denen der Autor sein Wissen im Prozeß der Schilderung von persönlicher Befindlichkeit anläßlich der Ereignisse zwischen 1838 und 1844 präsentiert.

(1) *Wissenschaftsschriften*, (2) *ereignisbezogene Schriften* und (3) *Übersetzungen* – diese drei Formen von Textproduktion sind in jeweils spezifischer Weise mit den oben dargestellten drei Kommunikationsebenen verknüpft und können diesen beinahe typologisch zugeordnet werden. Sie sind mehr oder weniger für Rangakusha überhaupt charakteristisch, in deren Kontinuität Chôei diesbezüglich also ebenfalls stand. Er war mit den Arbeiten seiner bekanntesten Vorgänger – etwa des Sugita Gempaku, Ôtsuki Gentaku, Udagawa Genzui oder des Aochi Rinsô (1775–1833)[60] – vertraut, wovon nicht nur übernommene Fachwortübersetzungen oder erörterte Themen, sondern auch Argumentationsweisen zeugen[61].

Die Wissenschaftsschriften

Sie entstanden großenteils im Rahmen des Lernens und Lehrens an den Privatschulen und erfüllten kognitive wie auch kommunikative Zwecke: Sie waren zum einen an die Chôei unmittelbar umgebenden (fachlich) Gleichgesinnten und die Schüler gerichtet und zielten zugleich auf die Bewältigung von konkreten sozialen und Alltagsproblemen (Heilpraxis, Landwirtschaft, Meteorologie, Landesverteidigung). Sie vermittelten demnach Wissen und dienten nicht selten sogleich als Anleitung zum Handeln, beinhalteten also nicht mehr nur einfache Belehrung der Leserschaft, sondern waren auf Verständigung aus, so etwa die 1836 im Auftrag der Shôshikai verfaßten Abhandlungen "Gedanken zu zwei Produkten, die bei Mißernten helfen" und "Wichtiges zum Vermeiden von Epidemien" (Hieki yôhô). Dieses an der Praxis orientierte Studium (jitsugaku 実学) ließ Leute wie Chôei zu einem Schreibstil gelangen, der - so Tsurumi - weniger auf überkommene äußere Formen Wert legte (Chôei selbst kritisierte in der "Kurzen Beschreibung..." die *Buchstabengelehrtheit* der konfuzianischen Gelehrten, die der "Mode der Verfeinerung des Dichtens" verfallen seien). Vielmehr seien die erforderlichen Informationen in einfacher Sprache zusammengefaßt worden: umgangssprachliche Elemente hielten Einzug in diese Texte, indem den chinesischen Schriftzeichen die japanische Aussprache in Form des Silbenalphabets zur Seite gestellt wurden (furigana-Lesehilfen, technisch durch das Blockdruckverfahren ermöglicht):

> "Der Druck mit furigana trug ganz wesentlich dazu bei, ein Bildungsmonopol der intellektuellen Führungsschicht abzubauen, das im Lesenkönnen chinesischer Schriftzeichen bestand, und das sonst nur durch ein langwieriges und kostspieliges Studium durchbrochen werden konnte. Die mit Lesehilfen versehenen Schriftzeichen... machten es möglich, sich im Selbststudium und ohne Benutzung eines Lexikon Wissen 'anzulesen'..." (May 1983: 32)

Die in das Vorwort zu den "Gedanken zu zwei Produkten" eingeflossenen Emotionen mögen für seine Zeit eher normal gewesen sein, im Haupttext aber halte er sich streng an die logische Folge der Tatsachen (vgl. Tsurumi 1985: 183-190).

Dieses - mit der sich in Europa einst vollzogenen Wendung vom Latein zu den Nationalsprachen durchaus vergleichbare - Aufbrechen des schriftsprachlichen Chinesisch als Gelehrtensprache durch die Hereinnahme von Alltagserfahrung ist ein wichtiges Element der Herausbildung von moderner Wissenschaft und deren Sprache. Ähnliches vollzog sich auch außerhalb der Rangaku (im Bereich der Literatur vgl. May 1983: 18). So schlußfolgerte Kracht aus der Analyse von Texten des "westlich orientierten Konfuzianers" Yamagata Bantô, daß hier die Sprachen (a) des konfuzianischen Kanons, (b) der chinesisch-konfuzianischen Exegese des Zhu Zi, (c) der einheimischen Mythen, (d) der japanischen Traditionen der Exegese durch die Ebenen (e) der einheimischen Sprache der Alltagsorientierung und (f) einer über die westliche Sprache wissenschaftlicher Analyse vermittelten einheimischen Sprache der Wissenschaft ergänzt wurden (vgl. Kracht 1986: 236).

Rangaku bedient sich vor allem der beiden letztgenannten Ebenen; auf (f) wird noch ausführlicher einzugehen sein, und zwar wegen der Konsequenzen des Auseinanderfallens der Quellen von (e) und (f). Alltagssprachliches findet man bei Chôei und Kazan u.a. dadurch berücksichtigt, daß *Gerüchte des einfältigen Volks* aufgreifens- und bedenkenswert schienen:

> "So sollten nicht nur Tatsachen über die geographische Beschaffenheit, Ordnung und Sitten des Gegners zusammengetragen werden. Alles, was in Erfahrung zu bringen ist, selbst unglaublichstes Gerede wie etwa anstößiges Straßengeschwätz, Närrisches oder Dinge, die kaum erwähnenswert sind, gilt es aufzuzeichnen. Neuerdings ist von naseweisen, leichtfertigen Schwätzern immer wieder folgendes zu hören." (Watanabe Kazan in der "Befürwortung von Besonnenheit in (kritischen) Zeiten" (Shinkiron), NShT 55,[62])
>
> "Jüngst kam mir ein seltsames Gerücht zu Ohren." "...aber - wie selbst die alten Schriften sagen - es gibt Dinge, in denen man auch die Ansicht der gemeinen Leute hören sollte." (Takano Chôei in der "Traumgeschichte", Übersetzungsanhang, S. 253 bzw. S. 259)

Diese Öffnung des Denkens gegenüber den unteren Ständen geht hier in eine andere Richtung als bei den Gelehrten der Kokugaku (bzw. Mitogaku 水戸学). Deren Kritik am kriselnden System wird textlich u.a. durch die - auch ideologisch motivierte - metasprachliche (literarische, historiographische) Erschließung der Quellen des indigenen, japanischsprachigen Mythos (c) fundiert. Dessen unbewußter Träger, das törichte Volk, wird dabei jedoch nur als Objekt der Erziehung betrachtet, unter dem die Fähigen auszumachen sind, die wiederum das Volk zu führen, zu beherrschen haben. Zwei verschiedene Ansätze also, ständischen Partikularismus zugunsten einer nationalen Volk-Herrscher-Gemeinschaft zu überwinden, die in ihrer weiteren Ausdifferenzierung und politischen Instrumentalisierung allerdings nicht eindeutig je einer der Richtungen zugeordnet werden können.

Parallelen zu diesen von der Rangaku mitgetragenen Prozessen lassen sich - wie bereits angedeutet - auch in den europäischen Traditionen entdecken.

Weimann verweist in seinem Vergleich des Shakespeareschen und Lutherschen Schaffens darauf, letzterer wolle

> "nicht mehr nur dem gelehrten Kontrahenten Rede und Antwort stehen, er will auch mit dem einfachen Leser reden und dessen Fragen beantworten. Er will dem gemeinen Mann aufs Maul sehen, nicht nur, damit die Botschaft besser fruchte, sondern weil er die andersartigen Voraussetzungen des Sprechens und Verstehens auf der Straße respektiert." Und: zur öffentlichen Legitimation seiner Autorschaft. "Folgerichtig führt die angestrebte Kommunikation zum dialogischen und gestisch-mimetischen Duktus seiner Sprache... Gerade weil der sich selbst autorisierende Autor die Bedingungen der schriftstellerischen Autorität nicht länger im Befolgen der institutionellen Vorschrift, sondern im Folgen-Können seiner Leser sucht, ist die Legitimation seiner eigenen Autorschaft am Ende nicht zu trennen von der Verständigung mit seinem Publikum. Seine Autorität als Autor ist nicht zu trennen von der Selbstverantwortung seiner Leser für den rechten Umgang mit dem Wort." (Weimann 1988: 106/107)

Dem **Dialogischen** begegnet man sowohl in den Wissenschafts- als auch ereignisbezogenen Schriften der Rangakusha. Rede und Gegenrede sind vor allem in ersteren weitgehend auf Fragestellungen seitens der Schüler, allgemein des Gesprächspartners, und deren Beantwortung durch den Lehrer beschränkt (was oft schon den Titeln der Abhandlungen zu entnehmen ist: *Fragen und Antworten zu* ... (mondô 問答) oder *Befragung zu*... (wakumon 或問)[63]). Das Vorherrschen dieser Form kann so interpretiert werden, daß darin zum einen die Schüler-Meister-Hierarchie zum Ausdruck kommt, das zum Teil völlige soziale Eingebettetsein der einzelnen in die (also auch Abhängigkeit von den) jeweiligen Wissenschaftlergemeinschaften, was auf den Zusammenhang von kognitiven und kommunikativen Strukturen verweist. Zum anderen, und das verstärkte diese Meinungsstreit hemmende Abhängigkeit noch, blieb der Dialog im wesentlichen auf die Wiedergabe schul- oder gruppeninterner Positionen begrenzt. Daß er kaum in den Dienst der Auseinandersetzung mit anderen Auffassungen gestellt wurde, hatte nicht nur mit Zensurmaßnahmen zu tun, sondern auch mit der relativen Abgeschlossenheit der Rangaku-Gruppen. In diesem Zusammenhang sind die von Maruyama und Kracht geäußerten Überlegungen bedenkenswert: Ersterer sieht in Japan eine Gesellschaft,

> "in der von Anfang an spezialisierte Intellektuellengruppen oder ideologisch geeinte Gruppen jeweils in sich abgeschlossene Bezirke ... bilden und jeweils eine nur ihrer eigenen Gruppe verständliche Sprache sprechen, so daß sich kaum ein 'Ort der Begegnung' herausbilden kann." (Maruyama 1988: 75)
> "Das aus der Tokugawa-Zeit überkommene Grundmuster ist die Verweigerung der Debatte." (Kracht 1986: 264)

Im Wechsel von Frage und Antwort geht es um die Erklärung von Worten und Begriffen, erfragt werden auch historische oder aktuelle Sachverhalte und Meinungen (also Wertungen). May konstatiert für die sich gleichfalls des (umgangssprachlichen) Dialogs bedienende japanische Erzählprosa der Edo-Zeit "Ausschnitthaftigkeit", "Szenenreihung", "Episodalität" (vgl. May 1983: 24). Und auch für die Fachliteratur ist zu fragen, ob solch eine dialogische Gestaltung des Textes, bei der man mühelos von einem Thema zum anderen zu wechseln vermochte, nicht eine Möglichkeit bot, mit dieser (noch) gängigen Diskursform additiver Beschreibung von Gegebenheiten trotz neuer Inhalte nicht radikal brechen zu müssen. Das bedeutet nicht, daß sich die Rangakusha nicht zugleich der Potentiale des Dialogischen bewußt geworden wären, die über bislang Gängiges hinauswiesen, wie im folgenden gezeigt wird.

Die ereignisbezogenen Schriften

Sie entstanden im Resultat von Chôeis Tätigkeit in der Shôshikai. Deren Intentionen richteten sich nicht nur nach "unten", sondern deren Akteure hatten durchaus den Ehrgeiz, den Regierenden aufklärend zur Seite zu stehen und damit indirekt auf die Geschicke des Landes Einfluß zu nehmen (woraus sich auch die Nähe dieser Texte zur dritten Kommunikationsebene, auf der es um das Verhältnis Rangaku - Macht ging, ergibt).

So wird etwa an der "Traumgeschichte" deutlich, daß die Form des Dialogs auch dazu genutzt werden konnte, das angeeignete Wissen (über England) in eine den konkreten Erfordernissen entsprechende Systematik zu bringen und eine der Absicht des Autors (Warnung vor der gewaltsamen Vertreibung der Engländer) gemäße Argumentation zu entwickeln. Rede und Gegenrede dienen hier nicht nur der Organisation des Stoffes, sondern ebenso der Legitimation des Autors, der nicht nur sprachlich und inhaltlich vom akademischen Kanon Abweichendes (bzw. diesen gänzlich Ignorierendes) präsentiert, sondern sich zudem noch auf unerlaubtes Terrain - Erörterung der Regierungspolitik - begibt. Der Fragende ist sich dessen zwar bewußt, bittet aber dennoch um Auskunft; der Antwortende (offensichtlich der Standpunkt des Autors selbst), auf diese Weise "gedrängt", nimmt das "Risiko" auf sich und versucht sogleich, es zu mindern, indem er sich einen "einfältigen Mann aus dem Volke" (gumai no senmin 愚昧の賤民) nennt, der seine törichten Gedanken darzulegen gedenkt.

Ein ähnliches Muster läßt sich in den "Mußevollen Tischgesprächen nach den Amtsgeschäften" (Taishoku kanwa) des konfuzianischen Gelehrten der Mito-Schule, Aizawa Seishisai (1782-1863), finden (vgl. Kracht 1979 b: 353-398). Als Dekan der Mito-Lehensschule zwar in Amt und Würden, greift auch er in den konfuzianischen Kanon ein, indem er diesen in Einklang mit dem bereits metasprachlich bearbeiteten indigenen Mythos zu bringen trachtet. Auch hier drängt ein Fragender, man möge ihm dieses und jenes erklären, während den Autor - obwohl eigentlich "unbegabt", "seicht und engstirnig gebildet" und "seiner Aufgabe nicht gerecht werdend" (ebenda: 357) - sein Amt zur Antwort zwingt. (Interessanterweise verweist Kracht mit den "Gesprächen zwischen Stadt und Land" (Tohi mondô, 1739) von Ishida Baigan (1685-1744) auf einen weiteren Text, in dem es im Rahmen der Schule des Herzens (Shingaku 心学) ebenfalls um die Vermittlung des Kanons und der Exegese des Neokonfuzianismus einerseits und des Bewußtseins des Volkes andererseits geht und der im Frage-Antwort-Stil verfaßt wurde; vgl. Kracht 1986: 266/267. Daher kann diese Legitimationsfunktion des Dialogs wohl verallgemeinert werden.)

In den Selbstdarstellungen Seishisais und Chôeis gibt es allerdings entscheidende Unterschiede: Ersterer verfaßte die "Gespräche" (1842) im Auftrag seines Fürsten, um dessen theoretische und politische Auffassungen, niedergeschrieben im "Kodokan-Manifest" (Kôdôkanki, 1838)[64] "in einfacher Sprache" zu erklären und es zudem

> "den jüngeren Schülern und jenen, die keine Schriftzeichen kennen, (zu ermöglichen), das Wesentliche zu verstehen" (Kracht 1976: 355/356).

Bei der Interpretation dieses "Manifestes" ging es ihm demnach auch um ein Durchstellen der Programmatik von "oben nach unten". Im Vorwort, in dem der Hintergrund des Entstehens der "Gespräche" erläutert wird, setzte er sich als ("unfähiger" usw.) "Untertan (Aizawa) Yasushi" (shin yasushi 臣安) in unmittelbare Beziehung zu seinem Herrscher, "unserem Fürsten" (waga kô 我が公). Im Gespräch selbst, das er mit einem "edlen Menschen" (kunshi 君子) bestreitet, trat er als Ich (yo 余) auf, freilich ebenfalls "unbegabt" (fusai 不才) und "törichte Auffassungen" (gusetsu 愚説) verkündend (ebenda: 357). Zudem betonte er den offiziellen Charakter sowohl der Gespräche als auch seines Hauptwerkes, der "Neuen Erörterungen" (Shinron, 1825; vgl. die kommentierte Übersetzung von Stanzel 1982). Das bedeutete zum einen, in den Zeiten der "Notlage des Landes" nicht schweigen zu können. Zum anderen hatten solcherlei Themen nicht Gegenstand privaten Räsonierens zu sein. Das *Ich* fällt hier mit dem beamteten Untertan zusammen.

Bei Chôei hingegen tritt das *Ich* und der sich zu politischen Dingen äußernde Gelehrte auseinander. In der "Traumgeschichte" muß letzterer sich ebenfalls als "einfältig" und "töricht" bezeichnen, um sich Gehör zu verschaffen. "Traum", "Torheit", "Einfalt" - ist das nicht ein vergleichbarer Preis, den Luther ("unnd auch einmal ein hoffnar werden"), Morus ("Utopia") oder Erasmus ("Lob der Torheit") in Zeiten der Autoritätskrise des frühneuzeitlichen Europa zahlten für ihr

> "unkontrolliertes Tun und Lassen, das dem Zwang zur ständischen Repräsentanz vorausliegt und sich dem Kodex der herrschenden Hierarchien und gängigen Autoritäten frappant entzieht" (Weimann 1988: 31)?

Allerdings ist zu beachten, daß Chôei möglichen Unannehmlichkeiten doppelt vorzubeugen trachtete:

> "Als ich so vor mich hin*dämmerte* - war's *Traum*, war's *Trug*? - winkte mich jemand zu sich in einen großen Raum, wo ich einige Dutzend Männer im Gespräch versammelt fand, die *sehr gelehrt* zu sein schienen (sekigaku kôju 碩学鴻儒)." ("Traumgeschichte", auch im Übersetzungsanhang, S. 253)

Das Zeichen ju 儒 verweist darauf, daß unter diesen Gelehrten auch Konfuzianer waren. Das *nachsinnende Ich* (mono omou mi 物を思う身) eingangs des Textes gleitet also in eine Traumwelt (1) und verwandelt sich dort in Herrn B, einen dieser gelehrten Herren (2), der - offensichtlich unautorisiert - zu den nachfolgenden heiklen Themen Stellung nimmt. Chôei zeichnete in diesem für die Obrigkeit verfaßten Papier sicher eine Shôshikai-Sitzung nach, und er ließ es offen, ob er sich selbst zu diesem einfältigen Mann aus dem Volke mit seinen törichten Gedanken degradierte oder diese Rolle einem Konfuzianer zuschob. Jedenfalls ging seine Selbstsicherheit aber noch nicht soweit, mit seinen Bedenken gegen die Politik als "Ich, Takano Chôei" den Adressaten gegenüberzutreten: den "weisen Herrschern und klugen Ministern", die es in jener aufgeklärten Zeit von den korrupten und verleumderischen niederen Beamten zu unterscheiden gelte.

Im "Vogelgezwitscher" sowie in der "Kurzen Beschreibung des Unheils, das dem Barbarenverein widerfuhr" (beide - 1839 und 1841 - im Gefängnis verfaßt) hingegen begegnet man ihm in seiner *Ich*-Identität als Rangakusha und städtischer Arzt, selbstbewußt gegen die Anschuldigungen der Obrigkeit im Zusammenhang mit ***Bansha no goku*** argumentierend. Erstere Schrift ist im Prinzip als Selbstverteidigungsschrift des noch nicht verurteilten Chôei zu betrachten: In der *Ich*-Form (onore 己, ware 我 , wagami 我が身) stellte er sein eigenes Schicksal dar, ohne sich vor den Behörden zu demütigen. Er appellierte an deren Weisheit und Güte, stellte die erhobenen Vorwürfe als böse Verleumdungen dar. Und: Er lieferte zugleich liebevolle Kurzporträts seiner Mitstreiter Kazan und Ozeki, die ebenso wie seine Selbstsicht statt der herkömmlich didaktischen Ziele die Schuldentlastung aller bezweckten und und daher kaum dem üblichen konfuzianischen Muster von Biographien folgten. Letzteres bediente sich rhetorischer Bescheidenheit, mit der die betreffende Person zugleich zum Träger kulturell allgemein anerkannter Tugenden stilisiert wurde (vgl. etwa die diesbezüglichen Ausführungen zu Arai Hakuseki bei Kemper 1967: 9–15). Im Gegenteil, der Einsicht, mitunter ungeschickt gehandelt zu haben und dem Verweis auf die "Schwachstellen" seiner Bildung (der Kenntnis des Kanons und bürokratischer Dinge) stellte er - durchaus nicht bescheiden - ein Bekenntnis zu den Fähigkeiten auf seinen Spezialgebieten zur Seite.

Das trifft vor allem auf die "Kurze Beschreibung..." zu, die er als vorzügliche Kurzgeschichte der zu verteidigenden Rangaku und als Rechtfertigung vor der ehemaligen Heimat schrieb, weshalb er sie mit seinem durchaus geläufigen Pseudonym Zuikô unterzeichnete: Dieser sei, wie auch Ozeki, zur namhaften Persönlichkeit geworden, deren Einfluß unaufhörlich wachse, die Umgang mit Gebildeten und Mächtigen habe. Und schließlich nannte er Zuikô gar den führenden Kopf der Rangaku. Wieder und wieder beteuerte er seine Unschuld, doch fange ein hoher Baum eben viel Wind, und so sei nun einmal der Lauf der Welt. Übrigens legte er schärfste Kritik an der bushi-Gesellschaft auch hier wieder einem konfuzianischen Gelehrten in den Mund, dem Beamten Endô Katsusuke, Begründer jener Shôshikai, und zog dessen Autorität zur Legitimation seines öffentlichen Wirkens heran.

Dem selbstbewußten *Ich* (neben den schon genannten Formen noch als yo 余, ware 吾 auftauchend) begegnet man auch in den Wissenschaftsschriften, und so kann konstatiert werden, daß seine *Ich*-Identität fest mit der Tätigkeit als Rangakusha verwachsen war. Die Dinge des Staates, der Politik scheut er sich zwar nicht aufzugreifen, doch trennt er sie vom Wissenschaftler Chôei und läßt sie durch Beamte-Konfuzianer repräsentieren. Vergleichbares stellt Kracht in bezug auf Denker wie Yamagata Bantô fest:

> "...in diesem Sinne steht dem in seinen Erkenntnisinteressen autonomen 'Edlen' als Forscher auf der anderen Seite der in seinen politischen Interessen 'bereits Vertretene' als 'öffentlicher Mensch' gegenüber, der sich dessen bewußt zu sein hat, daß es ihm verboten ist, 'die Angelegenheiten des Staates zu seinen privaten machen (zu) wollen'" (Kracht 1986: 243).

Das hier dem Privaten (shi 私) gegenüberstehende Öffentliche (kô 公, zugleich mit *Fürst* übertragbar) verweist schon sprachlich darauf, daß es noch wesentlich mit der Person des Machthabers zusammenfiel, dessen Handeln normative Bedeutung besaß. Es meint die obrigkeitliche, repräsentative Öffentlichkeit, die – mit der Verwandlung vom bloßen Statusmerkmal zum sozialen Funktionsbereich – zur Sphäre der **öffentlichen Gewalt** wird (vgl. Habermas 1990: 54–85). Bei Chôei hingegen deutete sich zaghaft eine Unterscheidung von Staat/Regierung und Öffentlichkeit im Sinne der **öffentlichen Meinung** an, die – privat verkündet und diskutiert – darüberhinaus relevant werden soll: Für sie steht bei ihm nicht kô, sondern – im positiven Sinne – shûjin 衆人, jene fähigen Edelleute, die in die Shôshikai eingeladen werden, um den von ihren Fürsten um Rat in Regierungsangelegenheiten Befragten ihrerseits ratgebend zur Seite zu stehen (vgl. die "Kurze Beschreibung...", S. 273). Und es sind mit sehyô 世評 oder seken 世間 – auch im negativen Sinne – vielleicht jene, die die an die Regierung gerichteten Ratschläge hinaustrugen und damit "unten" und "oben" Unruhe stifteten oder aber Verleumdungen in Gang setzten.

Das Öffentlichkeitsproblem nimmt einen zentralen Stellenwert bei der Herausbildung moderner, den Staat als Gewaltmonopol kontrollierender

Gesellschaften ein und spielt somit - **strukturtheoretisch** gesehen - für die Vermittlung sich autonomisierender gesellschaftlicher Bereiche, **handlungstheoretisch** gesehen - für die Formierung von Intellektuellen als zu allgemein interessierenden Fragen öffentlich räsonierende Individuen, und - **erkenntnistheoretisch** gesehen - für damit einhergehende Veränderungen in den Diskursformen, Denkstilen, eine entscheidende Rolle. Hier geht es konkret um den Zusammenhang von Chôeis Tätigkeit als privater Arzt und Wissenschaftler und der Produktion von Texten, in denen dieser Anspruch auf Veröffentlichung von Erkenntnissen, Meinungen erhoben wurde. Schon damals zeichnete sich allerdings die - der historisch gewachsenen soziokulturellen Spezifik Japans geschuldete - Widersprüchlichkeit dieses Prozesses ab. Zu fragen ist daher nach dem Charakter dieser Privatheit einerseits: Sie blieb mehr oder weniger auf Gruppenstrukturen beschränkt (nach dem Haus-Prinzip organisierte Berufsgruppen, Schulen), die wohl eher den Druck der öffentlichen Gewalt nach innen abfederten, als sich zu deren nach außen gerichtetem Korrektiv zu formieren. Das wiederum erleichterte es, dem der privaten Sphäre entstammenden Kritikpotential machtpolitisch zu begegnen: sowohl durch Unterdrückung / Zensur als auch durch unmittelbare Indienststellung etwa der Rangakusha als "Experten". Bildete sich Öffentlichkeit in Japan eher über die Verstaatlichung des Privaten statt über dessen Vergesellschaftung heraus?

Dieses Problem läßt sich auch im Falle Chôeis aufzeigen: Die an der Shôshikai exemplifizierte Kommunikationsebene (2), welche die unmittelbar in Gruppen miteinander verkehrenden Gelehrten (1) und die - vom strukturellen Monopol der Politik geprägte - gesamtgesellschaftliche Daseinsweise von Wissenschaft (3) vermitteln sollte, wurde gewaltsam aufgelöst. Es blieb nur noch der direkte Weg der "Aufklärung der Regierenden", in dem der Denker sich in ihre Dienste begab (begeben mußte: Chôei in Uwajima und Edo). In den Texten ist es die Zurücknahme des *Ich* bei der Diskussion politischer Angelegenheiten (oder im Falle Seishisais: das *Ich* als getreuer Untertan), während es als Träger von Expertenwissen um so stolzer in Erscheinung trat. Dieser Konflikt der Denker/Wissenschaftler, entweder privat "Öffentlichkeit von unten" zu forcieren oder sie als Beamte "von oben" zu installieren, war auch in den folgenden Jahrzehnten Bestandteil der Geschichte japanischer Intellektueller. Er erreichte zu Beginn der Meiji-Zeit (Anfang der 70er Jahre der 19. Jahrhunderts) in dem Disput zwischen den Mitgliedern der Gruppe Meirokusha 明六社 - Fukuzawa Yukichi (1835-1901) einerseits und

Katô Hiroyuki (1836–1916), Mori Arinori (1847–1889), Nishi Amane (1829–1897), Tsuda Mamichi (1829–1902) andererseits – über die Rolle und den Platz des Gelehrten in der Gesellschaft einen weiteren Höhepunkt[65].

VII. Perspektivenwechsel. Begegnungen mit dem Anderen aus textsprachlicher Sicht

Das eben Dargelegte läßt sich auch unter dem Gesichtspunkt des Wechsels Chôeis zwischen den Perspektiven eines Teilnehmers und eines Beobachters kommunikativer Prozesse beschreiben. In seiner unmittelbaren Umgebung ist er tätiges, handelndes *Ich, ego*. Zugleich tritt er über diesen Kontext mit Teilnehmern anderer Kontexte in Beziehung: im Rahmen des sich allmählich autonomisierenden Subsystems Wissenschaft mit den Rangakusha wie auch mit Beamten aus dem Funktionsbereich der Politik. Damit wiederum erscheint er diesen selbst als *alter*, wodurch seine Handlungen im Gruppenkontext unter dem Aspekt des **Verhaltens** gesellschaftlich relevant, also mit Bedeutung belegt werden und – als **Verhaltensweise** reproduziert und zum Strukturelement geronnen – auf die Gestaltung des **Verhältnisses** von Wissenschaften zu anderen Teilbereichen Einfluß nehmen können. Das Maß und die Art von Öffentlichkeit bestimmt sich dann dadurch, wie dieser Perspektivenwechsel zwischen den sich voneinander differenzierenden Praktiken vonstatten geht, ja überhaupt entwickelt ist, welche der Praktiken dabei dominiert: politische Praktiken, deren Medium Macht ist, ökonomische Praktiken mit dem Medium Geld, argumentative Praktiken, denen das Medium Sprache, der Diskurs zur Verfügung steht.

Die Schwierigkeiten, auf die Rangakusha wie Chôei bei dem versuchten Perspektivenwechsel trotz aller Vorsichtsmaßnahmen (z.B. Zurücknahme des *Ich* bei der Erörterung offizieller Angelegenheiten) stießen, lassen sich nicht nur aus der **inner**kulturellen Spezifik der Gestaltung kommunikativer Prozesse erklären. Hinzu kommt noch ein weiteres, die japanische Kultur wesentlich mitgestaltendes und zu jener Zeit politisch als bedrohlich empfundenes

Moment: der **inter**kulturelle Perspektivenwechsel, nun vor allem zwischen Europa/Amerika und Japan. Dieser blieb auch noch Jahre nach der erzwungenen Aufgabe der selbstgewählten Isolation (1853) an das Terrain der eigenen Kultur gebunden, war also auf die mit den Fremden ins Land kommenden materiellen und ideellen Produkte angewiesen, ohne daß diese in ihrem eigenen Kontext sowie in ihrer Prozeßhaftigkeit wahrgenommen, erfahren und beobachtet werden konnten. Diese Problematik und ihre Reflexion in den Texten Chôeis soll nun in dreierlei Hinsicht vertieft werden:

- Texte spielten bei der kulturellen Begegnung eine zentrale Rolle. Daher fand eine erste Auseinandersetzung sowohl mit der anderen als auch mit der eigenen Kultur auf dem Wege der Übersetzung statt. Das hierbei von den Rangakusha Geleistete wird nicht nur unter inhaltlichem, sondern zugleich unter methodischem Aspekt betrachtet (VII.).
- Diese Untersuchungen führen an einige epistemologisch interessante Aspekte des Chôeischen Denkens heran, die die Begegnung sowohl fundierten als auch aus ihr resultierten (VIII.).
- Chôeis Wandeln zwischen der eigenen und der anderen Realität brachte auch (ideologische) Wertungen hervor, wovon unter IX. die Rede sein wird.

Es wurde bereits auf die interessante Tatsache verwiesen, daß Chôeis kultureller Perspektivenwechsel einst damit begann, die eigene Tradition holländischem Publikum in dessen Sprache nahezubringen, während er die Begegnung seiner Landsleute mit dem Anderen durch Übersetzungen aus dem Holländischen zu befördern trachtete. Dabei stieß er in beiden Richtungen auf ähnliche Probleme, mit denen sich die Rangakusha von Beginn an auseinanderzusetzen hatten. Schon Sugita Gempaku schilderte in den "Anfängen der Holland-Wissenschaften" die Kompliziertheit des Unternehmens, die "Tafel anatomia" zu übersetzen. Mit dem Ziel, holländische und chinesische medizinische Methoden miteinander zu vergleichen, hätten er und seine Mitstreiter die holländischen Begriffe auf überkommene chinesische Bezeichnungen zurückführen wollen, doch seien sie auf Schwierigkeiten gestoßen, da das, was es jeweils zu benennen galt, erheblich voneinander verschieden war. Zudem hätten sie sich erstmals dieser Aufgabe gewidmet und beabsichtigt, es anderen (Medizinern) leicht zugänglich zu machen.

> "Daher ging ich verschiedene Wege: (Gab es in unserer Sprache ein entsprechendes Wort,) so übersetzte ich es damit und brachte sie einander in Entsprechung, oder ich übernahm (den holländischen Wortlaut) direkt (und transkribierte ihn in chinesische Zeichen), oder es wurde etwas dem Sinn (des Holländischen) Gemäßes geschaffen... Genauere Einzelheiten über die Gewohnheiten jenes Landes mußten uns damals verborgen bleiben." (Sugita 1983: 51 bzw. 122).

Er faßte hier also drei Übersetzungstechniken zusammen, die bereits im Vorwort zur japanischen Übersetzung der "Tafel anatomia" (Kaitai shinsho - "Neues über die Anatomie", 1774) vorgestellt und an Beispielen erläutert worden waren (vgl. NShT 65: 217/218): die Wiedergabe durch ein bereits vorhandenes Wort im Chinesischen/Japanischen (honyaku 翻訳 bzw. taiyaku 対訳); die lautgetreue Übernahme des Fremdwortes durch entsprechende Schriftzeichen (chokuyaku 直訳); die sinngemäße Übertragung durch sprachliche Neuerungen (giyaku 義訳). Yoshida Tadashi konstatiert, damit hätten sich die Rangakusha bereits damals der drei wichtigsten Methoden bedient, die auch heute Anwendung bei Übersetzungen finden: der wörtlichen Übersetzung (heute als chokuyaku bezeichnet); der Transliteration (onyaku 音訳); der Kunstwörter schaffenden sinngemäßen (freien) Übertragung (iyaku 意訳; vgl. Yoshida Tadashi 1989: 124/125)[66].

Wenn Gempaku im gleichen Text darauf verwies, daß er sich in den Regeln der Übersetzung von Schriften Buddhas nicht auskenne (vgl. Sugita 1983: 50), so mochte das zweierlei bedeuten. Zum einen gab es in Japan bereits eine lange Tradition des Übertragens von Texten aus anderen Sprachen und Kulturen, die bestimmte Techniken hervorgebracht hatte. Zum anderen genügten diese den Anforderungen neuzeitlicher naturwissenschaflich-technischer Schriften nicht mehr bzw. waren es nun nicht mehr (nur) buddhistische Mönche/konfuzianische Gelehrte, die sich dieser Aufgabe stellten, sondern vor allem die Fachleute/Experten selbst.

Auch Takano Chôei befand sich in der Situation, sowohl an schon Vorhandenes anknüpfen zu können als auch in neuen Wissens- und Tätigkeitsbereichen selbst kreativ zu werden. Noch während seiner Zeit bei Siebold schrieb er in dem schon erwähnten, an den holländischen Leser gerichteten Vorwort zu "Beknopte Lijst van de tempelen en kerken te Mijako", er habe sich bei seinen Übersetzungen ins Japanische und aus dem Japanischen technisch und inhaltlich auf die Ergebnisse seiner Vorgänger gestützt und zugleich selbst unglaubliche Anstrengungen unternehmen müssen, denn

> "...um Irrtümer und falsche Begriffe zu vermeiden, habe ich an Stellen, die den Japanern zwar klar und verständlich sind, nicht aber den Holländern, mittels Anmerkungen meine eigenen Gedanken hinzugefügt. Eine wortwörtliche, originalgetreue Übersetzung der japanischen Schriften war dort wegen der verschiedenen Schreibweisen und der komplizierten Bedeutungen der chinesischen und japanischen Schriftzeichen nicht möglich." ("Beknopte Lijst van de tempelen en kerken te Mijako" TCZ 6: 109/110 des holländischsprachigen Teils bzw. 157/158 des ins Japanische rückübersetzten Teils).

Den Übersetzungen, die später seinen Ruf auf diesem Gebiet begründeten, stellte er Einleitungen voran, in denen im Zusammenhang mit Problemen des kulturellen/wissenschaftlichen Vergleichs auch auf Übersetzungsmethodik eingegangen wurde: im *Igen sûyô naihen* (1832; vgl. TCZ 2, 1930: 5–16) und im *San hei takochiki* (1847;vgl. TCZ 3, 1930: 3–7). Und in den "Regeln des Studiums" (vgl. im Übersetzungsanhang, S. 288/289) begegnet man ihm als Sprachlehrer, der sich mit den verschiedenen Strukturebenen von Sprache vertraut gemacht und sich damit eine systematische Basis des Übersetzens geschaffen hatte: Syllabik, Grammatik, Syntax, Logik/Semantik. Am systematischsten gerieten seine diesbezüglichen Ausführungen im Vorwort zum eben genannten Spätwerk "Drei Taktiken": Im Unterschied zu solchen Disziplinen wie Himmels- und Erdkunde (tengaku/chirigaku 天学/地理学), Naturwissenschaften (rika 理科), Mathematik (sûka 数科), Medizin (ika 医科) und den anderen "hundert Künsten und vielen Fertigkeiten" (hyakugei shûgi 百芸衆技), über die es bereits zahlreiche Schriften gäbe und an deren Gegenstände sich Ohren und Augen schon gewöhnt hätten,

> "hörte und sah man vieles von dem, worum es in dieser Disziplin (Militärwesen) ... geht, zum erstenmal und erfaßte dessen Bedeutung selbst dann nicht. In harter Arbeit trug ich die Ergebnisse empirischer Studien zusammen und verstand schließlich erstmals deren Bedeutung. Doch ... handelt es sich um eine ferne Fremde, man kann nicht nachfragen, es mangelt an Belegschriften, und es nachzuprüfen ist auch nicht möglich. So blieb mir nur, zu diesem oder jenem zu gehen, hier

> und dort nachzuschlagen und die übertragenen Zeichen niederzuschreiben. Und so gibt es noch viel Unangemessenes." (TCZ 3, 1930: 3/4)

Nach der Beschreibung der konkreten Übersetzungs- und Anmerkungstechniken im Text gab er folgende Zusammenfassung:

> "Bei den Übersetzungsmethoden (honyaku no hô 翻訳の法) sind zwei Arten zu unterscheiden: einmal die wörtliche Übersetzung (taiyaku) und einmal die sinngemäße (iyaku). Bei der wörtlichen Übersetzung folgt man vor allem dem Sinn des Wortes und überträgt es durch ein Zeichen. So steht zwar ein Zeichen für ein Wort, doch ergibt sich ein Satz daraus, daß das im Originalsatz Stehende verstanden und zusammengefügt wird. Da aber die Sprachen und Stile in allen Ländern verschieden sind, ist es oft nicht möglich, einen Satz durch den direkten Austausch der Zeichen zu bilden. Klammert man sich unwillkürlich an (den Text), so geht der Sinn des Originals völlig verloren. ... Bei der sinngemäßen Übersetzung erfaßt man hauptsächlich den Sinn des Satzes und klammert sich nicht an den Sinn eines Wortes. Daher sind Wucherungen zu beseitigen, Auslassungen zu ergänzen, alle verborgenen Bedeutungen außerhalb des Textes einzubringen. Dies zusammengefügt, erhält man einen Text des jeweiligen Landes; dies berücksichtigend, erfaßt man seinen ganzen Sinn. Gehen bei dieser Art, den Sinn zu erfassen, Kleinigkeiten verloren, so werden aus winzigen Unterschieden schließlich nicht nur Abweichungen von 1000 Ri. Im äußersten Fall verwechselt man schwarz und weiß, Himmel und Erde. ... Nachdem nun Vor- und Nachteil beider Übersetzungsmethoden abgewägt wurden, ist der sinngemäßen der Vorzug zu geben." (ebenda: 4/5)

Zwei hier zutage tretende Problemkreise werden nun anhand von Beispielen konkretisiert: (a) Zweifellos kam der eigenen soziokulturellen Matrix bei der Rezeption europäischer Wissenschaft große Bedeutung zu; zugleich brachte die Beschäftigung mit den fremdsprachigen Texten wichtige Impulse für Zweifel an bisher gültigen Auffassungen mit sich: Erklärungsbedarf als Ausgangspunkt für die Neukonzipierung von (auch bereits vorhandenen) Begriffen entstand wesentlich im Übersetzungsprozeß; die bei der Herausbildung einer modernen Wissenschaftssprache entstehenden Brüche ("Reproduktionsstörungen", vgl. Krüger 1990: 461/462) waren in Japan von Beginn an von textsprachlich gebundenen kulturvergleichenden, interkulturellen Praktiken überlagert. Nicht selten lagen die auf diesem Wege gewonnenen Einsichten nachfolgenden Experimenten zugrunde, nicht umgekehrt, wie z.B. Sugitas Schilderung der Sektion einer Leiche nach Vorlagen der "Tafel anatomia" in den "Anfängen der Holland-Wissenschaften" (vgl. Môri 1942: 161–166 bzw. Sugita 1983: 31–41) zu entnehmen ist oder auch Chôeis Aufforderung im Vorwort zu "Chinesische und westliche Lehren über das Innere":

> "Schenkt man meinen Ausführungen keinen Glauben, so sollte man zunächst den Hauptteil dieser Schrift durchlesen und dann selbst versuchen, die Leiche eines zum Tode Verurteilten zu sezieren." (im Übersetzungsanhang, S.245).

(b) Das Verhältnis eines Gemeinwesens zur Natur ist soziokulturell vermittelt, was auch zu Unterschieden im Verständnis von Natur, im emotionalen und begrifflichen Verhältnis zu ihr führt. Ohne diese Tatsache zu übersehen, ist dennoch festzustellen, daß sich die sprachliche und inhaltliche Aneignung bestimmter naturwissenschaftlicher Disziplinen sehr viel früher und – im Vergleich zum ursprünglichen Kontext – weniger dramatisch vollzog als der Dialog mit historischen und sozialen Gegebenheiten der anderen Kultur.

Die komplizierte sprachliche Situation jener Zeit zeigt sich etwa in der Vielfalt der Verwendung des Begriffs *Ordnen der Dinge und Durchdringen ihres Prinzips* (kakubutsu kyûri 格物窮理), der im Vergleich östlichen und westlichen Wissenschaftsverständnisses eine zentrale Rolle spielte. Als Beispiel für Übersetzungen unter Rückgriff auf eigene Traditionen daher hier ein kurzer Blick zurück auf diese: Mit der breiten Rezeption der Philosophie des chinesischen Neokonfuzianers Zhu Zi (jap. Shushi, 1130–1200; die Shushigaku 朱子学 – als Kern der Chinesischen Wissenschaft Kangaku – ist die nach ihm benannte Denkschule) seit dem 17. Jahrhundert wurde auch der dort systematisierte Gedanke vom *Ordnen der Dinge* und *Durchringen des Prinzips* zum Streitpunkt im japanischen Denken. Als Streben nach Wissen um die äußeren Dinge – vor allem über das Studium des Kanons der Vier Bücher und Fünf Leitfäden[6] – untrennbar mit der Kultivierung des Inneren verbunden (kyokei kyûri 居敬窮理), beinhaltete er die auf eine bestimmte Ordnung ausgerichtete Selbstvervollkommnung und war wesentlich normativ geprägt. Doch zeichnet sich der zentrale Prinzip-Begriff (ri 理) durch

Ambivalenz aus: Ri ist das immer gleiche, ganze, in sich ruhende und nicht wahrnehmbare Absolute (das Große Ganze taikyoku 太極), und zugleich sind alle Dinge der Welt mit diesem Ganzen identisch, hat ein jedes dieses Ganze in sich. Ihre individuelle Gestalt und Wesenheit jedoch erhalten sie durch die Feine Materie (ki 気). Kritiker der japanischen Shushigaku, vor allem Vertreter der Alten Wissenschaft (Kogaku 古学), aber auch der Nationalen Wissenschaft (Kokugaku 国学), lehnten den spekulativen Charakter von ri bzw. kyûri ab, indem sie entweder ganz auf diese Ideen verzichteten und nur die unmittelbar wahrnehmbaren Dinge als real anerkannten, oder sie interpretierten sie im letztgenannten Sinne. An diese Tendenz wiederum knüpften die Rangakusha an: Alles habe seine konkrete Natur (sei = ri = ki), die es zu ergründen gelte (vgl. Minamoto 1989: 64 bis 89). Ausführlicher gehe ich auf diese Auseinandersetzungen im "Exkurs in die Geschichte medizinischen Denkens in Japan" im dritten Teil des Textes ein. Denn den komplizierten Wechselbeziehungen zwischen der vom Christentum dominierten Weltsicht und physikalischem Denken im europäischen Spätmittelalter bzw. Neuzeit nicht unähnlich, gab es in Japan zwischen (Neo-)Konfuzianismus und medizinischen Anschauungen eine besonders enge Symbiose (worauf z.B. auch Tsuji Tetsuo 1989 verweist.)

Bei Chôei begegnet man *kakubutsu kyûri*, diesem einst universalen, polysemantischen Begriff der chinesisch-ostasiatischen Denkkultur, ebenfalls in verschiedenen Kontexten mit unterschiedlichen Bedeutungen. Doch forcierten seine Bemühungen, damit Inhalte der griechisch-europäischen Entwicklung zu erfassen, die weitere Spezifizierung dieses Begriffes in Richtung Systematisierung des Wissens über Phänomene der Natur. Aus der Schrift "Die Auffassungen westlicher Gelehrter" (vgl. im Anhang die Übersetzung, S. 246-252) geht hervor, daß er den engen Entwicklungszusammenhang zwischen Metaphysik und Physik in der europäischen Ideengeschichte zumindest erahnte: Die eher naturphilosophisch orientierten griechischen Denker bemühten sich seiner Meinung nach um *kakubutsu kyûri*, während er Kopernikus, Galilei und Descartes vor allem wegen ihres Wissens um kyûrigaku 窮理学 würdigte. Damit ist wohl das - auf genauen Messungen (jissoku 実測) beruhende - Wissen um physis, natura gemeint, da ihre Arbeiten auf den Gebieten Mathematik (sûgaku 数学) und Himmelskunde (tengaku 天学) gesondert erwähnt werden.

In Aufsätzen aus den frühen Jahren (den Abhandlungen über das Wasser, vor 1830, das Thermometer und das Barometer, 1831/32) findet man den

Begriff *kyûrigaku* in unmittelbarer Nähe zu Versuchen, sich Wissen und Sprache auf dem Gebiet der Chemie anzueignen. Bereits während seiner Nagasaki-Zeit hatte Chôei ein Buch über die "Fertigkeiten des Zerteilens" (bunrijutsu 分離術) übersetzt (vgl. im Übersetzungsanhang den Brief vom Anfang Herbst, Bunsei 9 (1826), S. 226), die nun - ein Beispiel für sprachliche Neuschöpfungen auf dem Wege wörtlicher Übersetzung - als "Fertigkeiten des Teilens und Verbindens" bezeichnet wurden (bungôjutsu 分合術).

> "Seit in den Ländern des Westens die Fertigkeiten des Teilens und Verbindens und die Wissenschaft vom Durchdringen des Prinzips (bungôjutsukyûri no gaku 分合術窮理学) entstanden, trat Verborgenes zutage, wurde Licht ins Dunkel gebracht. Auch daß man sich über die Natur (des Wassers) (sei 性) klar wurde, dessen Beschaffenheit (shitsu質) erforschte und sein Wesen (honzen 本然) erkannte, ist ein Grund für die Hochachtung und das Vertrauen gegenüber der Wissenschaft (gakujutsu 学術). ... Das, was mit nichts anderem vermischt ist, bildet die Grundlage aller Dinge, es heißt deshalb Grundeigenschaft (genshitsu 原質). ... Einst legte im Westen Aristoteles die vier Grundeigenschaften fest: trockene Kälte, feuchte Kälte, trockene Wärme und feuchte Wärme. Sie entsprechen der Erde, dem Wasser, dem Feuer und dem Äther (ki 気). ... Da dies sich doch als völlig leere Theorie erwies und genauen Messungen nicht standhielt, war sie nicht haltbar. Es ist vor allem das Verdienst der Wissenschaft vom Durchdringen des Prinzips und den Fertigkeiten des Teilens und Verbindens (kyûrigaku bungôjutsu), daß man seither in Details des Wissens eindrang und den Dingen auf den Grund ging." (TCZ 4, 1978: 61/62)

Die Tendenz, *kakubutsu kyûrigaku* auf diese Weise zu verstehen, bestätigt sich dann im genannten "Gelehrtenaufsatz", wo es im Rahmen seiner wissenschaftsklassifikatorischen Versuche[67] definiert wird als

> "'natuurkunde' - die Wissenschaft, die die Natur und Beschaffenheit der gestalthaften Dinge (yûkei shobutsu no seishitsu 有形諸物ノ性質) erkennt. Zu ihr zählen etwa die Optik (shigaku 視学), die Wissenschaft von Teilen und Verbinden, von der Wasserverdrängung (shôsuigaku 称水学), die Werkzeugkunde" (Übersetzungsanhang, S. 252).

Dieser Begriff steht hier also für eine bestimmte Gruppe von Wissenszweigen, die von vier anderen unterschieden wurde: (1) von der *redenkunde* - gemeint ist wohl eher Logik, übersetzt mit Wissenschaft vom Wissen und der Vernunft (chirigigaku 知理学), die u.a. anhand bestimmter Regeln zwischen wahr und falsch von Ansichten zu unterscheiden vermag; (2) von *zedenkunde* (Ethik) - sie weiß um die Dinge von Vergeltung, Glück und Unglück und schließt z.B. das Wissen vom Weg (dôgaku 道学), von der Erziehung (kyôgaku 教学) und von der Politik (seigaku 政学) ein; (3) von der *bovennatuurkunde* (Metaphysik) - sie ergründet das sinnlich nicht Wahrnehmbare, das, was Form/Gestalt überschreitet (keiijô no gaku 形以上ノ学, der *kakubutsu kyûri* als *Wissenschaft von dem in Form/Gestalt Gebrachten* (keiika no gaku 形以下ノ学) gegenübersteht; Chôei greift hier auf zwei der Shushi-Philosophie entstammende Begriffe zurück, welche letztlich auch die beiden genannten Möglichkeiten des Verständnisses von ri repräsentieren und somit ebenfalls zu Instrumentarien der Kritik am Spekulativen wurden); (4) von der *wiskunde* (Mathematik), die es lehrt, Gestalt, Maße und Entfernungen von Dingen zu berechnen (vgl. ebenda: 251/252).

Es stellt sich die Frage, weshalb der Mediziner Takano Chôei sein eigenes Wissensgebiet in diesem Schema völlig unberücksichtigt ließ, zumal er in den dazu von ihm verfaßten Schriften selbst eine weitere Konkretisierung/ Differenzierung von (kyû)rigaku vornahm und von der *Wissenschaft von der Durchdringung des Prinzips des menschlichen Körpers* (jinshin kyûri no gaku 人身窮理学) sprach. Gemeint waren damit Anatomie und Physiologie, die seiner Auffassung nach das Fundament westlicher Heilkunst (seiyô no ijutsu 西洋の医術) bildeten. Sie ermöglichten es, die Lebensprozesse der Menschen zu erhellen, Ursachen, Verlauf, Heilung sowie vor allem auch Maßnahmen zur Verhütung von Krankheiten aufzudecken, und seien damit weit über die eigentliche Medizin hinaus von Bedeutung. Kawajiri stieß im Verlauf seiner Analyse der Chôeischen Klassifikation von Wissenszweigen auf das gleiche Problem und verwies darauf, dieser habe den "Gelehrtenaufsatz" für seinen mathematisch interessierten Mitstreiter Uchida Yatarô verfaßt und daher sein eigenes Gebiet unberücksichtigt gelassen (Kawajiri 1982: 181/182). Angesichts der in den Übersetzungsvarianten deutlich werdenden inhaltlichen Divergenzen zu der - laut Kawajiri - vermutlich zugrunde gelegten "Enzyklopädie" der französischen Materialisten ist es jedoch angebracht, nach tiefer liegenden Ursachen, so etwa Unterschieden in den Denkstilen, zu suchen. Dem wird ansatzweise im folgenden Abschnitt nachgegangen. Zuvor sei das bislang unter dem Stichwort "sprachlicher Perspektivenwechsel" Gesagte noch durch einen Blick auf Chôeis sozial- und kulturrelevante Sprachlichkeit ergänzt, um dann eine kurze Zwischenbilanz zu ziehen.

Besonders in den ereignisbezogenen Schriften sowie den Abhandlungen und Übersetzungen zum Militärwesen knüpft Chôei an die Tendenz an, Begriffe der (neo)konfuzianischen Tradition (deren Bedeutungsbereich sich spätestens seit Ogyû Sorai (1666–1728)[68] unterteilte in den aller Dinge zwischen Himmel und Erde und den der menschlichen Beziehungen oder sich überhaupt auf letzteren begrenzte) auch für interkulturelle Betrachtungen zu funktionalisieren und damit zu erweitern. Im Falle Chôeis ist der in der "Traumgeschichte" angestellte Vergleich zwischen Japan und England (als konkreter Repräsentant des Westens) bezüglich *Menschlichkeit* (jin 仁) und *Gerechtigkeit* (gi 義) das markanteste Beispiel:

> "Wenn (England) sich jetzt japanischer Schiffbrüchiger erbarmt und diese im Namen von Menschlichkeit und Gerechtigkeit auch noch zurückbringt, dafür aber nicht einmal angehört, sondern gleich mit Kanonen vertrieben wird, könnte es Japan für ein unmenschliches Land (fujin no kuni 不人の国) halten, das sein Volk nicht achtet. ... Im Falle einer gewaltsamen Vertreibung könnte es in aller Welt verbreiten, (Japan) sei ein tyrannisches ungerechtes Land, in dem man Gesetz von Willkür nicht zu unterscheiden wisse (rihi mo wakarimosazaru bokoku, fugi no kuni 理非も分かりもさざる母国、不義の国). Es verlöre seinen Ruf als ein Land von Anstand (reigi no kuni 礼儀の国)." (Übersetzungsanhang, S. 258)

Es kam diese Einschätzung einer "Verkehrung des Untersten zuoberst" gleich, galten doch bislang die Begriffe fugi (ohne Gerechtigkeit), fujin (ohne Menschlichkeit) eben für jene "barbarischen (tyrannischen) Länder" des Westens. Sie nun (auf diese japankritische Weise) in den Geltungsbereich des (neo)konfuzianisch geprägten Begriffsnetzes einzubeziehen und dieses damit weiter auszuwerfen, hing eng mit der bereits angemerkten inhaltlichen Veränderung von jin, gi und auch chû (Loyalität) im eigenen, innerkulturellen Kontext zusammen: Mit dem Überschreiten von ständischen oder naturwüchsig-verwandtschaftlichen Grenzen nahm die Bedeutung von jin für die Beziehungen zwischen einzelnen als solchen zu, die bislang vor allem als

Repräsentanten (Teile) ihres Standes auftraten (was am hierarchischen Charakter dieses Verhältnisbegriffes nichts Grundsätzliches änderte).

In die gleiche Richtung weisen Watanabe Kazans Üerlegungen zum Begriff des *Weges* (dô, auch wenn er – als Verwaltungsmännischer Rangakusha – (subjektiv) vorsichtiger und (objektiv) befangener vorging. Seine Kritik am Verständnis von dô unter den Konfuzianern, vor allem der Shôheikô /10/, begründete er damit, daß *Dieser Weg* (kôdô 弘道)[69] zum einen seit seiner Begründung im alten China unantastbare Gültigkeit besäße. Zum anderen gilt *Dieser Weg* zwar

> "für Vergangenheit und Gegenwart in gleicher Weise, bei den Kräften der Zeit darf jedoch die Gegenwart nicht genauso betrachtet werden wie das Altertum. Daher sind jene alle, die aus dem Altertum für die Jetztzeit ihre Schlüsse ziehen, Stümpern gleich, die mit angeleimten Steg die Koto-Laute spielen." (zitiert nach Dombrady 1971: 52).
> "Doch ist das, was den Weg der westlichen Länder ausmacht, und unser Weg vom Prinzip her nicht zweierlei, sondern eins, welches aber mehr oder weniger verschieden betrachtet wird. ...Nun bilden zwar die Länder des Westens hinsichtlich der Stärke und Schwäche ihrer Herrschaft, der Vorzüge und Mängel ihrer Bräuche, der Klugheit und Einfältigkeit ihrer Menschen keine Einheit, doch ist ihnen im allgemeinen Gefaßtheit und Beharrlichkeit wesenseigen, .. worauf sich die Gesetze eines (jeden) Landes und damit die Regierungen gründen. An der Spitze stehen Herrscher und Gelehrte (im Sinne der Geistlichkeit, S.R.), die Herrscher geben (ihr Amt) an ihre Kinder weiter, die Gelehrten an Befähigte, weshalb man die zwei Wege der Erziehung und des Herrschens (kyôsei nidô 教政二道) unterscheidet. Und Kunst und Fertigkeiten (Techniken) (geijutsu芸術) bilden noch zwei weitere Wissensgebiete. Je nach den vom Himmel empfangenen Eigenschaften läßt man (einen jeden) danach streben, die Wege oder die zwei Wissensgebiete zu betreten. ... Daher erreichten Kunst und Fertigkeiten dort eine Breite und Tiefe, sind Erziehung und Politik vorangekommen, wie es in China offensichtlich nicht der Fall ist. ...(Und betreffs der Verweigerung des Handels mit den Engländern könnten diese den Japanern vorwerfen:) 'Wegen eines einzigen Landes nimmt die Schiffahrt vieler Staaten Schaden. Obschon Menschen gleicher Art, die einen Himmel über sich und die gleiche Erde unter sich haben, wird ihnen Leid zugefügt. Wie sollte man das noch als menschlich bezeichnen.'" (aus dem "Shinkiron", übersetzt nach NShT 55: 69/70)

Der *Weg* wird also im universalen Sinne verstanden: er liege dem Funktionieren aller Länder zugrunde, in denen er sich dann - entsprechend den natürlichen und sittlichen Gegebenheiten - konkretisiere, wie etwa an den fünf verschiedenen Lehren (kyô 教, gemeint sind Konfuzianismus, Buddhismus, Islam, Judentum und Christentum) zu sehen sei. Zu beachten sei für die Aufrechterhaltung des *Weges* aber auch der Zeitenwandel - als ständiger Wechsel zwischen Blüte und Verfall -, weshalb es nun wegen der Zurückgebliebenheit Chinas unumgänglich geworden sei, die Errungenschaften des Westens (auf dem Gebiet der "Zwei Wege" und der "Zwei Wissensgebiete") aufzunehmen, um den *Weg* zu bewahren. Denn Kazan ging davon aus,

> "daß man auch aus dem Leder eines Nashorns Panzer anfertigen und daß auch das Kraut aus Persien einen Menschen wieder beleben kann. Ebenso verhält es sich mit Büchern wie das Ch'i-hsieh und das Shan-hai (-ching) (Werke, die von märchenhaft abstrusen Dingen, Wesen und Begebenheiten erzählen und so mit Inhalten westlicher Schriften verglichen werden). Verabscheut man in ihnen nicht einfach nur das Komische und Absonderliche, dann werden sie einem als Hilfsquellen noch gute Dienste erweisen ... auch ohne diesen Weg entweihen zu lassen." (zitiert nach Dombrady 1971: 53).

Neben den Unterschieden im Grad der Beherrschung der holländischen Sprache mögen die sich aus den divergierenden Interessen ergebenden unterschiedlichen Gegenstände, denen Kazan und Chôei sich zuwandten, dazu beigetragen haben, daß ersterer - zumindest in seinem öffentlichen Dasein als Lehensbeamter - mehr auf Kontinuität durch Wandel setzte oder, anders gesagt: das Andere/Fremde mehr in das Eigene einzubetten trachtete, um es zu bewahren. Letzterer hingegen war stärker mit der prinzipiellen Neuartigkeit der zu Texten oder anderer Gegenständlichkeit gewordenen westlichen Kultur konfrontiert und wirkte insgesamt - auch durch wörtliche Neufassung übernommener Begriffe - mehr in Richtung Aneignung des Fremden durch und zwecks Wandel des Eigenen.

Um das zu verdeutlichen, möchte ich noch ein Übersetzungsbeispiel anführen: Gleich zu Beginn der Übersetzung "Drei Taktiken" steht Chôei vor der Aufgabe, im Zusammenhang mit dem Aufbau der militärischen Truppen das Wort Individuum zu übertragen und zu erklären. Dazu griff er auf die Methode der Transliteration zurück und stellte den Zeichen 印授比細以 die Katakana-Silben injuhijii インジュヒジ zur Seite.

"Die Basis, aus der sich die verschiedenen Truppen aufbauen, ist das Individuum (Erläuterung: In der klassischen Sprache der Wissenschaft meint das im allgemeinen das in seiner Gestalt unteilbare Element (gengyô). Und hier heißen die, die das Militär bilden, Infanteristen, Kavalleristen, Artilleristen), d.h. es ist der Soldat. Und allen voran ist es wiederum der Infanterist."(TCZ 3, 1930: 18)

Der Begriff des Individuums, der selbst in der griechisch-römischeuropäischen Geschichte (des Denkens) eine lange Entwicklung durchlaufen mußte, ehe er in der Neuzeit die uns heute selbstverständlich anmutende allgemein-abstrakte Bedeutung eines autonomen, über sich selbst verfügenden Wesens annahm (vgl. Elias 1988b: 207-217), fand ebenso wie sein Pendant *Gesellschaft* auf dem Wege von Übersetzungen Eingang nach Ostasien/Japan. Bereits zu Chôeis Lebzeiten hatte der Sinologe Robert Morrison in seinem englisch-chinesischen Zeichenwörterbuch (1822) "individual" mit den Zeichen tan 単, hitori 独, tan'ikko 単一個 (einzelnes, eins) wiedergegeben, in der Erklärung begegnet man dann der Kombination ikkojin 一個人, das bald darauf zu dem heute verwendeten kojin 個人 wurde (vgl. Yanabu 1982: 25-42). Yanabu weist darauf hin, wie schwierig es damals für Japaner war, mit dieser Übertragung zurechtzukommen, war ko 個 doch ein Zählwort für feste Gegenstände, Körper. Eine solche abstrakt-mechanistische Sicht auf Menschen sei damals kaum zugänglich gewesen (ebenda: 27).

Daß Chôei, der sich in der "Kurzen Beschreibung..." rühmte, nicht nur über Morrison Bescheid zu wissen, sondern gar Schriften aus dessen Feder zu besitzen (vgl. im Übersetzungsanhang, S. 278), sich dieser Variante nicht anschloß, mag auch mit seiner Orientierung an vitalistisch argumentierenden Medizinern und Physiologen im Zusammenhang gestanden haben, deren Auffassungen dem damals noch einflußreichen neokonfuzianischen Verständnis der menschlichen Natur als Einheit von Lebensgeist/Seele (kompaku 魂魄) und Lebenskraft (seiki 生気) zumindest äußerlich entgegenkamen: Das *Igen sûyô naihen* basiert u.a. auf Arbeiten von J.F. Blumenbach (1752-1840), der die Eigengesetzlichkeit von Leben als Wirken organischer Naturkräfte erklärte (vgl. Europäische Enzyklopädie zu Philosophie und Wissenschaften Bd. 4, 1990: Stichwort "Vitalismus"). Der menschliche Körper (jinshin 人身), so Chôei, besteht im wesentlichen aus fest(-liegend)en und fließenden Stoffen, wobei eben in der Zeichenkombination für "fest" auch ko 個 enthalten ist. Die verschiedenen Gefäße und Flüssigkeiten werden von der Lebenskraft (katsuryoku 活力) in Bewegung gebracht, die nur Lebewesen eigen ist. Die Geisteskräfte (shinryoku 神力) wiederum unterscheiden die Tiere von den Pflanzen, durch sie können wir sinnlich wahrnehmen, Liebe und Haß empfinden, und denken (vgl. TCZ 1, 1930: 23/24).

Als Mediziner/Physiologe interessierte ihn die menschliche Natur also unter dem Aspekt des Lebens, seiner Funktionsweise, nicht der Individualität. Dabei war er bestrebt, durch Sprachvergleiche und neue Begrifflichkeit, Zeichenkombinationen die Einsichten der Chinesischen Medizin aus der Perspektive neuer Erkenntnisse auf ihre Kompatibilität hin zu untersuchen und gegebenenfalls zu korrigieren. Als Übersetzer von Schriften zum Militärwesen ging es ihm um die Erläuterung eines konkreten Subsystems der europäischen Gesellschaft, das sich – spätestens nach seiner Reformierung seit Beginn des 19. Jahrhunderts – in seiner Organisation vom eigenen Heereswesen erheblich unterschied und somit sprachlich schwerer zu erfassen war als medizinische Phänomene. Und so löste er *individual* in die beiden ihn interessierenden Ebenen auf: die naturwissenschaftliche, in der es zum Element (gengyô 元行) verallgemeinert wird, und die militärische, auf der es allgemein für Soldat stand und dann nicht hierarchisch, sondern nach den einzelnen Gattungen konkretisiert wurde. Politisch, ethisch oder gar philosophisch stand das Problem des Individuums hier (noch) nicht zur Debatte.

Resümierend ist festzuhalten:
Die Auseinandersetzung Takano Chôeis mit Texten aus unterschiedlichen Kulturen war eingebettet in tiefreichende sprachliche Wandlungsprozesse, die in bedeutendem Maße von den Holland-Wissenschaftlern mitgetragen wurden. Über die Texte auf neue Realitäten, Erfahrungs- und Erkenntnisbereiche stoßend, was auch zur Thematisierung bislang nicht hinterfragter Verhaltens- und Sichtweisen führte, stand man vor der Notwendigkeit, zwecks der Benennung entstandener Problemsituationen sprachlich zu differenzieren/spezialisieren und gleichzeitig zwecks Lösung der Probleme zu universalisieren/generalisieren (vgl. Krüger 1990: 461–464). Das ist der theoretische Hintergrund der übersetzungsmethodischen Überlegungen der Rangakusha.

Die **Spezialisierung von Zeichen** war vor allem Resultat des Eindringens in die vielfältigen neuen Wissenszweige, die sich mit konkreten Erscheinungen/Ereignissen "zwischen Himmel und Erde" sowie mit den praktischen Tätigkeiten der Menschen befaßten und im Japanischen am treffendsten zunächst mit gakujutsu (学術 Lernen/Wissen und Fertigkeiten), später mit kagaku gijutsu (科学技術, Einzelwissenschaften und Technik) sprachlich gefaßt wurden. Sie ist also eng mit der Entstehung von Fachwörtern und -sprachen verbunden und vollzog sich im Rahmen aller drei oben genannten Übersetzungsmethoden. Dort, wo es gleiche oder ähnliche Erfahrungen in der Aneignung und damit Beschreibung der natürlichen und gesellschaftlichen Umwelt gab, konnte auf Entsprechungen im Japanischen bzw. Sino-Japanischen zurückgegriffen werden. Natürlich trifft man auch hier auf Sinnverschiebungen, wenn etwa bislang stark an symbolische, metaphorische oder metaphysische Inhalte gebundene und/oder emotional geladene Zeichen (ki 気 Energie, ri 理 Prinzip, kokoro 心 Herz/Geist, chikara 力 Kraft) zur Wiedergabe naturwissenschaftlicher und damit sachlich-fachlicher Erkenntnisse herangezogen wurden. Doch die eigentlichen Probleme - weit über das Sprachlich-Kognitive hinaus auch den kommunikativen Aspekt berührend - ergaben sich dort, wo (über Transliteration und sinngemäße Übertragungen) Kunstwörter geschaffen wurden, was durch die Kompositionspotentiale der chinesischen Schriftzeichen möglich war: Yanabu spricht vom *Kassetteneffekt* im Japanischen - man könnte es auch *black-box-Effekt* nennen. Damit meint er die seit der Einführung der chinesischen Schrift währende Tradition der Begriffsbildung, aus einem anderen Kontext stammende neue Inhalte durch Zeichenkompositionen zum Ausdruck zu bringen, die vom geistigen Habitus der(s) Übersetzer(s) abhängen und dem Alltagsbewußtsein meist sowohl etymologisch als auch sinnlich-konkret nur schwer zugänglich sind (vgl. Yanabu 1982: 37-41 und Fukuzawa 1988). Mit diesem Effekt hat es wohl auch zu tun, daß zwischen der ersten und der zweiten Hälfte des 19. Jahrhunderts auch wissenschaftssprachlich ein Bruch zu konstatieren ist, der mit der Umorientierung Japans auf englisch-, später auch deutschsprachige Schriftkultur zu tun hatte und eine neue Übersetzungsära einleitete. Der konventionelle Aspekt japanischer Wissenschaftssprache jener Zeit kommt zudem darin zum Ausdruck, daß im Zuge der Vereinheitlichung der Bildung seit den 1870er Jahren spezielle Gremien, bestehend aus Beamten-Gelehrten (kanryô gakusha 官僚学者), an einheitlichen Fachsprachen arbeiteten (Herausgabe von Lehr- und Wörterbüchern; vgl. Yoshida Tadashi 1989: 135/136).

Nachdenken über die Besonderheiten der japanischen Moderne kann diese sprachlichen Gegebenheiten nicht außer acht lassen, sind doch auch hierin Ursachen dafür zu suchen, daß die Kluft zwischen Alltags- und theoretischen Bewußtseinsebenen einerseits, ihr relativ "reibungsloses" Nebeneinander andererseits stärker ausgeprägt erscheint, daß die im Alltag gesprochene Sprache (und Belletristik) und die wissenschaftliche, politische usw. Schriftsprache im Grad ihrer Konkretheit stärker auseinanderzuklaffen scheinen als in den europäischen Modernen. Darauf wird zurückzukommen sein.

Aus der Perspektive der *Generalisierung/Universalisierung* der Zeichen stößt man prinzipiell auf die gleichen Probleme. Die stetige, aber scheinbar spontane und "ungeordnete" Akkumulation von Wissen einzelner, in der europäischen Tradition gewachsener Disziplinen wird nicht selten als Beweis dafür betrachtet, die Japaner hätten damals das innere Wesen des eng und widersprüchlich mit der christlichen Kultur verschlungenen modernen wissenschaftlichen Denkens noch nicht erfassen können[70]. Der Zufall mag zwar ebenfalls eine gewisse Rolle gespielt haben, nicht darin aber liegt für mich das entscheidende Problem. Von Interesse ist vielmehr die Frage, worin denn eigentlich die innere Logik der Rezeption bestand. Diese fand einen wichtigen Ausdruck in der Formel "Östliche Moral und Westliche Kunstfertigkeit", jenen geistigen Habitusformen, die von der Rangaku entscheidend mitgeprägt wurden. In deren Rahmen vollzog sich mit der Herausbildung von Wissenschaftssprachen, also mit der Spezialisierung sprachlicher Zeichen, die intentionale (inhaltliche) und extensionale (umfängliche) Erweiterung des Japanischen, d.h. die Generalisierung vor allem solcher, der eigenen Tradition entnommenen, grundlegenden Begriffe wie *Weg* (dô 道, im Sinne von kulturellen Eigenheiten), *Menschlichkeit* (jin 仁), *Gerechtigkeit* (gi 義), *Prinzip* (ri 理), *Wissenschaft* (gakumon 学問, als Gelehrtheit, Wissen allgemein) bzw. *Praktisches Wissen* (jitsugaku 実学). Von Sakuma Shôzan (1811–1864)[27] zu einer Zeit verbalisiert, als rivalisierende feudale Gruppen möglichen (auch systemkritischen) politischen Deutungen dieser Formen bereits reale programmatische Gestalt zu geben suchten, war die Losung tôyô dôtoku seiyô geijutsu doch von Beginn an mehr als nur ein ideologisches Phänomen. Es verbarg sich dahinter eine kognitive Tiefenstruktur, die nicht nur mit der eingangs aufgeworfenen Verortung von geistigen Strömungen zu tun hatte, sondern auch mit den davon überformten Tendenzen der Autonomisierung gesellschaftlicher Funktionsbereiche, die es nicht zuletzt wegen der äußeren Situation ethisch und politisch zu umklammern galt. Tôyô dôtoku seiyô geijutsu 東洋道徳西洋芸術 war das konkrete Maß für die Universalisierung des Eigenen und Fremden, die Besonderheit also, ohne die Universalisierung/Verallgemeinerung nicht stattfindet.

Mit diesen Ausführungen sind sprachliche Probleme aufgeworfen worden, die die geistigen Umbrüche jener Zeit implizierten. Inwieweit sprachtypologische, syntaktische Unterschiede zwischen der japanischen und der Originalsprache die Textrezeption beeinflußten, kotextuelle Inhomogenitäten (z.B. hinsichtlich grammatikalischer Formen, Kausalbeziehungen auszudrücken, Vergleiche oder Schlußfolgerungen zu ziehen, zu urteilen) zu inhaltlichen Veränderungen oder Brüchen führten - diesen und ähnlichen Fragen nachzugehen bedarf der Kommunikation mit Sprachwissenschaftlern, insbesondere wohl mit Soziolinguisten. Dennoch sollen nun einige mit dem sprachlichen Perspektivenwechsel zusammenhängende Aspekte des Chôeischen kognitiven Verhältnisses zu Natur und Gesellschaft berührt werden.

VIII. Schwierigkeiten eines Grenzgängers zwischen verschiedenen Denkstilen. Zum Verständnis von Natur und Wissenschaft

Es war oben von den Unstimmigkeiten die Rede hinsichtlich Chôeis Versuch, die verschiedenen Gebiete westlicher Wissenschaft zu ordnen, ohne dabei seine eigenen wissenschaftlichen Interessen, die Medizin, zu berücksichtigen. Da es sich bei dem "Gelehrtenaufsatz" nicht einfach um eine Übersetzung handelte, sondern bislang akkumuliertes Wissen aus verschiedenen Quellen zusammengefaßt, also interpretiert wurde, verbirgt sich dahinter offensichtlich ein fundamentaleres Problem als von Kawajiri angenommen: Rangakusha waren über die fremdsprachigen Texte mit einem Denkstil konfrontiert, der als Resultat kognitiver Relationen des Bewußtseins zum Sein von historisch konkret gewachsenen kommunikativen Strukturen getragen wurde. Damit sind nicht nur die zu bestimmten Normen/Regeln geronnenen, d.h. institutionalisierten Diskursformen gemeint. Vielmehr sind diese zugleich untrennbar mit nonverbalen Formen der Kommunikation verbunden, mit dem, was Elias *psychischen Habitus* nannte (vgl. Elias 1988a (2): 387), dessen sich die darin Tätigen, Handelnden meist selbst nicht bewußt werden und der von außenstehenden Beobachtern - zumal eines anderen Kulturkreises - nur schwer zu erfassen ist.

> "Verschieden ... sind schließlich, entsprechend den Unterschieden ihrer Interdependenzgeschichte, Rationalität und Affektschema, Selbstbewußtsein und Triebaufbau der Deutschen und der Engländer, der Franzosen und der Italiener, verschieden die gesellschaftliche Modellierung der

Okzidentalen als eines Ganzen von der der Menschen des Orients." (ebenda: 380)

In diesem Sinne gegenseitiger Korrespondenz von Begrifflichkeit und Sinnlichkeit und deren gemeinsamer soziokultureller Kontextualität wurde seit dem Ende der 70er Jahre auch die Frage nach einer *sozialen Naturwissenschaft*, d.h. nach der Feldabhängigkeit wissenschaftlichen Denkens gestellt, und zwar sowohl prospektiv als auch retrospektiv (wissenschaftshistorisch; vgl. Krüger 1990: 403–413, 494). Natur als – nicht mehr metaphorisch für Gottes Werk stehendes – Selbstseiendes zu begreifen und wachsende Einsichten in deren innere Zusammenhänge (in die "Natur der Sache" als spezifisches Interesse der Naturwissenschaften) zu gewinnen, waren zwei Seiten einer Medaille, eines Erkenntnisprozesses, der aus der zunehmenden Distanz zum unmittelbaren Naturgeschehen infolge der Verlagerung des Produktions- und Reproduktionsschwerpunktes vom Agrarischen zum Städtischen resultierte. Dieser Weg war in der europäischen Entwicklungslinie des Denkens durch die Favorisierung der mathematisch-physikalischen Sicht auf die Natur und damit vor allem ihrer Quantifizierung gekennzeichnet. Ihre methodischen Instrumentarien fanden modellhaft auch in den Bereichen anderer Wissenschaften Anwendung, und als Kehrseite dessen entstanden die verschiedenen "-ismen": Biologismus, Psychologismus usw.

In dieses System von Wissenschaften nun waren Rangakusha wie Chôei bemüht einzudringen. Wirft man in diesem Zusammenhang nochmals einen Blick auf die Geschichte der Holland-Wissenschaften, so fällt nicht nur auf, daß man sich zunächst vor allem den Zweigen zuwandte, die sich auf der Grundlage empirischer Beobachtungen vorwiegend mit der Beschreibung und Systematisierung von Phänomenen befaßten (Botanik/Naturgeschichte, Geographie, Astronomie, in gewissem Sinne auch Medizin) und die dem Kriterium des unmittelbar praktischen Nutzens entsprachen. Zu konstatieren ist zugleich, daß die Rezeption der ja bereits seit dem 16. Jahrhundert eindringenden chinesisch- bzw. originalsprachigen westlichen Schriften erst dann wirklich gesellschaftsrelevant wurde, als mit der Ausdifferenzierung der Einzelwissenschaften religiöse oder überhaupt metaphysische Begründungszusammenhänge innerhalb dieser nicht mehr logisch zwingend waren. Das Durchdringen der konkreten Gegenstände kam nun zumindest im Rahmen der eben genannten Zweige – seit dem 19. Jahrhundert auch auf den Gebieten Physik und Chemie – der in der eigenen Denktradition gewachsenen Interpretationslinie von ri als dem Prinzip jeweils aller Dinge zwischen Himmel und Erde (tenchi bambutsu 天地万物 oder tenchi banyû 天地万有) entgegen.

Letztgenannter Begriff bezeichnete auch in Chôeis Arbeiten noch die Natur, und zwar unter topischem Aspekt und auf die unendliche Vielfältigkeit verweisend: alles, was im Universum existiert. Die heute für das Abstraktum Natur stehende substantivische Zeichenkombination shizen (自然) wurde von ihm, wie damals üblich, adjektivisch bzw. als Adverb verwendet und bedeutete etwa aus sich selbst (so) seiend (jinen 自然, nicht durch menschliche Handlungen vermittelt (natürlich). Als Wissenschaftler aber war für ihn ein weiterer, aufs engste mit kyûri 窮理 verknüpfter Naturbegriff von Bedeutung. Wenn er (im obigen Zitat aus dem "Wasseraufsatz") von der Natur (sei 性) des Wassers, dessen Beschaffenheit (shitsu 質) und Wesen (honzen 本然) sprach, so ist darin keineswegs Redundanz, sondern - bei allen noch zu zeigenden Brüchen - auch Kontinuität der einst von den Song-Philosophen (zu denen Zhu Zi zählte) geprägten Sprech- und Denkweise zu erkennen. (Erläuternd sei hier angemerkt, daß sei aus dem Zusammenspiel von ri 理, ki 気 und konkretem Dasein, von Identität mit dem Ganzen und Individuation resultiert. Letztere konnte sich nur über den Feinstoff ki vollziehen, der in seiner Reinheit wahre Natur (honnen no sei 本然の性) ist, in der Realität jedoch stets Trübungen erfährt und zur materiellen Natur (kishitsu no sei 気質の性) wird. Zhu Zi stellte diesbezüglich folgendes Gleichnis an:

> "Um Licht zu erhalten, muß es einen reflektierenden Körper geben, einen Spiegel etwa oder eine Wasserfläche. Das Licht nun ist die Natur, der Spiegel oder das Wasser stellt das physische Element dar; ohne dieses würde ja das Licht zerstreut und verloren sein." (aus seinen Gesammelten Werken zitiert nach Graf 1942: 239))

Während auch dort die Natur meist noch metaphorisch auftaucht (für ethisch-politische Inhalte stehend), orientieren sich diese Begriffe bei Chôei an der konkreten Natur, hier etwa am sei 性 des zum Gegenstand wissenschaftlichen Interesses gewordenen Wassers (Wasserheit, heutzutage wird sei in Zeichenkombinationen in der Regel als substantivierendes "-heit" bzw. "-keit" übersetzt). Dessen (reines) Wesen ist durch *Zerteilen und Verbinden* (bungô, Chemie) zu erforschen und dessen Beschaffenheit (Eigenschaften) tritt in der realen Praxis zutage. Generell kann hier durchaus von einer (natur-)wissenschaftlichen Wendung traditioneller Begrifflichkeit gesprochen werden, da kakubutsu kyûri 格物窮理, die *Ordnung der Dinge durch die Durchdringung ihrer Prinzipien*, nun vor allem darauf gerichtet war zu erforschen, wie es um die Natur(en) der Dinge bestellt ist, nicht aber, wie sie sein sollte(n).

Nun war diese Wendung aber, allgemein und konkret im Falle Chôeis, wesentlich von der Medizin getragen worden, der es um das Verständnis des Prinzips, der Natur des menschlichen Körpers ging und die den Menschen zugleich als natürliches und ganzheitlich funktionierendes sowie in Gemeinschaft mit anderen lebendes Wesen sah. Medizin war neben dem analytischen (quantitativen) Moment (etwa in der Anatomie) immer zugleich auch am synthetischen (qualitativen) Moment interessiert und konnte zumindest in der Zeit vor Meiji bis zu einem gewissen Grad als Integrationsfaktor wirken: zwischen den sich auseinanderentwickelnden Natur- und gesellschaftsbezogenen Wissenschaften (eng verbunden mit Physiologie, Biologie einerseits, mit Hygiene und dem Militärwesen andererseits; Chôeis Tätigkeit auf medizinischem und militärischem Gebiet war keineswegs außergewöhnlich); in Gestalt der Rangaku/Yôgaku zwischen eigenen und westlichen Wissenschaftstraditionen; als Heilkunst zwischen Theorie und Praxis. Dennoch verstärkten sich gerade zu Chôeis Zeiten die - auch wissenschaftsextern bedingten - Tendenzen des Auseinanderfallens der Wissenszweige (nach Fachgebieten, aber auch in "West" und "Ost") und damit auch der Sprachlichkeit. Dem versuchte er - als ein in diesem Prozeß Verfangener - bewußt oder unbewußt auf dreierlei Weise entgegenzuwirken: (1) durch Rückgriff auf Analogien, Bilder und Gleichnisse, (2) durch seine Auffassung von Wissenschaft im Spannungsfeld von Praxisrelevanz und Wahrheit, (3) durch Historisierung von Wissenschaft.

Analogisches Denken

Folgt man der Bestimmung von Analogie als "vergleichslogisches Apriori des Erkennens zu dem Zweck, Anderssein aufzulösen in Selbstsein" (Stichwort "Analogie" in: Europäische Enzyklopädie zu Philosophie und Wissenschaften, Bd.1: 107), aber auch als Versuch, das Eigene mit den Maßstäben des Fremden zu messen, so wird deren Bedeutung gerade für kulturellen Perspektivenwechsel verständlich. Es war bereits von der inhaltlichen

Erweiterung der Begriffe *Menschlichkeit* (jin 仁) und *Gerechtigkeit* (gi 義)in der "Traumgeschichte" die Rede, die – so bleibt hier anzumerken – geradezu auf klassische Weise analog erfolgte: Am Beispiel des Konfliktes zwischen Großbritannien und Dänemark 1807 wurde gezeigt, wie Japan sich nun im Zwist mit den Briten verhalten sollte.

Im "Gelehrtenaufsatz" kann man diesem nach Gemeinsamkeiten, nach Konsens suchenden Verfahren gleich mehrfach begegnen: Pythagoras' Auffassung von der Unsterblichkeit des Geistes (seishin 精神) und der Seelenwanderung sei der buddhistischen Lehre der drei Welten analog; und Platons Lehre von der Reinheit der Himmlischen Gottheit (tenshin 天神), die auf den menschlichen Geist übergehe,der jedoch durch Vermischung mit dem Irdischen unrein und unwissend werde – diese Lehre gleiche den Auffassungen des Zhu Zi über das Herz (shin 心). In den "Regeln des Studiums" hielt er der damals gängigen Bezeichnung westlicher Schrift und Sprachen als Gekrächze eines Neuntöters (gekizetsu 鴃舌; verwirrt, regellos und ohne Sinn) entgegen:

> "Doch sind ihre Regeln höchst streng und wohl geordnet und gleichen darin den Tagen und Monaten, die ihres Weges ziehen, den Gestirnen, deren Stellung sich nicht verändert." (Übersetzungsanhang, S. 288)

Dem verächtlichen Vergleich der Unwissenden begegnete er mit einem aus der westlichen Astronomie, deren neueste Resultate er in jenen Jahren (um 1846) gerade ins Japanische übersetzt hatte ("Abriß zur Sternenkunde", Seigaku ryakki und "Über die vier von Sommer (neu entdeckten) Sterne", Sommoru shisei hen vgl. Sugawa 1990: 39–80).

Aus diesem Beispiel gehen zudem weitere Aspekte des analogischen Verfahrens hervor, die für ideengeschichtliche Untersuchungen von Interesse sind: Zum einen können auf diesem Wege themenbedingte Einseitigkeiten (einschließlich begrifflicher Abstraktionen) überwunden und parallele Entwicklungen/Erscheinungen zusammengedacht werden, was – bei allen Gefahren und möglicher Konservativität – sowohl den Erklärungswert durch Rückführung auf Bekanntes als auch die Kommunikativität zwischen verschiedenen gesellschaftlichen Praktiken und Bewußtseinsebenen erhöht. Gleichnisse dieser Art stellte Chôei vor allem in seinen Wissenschaftsschriften an, wobei aufmerken läßt, daß diese zumeist um den menschlichen Körper kreisen. Während z.B. in den "Chinesischen und westlichen Lehren über das

Innere" mit dem Hinweis auf den Mechanismus einer Gonguhr, der durch bloßes Anschauen und Nachdenken nicht zu verstehen sei (vgl. im Übersetzungsanhang,S. 243), die Notwendigkeit der Anatomie für das Erkennen und Behandeln von Krankheiten begründet wurde, zog er in der "Hilfe, andere zu verstehen" den menschlichen Organismus heran, um den damaligen Mächtigen die Probleme der Landesverteidigung bzw. der Wirtschaft nahezubringen und sie Einsicht in die Notwendigkeit der Rangaku gewinnen zu lassen. Vor der Besetzung der Ryûkyû-Inseln (als der Kehle des Landes!) durch die Barbaren warnend, schrieb er:

> "Nehmen die Barbaren-Krieger es schließlich ein, kann (unserem) Land gerade daraus großes Unheil erwachsen - das ist wirklich unbeschreiblich und nur mit einer giftigen Schlingpflanze oder einer schlimmen Seuche vergleichbar: Haben deren Wurzeln sich einmal festgesetzt, so breiten sie sich allmählich und üppig auf die Zweige und Blätter aus, bis schließlich mit der allseitigen Umzingelung das Unheil geschehen ist; und ist das verseuchende Gift einmal übertragen, so dringt es durch Türritzen, durch Tore, und so dürfte das Übel auch die Nachbarländer erfassen." (Übersetzungsanhang, S. 292)

Zum anderen bringt die Analogie Anschaulichkeit, Bildhaftigkeit hervor, und die Grenzen zur Metapher sind oft fließend. Dieser Funktion bediente sich Chôei vor allem in den ereignisbezogenen Schriften, sprachlich oft mit *gemäß dem Prinzip, daß* (no kotowari nite bzw. no ri nite の 理にて) eingeleitet:

> "Da aber - gemäß dem Prinzip, daß ein hoher Baum viel Wind fängt, ein reiches Haus den Groll der Geister auf sich zieht - es von alters her häufig geschieht, daß einer, der es zu Rang und Namen gebracht hat, Schaden nimmt, hätten sie (die Rangakusha) selbst bescheiden und vorsichtig sein sollen." ("Kurze Beschreibung...", Übersetzungsanhang, S. 273/274)

Oder er bezog sich auf Sprichwörter bzw. zu solchen gewordene Aussagen der Klassiker, die ja ebenfalls Gleichnisse bewirken. Damit wurde allgemein nicht nur auf den akkumulierten Erfahrungsschatz einer Gemeinschaft zurückgegriffen. Vielmehr implizierten diese auch einen kommunikativen Aspekt, der als Moment des geistigen Habitus weit über das vormoderne Japan hinaus von Bedeutung war und daher im dritten Teil nochmals zur

Sprache kommen wird. Vorläufig sei dieser mit Elias folgendermaßen benannt:

> "Sprichwörter als Kommunikationsmittel sind in gewisser Hinsicht offen; sie sind weniger präzise und ambivalenter. Einen unzweideutigen Sinn erhalten sie oft nur in der und durch die Situation, in der sie gebraucht werden. Aber in einer bestimmten Situation treffen sie vielfach den Nagel auf den Kopf. Sie lassen dann keinen Zweifelan der intendierten Aussage eines Sprechers und sind im Vergleich zu Symbolen eines höheren Syntheseniveaus oft besser geeignet, die Quintessenz eines Arguments zusammenzufassen. In jedem Fall sind sie besser imstande, anderen die starken Affekte eines Sprechers zu vermitteln und in anderen direkt eine starke emotionale Reaktion hervorzurufen." (Elias 1989: 168/169)

Insgesamt scheint dem analogischen Denken gerade zu Beginn eines interkulturellen Dialogs - welcher Art auch immer - insofern Bedeutung zuzukommen, daß zum einen durch Übertragen von Begriffen, Situationen etc. beide Seiten eine kognitive Erweiterung erfahren - Knorr-Cetina nennt das "konzeptuelle Wechselwirkung/Interaktion". Zum anderen gerät der Bruch mit dem Überkommenen nicht allzu radikal und riskant, da es auf diese Weise nicht einfach verworfen, sondern umkontextuiert wird:

> "Analogieausgelöste Innovationen sind somit konservativ, ... sie mobilisier(en) vorhandenes, womöglich etabliertes Wissen. ... Daher sind analogieerzeugte 'Entdeckungen' ... gleichzeitig Teil des Prozesses der 'Konsensbildung' und Erhärtung von Wissen." (Knorr-Cetina 1991: 112)

Diese Charakteristik sollte - vor allem unter dem Aspekt der Kommunikation - nicht nur im pejorativen Sinne verstanden werden. Ein bestimmtes Maß an Konsens war schon notwendig, damit z.B. Rangaku überhaupt mitteilungsfähig blieb (sprachlich-wissenschaftlich wie auch politisch).

"Realitätsbezogene Wissenschaft"

Um die gesellschaftliche Akzeptanz der Holland-Wissenschaften ringend, schrieb Takano Chôei 1839 im "Vogelgezwitscher":

"Dennoch sind wir gezwungen, diese Wissenschaften zu betreiben, denn ihre Aussagen sind sich auf die Realität (gründende) Prinzipien (jitsuri) und danach zu handeln bringt Nutzen." (Übersetzungsanhang, S. 269).

Diese faktische Gleichsetzung von Rangaku und *sich an der Realität orientierender Wissenschaft* (jitsugaku) bringt ein weiteres Mal seine Bestrebungen um die extensionale und intentionale Erweiterung überkommener Begrifflichkeit - nämlich von jitsugaku - zum Ausdruck. Er reihte sich damit in eine lange Traditionslinie des Ringens um die Klärung des Verhältnisses von Praxis und Geist, Handeln und Wissen sowie Nützlichkeit und Wissen ein, die er zugleich - auch hinsichtlich seiner holland-wissenschaftlichen "Ahnen" - mit neuen Vorstellungen durchbrach. Beides, das Moment der Kontinuität wie auch das der Diskontinuität, hat mit seinem Verständnis vor allem der Medizin als direkt mit dem Alltagsleben verbundene Tätigkeit einerseits und als von diesem relativ abgehobene geistige Arbeit andererseits zu tun. Dieses Verständnis wiederum stand in einem untrennbaren Zusammenhang mit dem sozialen Kommunikationsnetz, in dem er seit seinem Studium in Nagasaki wirkte: Der Verzicht auf die Nachfolge als Oberhaupt des Hauses Takano geschah vor allem aus dem Wunsch heraus, sein "Leben in ganzer Hingabe an die Wissenschaft zu verbringen", statt als Heilpraktiker im Dienst des heimatlichen Fürsten und damit provinzieller Enge zu stehen.

"Nur ist es mir sehr peinlich, daß ich in diesem Falle der Obrigkeit nutzlos erscheine ... Als ich ... darüber nachsann, wie ich mich dennoch in anderen Dingen befleißigen und etwas Nutzen bringen könne, um wenigstens einen Teil der von Ihnen empfangenen Güte zu vergelten, wurde ich einer Sache aus der westlichen Wissenschaft (nämlich der Physiologie, S.R.) gewahr. Diese ist nur in Edo zu erreichen... Hat sie Erfolg, so ist es bestimmt für (Sie in) Mizusawa und natürlich auch für die Obrigkeit von Nutzen." (Brief an die Verwandten aus dem Jahre 1830 im Übersetzungsanhang, S. 236).

Aus ökonomischen und später politischen Gründen immer wieder in ein Spannungsfeld zwischen den Tätigkeiten als selbständiger Arzt/Lehrer/ Wissenschaftler im Rahmen seiner städtischen Schule und als Bediensteter höher gestellter Auftraggeber geratend, blieb auch in seinem Praxisverständnis das vor- oder außerwissenschaftliche Element unmittelbar alltagspraktischer Relevanz von großer Bedeutung. Zugleich sublimierte er den Begriff praxisorientierter Wissenschaft in Richtung Vermittlung zwischen spekulativer Metaphysik und "grobem" Empirismus - beides letztlich Kehrseiten einer Medaille; oder, wie Satô Shôsuke es formuliert: Er habe sich um einen immanenten Zusammenhang von *Theoretischer/Realitätsbezogener Prinzipphaftigkeit* (jitsuri 実理) und *Praktikabilität* (jitsuyô 実用) bemüht (Satô 1980: 23 bzw. 99).

Den ideengeschichtlichen Hintergrund dieses Problems bilden, wie gesagt, Auseinandersetzungen um den jitsugaku-Begriff im neokonfuzianisch geprägten Denken des frühneuzeitlichen Japan. Einst vor allem von Zhu Zi gegen das Weltfluchtdenken der Buddhisten und Daoisten konzipiert (jitsu 実 real - contra kyo 虚 - leer), griffen seit der Edo-Zeit Denker verschiedenster Couleur diesen Begriff ihrem praktischen und kognitiven Verhältnis zur Welt entsprechend auf, wobei er schon bald gegen das neokonfuzianische Denken selbst, insbesondere den spekulativen Aspekt von ri, gewendet wurde. Jitsugaku als ein wesentliches Element vormodernen Denkens in Japan, das zugleich als Brücke zur modernen Wissenschaft diente, wird unten nochmals thematisiert. Hier soll des besseren Verständnisses der Chôeischen Wissenschaftsauffassung wegen nur kurz auf Minamoto Ryôens Schema der Konzeptionen von jitsugaku vor der Meiji-Zeit verwiesen werden (Minamoto 1972). Demnach wurde der Realitätsbegriff bis zum 18. Jahrhundert vor allem von ethischen Inhalten dominiert, er war somit anthropo- oder soziozentrisch gefaßt. Wissen über diese Realität basierte auf dem Studium der im (neo)konfuzianischen Kanon fixierten Lehren und Normen und - seit Itô Jinsai (1627-1705)[71] - auf der Hinwendung zum alltäglichen Miteinander, um des Weges der Menschen (jindô 人道) einschließlich ihrer konkreten Befindlichkeit gewahr zu werden und sich, diesem folgend, selbst zu vervollkommnen. Ogyû Sorais jitsugaku-Konzept brachte dann Minamoto zufolge die revolutionäre Wendung hin zur Berücksichtigung von Faktizität auch der äußeren Welt, die die Menschen umgibt, an sich (so wie sie ist, nicht wie sie sein soll). Das habe in der Folge dazu geführt, daß auch historisch-philologisch, verwaltungsmännisch-politisch und naturwissenschaftlich ausgerichtete Studien den Anspruch erhoben, an der Realität orientierte Gelehrtheit zu sein. Alle Standpunkte einte die Forderung, Wissen müsse stets zum - wie auch immer verstandenen - Handeln befähigen, also nützen.

Chôeis Verständnis von jitsugaku knüpfte demnach vor allem an die Sorai-Naturwissenschaft-Linie an, die auf Distanz ging sowohl zur spekulativ-ethischen Interpretation des Universums wie auch zu dessen bloßer Beobachtung und Beschreibung. Beide Herangehensweisen kritisiert er in den "Chinesischen und westlichen Lehren über das Innere" anhand des Gleichnisses mit der Gonguhr: Deren Mechanismus sei durch allein äußeres Betrachten nicht zu verstehen, der Heilung von Krankheiten müsse die Diagnostik vorausgehen, die aber könne nur erfolgreich sein, wenn man über den gesunden Körper Bescheid wisse. Dieses Wissen nun verdanke man der Anatomie, insbesondere jedoch der Physiologie, die den Körper nicht nur zerlege, sondern Lage und Funktion jedes einzelnen Teils in bezug auf das Ganze aufhelle. Als höchste Wissenschaft sei sie ein Werk der Europäer, ihrer mit Hilfe von Experimenten gesammelten Erfahrungen und den darauf aufbauenden Schlußfolgerungen. Durch die Einheit von Praxis und Theorie, von Kunstfertigkeit und Denkarbeit sowie im Streit der Fähigkeiten (!) gelange Subtiles und Verborgenes ans Licht. Folgt man diesem Weg, so sei sie leicht zu verstehen - im Unterschied zu den verworrenen und den Tatsachen widersprechenden, leeren und unbegründeten Lehren Chinas, die auf die Auffassungen von den *Fünf Wandlungsphasen* und vom *Lauf der Dinge* (unkiron 運気論, d.i. ihre Schicksalhaftigkeit) zurückgingen und mit denen man sich nicht zu mehr befassen brauche.

Bemerkenswert ist, daß Chôei in den "Auffassungen westlicher Gelehrter" diese Art, Wissenschaft zu betreiben, mit den kosmologischen Spekulationen der alten Griechen, insonderheit des Aristoteles, über die *Vier Elemente* verglich und beides mit dem neokonfuzianischen *Begriff der Lehre vom Gestaltlosen* (keiijô no gaku 形以上の学) erfaßte. Damit griff er Inoue Tetsujirôs (1855–1944)[72] späterer Übersetzung des Begriffs *Metaphysik* durch keijijôgaku (形而上学) im Prinzip voraus. Er stellte dieser die *Wissenschaft vom Gestalthaften* (keiika no gaku 形以下の学) gegenüber, die - auf genauen Messungen beruhend, dem wahren Weg des Experiments folgend und Gesetze und Lehrsätze aufstellend - in den Dienst der Menschen getreten sei[73]. Als Vertreter dieser Schultradition, die ausgehend von der *Wissenschaft vom Gestalthaften* zu den *Lehren vom Gestaltlosen* gelange, führte er Kopernikus, Galilei, Francis Bacon und Newton an. Deren empiriebezogene theoretische Arbeit entsprach durchaus eigenen Erfahrungen, vor allem aber regten sie dazu an, selbst experimentell tätig zu werden.

> "Zusammenfassend kann das Experiment, wie es am Beginn der Neuzeit entstand, als eine Form gesellschaftlicher Praxis bestimmt werden,

> welche in relativer Isolation von anderen Teilbereichen gesellschaftlicher Praxis vollzogen wird. Sie dient der Rückkopplung von Theoriegehalten an objektive Realität und ist so Moment neuzeitlicher Wissenschaftsentwicklung." (Haucke 1989: 31)

Das Experiment ist demnach entwicklungshistorisch stets in einen konkreten soziokulturellen Kontext eingebettet, der wiederum durch bestimmte kognitive Strukturen gekennzeichnet ist. Im neuzeitlichen Europa wurden moderne experimentelle Methoden vor allem im Rahmen mathematisch-physikalischer Forschungen hervorgebracht. Zwar spielten dabei praktische Erfordernisse jener Zeit eine wichtige Rolle. Von Bedeutung war aber auch, Zweifel an bisher gültigen Ordnungskonzeptionen zu untermauern und ihnen unter Berücksichtigung neuer Erfahrungen eigene, theoretisch stimmige (d.h. den Regeln der traditionellen Logik entsprechende) Konstrukte entgegenzustellen. Experimentelles Eingreifen in die objektive Realität (ihre "Manipulation") setzte mithin eine wissenschaftliche Infrastruktur, gar eine Streitkultur voraus. Natürlich wurde auch im ostasiatisch-chinesischen Kulturgebiet lange vor der Begegnung mit dem Westen experimentiert (wie auch im vormodernen Europa). Aber noch am Anfang des 19. Jahrhunderts kann man in Suzuki Bokushis Bericht über Versuche Hiraga Gennais (1728-1779), Asbest herzustellen, lesen:

> "Doch zum Jammer aller starb er, und sein Wissen mit ihm!" (Auch zwei andere hätten diese Kunst beherrscht.) "Beide aber hielten ihre Erfindung streng geheim. ... Gennai machte seine Erfindung in Edo, und deshalb ist sein Name überall bekannt. Die beiden anderen Erfinder aber hoben ihr Wissen im weitentlegenen ländlichen Etchigo aus der Taufe, und kein Mensch weiß von ihnen." (Suzuki Bokushi 1989: 338/339)

Zwar beruhten auch die Schulen der Rangakusha noch auf dem die Gesellschaft strukturierenden Haus-Prinzip, das letztlich als ein Grund für den von Suzuki geschilderten "konspirativen" Charakter von Wissen zu sehen ist. Doch waren sie in einem die einzelnen Fürstentümer übergreifenden Netz verbunden, für das eher innovative - statt abgrenzende - Konkurrenz als Kommunikationstyp charakteristisch war. Das hatte nicht nur mit ihrem sozialen Status ("privat") zu tun, sondern ebenso mit Veränderungen im praktischen und geistigen Verhältnis zur Natur, die in der (auch von den fremden Texten angeregten) Experimentierfreudigkeit Ausdruck fanden: zunehmende Distanzgewinnung zu natürlichen Prozessen/Gegebenheiten, die einmal aus dem ständig wachsenden Wissensfundus und damit tendenziell sinkender Angst zumindest vor beeinflußbaren Naturphänomenen resultierte; zum anderen aber ist sie auf die vielschichtiger werdenden *Wir*-Beziehungen zurückzuführen, in die das *Ich* gestellt wurde und die eine stärkere Affektkontrolle nicht nur gegenüber dem eigenen Selbst, sondern auch gegenüber dem Naturgeschehen erforderten und ermöglichten. Elias bezeichnet das als "Akt des gedanklichen Abstandnehmens von den Objekten des Nachdenkens" (Elias 1988b: LX). Dieser verdrängte den naiven Ego- oder Soziozentrismus, indem die Frage "Was bedeutet dieses oder jenes Ereignis für uns/mich?" oder "Ist es gut oder schlecht für uns/mich?" vermittelt wurde durch die Frage nach dessen Ursachen, Funktions- und Wirkungsweisen an und für sich bzw. im das *Wir/Ich* überschreitenden Gesamtzusammenhang ("unpersönliche Formen der Erklärung von Naturereignissen", Elias 1987: 15), und zwar nicht zuletzt mit Hilfe des Experimentierens, dessen integralen Bestandteil kausale Fragestellungen bilden.

Diese Vermittlung läßt sich auch in Chôeis jitsugaku-Konzept wiederfinden, das Nützlichkeit/Praktikabilität (jitsuyô) an die Suche nach den Prinzipien (Gesetzen, jitsuri) band. Die positiven Momente, aber auch Grenzen dieses mit dem sozialen Wandel Japans und dem kulturellen Perspektivenwechsel eng verflochtenen Objektivierungsprozesses des Denkens lassen sich im folgenden an seinem Geschichtsverständnis exemplarisch zeigen. Sie sind im konkreten Inhalt dem "Zeitgeist" seiner Kultur gemäß. Zugleich wird man dabei ansatzweise Problemstellungen entdecken können, die – so Elias – für die verschiedenen Varianten von Modernen allgemein kennzeichnend sind: Das Niveau der Selbstkontrolle der Menschen, der Kontrolle ihres Zusammenlebens als Gesellschaften und der Kontrolle von nichtmenschlichen Naturgewalten in einer interdependenten Entwicklung darstellend, sieht er dennoch eine der bezeichnendsten Struktureigentümlichkeiten der gegenwärtigen Zeit in der

> "Diskrepanz zwischen dem Niveau der Sachgerechtheit des Wissens und der Kontrolle, das die Menschen in ihrem Umgang mit der nichtmenschlichen Natur, und dem, das sie in der praktischen und theoretischen Handhabung ihres gesellschaftlichen Umgangs miteinander erreicht haben. ... Auf dieser Ebene treiben die Menschen noch immer ziemlich

hilflos im Kreis herum, wie der von Panik gelähmte ältere Fischer im Mahlstrom." (Elias 1987: 119/120)

Zeit. Lineares Wandlungskontinuum oder Schauplatz des Schicksals?

Diese Diskrepanz ist u.a. am widersprüchlichen Prozeß der allmählichen Loslösung zeitlicher - wie auch räumlicher - Vorstellungen von den die Menschen unmittelbar umgebenden Dingen bzw. Ereignissen und dem Wandel historischen Bewußtseins, der damit einhergeht, nachvollziehbar (allgemein dargestellt bei Gurjewitsch 1978: 35-199 sowie Elias 1989). Im Falle Takano Chôeis ist sie gar zwischen den oben beschriebenen Textformen auszumachen, deren Verschiedenheit sich ja wesentlich aus dem unterschiedlichen Maß an Distanz zum Gegenstand, aus der potentiellen Affektgeladenheit des Gegenstandes selbst ergab.

Sowohl die Wissenschaftsschriften als auch die ereignisbezogenen Schriften argumentieren über weite Strecken historisch. Erstere jedoch waren vor allem in dem Bestreben geschrieben worden, sich die westlichen Wissenschaften anzueignen, sie mit dem eigenen Fundus zu vergleichen. Und bei der Suche nach den Ursachen für die offensichtlichen Differenzen zwischen beiden Traditionen wurde dann deren Entwicklungsgeschichte nachvollzogen: Geschichte erscheint hier bereits auch als Prozeß, der Neues hervorbringt, der sich von spekulativer Metaphysik (Aristoteles, Buddhismus, Zhu Zi) hin zu der auf dem wahren Weg des Experiments beruhenden *Wissenschaft vom Gestalthaften* im Dienst der Menschen bewegt (Galilei, Bacon, Rangaku; vgl. den "Gelehrtenaufsatz").

> "Heute gibt es viele bedeutende Ergebnisse, die zu unumstößlichen Gesetzen (teihô 定法) geworden sind. ... Das Beobachtete schrieb man nieder, die Überlegungen faßte man zusammen und wies sie sorgfältig und ausführlich aus. Anderentags (später), beim Lesen der Bücher, bilden diese dann das Feld, von dem Wissen über den Krankheitsherd und die heilende Arznei eingeholt werden kann." ("Chinesische und westliche Lehren über das Innere" im Übersetzungsanhang, S. 244/245)

Dieser Auffassung von Historie kann man auch in den ereignisbezogenen Schriften begegnen: Die "Kurze Beschreibung ..." z.B. beginnt zunächst mit einer Fortführung der von Sugita Gempaku in den "Anfängen der Holland-Wissenschaft" erstmals unternommenen Rückschau auf die Geschichte der Rangaku in Japan. Und während dieser sich auf die Medizin konzentrierte, verwies Chôei nicht nur auf die inzwischen gewachsene Vielfalt von Rangaku-Studien, sondern schilderte auch die Widersprüchlichkeit der Rezeption. Zweifellos sei die Ankunft der Barbaren von Nutzen für das Land gewesen, ihre Glaubensregeln aber hätten das unwissende Volk in die Irre geführt und Aufruhr verursacht, weshalb sie verboten, ihre Schriften unter strenge Kontrolle gestellt worden seien. Sugita war dieses tabuisierte Thema "Christentum" reichlich zwei Jahrzehnte zuvor wohl noch zu heiß, er tat es mit dem Hinweis ab, damit nichts zu tun zu haben und auch nichts darüber zu wissen (vgl. Môri 1942: 146).

Chôei führte die Entwicklung seit den Holländisch-Dolmetschern dann bis unmittelbar an sein eigenes Schicksal im Zusammenhang mit dem Fall *Bansha no goku* heran. Dabei ging er aber zu sich selbst auf Distanz, indem er von namhaften Persönlichkeiten wie Zuikô Takano Chôei und Gakusai Ozeki San'ei sprach und deren unbedachtes Handeln mit Blick auf die Folgen für Rangaku überhaupt kritisierte. Es ist sicher nicht zufällig, daß gerade im Kontext solcher Versuche einer objektivierenden Schilderung von Entwicklungszusammenhängen einzelne Personen als deren Träger (Watanabe Kazan, Ozeki) zu wirklichen Persönlichkeiten gerieten, d.h. deren individueller Lebensweg zur Darstellung kam. Das Porträt steht also in enger Verbindung zu einem solchen Geschichtskonzept. Und umgekehrt: Die zuvor gängige Extrapolation menschlicher Eigenschaften auf das gesamte, letztlich atemporal verstandene Universum bedeutete zugleich die Dekonkretisierung (Gesichtslosigkeit) und Stilisierung der konkreten Menschen.

Darüberhinaus finden sich in diesen Schriften aber auch andere Passagen, die von einem weiteren, möglicherweise tiefer wurzelnden Verhältnis zur Zeit künden. Zwar geht Chôei nicht so weit wie Kazan, der *Weg* (dô 道) letztlich vom Zeitenfluß (von den Kräften der Zeit) trennt, ihn als ein – dem Wandel (der Künste und Fertigkeiten) entsprechend oder räumlich – verschieden zu betrachtendes ewig gültiges Moral-Prinzip versteht. Doch erklärt er sich den trotz aller Widrigkeiten erreichten Aufschwung der *Barbaren-Wissenschaft* auf die gleiche Weise wie Sugita Gempaku:

"War dies auch wahrhaftig das Ergebnis einer friedlichen, aufgeklärten Zeit, kann doch eine solch große Verbreitung innerhalb nur weniger Jahrzehnte allein dem unvermeidlichen Weltenlauf (kiun 気運) geschuldet sein." ("Kurze Beschreibung ...", im Übersetzungsanhang, S.272; eine fast gleichlautende Aussage trifft Sugita in Rangaku koto hajime; vgl. Sugita 1983: 68)

Der Begriff kiun – er taucht auch in umgekehrter Zeichenfolge als unki (運気) auf – entstammt der eng mit natur- und moralphilosophischen Anschauungen verwobenen alten chinesischen Medizin und bedeutete die den Kosmos und den menschlichen Körper durchdringenden *Fünf Elemente und Sechs Energien* (go'un rokki 五運六気) in ihrer Bewegung und das sich daraus ergebende Schicksal. Ihm lag eine Wahrnehmung von Realität zugrunde, die vom zyklischen Rhythmus der Natur und der Gemeinschaft bestimmt wurde, der als unentrinnbar galt. Eben diese schicksalhafte Kontinuität klingt auch im obigen Zitat durch, zumal die beiden Teilsätze durch ein "aber", "dennoch" verbunden sind, wodurch der Eindruck erweckt wird, daß das zuerst geschilderte Geschichtsverständnis – im wesentlichen auf Wissenschaftsgeschichte beschränkt – von letzterem umfaßt, begründet wird. Dem entspricht auch Chôeis Argument von den gegenwärtig aufgeklärten Zeiten mit weisen Herrschern und klugen Ministern an der Spitze, die – mit ihrem Wissen um diesen Lauf der Zeit – im Unterschied zu kriecherischen Verleumdern schon recht zu handeln wüßten. Und dem entspräche auch sein Schwanken zwischen der Lust, dem Mut zur Kritik und Selbstverteidigung einerseits und der Verzagtheit, der Klage über die Unberechenbarkeit, gar Unbeständigkeit der Welt andererseits ("gleich einem Licht im Winde, einem Fisch im Netz", vgl. "Vogelgezwitscher" im Übersetzungsanhang, S. 267).

Mehrschichtige, heteronome Zeitvorstellungen sind charakteristisch für alle Kulturen. So konstatiert Gurjewitsch z.B. für das mittelalterliche Weltbild der Europäer folgende Aspekte des Verhältnisses zur Zeit (*soziale Rhythmen*): die Agrarzeit, die sippengebundene (genealogische, dynastische), die biblische (liturgische), die zyklische und die historische Zeit ("Heilsgeschichte"; vgl. Gurjewitsch 1978: 179). Diese Vorstellungen hängen ab vom sozialen Ort ihrer jeweiligen Träger – z.B. Bauern, Adel, Klerus, städtische Bürger. Die Dominanz der einen oder anderen Auffassung sowohl innerhalb einzelner sozialer Subjekte (Gruppe, Schicht, Klasse) als auch in den – sich aus diesen konstituierenden – verschiedenen Kulturen (Europas, Asiens) wird von der

Art und Weise bestimmt, wie sie miteinander kommunizieren, d.h. wie sie über Zeichenaustausch ihre zwischenmenschlichen sowie Natur - Mensch - Beziehungen gestalten. So wurde in den vormodernen Perioden generell "die Zeit selbst in bedeutendem Maße räumlich wahrgenommen" (ebenda: 174). Hier entsprach die ständische Gliederung weitestgehend der Funktionsteilung zwischen den gesellschaftlichen Teilbereichen, das ständisch gebundene Individuum war in der Regel in nur einem Teilbereich tätig (sonst geriet es - wie im Falle Kazans - sehr schnell in Konflikte; Ausnahmen bildeten nicht eindeutig zuzuordnende Gruppen, wie z.B. die Ärzteschaft). Ausgehend vom allgemein geltenden Prinzip der Repräsentation (des Ganzen durch einen Teil) kann von einer Dominanz der sozialen Zeit der Herrschenden gesprochen werden, dem andere Vorstellungen sich unterzuordnen hatten.

In modernen Gesellschaften wandelt sich das Bild: Die einzelnen, relativ autonomen Teilbereiche (Subsysteme) der Gesellschaft, können keine Repräsentanzfunktion mehr beanspruchen. Zu ihrer Vermittlung, d.h. zugleich zur Orientierung der Individuen, die nun in verschiedene Teilbereiche eingebunden sind, bedarf es eines homogenen, abstrakt-allgemeinen und linearen Zeitbegriffs. Auf der lebensweltlichen Ebene, im Zusammenhang mit religiösen Erfahrungen u.ä. bleiben hingegen auch andere Zeitvorstellungen relevant, was für den einzelnen mehr oder weniger große Probleme mit sich bringt.

Eine Wertung des Chôeischen Zeitverständnisses vor diesem Hintergrund hat zudem den Übergangscharakter jener Jahrzehnte zu berücksichtigen. Lineares Entwicklungsdenken dominiert im wesentlichen seine fachspezifischen (medizinischen, militärwissenschaftlichen) bzw. wissenschaftshistorischen Betrachtungen. Hier griff er auch auf eine Zeitrechnung zurück, die solch einer Denkweise offensichtlich entgegenkam: den sich am Jahre 0, "Christi Geburt", orientierenden westlichen Kalender, dem er auch eine Abhandlung widmete ("Erläuterungen zur westlichen Jahreszählung", Seiyô nengô no setsu, im Rahmen von "Allerlei Gehörtes und Gesehenes", Bunken manroku, vgl. TCZ 4/Handschriftenteil: 17-31) und dem er die überkommene Jahreszählung (nengô 年号)[15] zu- bzw. unterordnete (vgl. "Eine Hilfe, andere zu verstehen" im Übersetzungsanhang, S. 295 ff.). Die Ewigkeit, überhaupt jegliches *utopia* strikt von der historischen Zeit trennend und letztere irreversibel verstehend (Anfang = göttliche Schöpfung, Kulmination = Christi Geburt und Ende = Jüngstes Gericht), dominierte dieses Geschichtsbewußtsein, das die Dynastien- und Königshäusergeschichte übersteigt, alle anderen Auffassungen und begünstigte wohl seit der Neuzeit Bestrebungen, die Zeitmessung zu mechanisieren. Es kann hier nicht entschieden werden, wie vertraut Chôei mit dem jüdisch-christlichen Weltbild war, dem diese Zeitvorstellungen einst entsprangen. "Die Auffassungen westlicher Gelehrter" jedenfalls stellten sich ihm dar als ein

> "Auf und Ab der Weisen in einem Zeitraum von 5840 Jahren seit der Erschaffung der Welt im Westen". (Übersetzungsanhang, S. 251)

Während die graue Vorzeit sich unseren Blicken entzöge, seien die fünf großen Wissenszweige etwa 3300 nach der Schöpfung (laut "Altem Testament"), also seit dem 6. Jahrhundert v.u.Z. begründet worden. Deren Entfaltung zeichnete Chôei dann bis zum Beginn des 19. Jahrhunderts nach. Dieser irreversiblen Sicht auf die Zeit, die wohl auch dem Erkenntnisstand auf dem Gebiet medizinischer Forschung besser gerecht wurde (Krankheit als eine Geschichte, als Prozeß), stand jedoch auch weiterhin eine "dezentralisierte und mehrdeutige" Zeitanschauung (vgl. A. Berque 1986: 27–29) gegenüber. Diese wurde nicht nur von "oben" in Form der nengô-Zeitrechnung durchgestellt, sondern auch über die agrargebundene bzw. genealogische Organisation der Häuser (ie 家) von der Basis der Gesellschaft her reproduziert. Durch die feste Einbindung des Individuums in solcherlei – wenn auch sich modifizierende – Strukturen verinnerlichte dieses dann auch diese subjekt- oder soziozentrierte Sicht auf den Fluß der Zeit, die weiterhin als die eigene Kultur konstituierend akzeptiert wurde. Chôei war nicht nur aufs äußerste darum besorgt, das Haus Takano nicht zugrunde gehen zu lassen. Auch die eigene Hausschule sollte einen Erben haben. Und die Würdigung der Geschichte des eigenen Landes als die seit 121 Generationen ununterbrochen währende kaiserliche Linie kann nicht nur als Lippenbekenntnis gewertet werden, das er aus dem Gefängnis heraus um seiner Freilassung willen äußerte:

> "Im blauen Meer des Ostens auf uns allein gestellt und ewig als Land des Mikado verehrt, ist es wahrhaftig ein glückliches Land der Gottheiten. ... (Zwar bringen die Holland-Wissenschaften Nutzen, aber:) Warum sollte man ein solch glückliches Land aufgeben, sich nach dem kalten, unfruchtbaren Westen sehnen und sich den Westlichen Barbaren ergeben?" ("Vogelgezwitscher", im Übersetzungsanhang, S. 268/269)

Gespaltenheit letztlich auch in seinem kritischen Verhältnis gegenüber der eigenen Realität? Diese Fragestellung soll nun zum letzten Abschnitt dieses Teiles überleiten: Anhand eines kurzen Blicks auf sein Verständnis des Zusammenhanges von Natur und Kultur kommen einige Werturteile zur Sprache, um so das Bild des Intellektuellen Takano Chôei abzurunden, d.h. seine Vielschichtigkeit und Widersprüchlichkeit deutlich werden zu lassen.

IX. Kulturen als Inseln

Wie Kulturen bei ihrer Begegnung aufeinander reagieren, bestimmt sich zum einen durch ihre eigene historische Gewordenheit, durch die dabei hervorgebrachten Wahrnehmungs- und Aneignungsweisen von Fremdheit. Zugleich konkretisieren sich diese von Kultur zu Kultur verschiedenen Formen des Umgangs mit *xenos* stets auch unter ganz bestimmten politischen, d.h. Macht-Verhältnissen. Die sich zum Ende der Edo-Zeit zuspitzenden Auseinandersetzungen um die Haltung zum "barbarischen Westen" nun waren vor allem der Tatsache geschuldet, daß die tiefgreifenden innerkulturellen Veränderungen einen wichtigen Impuls gerade von jenem Anderen erhielten, welches als Subjekt- bzw. Integrationsebene *Staat* so bedrohlich vor den noch geschlossenen Pforten Japans auffuhr.

Auch Chôeis Aussagen über die Dinge des Westens zeichnen sich durch Ambivalenz aus: Dort, wo – als Wissenschaftler – seine Gedanken um die Entwicklung und Nützlichkeit menschlichen Wissens kreisten, stellte er fest, daß

> "bezüglich der Genauigkeit und Vortrefflichkeit wissenschaftlicher Kenntnisse und Kunstfertigkeit (gakujutsu gigei 学術技芸) keiner an die Menschen aus dem Westen heranreicht" ("Chinesische und westliche Lehren ...", im Übersetzungsanhang, S. 242).

Dort hingegen, wo er sich den – dem staatlich-politischen Leben nahestehenden – militärischen Angelegenheiten zuwandte, sprach er von den Barbaren aus England,Frankreich, Nordamerika und Dänemark, die sich anschickten,

> "Kriegsschiffe aus der Ferne zu entsenden, um Handelsbeziehungen zu erzwingen, es (Ryûkyû) sich schließlich einzuverleiben. ... Wahrhaftig,

ist das nicht verabscheuungswürdig?! Bedenkt man diese Wolfsmanier und stellt sich das zukünftige Unheil vor, so ist das wirklich schrecklich" ("Eine Hilfe, andere zu verstehen", im Übersetzungsanhang, S. 291).

Der in seinen medizinischen Schriften gelobte und anempfohlene Brauch, alles gründlich zu bedenken, Praxis und Geist sinnvoll zu vereinen, erschien an anderer Stelle als negatives Charakteristikum der "Barbaren": Hinterlist, wortgewandte Ränkeschmiederei - einer giftigen Schlingpflanze gleich. Das Problem, inwieweit die damalige reale internationale Kräftekonstellation die innere Spaltung eines Rangakusha in Kulturkritiker und Staatsdiener befördert hat, wird hier nicht weiter verfolgt. Zweifellos waren gerade die mit militärischen Dingen befaßten Gelehrten sich stets der geographischen Lage der japanischen Inselkette bewußt, die als positiv und zugleich als nachteilig empfunden wurde:

"Unser Land ist allseitig vom Meer umgeben und an den Küsten gibt es viele verborgene Riffe und Sandbänke, zuweilen erheben sich Taifune und Flutwellen aus dem Ozean. Aufgrund der Schroffheit dieser Lage der Natur ist deren Festigkeit der Großen Mauer, den (Römer-)Vierteln weit überlegen, und so ist unser Land im östlichen Meer auf sich allein gestellt und konnte sich von alters her als Kaiserreich behaupten. ... Doch den Ozean zu versperren und das Land abzuschließen ist nicht möglich, ohne ein reiches und starkes Land zu sein (aus einer Schrift Kämpfers)."
"Nehmen die Barbaren-Krieger (Ryûkyû) schließlich ein, kann (unserem) Lande gerade daraus großes Unheil erwachsen. ... Möchten wir das jetzt auch ausschließen - die Woge befindet sich einige hundert Ri draußen (auf dem Meer), und die Seefahrerei ist nicht gerade sicher; die Krieger haben keine Erfahrung mit der Schießerei in Seeschlachten, ganz zu schweigen davon, daß wir die Fremden, sie hingegen die Hausherren sind. ... Daher ist es für uns vielmehr ein Grund zu tiefer Sorge, Ryûkyû als Kehle unseres Landes zu betrachten." ("Eine Hilfe, andere zu verstehen", im Übersetzungsanhang, S.292)

Überlegungen dieser Art knüpften, wie bemerkt, zunächst natürlich vor allem an das - wortwörtliche - Inseldasein der Japaner an, das von jeher einen konstitutiven Faktor ihrer Lebensprozesse und deren Bedeutung bildete. Doch interferierte diese Inselmentalität zudem auf konzeptioneller Ebene mit einem Verständnis von Kultur, das diese – im übertragenen Sinne – als Insel betrachtet: Als Lebensform eines Volkes wurzle Kultur in den überkommenen Sitten und Bräuchen sowie in den natürlichen Bedingungen, unter denen die Menschen leben. So allgemein formuliert wird deutlich, daß dieses Verständnis keineswegs japanspezifisch ist. In unserer eigenen Tradition wurde dieses Modell von Herder mitgeprägt, der das seit dem 14. Jahrhundert akkumulierte Wissen über andere Kulturen in seinen "Ideen zur Philosophie der Geschichte der Menschheit" zusammenfaßte.

Während er allerdings zwischen *Volk/Kultur* und *Staat* unterschied (vgl. z.B. Herder 1887, XIII: 375–387), war bei japanischen Denkern schon damals die Tendenz zu erkennen, diese gleichzusetzen. Einen vorläufigen Höhepunkt stellte dabei die Konzeption vom *Landeskörper* (kokutai 国体) dar, die im Rahmen der Späten Mito-Schule ausgearbeitet (vgl. Kracht 1975: 43–51) und dann zum integralen Bestandteil der Tennô-Ideologie wurde. Beide Varianten dieses Inselmodells gehen demnach zwar von einem Nebeneinander der Kulturen, von ihrer Raumgebundenheit aus. Doch bestimmt sich dieser Raum in der europäischen Denktradition stärker über die Natur, der sich die Vielgestaltigkeit des einen Menschengeschlechts, so Herder, verdankte. Die Ungleichheit der Menschen hingegen sei dann ein Werk der Menschen selbst, indem sie sich Regierungen, Staaten schufen. Die kokutai-Konzeption hingegen griff auf eine Tradition zurück, in der der Raum primär sozial, ethico-politisch definiert, Natur unter Gesellschaft subsumiert wurde (Japan als das Land der Gottheiten). Kulturelle Orte bestimmten sich hier vor allem als konkrete Formen des menschlichen Miteinanders, in das der einzelne eingebettet ist, als dessen Medium natürliche Räume fungieren. Universalität als – zumindest logische – Voraussetzung für Partikularität als ein Wesenszug der einen Entwicklungslinie des Denkens, kontextabhängige Partikularität als strukturierendes Prinzip des (hierarchischen) Ganzen auf der anderen Seite – hier bleibt zu untersuchen, in welchem Zusammenhang diese Anschauungen mit den je unterschiedlichen religiösen Weltbildern stehen, die wiederum im Kontext bestimmter soziokultureller Mechanismen zu sehen sind.

Sicher werden die realen kulturellen Gegebenheiten mit diesen Verallgemeinerungen nicht jeweils erschöpfend erfaßt, und so finden sich bei Chôei, zudem noch Repräsentant einer Übergangszeit, Elemente beider Varianten des Inselmodells. Über Angelegenheiten des Staates ("Land des Mikado") räsonierend und in diesem Zusammenhang den Begriff des Himmels (ebenso wie die Zeit) partikularisierend, richtete sich folgendes Zitat vornehmlich gegen das "schwächliche Qing-China":

> "Zwar währt die Friedenszeit seit langem und die Krieger sind unerfahren im Kampf, doch wurden die Menschen unseres Landes mit der reinen Kraft des Himmels bedacht, und die Treue ihrer Herzen, ihre tapfere Natur sind mit keinem anderen Land zu vergleichen." ("Eine Hilfe ...", im Übersetzungsanhang, S. 291)

Dort jedoch, wo es (vor Chôeis Verhaftung) zu zeigen galt, daß Menschlichkeit und Gerechtigkeit auch in westlichen Ländern Leitprinzipien des Handelns seien, da ging er - ebenso wie Kazan - davon aus, daß man überall den "gleichen Himmel über dem Kopf und dieselbe Erde unter den Füßen habe" (vgl. Kazans "Shinkiron", in NShT 55: 70).

Der Gelehrte Takano Chôei verfolgte den Werdegang der westlichen Kulturen insbesondere am Beispiel Englands - eines Inselreichs -, aber auch Hollands und Frankreichs, und vor allem unter dem Aspekt der Entfaltung von Wissenschaft und Technik, die er eng mit dem Handel in Verbindung brachte. Diesen Tätigkeiten verdanke ein Volk seinen Reichtum, ein Land seine Stärke. Auf die Ursachen der Fortgeschrittenheit europäischer Staaten eingehend, nähert er sich durchaus Herderschen Gedanken. Denn: Das Verhalten der Menschen werde von den klimatischen und geographischen Gegebenheiten geprägt. So lebten Holländer und Engländer unter sehr ungünstigen Bedingungen (Kälte, unfruchtbarer Boden) und müßten, um Nahrung zu beschaffen, Handel treiben, und zwar per See. Daher seien sie in diesbezüglichen technischen und militärischen Dingen unübertrefflich. Sie zeichneten sich durch Fleiß und Sparsamkeit aus. Im Unterschied etwa zu Frankreich, wo man wegen günstiger äußerer Bedingungen selbstzufrieden geworden, dem Luxus und Müßiggang verfallen und letztlich in Not geraten sei (vgl. "Eine Hilfe ...", im Übersetzungsanhang, S. 299).

Das kann auch als indirekte Kritik an die Adresse der eigenen Machthaber (für die diese Schrift entstand) verstanden werden. Zugleich warnte Chôei vor einer einseitigen Verallgemeinerung des Prinzips Handel, sich auf den als weitsichtig charakterisierten Historiker namens Marti berufend. Dieser habe der einst herrschenden Menschlichkeit, Gerechtigkeit, Sittlichkeit den nun durch Handel erbrachten Reichtum, aber auch Behaglichkeit und Verfall agrarischer Tätigkeit sowie der Sitten aufgrund vernachläßigter Regierungsgeschäfte entgegengestellt. Wenn Chôei gerade auf diese Passage verweist, so weniger aus Sorge, überkommene Werte seien gefährdet, wenn die Rezeption des Fremden nicht strikt eingeschränkt und kontrolliert werde. Vielmehr hatte er wohl bereits eine Ahnung von den Kosten, die das Primat des sich von moralischen Kriterien lösenden ökonomischen Nutzens verursachen könnte. Wurde hier auf dem Weg in die Moderne bereits Kritik an den Entartungen ihrer europäischen Variante geübt?

Chôeis Erfahrungen, die er sich über den Perspektivenwechsel zwischen verschiedenen Kulturen erarbeitete, befähigten ihn jedenfalls zu einer gewissen Distanz zu jeder von ihnen: Der Wertschätzung für "Genauigkeit und Vortrefflichlichkeit (westlicher) wissenschaftlicher Kenntnisse und Kunstfertigkeit" standen, wie gesagt, vielleicht obige Bedenken entgegen. Und die genannten Vorzüge wendete er auch nicht in eine generelle Überlegenheit über die von ihm kritisierte chinesische Gelehrtheit: Deren Fehlerhaftigkeit habe nichts damit zu tun,

> "daß die Chinesen den Erkenntnissen des Westens nicht gewachsen seien. Diese Gewohnheiten entspringen allein den Unterschieden in der Art und Weise, wie man die Dinge sieht: schätzt man den Stil oder die schlichte Natürlichkeit" ("Chinesische und westliche Lehren über das Innere", im Übersetzungsanhang, S. 245).

Von der Distanz zur eigenen Realität und den sich daraus ergebenden Schwierigkeiten war bereits die Rede. Auch darin kann Takano Chôei bei aller Individualität als ein Repräsentant der Rangaku, der geistigen Landschaft seiner Zeit generell betrachtet werden. Das waren Schwierigkeiten, die für das Verhältnis von Gelehrten bzw. Intellektuellen und Staat bzw. Gesellschaft auch in der Folgezeit prägend blieben. Chôei - so kann abschließend eingeschätzt werden - steht am Beginn einer Traditionslinie von Intellektuellen in Japan, die sich mit ihrer Kritik am eigenen soziokulturellen Kontext zugleich auch kritisch gegen einen arroganten, d.h. eurozentrischen Universalismus wandten. Sie hatte es bereits zu seinen Lebzeiten nicht leicht, sich Gehör zu verschaffen. Woran sie sich reiben mußte und wie sie mit anderen Traditionslinien liiert war, darum wird es nun im dritten Teil gehen, in dem diesem Problem auf einer allgemeineren Ebene nachzuspüren ist: der Ebene von Denkstilen, auf der es darum geht,

"Leitbegriffe zu identifizieren, die festlegen, wie ein Gegenstand zum Objekt alltagspraktischer oder gelehrter Wahrnehmungen, Interpretationen und Aussagen avancieren kann" (Engler 1990b: 874).

Dritter Teil: "Östliche Moral, westliche Kunstfertigkeit" Habitusformen zwischen Kontinuität und Wandel

In den ersten beiden Teilen wurde am Beispiel des Holland-Wissenschaftlers Takano Chôei der Zusammenhang zwischen den sich neu formierenden *Wir*-Beziehungen auf den verschiedenen kommunikativen Ebenen und Veränderungen im wissenschaftlich-kognitiven Verhältnis des Bewußtseins zum sozialen und natürlichen Umfeld in der ersten Hälfte des 19. Jahrhunderts besprochen. Dieses Vorgehen ist in zweierlei Hinsicht von Vorteil: Wenn auch natürlich manches Verhaltens- und Denkmuster als individual-spezifisch zu werten ist, konnten doch durch das Einbeziehen der unmittelbaren Kommunikationsebene - Lebensweise im Verwandtschaftsnetz, in den Privatschulen shijuku - Aspekte der "Mikrogenese eines bestimmten textsprachlichen Denkens" herausgearbeitet werden, die makrostrukturelle Untersuchungen als zufällig entstanden und dann selektiert voraussetzen oder nachträglich als "eine 'Interpenetration' von Persönlichkeits- und Sozialsystemen" annehmen müssen (Krüger 1990: 475/476). Die Einbettung diskursiven Denkens in mikrosoziale Felder, die - und sei es negativ - aufeinander bezogen ein Ganzes bilden, ist damit zugleich ein wesentlicher Faktor für soziokulturelle Forschungen nicht nur bezüglich Wissenschaftsgeschichte, sondern generell für die Historie kognitiver Aneignung von Realität. Dieses Zusammendenken von Handeln und Wissen ermöglicht zugleich die raumzeitliche Relativierung von geistigen Unternehmungen der Menschheit, die - ihres Kontextes, dem sie entwuchsen, enthoben - bislang als universal schlechthin galten (wie z.B. moderne europäische philosophische oder wissenschaftliche Begrifflichkeit).

Aus dieser Perspektive greife ich in den folgenden Ausführungen Probleme erneut auf, die bei der analytischen Betrachtung des Chôeischen Werkes zutage traten und über dessen konkreten Wirkungskreis hinaus relevant waren: Die Stellung des Arztes in der Gesellschaft und somit der soziale Ort medizinischer Praxis und Theorie wird in der Absicht erörtert, Rangaku im diskursiven Raum der späten Edo-Zeit als einen Knotenpunkt zu orten, der sich mit weiteren (hier: Kogaku und Kokugaku) zu einem Netz verknüpfen läßt. Auf diese Weise können - dann vor dem Hintergrund einiger Charakteristika der Entwicklung westlicher Moderne - nicht nur spezifische Züge jener sich damals neu strukturierenden geistig-kulturellen Landschaft hervortreten, auch Gemeinsamkeiten, funktionale Äquivalente mögen deutlich werden. Alle diese Themen kreisen letztlich um die kulturhistorisch und -theoretisch vielschichtige Frage nach dem Weg Japans in die Moderne und somit auch nach den dabei doch ebenfalls neu konstituierten Traditionen.Insofern sind die folgenden Überlegungen als ein Diskussionsangebot zu verstehen, dem über weite Strecken selbst noch interrogative Momente eignen, die nicht im Alleingang, geschweige denn von einem Text zu klären sind. Dennoch ist aus den bisherigen Untersuchungen eine These ableitbar, die im weiteren noch fundiert wird: "Östliche Moral und Westliche Kunstfertigkeit" (tôyô dôtoku seiyô geijutsu 東洋道徳西洋芸術, auch als "Japanischer Geist, Westliche Geschicklichkeit" - wakon yôsai 和魂洋才 formuliert) war mehr als ein Ideologem, propagiert etwa von halbherzigen Reformern. Damit wurden Verhaltensweisen japanischer Denker zu den inneren und äußeren Umbrüchen seit dem beginnenden 19. Jahrhundert zum Ausdruck gebracht, die in den gesellschaftlichen Auseinandersetzungen zur Denkstruktur gerannen. Oder besser: zu Denkstrukturen, denn zwischen beiden Teilen dieses Begriffs gab es nicht nur verschiedene Möglichkeiten der Kopulation (*und, durch, als Grundlage von, als Gegengewicht zu*), im Laufe der Zeit wurde er noch durch solche Kombinationen wie "Westlicher Geist - Westliche Geschicklichkeit" (yôkon yôsai 洋魂洋才, "Japanischer Geist - Japanische Geschicklichkeit/Technik" (wakon wasai 和魂和才) sowie "Westlicher Geist - Japanische Technik" (yôkon wasai 洋魂和才) variiert (vgl. Kawamura 1982: 6). Daher kann er als ein Schnittpunkt verschiedener - auch alternativer - Reflexionen über den Weg dieser Kultur in die Moderne gesehen werden, dessen Beginn nun im Rahmen der genannten Problemfelder in groben Zügen nachgezeichnet wird.

X. Der Medikus im Spannungsfeld zwischen Makro- und Mikrokosmos

Von ihren sozialen Trägern her gesehen, entfaltete sich die an den Holland-Wissenschaften orientierende Heilkunde (Ranpô igaku 蘭方医学) innerhalb der beiden Pole offizielles Beamtentum (Dienst im Umfeld lokaler oder zentraler Machthaber) und private Schulen (shijuku 私塾 oder kajuku 家塾, deren Strukturen durchaus mit *oikos*, einer Hauswirtschaft, vergleichbar waren). Dem entsprachen auch ihre je spezifischen Charakteristika von praktizierender und Gelehrtentätigkeit: Jener Dienst war vor allem auf das Heil der für das Wohl des Staatskörpers Verantwortlichen gerichtet, was auch Konsequenzen für die theoretische Fundierung von Heilpraxis hatte. Die Therapie (therapeuo = dienen) im Rahmen der Privat- oder Hausschulen, deren Betreiber sich vor allem damit ihren Reis bzw. ihr Geld verdienten, kam weiten Bevölkerungsschichten zugute (was noch kein öffentlich organisiertes Wohlfahrtssystem bedeutete), und ihre Studien nährten sich ebenso von dieser Tätigkeit, wie sie auf diese zurückwirkten. Ein solch breites soziales Spektrum ärztlichen Wirkens (zu erwähnen ist noch die in religiösen Institutionen verankerte Medizin) kann man in allen traditionellen Kulturen finden, unterschiedlich hingegen vollzog sich dessen hierarchische Kodifikation.

In Europa strukturierte sich die Ärzteschaft mit zunehmender Professionalisierung bereits im Mittelalter zu einem Stand. Vor allem mit der Entwicklung der Städte nicht nur zu Verwaltungs-, sondern zu Fernhandels- und Gewerbezentren und seit der Rezeption arabischer Kultur und dem damit verbundenen Schub in Richtung eines wissenschaftliches Verhältnisses zum Sein wurde die Universität zum wichtigsten sozialen Ort, von dem aus sich dieser Stand formierte[74]. Das brachte zum einen wachsende Autonomie gegenüber weltlicher und klerikaler Macht, zum anderen geschah das um den Preis der Trennung von Akademikern und Praktikern. Letztere, meist aus unteren Schichten stammende Pharmazeuten, Feldscher, Wundärzte, Chirurgen oder Bader galten als Handwerker. Hingegen hatte ein künftiger Physikus (*physica* war als Naturkunde mit der Medizin noch identisch; vgl. Schipperges 1990: 172) nun auch ein Studium der *artes liberalis*, der sieben *Freien Künste* (Grammatik, Rhetorik, Dialektik, Arithmetik, Geometrie, Musik, Astronomie), also eine philosophische Ausbildung, zu absolvieren. Die Synthese von Philosophie und Medizin war nicht neu, sie verdankte sich dem - religiös fundierten - mittelalterlichen Bild des Menschen als Mikrokosmos, der im Zentrum des Makrokosmos steht. Sie wurzelte in der Auffassung, Heilkunst und Lebenskunde seien eins, das Ganze, Heile erfordere das Befolgen bestimmter Lebensnormen, Ordnungen. Mit der universitären Institutionalisierung dieser Einheit wich nun zwar deren auf Gott gerichteter symbolischer, allegorischer Gehalt mehr und mehr den an der Natur als solcher orientierten, freilich noch kaum empirisch unterlegten Studien. Zugleich erfuhr naturwissenschaftlich-medizinisches Wissen in dem an Aristoteles anknüpfenden Streben, das Wesen der Welt zu erkennen, eine zunehmende logisch-definitorische Schematisierung:

> "Die Wissenschaft Galens und Avicennas löste die Rezept- und Kräuterbücher der Klostermedizin ab, wie sie noch Hildegard von Bingen betrieben hatte. Gegenüber dem Symbolismus der augustinischen Tradition verstärkte sich die Rolle der Empirie. Andererseits erstickte der neue Wissenschaftsbegriff auch eine Fülle volkstümlich-praktischen Wissens." (Flasch 1986: 289)

Diese mit der Scholastisierung einhergehende objektivierende Sicht der (menschlichen) Natur traf besonders aus außeruniversitären Kreisen die Kritik mangelnden Nutzens. Versuche, diese Situation produktiv zu überwinden, zielten dann seit dem 15. Jahrhundert vor allem in zwei Richtungen: Auf Tatsachen beruhendes Wissen sei in den Dienst politischen Handelns, des Staates, zu stellen, und es gelte, Wissen in technische Neuerungen umzusetzen. Solche Auffassungen waren eng mit einer Quantifizierung und Dynamisierung des Verständnisses von Gesellschaft und Natur verbunden. Die Mechanik begann, Physik zu werden, womit Makro- und Mikrokosmos zu im Prinzip selbständig funktionierenden Maschinen wurden. Das befreite die Medizin nicht nur von einer Überlast an überkommener Moral. Sie wurde auch zunehmend vom analytischen Blick auf die Maschine Mensch dominiert und konzentrierte sich auf deren "Reparatur", der die Diätetik (Sorge um den

Gesunden mittels geregelter Lebensweise) nicht mehr voraus-, sondern nachgestellt wurde (vgl. Schipperges 1990: 129/130). Der Arzt braucht(e) kein Philosoph mehr zu sein - eine Entwicklung, die sich der eindeutigen Bewertung entzieht.

Auch in Japan stand die Ausbildung von Ärzten seit der Rezeption der dem chinesischen-ostasiatischen Kulturkreis entsprungenen Medizin im untrennbaren Zusammenhang mit literarischer Bildung und erfolgte im wesentlichen über drei Stränge: 1. in buddhistischen Klöstern; 2. im staatlich verwalteten akademischen System (den Schulen der jeweiligen Zentralregierung und den Provinzschulen); 3. in privaten Einrichtungen, meist von namhaften Persönlichkeiten begründet und/oder auf der Ebene der Familien, der Häuser organisiert. In der Standeshierarchie der Edo-Zeit fanden sie keine Berücksichtigung, welcher Status einem Arzt zukam, bestimmte sich aus seiner Herkunft, von der dann der Bildungsweg abhing, der wiederum über die spätere soziale Anbindung entschied. Sie waren dem Militäradel angehörige Beamten-Gelehrte oder aber relativ "freischwebende" Geistliche und Praktiker bzw. Lehrer einer shijuku. May hebt zugleich die Rolle letzterer als Buchverleger und als Schreiber von Stücken und Erzählprosa hervor (May 1983: 30 bzw. 91). Ihr intellektuelles Profil hat sich somit deutlich in das Selbstbewußtsein nichtadliger Städter (chônin 町人) eingeprägt, das sich in jener Zeit formierte.

Um die Herausbildung und gesellschaftliche Akzeptanz eines neuen Verständnisses von Wissenschaft zu erklären, an der auch Rangakusha, und unter ihnen wiederum vor allem Mediziner mitgewirkt haben, sind eine Reihe von Faktoren zu berücksichtigen. So führte das aus der sozialen Nähe von Bildung und Macht resultierende enge Verhältnis konfuzianischer Gelehrtheit zu Verwaltungs- und politischen Institutionen dazu, daß der Praktikabilität und Nützlichkeit von Wissen Priorität eingeräumt wurde und unter diesem Gesichtspunkt Resultate westlicher Wissenschaften zu rezipieren waren (zwecks Stabilisierung der inneren, aber auch aufgrund der äußeren Situation). Bedeutsam war jedoch zugleich eine in den Städten gewachsene geistige Atmosphäre der Neugier, in der Althergebrachtes nicht mehr automatisch als das Gute galt, sondern sich der Welt der Erfahrung, der Sinnlichkeit zu stellen hatte. Und getragen wurde eine solche Atmosphäre wohl nicht zuletzt von schreibenden, praktizierenden und forschenden Ärzten, denen die Vermarktung von Neuheiten ihre Existenz sicherte und deren soziale und geistige Beweglichkeit zugleich streng zensiert wie auch geschickt operationalisiert wurde.

Die Art und Weise, wie Neuheit im geistigen Leben an Boden gewinnt und sich auf Altes bezieht - überwiegend ablehnend, ignorierend bzw. sich verweigernd oder aber bewußt anknüpfend - bestimmt sich natürlich nicht allein durch die sozial-kommunikativen Gegebenheiten. Sie resultiert ebenso aus den sich relativ eigenständig entwickelnden Formen und Gehalten, mit denen das Denken sich selbst zum Gegenstand erhebt, also aus der relativen Eigenständigkeit von Ideen- und Problemgeschichte. Zum Verständnis des medizinischen Denkens der Holland-Wissenschaftler empfiehlt es sich daher, einen Blick zurück in die Historie chinesisch-ostasiatisch geprägter heilkundlicher Anschauungen, von Auffassungen über Gesundheit und Krankheit von Mensch und Welt zu werfen. Zudem können gerade auch an der Begegnung dieser Tradition mit dem in der griechisch-europäischen Kultur verwurzelten medizinischen Denken die Mechanismen studiert werden, wie sich in Japan die Auflösung von Weltbildern, die auf Ganzheitlichkeit zielten, zugunsten spezifischer Weisen des Erfassens bestimmter Aspekte der Realität vollzog.

Exkurs in die Geschichte medizinischen Denkens in Japan (Schwerpunkt: Edo-Zeit)[75]

Nach Ishihara lassen sich die Besonderheiten der dem chinesisch-ost-asiatischen kulturellen Kontext entstammenden medizinischen Tradition (Kanpô igaku 漢方医学) in folgenden Punkten zusammenfassen (vgl. Ishihara 1987: 102–105):

1. In ihrem konsequent auf die heilende Praxis ausgerichteten Charakter (jitsuyôsei 実用性) sei die wichtigste Ursache für ihre Überlieferung in die Gegenwart zu sehen. Spekulative Tendenzen im Zusammenhang mit der Lehre von *Yin* und *Yang* (in yô 陰陽 und den *Fünf Wandlungsphasen* (gogyô 五行) seien erst später aufgetreten, Naturkunde habe man hauptsächlich als Heilpflanzenkunde (honzôgaku 本草学) betrieben.
2. Mit der neokonfuzianischen Fundierung medizinischen Denkens sei es zu einer Trennung der Heil-*Kunde* (gaku 学) von der Heil-*Kunst* (jutsu 術) gekommen. Während erstere sich zunehmend realitätsfernem Spekulieren ergab, wurde letztere dem Handwerk zugeordnet.
3. Wie östliches Denken insgesamt, kennzeichne auch die Medizin ein stark ausgeprägter Traditionalismus und Formalismus (Kanonisierung der Weisen des Altertums und ihrer Schriften).
4. Das habe Stagnation und eine Neuerungen gegenüber negative Haltung bewirkt.
5. Die enge Verflechtung mit konfuzianischen und daoistischen Moralvorstellungen sei zu der Formel "Heilen ist ein Weg/Mittel der Menschlichkeit" (i wa jinjutsu 医は人術) geronnen. Körper und Herz in Ordnung zu bringen – das habe zugleich enorme politische Bedeutung gehabt, Ordnung im Mikrokosmos war mit der (vor allem ethisch-politisch

verstandenen) Ordnung im Makrokosmos in unmittelbarem Zusammenhang zu sehen.

6. Schließlich zeichnete sich die chinesische Medizin durch Ganzheitlichkeit auch in dem Sinne aus, daß Krankheitssymptome nach ihrer Bedeutung/ Ursache zu befragen und erst dann Heilverfahren festzulegen waren.

Dazu zunächst zwei Anmerkungen: Am Mahayana-Buddhismus (zumal den Formen, die er in der japanischen Kultur annahm) orientierte Vorstellungen über das Heil des Menschen, seines Körpers, und dessen Beziehung zum Universum werden dabei kaum berücksichtigt. So wie buddhistische Weltaneignung insgesamt die japanische Kultur seit ihrer Begegnung mit China prägte, waren aber auch diese Vorstellungen stets handlungsorientierend präsent (zu ihren z.T. erheblichen Unterschieden im Vergleich zum Konfuzianismus vgl. Sugimoto/Swain 1989: 141–147). Da im hier betrachteten Zeitraum jedoch das neokonfuzianische Weltbild im Zentrum der Auseinandersetzungen stand und, nach Kracht, der Buddhismus statt in ernsthaften akademischen Debatten auf der Ebene banaler Behauptungen abgetan und so scheinbar verdrängt wurde (vgl. Kracht 1986: 264), soll dieser Hinweis hier genügen.

Weiterhin lassen sich die genannten Merkmale - so allgemein formuliert - durchaus auch in anderen vormodernen Heilkunden aufzeigen. So lag beispielsweise in der arabisch-islamischen Kultur bis zum 12. Jahrhundert Naturforschung in der Regel in den Händen von Arzt-Philosophen, in deren Wissensbegriff der Politik ein gewichtiger Platz zukam. Darin sah sich der christliche Westen herausgefordert, dessen Philosophie zum Zeitpunkt der Begegnung mit dieser Kultur noch wesentlich vom Klerus getragen wurde und eng an die Theologie gebunden war (vgl. Flasch 1986: 268). In der Folgezeit von Philosophen aufgegriffen, entfaltete sich vor allem in den italienischen Stadtstaaten der Renaissance "eine neue Wissenschaft von der Natur (Galilei) und von der Geschichte (Vico)" (ebenda, 567). Den Weg dafür hatte u.a. auch Paracelsus (1493–1541) geebnet, der um die Synthese von theoretischem Wissen und praktischer Erfahrung rang. Deren Auseinanderfallen war demnach für das westliche Mittelalter ebenso charakteristisch wie für Ostasien:

> "Lernt's beide, oder laßt's bleiben!" Denn "wo der Physikus nit ein Chirurgus dazu ist, so stünde er da wie ein Ölgötz, der nichts ist als ein gemalter Aff". (zitiert nach Schipperges 1990: 120)

Er wandte sich damit sowohl gegen die zwar belesenen Doktoren, die doch keine Erfahrung hätten, als auch gegen nur ans Geldverdienen denkende Quacksalber. Und eben um diese Problematik stritt man auch in medizinischen Kreisen der Edo-Zeit. Die jeweilige Spezifik bzw. Gemeinsamkeiten der Diskussionen sind demnach nicht aus dem unmittelbaren Vergleich der konkreten Phänomene abzuleiten. Vielmehr gilt es zunächst, diese in den jeweiligen *inner*kulturellen Kontext einzubetten, ihre Funktion darin herauszuarbeiten und Vergleiche über *funktionale Äquivalente* zu realisieren, die auch Besonderheiten der jeweiligen Diskursformen deutlich werden lassen.

Ein solches funktionales Äquivalent ist möglicherweise im Aufbrechen widersprüchlicher Interpretationen der Texte zu sehen, die die Repräsentanten verschiedener geistiger Strömungen zu ihrem Kanon erhoben hatten und deren Auswahl und Kommentierung stets das Moment der Diskontinuität im kontinuierlichen Anknüpfen an Resultate des Vergangenen innewohnte. So setzten seit dem ausgehenden 17. Jahrhundert - nur kurz nach der beginnenden Verwurzelung des Song- oder Neokonfuzianismus Zhu Zi'scher Prägung im politischen, ethisch-praktischen und theoretischen Denken Japans - Rückgriffe auf Texte des konfuzianischen Kanons (vgl. Anm.[6]) vor deren späterer Exegese (z.B. durch Zhu Zi) bzw. auf früheste in Japan selbst produzierte Texte ein, deren philologische Fundierung auch stärkere Aufmerksamkeit gegenüber der Historizität von Fakten bewirkte. Gemeint sind zum einen die *Schule der Alten Lehre* (Kogaku ha 古学派), insbesondere die *Lehre von den Alten Bedeutungen* (Kogigaku 古義学) des Itô Jinsai (1627-1705) und die von den *Alten Schriftzeichen* (Kobunjigaku 古文辞学) des Ogyû Sorai (1666-1728), zum anderen die Nationale Schule (Kokugaku 国学), begründet von Kada Azumarô (1669-1736) und einen Höhepunkt mit Motoori Norinaga (1730-1801) erreichend.

Trotz aller Unterschiede inhaltlicher und formaler Art, auf die ich noch zurückkomme, war ihnen die entschiedene Kritik am spekulativen Charakter neokonfuzianischer Begrifflichkeit, speziell des Prinzip-Begriffs (ri 理) eigen. Sich am wirklichen Leben zu orientieren - diese Forderung sah man in den unverfälschten alten chinesischen bzw. japanischen Schriften realisiert, die es von den Wucherungen der in den folgenden Jahrhunderten erfolgten Deutungen zu befreien gelte. Diese (textvermittelte) Hinwendung zum wirklichen Leben schlug sich zudem in einer verstärkten Produktion von Texten nieder, in denen sich - mit welcher Zielstellung auch immer - das ganz persönlich gefaßte *Ich* als Autor zu erkennen gab, um so außerhalb des offiziellen Diskurses, der Kommentare zu kanonisierten Werken seine eigenen Erfahrungen und Überlegungen zum Ausdruck zu bringen. Neue literarische Formen hatten sich einst auch im späten westlichen Mittelalter Kleriker zur Entklerikalisierung des Wissens geschaffen: Verfaßt wurden neben Kommentaren, Quästionen und "Summen" als institutionell gebundene Textformen seit dem 13./14. Jahrhundert philosophische Aufsätze (Traktate) sowie philosophische Briefe als ein "vorzügliches Instrument der Selbstbefreiung individuellen Denkens", der "subjektive(n) Besinnung" statt des "Anschein(s) objektivistischer Totalität" (Flasch 1986: 261 bzw. 496).

Das erwähnte Ringen um die Neubestimmung von Realität, von *Wirklichkeitsbezogener Wissenschaft* (jitsugaku 実学) prägte auch das medizinische Denken der Edo-Zeit. Seit dem 16. Jahrhundert hatten sich die vom Song-Konfuzianismus beeinflußten Richtungen der Li-Zhu-Medizin (李朱医学) der Yuan-Dynastie (1280-1367) und der Liu-Chang-Medizin (劉張医学) der Jin-Dynastie (1115-1234)[76] in Japan als *Schule Späterer Zeit* (Goseihô ha 後世方派) bzw. als Abzweigung der *Schule Späterer Zeit* (Goseihô beppa 後世方別派) etabliert. In diesen Bezeichnungen deutet sich bereits der Bezug auf andere, von ihnen verschiedene Strömungen an, die als *Schule der Alten Medizin* (Ko'ihô ha 古医方派) zusammengefaßt werden. Deren Vertreter waren häufig Schüler des oben genannten Mitbegründers der Kogaku, Itô Jinsai (vgl. Sugimoto/Swain 1989: 247). Später bzw. Alt meint auch hier die Schriften, denen man sich verpflichtet fühlte[77]. Die Rangaku-Mediziner nun knüpften insbesondere an die Skepsis der Alten Schule gegenüber realitätsfernen Debatten an, kritisierten jedoch deren Fixiertheit auf überkommene Texte sowie die Abneigung der "Alten" gegen theoretische Unternehmungen. So hätten diese letztlich doch Zuflucht zu Spekulationen nehmen müssen, weshalb die Unterschiede zu den "Späten" nicht - wie etwa bei Satô Shôsuke (1980: 58), der beide als These und Antithese darstellt - zu verabsolutieren seien (vgl. Itô/Murakami 1989: 348/349). Die Kerngedanken dieser grundsätzlich noch im neokonfuzianischen Weltbild verankerten Richtungen werden nun kurz vorgestellt.

(1) Die Späteren Schulen

Manase Dôsan (1507-1595, Goseihô ha) und Aeba Tôan (1615-1673, Goseihô beppa) gelten als Begründer dieser Schulen in Japan. Deren wichtigster Leitfaden ist das "Huang Di Nei Jing". Zwar älter als das "Shang Han Lun" der Alten Medizin, das - neu kommentiert - ebenfalls eine wichtige Quelle der Song-Medizin darstellte, sind die darin aufgezeichneten Anschauungen jedoch so vieldeutig, gar widersprüchlich (vgl. Ishihara 1987: 29-32), daß es wohl auch wegen dieses möglichen Interpretationsspektrums zu einer Art Bibel der Medizin in China avancierte. Immer wieder neu ausgelegt wurden dessen Teile "Su Wen", in dem es um Fragen des menschlichen Körpers in kosmisch-ethischen Zusammenhängen geht, und "Ling Shu", das vor allem Heilpraktiken (Akupunktur) erörtert, wobei die Song-Mediziner ersterem Teil den Vorrang einräumten und den Versuch unternahmen, die Lehren von *Yin* und *Yang* und den *Fünf Wandlungsphasen* zu homogenisieren[78].

Mittels dieser Begriffe wurden in der traditionellen chinesisch-ostasiatischen Wissenschaft grundlegende Zusammenhänge der Realität beschrieben. Sie erfassen vor allem einander Entsprechendes und Komplementäres, stehen demnach weniger für eine substanzorientierte, auf kausale Relationen orientierende Betrachtungsweise als vielmehr für funktionales, dynamisch-korrelatives Denken, das bestimmte Erscheinungen/Wirkungen in Beziehung setzt. Universell und polysemantisch eingesetzt, sind sie eher symbolhafte Zeichen, die *für etwas stehen, etwas bedeuten*, statt aus konkreten Phänomenen gewonnene Abstraktionen. So wird mit *Yin* Ruhendes, Vollendetes, Befestigendes: Struktives, mit *Yang* Bewegendes, Beginnendes, Veränderndes: Aktives assoziiert. *Yin* entsprechen: Erde/Mond, Herbst/Winter, das Weibliche/Untere, das Kalte/Wasser, das Innere/Stille, die Zeit von Mittag bis Mitternacht, Absinken, der Bauch u.ä.; *Yang* entsprechen: Himmel/Sonne, Frühling/Sommer, das Männliche/Obere, das Warme/Feuer, das Äußere/Bewegte, die Zeit von Mitternacht bis Mittag, Aufsteigen, der Rücken u.ä. Die *Fünf Wandlungsphasen* sind *Embleme*,

> "um im Laufe der Zeit wechselnde energetische Qualitäten in konventionell fixierter Weise allgemeingültig und eindeutig zu definieren. Um dies leisten zu können, fassen sie die Qualitäten der Energie in elementare, an Assoziationen reiche Begriffe (Holz, Feuer, Erde, Metall, Wasser) ..." (Porkert 1982: 41).

Mit *Wandlungsphasen* ist hier das zyklische Ineinanderübergehen dieser Qualitäten gemeint, zum Ausdruck gebracht durch die Sequenzen des Hervorbringens, Bändigens oder Überwältigens. Mittels dieser Vorstellungen wurden dann in allen Wissensbereichen Entsprechungssysteme erarbeitet. Die

Medizin interessierten dabei vor allem Wirkzusammenhänge (1) zwischen Makrokosmos und Mikrokosmos sowie (2) im Mikrokosmos, im Innern des menschlichen Körpers selbst.

(1) Erfaßt werden in diesem Kontext kalendarische, klimatische und meteorologische Abläufe, die auch physiologische und pathologische Prozesse beeinflussen, weshalb deren Kenntnis für diagnostische und therapeutische Verfahren von Bedeutung sind. Wichtigstes Instrumentarium dafür ist die sogenannte *Phasenenergetik*: die *Fünf Umlaufphasen* und *Sechs Energetischen Konstellationen* (go'un rokki 五運六気, auch unki 運気 bzw. kiun 気運). Erstere – qualitativ als *Erde, Metall, Wasser, Holz, Feuer* zum Ausdruck gebracht – stellen verschiedene zyklische Zeitabschnitte dar, letztere primär räumlich-klimatisch konkretisierte Situationen – *Feuchtigkeit, Trockenheit, Kälte, Wind, Wärme, Feuer*. Durch empirische Beobachtungen sowie auf spekulativem Wege einander zugeordnet, zeichnen diese Entsprechungen sich durch Harmonie, Überfluß oder Mangel der Energien in bestimmten Phasen aus, was wiederum entsprechende immunologische Situationen bewirkt ("Wenn ... redundant/defizient ist, dann ..., und das Volk leidet an ...", vgl. Porkert 1982: 72–77).

(2) Über Gesundheit oder Leiden der jeweils individuell existierenden Mikrokosmen wird diskutiert anhand der Lehren von den Wirkbeziehungen im Körperinneren und an der -oberfläche:

- der Lehre von den *Fünf Funktionen*, die für das Speichern von Energien zuständig sind (go zô 五臓: *Leber, Herz, Milz, Lunge, Niere*; ihnen wurde – der Symmetrie zu den im folgenden genannten roku fu 六腑 wegen – eine weitere Funktion in der Umgebung der Funktion Herz hinzugefügt: shinpôraku 心包絡) und den *Sechs Funktionsträgern* für die Beförderung und Assimilation der Energien (roku fu: *Gallenblase, Dünndarm, Magen, Dickdarm, Blase, sanshô* 三焦 – dreifacher Wärmebereich); jede dieser Funktionen partizipiert zudem an einem Feld von Entsprechungen nicht nur im Körper selbst (z.B. ein zô mit einem fu), sondern auch bezüglich den
- in obiger und folgender Reihung genannten – *Fünf Wandlungsphasen*, Tages- und Jahreszeiten (*vor Sonnenaufgang/Frühling, Vormittag/Sommer, Nachmittag/Nachsommer, Spätnachmittag/Herbst, Mitternacht/Winter*), Farben (*Grün, Scharlachrot, Gelb, Weiß, Schwarz*), Gerüchen (*Urin/sauer, verbrannt, wohlriechend, rohes Fleisch/Fisch, faulig*), Emotionen (*Zorn, Lust, Nachdenken, Kummer, Furcht*), Tugenden (*Menschlichkeit, Schick lichkeit, Vertrauen, Rechtlichkeit, Weisheit*) u.a.;

- der Lehre von den *Leitbahnen* (keimyaku 経脈) und *Reizpunkten* (ketsu 穴): hierbei geht es um den Strom der verschiedenen Formen von Energie; diese werden von entsprechenden Bahnen zwischen den je ein Gespann bildenden zô-fu-Funktionen sowie zwischen Körperinnerem und -oberfläche geleitet; solche Leitbahnen (Kraftlinien) sind nur an bestimmten Körperpunkten wahrnehm- und beeinflußbar, deren Kenntnis für die diagnostische und therapeutische Praxis der Akupunktur bzw. Moxibustion ebenso unerläßlich ist wie die Bestimmung makrokosmischer (einschließlich sozialer) Wirkungsbedingungen.

So kompliziert und zahlreich die hier nur angedeuteten Zusammenhänge zwischen den physisch-medizinischen, ethico-politischen und kosmologischen Bereichen auch sind - der symbolhafte, verweisende Charakter jedes Gliedes dieser Zuordnungen, Sequenzen bedeutete in kognitiver Hinsicht zugleich:

> "Wer über den Menschen Bescheid weiß, weiß über die Welt wie auch über die Struktur und die Geschichte des Kosmos Bescheid. Es erübrigt sich, mit großem Aufwand spezialisierte Wissenszweige zu entfalten, denn die Wissenschaft ist ein zusammenhängendes Ganzes ... Statt sich um eine messende Bestimmung von Ursachen und Wirkungen zu bemühen, grübelten die Chinesen darüber nach, wie sich Entsprechungen festlegen ließen." (Granet 1980: 290 bzw. 293)

Die einzelnen Energiekonstellationen - von den kleinsten und feinsten über den Menschen bis hin zum Kosmos - sind nicht einfach nur in sich dynamisch-ganzheitliche Einheiten, sie stehen zugleich für andere, bedeuten sie und werden dadurch vieldeutig, ohne ihre Konkretheit einzubüßen. Dieser unmittelbare Verweisungs- oder *Analogiecharakter* von Erscheinungen erlaubte es zum einen, Zusammenhänge in der Natur und im Bereich des Sozialen adäquat zu erhellen, dieses Wissen zu systematisieren und heilpraktisch bezüglich der Ordnungen im Mikro- wie auch im Makrokosmos anzuwenden. Zum anderen eigneten dieser Betrachtungsweise der Realität aus zweierlei Gründen spekulative Elemente:

Zum einen galt es auf der kognitiven Ebene, Erfahrungen und Wahrnehmungen, Wissen und als erklärungsbedürftig erkanntes Nichtwissen so zu kombinieren, daß es dem gängigen Denkstil ebenso wie der herrschenden "Forschungsästhetik"[79] entsprach. Den kommunikativen Aspekt betreffend, ging es andererseits um die Setzung und auch Legitimation von Werthierarchien,

Rangordnungen; von einer ethico-politischen Perspektive auf die Realität beeinflußtes oder gar dominiertes Wissen orientiert sich stets auch an einem *Soll*, ist in einem bestimmten Maß normativ, interessengeleitet und somit zugleich Wunsch- und Angstvorstellungen verhaftet.

Im Song-Konfuzianismus war das spekulative Moment eng mit dem logischen Primat des unmittelbar-sinnlich nicht zugänglichen Prinzips ri verbunden. Dieses in sich ruhende Absolute formierte zugleich die Energien, die - als Organismen verschiedengradig getrübt - die hierarchisch geordnete Welt der Dinge, der Menschen bildeten. Ishihara zufolge hinterließ dieser untrennbar mit den Dingen des chinesischen Staates der Song-Zeit (10.-13. Jahrhundert) verwobene Konfuzianismus auch deshalb in der Medizin tiefe Spuren, weil man das Streben nach Vereinheitlichung der geistigen Grundlagen auch mittels Anordnungen zu verwirklichen trachtete, die klassischen (auch medizinischen) Schriften neu zu systematisieren, zu kommentieren und als Kanon herauszugeben (vgl. Ishihara 1987: 71-86). Dieser Akademisierung medizinischen Wissens war jedoch zugleich die Tendenz immanent, es zu formalisieren und zur Buchstabengelehrtheit werden zu lassen, die sich - so z.B. Takano Chôei in seinen "Chinesischen und westlichen Lehren über das Innere" - in komplizierten, aber praktisch haltlosen Erörterungen ergehe. Die Rezeption dieser Anschauungen im japanischen Kontext seit dem 16. Jahrhundert wurde dann auch von vereinfachenden Erläuterungen begleitet, die ihrer Popularisierung dienten[80]. Und selbst ihre bedeutendsten Repräsentanten konzentrierten sich vor allem auf deren heilpraktische Konsequenzen. So verweist Ôtsuka Yasuo darauf, daß es der oben genannte Manase Dôsan war, der - an das "Shang Han Lun" anknüpfend - die Aufmerksamkeit wieder auf die in Vergessenheit geratene Bauch-Diagnosemethode (fuku shinpô 腹診法) lenkte, davon ausgehend, daß der Bauch die Quelle allen Lebens sei, aber auch viele ("hundert") Krankheiten dort ihre Wurzel hätten. Diese Ansichten fänden sich dann fast wortwörtlich in der Lehre des Yoshimasu Tôdô (1702-1773) von der Schule der Alten Medizin wieder (vgl. Itô/Murakami 1989: 348/349).

(2) Die Alten Schulen

Yoshimasus bedeutendste Vorgänger bzw. Mitstreiter waren Nagoya Gen'i (1628-1696), Gotô Gonzan (1659-1733), Kagawa Shûan (1682-1754) und Yamawaki Tôyô (1705-1762). So, wie die Herausbildung der Kogaku häufig mit einer prinzipiellen Japanisierung des Konfuzianismus gleichgesetzt wird (vgl. z.B. Minamoto 1988: 53; Tsuji Tetsuya 1989: 42, Tsuji Tatsuya 1990: 45–53), gilt auch die grundlegende Kritik der Ko'ihô ha an der spekulativen Song-Medizin als wichtiger Katalysator der Formierung einer eigentümlich japanischen Medizin (vgl. Tsuji Tetsuo, ebenda). Dem Gedanken, der Neokonfuzianismus sei auf spezifisch japanische Wahrnehmungsweisen und Denkstrukturen getroffen und dementsprechenden Umformungen ausgesetzt gewesen, ist zweifellos zuzustimmen. Es scheint jedoch in mehrfacher Hinsicht bedenklich, typisch Japanisches an Schulen zu binden, die der Lehre des Zhu Zi in Japan (Shushigaku) kritisch, gar ablehnend (Kokugaku) gegenüberstanden:

- Auch die Shushigaku rezipierte diese Lehre dem eigenen Kontext gemäß, konstituierte also selbst - wenn der Begriff überhaupt angemessen ist - *eigentümlich* Japanisches mit.
- Mit dieser Interpretation wird in gewisser Weise ein Bild suggeriert, das Spekulatives in chinesisches Denken ver-ortet, während japanischem Denken Positivität und Unmittelbarkeit zugeordnet wird (dieses Bild entspricht der Realität schon deshalb nicht, weil in China selbst längst Kritik an Song-konfuzianischen Interpretationen des Kanons laut geworden war, die sich kritischer Analysen alter Texte bediente; zur diesbezüglichen wechselseitigen Beeinflussung chinesischer, koreanischer und japanischer Denker vgl. Hiraishi 1987);
- Es fällt somit aus dem Blick, daß vor allem die erste Generation der Kritiker der Song-Medizin selbst noch stark dem Spekulativen verhaftet blieb.

Betrachtet man solche Ver-Ortungen als verschiedene geistige Aneignungsweisen von Realität, dann wird es auch möglich, hinter diesem topischen Denken die zeitliche Dimension zu sehen: Sie sind auch als Teil des Auflösungsprozesses bislang vormodern-ganzheitlicher Sichtweisen auf die Welt zu begreifen. Und die sich auf diese Topoi berufenden Schulrichtungen reflektieren je auf ihre Weise das Aufbrechen traditioneller sozialer Strukturen insofern, als ihre Perspektiven auf die Wirklichkeit tendenziell die sich dabei neu formierenden gesellschaftlichen Funktionsbereiche zum Ausdruck bringen (worauf im Anschluß an diesen Exkurs eingegangen wird).

Wie bemerkt, war die Abneigung der Alten Mediziner gegenüber komplizierend-spekulativen neokonfuzianischen Gedankengebäuden mit einem Rückgriff auf das ursprüngliche "Shang Han Lun" verbunden. Es gilt als klinischer Klassiker, dessen Systematik und das oben angeführte begriffliche

Instrumentarium aufs engste mit Beobachten und Deuten von Krankheitssymptomen sowie der Auswahl entsprechender Behandlungsmethoden bzw. Rezepte verknüpft ist. Ein kurzer Blick auf die Leitsätze einiger der genannten Repräsentanten läßt Grundzüge ihres Denkens deutlich werden:

Gotô Gonzan entwickelte seine *Theorie vom Stillstand des einen ki* (ikki ryûtai ron 一気留体論) in Anlehnung an Itô Jinsais Lehre von dem einen *Ursprünglichen ki* (genki 元気). Dessen unaufhörlicher Fluß be- und durchwirke alles Leben und sei uns über die im Alltag wahrgenommenen Erscheinungen zugänglich (Dinge, Bräuche, Werte): Damit lehnte er wie auch Jinsai jegliches - mit dem *Prinzip*-Begriff (ri) verbundene - Räsonieren darüber ab, was über das Erfahrbare und traditionell Achtenswerte hinausgeht. Störungen in der Zirkulation dieser Energien durch äußere Einflüsse, Affekte u.ä., so Gonzan, rufen entsprechende Krankheiten hervor, deren Symptome jeweils spezifische Heilmethoden und -mittel erfordern.

Tôdô Yoshimasu gründete die Heilpraxis ebenfalls auf subtile Beobachtung von Krankheitssymptomen und äußeren Einflüssen. Sein rigoroser Empirismus, der keinerlei zuverlässiges Wissen über Nichtwahrnehmbares zuließ (so auch nicht über die go zô/roku fu usw.), führte ihn zu der letztlich doch spekulativen Lehre, alle Krankheiten wurzelten in einem Gift, das stets im Körper sei (manbyô ichidoku ron 万病一毒論) und das durch bestimmte äußere Einflüsse zur Wirkung gelange.

Kagawa Shûan und Yamawaki Tôyô einte, daß sie keinerlei den Fakten vorauseilendes Theoretisieren anerkannten. Ersterer stützte sich neben eigenen experimentellen Versuchen zur Wirksamkeit von Heilmitteln und überkommenen botanischen (Heilpflanzen-) und Rezeptbüchern zudem auf die Autorität der Schriften Konfuzius' und des Menzius und begründete die Auffassung, Medizin und Konfuzianismus seien in ihrem Wesen ein und derselbe Weg (jui ippon dô 儒医一本道). Das bedeute, so Tôyô, für den Arzt müßten praktische Fertigkeiten sowie auf dem Studium der konfuzianischen Schriften beruhende Loyalität und Weisheit eine Einheit bilden. Andererseits war gerade er es, der den Zweifeln an den bisherigen Bildern über die Funktionskreise im Inneren des menschlichen Organismus nicht nur durch subtiles Betrachten und Beschreiben des äußerlich Wahrnehmbaren begegnete: 1754 unternahm er die erste, medizinischer Forschung dienende Sektion einer Leiche in Japan, deren Ergebnisse und die Art, wie sie erzielt wurden, ein wichtiger Impuls für die Entfaltung der Holland-Wissenschaften war.

Zusammenfassend kann auch für diese Strömung die noch ungebrochene Dominanz eines funktional-analogischen Denkstils festgestellt werden, der die Beziehungen zwischen den Phänomenen eines gegebenen Kontextes (kosmischer, sozialer, menschlicher Organismus) über Komplementarität und Entsprechung zu ordnen bestrebt ist: Etwas verweist stets auf anderes, bedeutet es und erhält über solch ein Gefüge selbst Bedeutung. Im Vergleich zu den "Späteren" waren die "Alten" allerdings konsequenter darum bemüht, das spekulative Element von Symbolen zu minimieren, indem sie ihre Aufmerksamkeit stärker den – ebenfalls Bedeutungscharakter tragenden, aber von wahrnehmbaren Dingen, Ereignissen, Zuständen selbst motivierten – Anzeichen widmeten. Für beide Richtungen läßt sich jedoch konstatieren, daß die sich daraus ergebende Polysemantik der symbolisierten Dinge und Erscheinungen weniger aus ihrem Bezogensein auf etwas absolut Transzendentes, auf von ihnen immer nur partiell, akzidentiell repräsentiertes Substantielles resultiert (wie bei den meisten Auffassungen des christlichen Gottes). Eher sind es präsentative Symbole exemplarischen Charakters, bei dem das Wissen um die Funktionsweise, die Eigenschaften, auch den historischen Sinn eines Konkretums den Zugang zu ihm ähnlichen oder systematisch zugeordneten Konkreta des Kontextes ermöglicht. Beispielhaft kann es zugleich als Erklärungsmuster fungieren (zum Begriff des Präsentativen vgl. Heise 1989 bzw. Langer 1987: 86–108).

Nicht zuletzt in der Medizin des traditionellen chinesisch-ostasiatischen Kulturkreises zeigte sich, daß dieser Denkstil eine fortschreitende Aneignung von Realität ermöglichte. Mit der Alten Medizin brachten neue Interessen und Fragestellungen auch neue Tatsachen zutage. Bislang spekulativ-symbolisch gewonnenes Wissen wurde auf seine Anwendbarkeit hin überprüft, und das Moment des Heil-Praktischen erfuhr eine Aufwertung, was den Boden für einen neuen theoretischen Schub ebnete. Der jedoch kam nicht von dieser selbst, sondern von der Medizin der Holländischen Richtung, die zugleich einen neuen, von einem kausal-analytischen Denkansatz dominierten Wissenschaftstyp darstellte. Wie nun arrangierte dieser sich mit der Alten Medizin, die – ebenso wie die Schule der Alten Lehren – Wert auf praktische Fertigkeiten einerseits und auf konfuzianische, d.h. vor allem textbezogene Gelehrtheit andererseits legte. Und wie mit der Schule der Nationalen Wissenschaft, die der Veränderung der geistigen Landschaft jener Zeit ihren spezifischen Stempel aufdrückte? Als markante Punkte dieser Landschaft werden diese Schulen nun mit ihrer je idealtypisch gefaßten Spezifik miteinander in Beziehung gesetzt.

XI. Kogaku, Kokugaku, Rangaku – Relevante Teile eines sich wandelnden Kontinuums

Funktion und Spezifik der Holland-Wissenschaften primär aus dem sich verändernden innerkulturellen Kontext zu klären war ein Ziel des Textes. Daher werden nun zwei weitere Felder des diskursiven Raumes der Edo-Zeit vorgestellt, um diesem Ansatz auch auf dem Gebiet der Ideenproduktion gerecht zu werden: die Alte Schule (Kogaku), die zum breiten Spektrum der sich auf die Autorität chinesischer Schriften berufenden Richtungen (Chinesische Wissenschaft Kangaku) gehört, und die Nationale Schule (Kokugaku)[81]. Die Vernetzung der Rangaku mit diesen Schulen ist mehrdimensional. Zeitlich gesehen etablierte sich erstere ein knappes Jahrhundert später als Kogaku und Kokugaku. Ihr Nebeneinander dann seit dem Ende des 18. Jahrhunderts beinhaltete folgende Komponenten: Alle drei Schulen – institutionell vor allem an Privatschulen (shijuku) gebunden – einte die je spezifische Auseinandersetzung mit den Song-konfuzianischen Lehren, die vornehmlich an den regierungsnahen *Beamten*-Schulen vermittelt wurde, während sie untereinander sowohl im Verhältnis von Opposition als auch Korrelation standen. Satô Shôsuke verweist auf Momente der Kontinuität insbesondere der Alten Schule bzw. der Alten Medizin und Rangaku, die er im Ablehnen spekulativer Naturanschauungen ebenso sieht wie in ihrer Experimentierfreudigkeit, im Betonen der menschlichen Fähigkeit zu Kreativität (des Schaffens/Gestaltens – sakui 作為; vgl. Satô 1980: 44–83).

Mein Interesse richtet sich im folgenden darauf zu zeigen, wie diese Strömungen im Prozeß der Neuinterpretation überkommenen kulturellen Potentials sich der Realität ihrer Zeit aus je verschiedenen Perspektiven mit spezifischen Intentionen näherten: In ihnen fanden politische, moralische, ästhetische Inhalte des Denkens ihre je eigenen Ausdrucksformen, die im neu entstehenden Gewebe japanischer Kultur als relativ autonome gedankliche Unternehmungen zueinander in Beziehung zu treten begannen. Als solche der Kogaku, Kokugaku und Rangaku zugeordnet, fasse ich diese Schulen hier also im Sinne des Weberschen Begriffs vom Idealtypus, mit dem es die Kulturbedeutung bestimmter historischer Erscheinungen und Prozesse herauszuarbeiten gilt. Dieses Herangehen impliziert hier, die doch erheblichen inhaltlichen Unterschiede zwischen den Repräsentanten dieser Schulen zugunsten methodischer Gemeinsamkeiten in den Hintergrund treten zu lassen.

Kogaku

Der Hinweis betrifft vor allem die Repräsentanten dieser Richtung[82]. Erinnert sei zunächst an das eingangs dargelegte Verständnis von Kultur als zeichenvermittelte Kommunikation, als Lebensprozeß der Individuen, in dem sie sich Realität aneignen und sie somit mittels Bedeutungsarbeit zugleich schaffen, dabei ihnen gemäße Verhaltensweisen ausbilden und so den eigenen Handlungen Sinn geben. Sinnproduktion ist demnach an sinnlich-gegenständliche Erfahrungen gebunden. Textsprachlich organisiert, werden diese auch in raum-zeitlich nicht unmittelbar zusammenhängende Kontexte übertragbar und erhalten so objektive Bedeutungen. Diese wiederum werden vor dem Hintergrund ständig neuer Erfahrungen über Kommentare, Interpretationen Gegenstand geistiger Auseinandersetzung.

Der Hinwendung der Kogaku-Denker zu den vermeintlich unverfälschten Schriften des chinesischen Altertums, des *Zeitalters der Weisen*, lagen Erfahrungen im Edo-zeitlichen Kontext sich kommerzialisierender, sich den Dingen des Alltags auf eine neue Weise öffnender städtischer Lebenswelten zugrunde. Sie nährten die Zweifel an den Gewißheiten, die der Song-Konfuzianismus bezüglich der Daseins- und Wirkungsweise von Absolutheiten (dem *Prinzip* ri, dem *Weg* dô, den *Geistern*) verkündete, an den ethico-politischen Normen und Handlungsorientierungen, die daraus abgeleitet wurden.

Historisierung menschlicher Unternehmungen zum einen und Akzeptanz der Menschen als auch von sinnlichen Bedürfnissen geleitete Individuen zum anderen - dieser Subjektivitätszuwachs dürfte von einiger Bedeutung gewesen sein, sich bei der Suche nach neuen Autoritäten bzw. Gewißheiten vor allem auf Konfuzius, Menzius oder gar auf legendäre Weise des chinesischen

Altertums zu berufen. Nicht nur spielte – wenigstens in der Lehre des Konfuzius – die Natur als solche kaum eine Rolle, was der Konzentration der Kogaku-Gelehrten auf den *Weg des Menschen* (jindô 人道) entgegenkam, der vom *Weg des Himmels* (tendô 天道) und vom *Weg der Erde* (chidô 地道) unterschieden und als relativ eigenständig betrachtet wurde. Auch sollten diese ursprünglichen Lehren und Schriften einen Maßstab bilden, von dem aus historische Betrachtung von Schrift und Sprache auszugehen hatte. Sprache selbst – als wichtiger Träger und Schöpfer kultureller Bedeutung – wurde hier Gegenstand von Forschungen, nicht zuletzt mit dem Ziel, auch deren Grenzen aufzuzeigen:

Einst, so z.B. Ogyû Sorai in seinen "Regeln des Studiums" (Gakusoku, vgl. Minear 1976), schufen die Weisen den Weg, indem sie – den Zeichen sendenden und setzenden Himmel zum Gesetz nehmend – die Natur der Menschen ergründeten und Ordnung zu errichten trachteten mittels entsprechender Institutionen: den *Strafen* und *politischen Einrichtungen*, der *Musik* und vor allem der *Riten* (die über fest geregelte zeremonielle Verhaltensweisen nicht zuletzt Herrschaft und soziale Hierarchien zu legitimieren halfen; vgl. Moritz 1990: 52–56). Nachzuvollziehen aber sei dieser Weg nur durch Aneignung der sprachlichen Zeichen und des Stils, mit denen er zu **jener** Zeit schriftlich fixiert wurde, da er später durch leere Worte (endlose Diskussionen) an Klarheit verloren habe. Zudem hätten sich im Verlaufe der Jahrhunderte die Gewohnheiten verändert und auch die Rezeption der chinesischen Schrift in Japan habe die ursprünglichen Worte unverständlich werden lassen.

Der hier benannte Konflikt bestand darin, einerseits der auch philologisch nachvollziehbaren raum-zeitlichen Konkretheit von Geschichte gerecht zu werden. Zum anderen jedoch ging es darum, aus dieser relativierten Historie weiterhin Bedeutungssysteme zu schöpfen, deren Interpretation zugleich zum rechten (im Falle Sorais vor allem: politischen, bei Jinsai: ethischen) Handeln befähigte. Die *Einheit von Wissen und Handeln* (chigyô itchi 知行一致) – einer der Leitbegriffe aller bedeutenden Schulen im Japan dieser Zeit – aber sah man gerade durch allzu *leeres Gerede, Vernünfteln* gefährdet. Die Worte seien dadurch flach und schlicht und zugleich weitschweifig geworden. Eben darum habe man sich den Weisen des Altertums zuzuwenden: Ihre Sprache sei elegant und wegen ihres erzählenden (nicht disputierenden) Stils erhaben.

"Mich dem Studium der alten Worte widmend, werde ich schließlich eins mit ihnen. Und so werden auch meine Worte, mein Geist ihnen gleich ... Dann wird es keinen Unterschied geben zwischen dem Alten zum einen und dem was meine Augen sehen und mein Mund spricht zum anderen. So wird es sein, als träfe ich mich Tag und Nacht mit den Männern jener frühen Zeiten. Sich in die Zeit Konfuzius' zurückzuversetzen und in Gemeinschaft mit Tzu-yu und Tzu-hsia von ihm unterwiesen zu werden - das ist damit gemeint." (Aus Sorais Gakusoku, zitiert nach Minear 1976: 18)

Ein wichtiger Aspekt dieser Sprachkritik zielte mithin auf den angeblich nach Konfuzius einsetzenden Verlust des erzählenden Charakters der Lieder (Gedichte) und Geschichten, des erhabenen Ausdrucks der Worte, die bestimmte Ereigniskontexte symbolisierten und dadurch zugleich auf Handlungskontexte verwiesen. Das verbirgt sich wohl hinter Sorais Aussage, der *Weg* äußere sich in dem von ihm zum Kanon erhobenen Sechs Leitfäden[83], also in den Worten der Weisen, wie auch im sinnlich wahrnehmbaren Gang der Dinge (ebenda, 20). Daraus resultierte seine Forderung, sich strikt den Instruktionen der Weisen zuzuwenden und sich zugleich an der gegenwärtigen Realität zu orientieren, eine Forderung, die für das hier verfolgte Erkenntnisinteresse ein wesentliches Moment beinhaltet: die Relevanz sprachhistorischer und sprachpragmatischer Studien für die Neuformierung des Verhältnisses politischer, moralischer und (wie am Beispiel der Kokugaku gezeigt wird) ästhetischer Inhalte des Denkens, wodurch sich auch Veränderungen im Verhältnis rationalen und sinnlichen Erfassens von Realität ergaben.

So ist hinter Sorais Bemühungen, alte Texte aufzuarbeiten und zu kommentieren, das Bestreben zu erkennen, den darin aufgespürten Funktionszusammenhang zwischen **symbolisierten** sinnlich-gegenständlichen Erfahrungen (vor allem Riten als artikulierten Gefühlen, formalisierten Verhaltensweisen gegenüber sakralen Dingen und Erscheinungen; vgl. Langer 1987: 155, und Techniken der Herrschaft, der Konstituierung und Bewahrung politischer Ordnung) entsprechend den Bedingungen seiner Zeit zu reaktivieren. An diesen Texten interessierte ihn weniger der Sachverhalt der darin getroffenen Aussagen über den Weg, die Geister, die menschliche Natur, d.h. die Abbildfunktion der verwendeten sprachlichen Symbole. Vielmehr wollte er zeigen, wie die Worte der Weisen als Interpretation von (nichtverbalen) Zeichen - etwa der von den Geistern gegebenen - Bedeutungsräume konstituierten, die in ihrer Anwendung auf die einzelnen Phänomene und Ereignisse Handlungswissen, Kommunikation ermöglichten. Sorai nun erhob die Worte der Weisen selbst wieder zu Zeichen, zu Symbolen, deren Bedeutungsfelder es in Beziehung auf die konkreten Gegebenheiten zu rekonstruieren galt und die so zu einem angemessenen Handeln motivieren sollten[84]. Vor allem zwei Aspekte dieser auf Symbolisierungen beruhenden Erkenntnisform sind hervorzuheben:

(1) Der Anspruch, sinnlich Wahrnehmbares, Emotionales (*menschliche Gefühle* - ninjô 人情) und symbolisch konstituierte Bedeutungsfelder zusammenzuschließen, stand in einer ausgeprägten Tradition bildlichen Denkens, die auch weiterhin bedient wurde: Gedankengänge, Behauptungen mit imaginativen Gleichnissen, Analogien zu stabilisieren, zu **begründen** bzw. mittels Andeutungen zu kommunizieren, die situationsgebunden zu interpretieren sind; durch Bedeutungssubstitution und dabei entdeckte Ähnlichkeiten Erkenntnis zu leisten. Doch verdanken sich die durch einen Ausdruck hervorgerufenen Bilder nicht nur sinnesgeleiteten Assoziationen. Sie beruhen ebenso auf diskursiv erarbeiteten Konventionen (kodierten Symbolen), wobei der Kommentar von Texten eine Rolle spielte. Und gerade die Art, wie die Philologen der Edo-Zeit diese beiden Ebenen miteinander verquickten, hat eine Argumentationstechnik hervorgebracht, die wesentlich dazu beitrug, auch traditionelles textsprachliches Denken zum funktionalen Bestandteil kultureller Modernisierung in Japan werden zu lassen: Den Geltungsanspruch von Behauptungen einzulösen, wurde sowohl auf die mittels Geschichten **erzählte** Geschichte zurückgegriffen als auch textreflexive Arbeit geleistet.

Letztere zielte nicht mehr nur darauf, Bedeutungsräume, Zuordnungsregeln für die symbolischen Charakter tragenden Einzeldinge, Personen oder Ereignisse zu konstituieren. Wörterbuchartig verfaßte Werke wie Jinsais "Sinn der Begriffe im Lun Yu und Meng Zi" (Gomo jigi) oder Sorais "Abhandlung über die Namen" (Benmei) kündeten von einer neuen Form der Organisation von Wissen, in der die grundlegenden Worte der Weisen als Begriffe einer sprachlichen Kritik unterzogen und in ihrem Verwendungsmodus begründet wurden. In diesem Sinne sind in diesen Textformen durchaus Keime einer neuen Art von Rationalität auszumachen, deren klassisch-moderne Variante allgemein im tatsachengestützten argumentativen Begründen gesehen wird.

Die geschilderte Argumentationstechnik war - wenn auch mit unterschiedlicher Wichtung der einzelnen Ebenen - schulübergreifend, bei den Kogaku-Gelehrten demnach ebenso präsent wie etwa bei Denkern der Kokugaku, der Mitogaku (vgl. Kracht 1975) sowie der Rangaku[85]. Zu ihrer Illustration nochmals Sorais Gakusoku: Konstatierend, daß einzig das alte China Weise hervorgebracht habe und Gegenstand der Lehre allein die Dichtung, Schriftkunst, Riten und Musik der Sechs Leitfäden zu sein hätten ("Die Sechs Leitfäden sind die Dinge"), heißt es weiter:

> "Doch sind die Sprachen (in China und Japan) verschieden. Bietet man einem Meeresvogel den Rhythmus zeremonieller Musik dar, so wird es ihm als Geplapper von Barbaren und Gekrächze eines Würgers erscheinen. Gleichsam erscheint den Chinesen unsere Sprache als solches und uns die chinesische Sprache. Selbst wenn Konfuzius sich ein Floß nähme und, von Tzu-lu begleitet, nach Japan käme, so würde es doch nichts nützen." (zitiert nach Minear 1976: 12)

Der Sinn dieser Aussage - historisch-kulturelle Bedingtheit von Sprache - erschließt sich nicht nur über die von den Gleichnissen unmittelbar hervorgerufenen Assoziationen. Beide zur Argumentation herangezogenen Vergleiche entstammen Schriften des chinesischen Altertums und sind demnach zugleich aus deren Kontext heraus zu interpretieren: Ersterer geht auf Zhuang Zi zurück, demzufolge einst ein Meeresvogel im Staate Lu aufgetaucht und vom Fürsten mit Musik, Speise und Trank bewirtet worden sei, aber nach drei Tagen tot aufgefunden wurde. Jedem Wesen die ihm angemessene Behandlung zukommen zu lassen, sich der Situation entsprechend zu verhalten - diese allgemeine Regel wird mit dem Bild vermittelt und begründet. Der Rückgriff auf Konfuzius bezieht sich auf dessen Werk Lun Yu, in dem beklagt wird, die Welt ginge nicht den rechten Weg, daher begäbe er sich am liebsten mit einem Floß aufs Meer, wobei ihn wohl nur dieser Schüler begleiten würde. Diese als Kritik am Schüler - Flucht vor Schwierigkeiten - gemeinte Aussage soll das Unvermeidliche des Sprachgewirrs bekräftigen: Selbst wenn Konfuzius sich aufs Meer zurückziehen würde (und nach Japan käme, was er wohl nie getan hätte), es würde nichts nützen. Und die Metapher vom barbarischen Geplapper und Gekrächze (shuri gekizetsu 侏離鴃舌) stand nicht nur in China von alters her für unverständliche Sprachen vor allem aus dem Süden kommender Randvölker oder Ausländer, und damit zugleich für deren kulturelle Unterlegenheit. Das

Wort *Barbar* habe einst jeden Nicht-Griechen bezeichnet und sei von Homer durch nachahmende Lautmalerei gebildet worden: bla-bla, bara-bara (vgl. Kristeva 1990: 60). In Japan galt diese Metapher später den Europäern, sie wurde zur Auseinandersetzung mit der Rangaku herangezogen, wie auch aus den Texten von Takano Chôei und Watanabe Kazan hervorgeht (vgl. im Übersetzungsanhang die "Kurze Beschreibung des Unheils, das dem Barbarenverein widerfuhr", S. 272 bzw. Dombrady 1971).

(2) Das von Sorai postulierte *Verhalten bzw. Handeln gemäß* war nicht nur historisch gemeint, sondern bezog sich auch auf die (politische) Ordnung seiner Zeit. Die verschiedenen Naturen der Menschen wurden als vom Himmel gegeben und im Wesen unveränderlich betrachtet. Und das Studium der *Worte der Weisen* sollte den Edlen einen Rahmen (die Form) liefern, die Gefühle, die Herzen der einfachen (ungebildeten) Menschen nicht nur zu ergründen, sondern sie auch im Sinne des *Weges* zu lenken, zu regieren. Das Problem der Sinnlichkeit, des sensus, in die Erörterungen einbeziehend, mußte sogleich über dessen Bändigung nachgedacht werden. In Sorais Überlegungen spielten dabei neben rechtlichen Instrumentarien vor allem auch an den Glauben gebundene Handlungs- und Verhaltensmuster eine wichtige Rolle. Opferritual, Ahnenkult, Divination u.ä. formalisierte Handlungen hatten die Emotionen zu binden, die dabei nicht mehr unmittelbar selbst zum Ausdruck kommen, sondern bezeichnet, symbolisiert sind. Auf diese Weise Empfindungen regelnd und wiederholend, werden sie zu je erforderlichen (richtigen) Handlungen diszipliniert. Das bewirkt ein sowohl für die Gemeinschaft als auch für den einzelnen unverzichtbares "Gefühl von Zusammengehörigkeit, Rechtlichkeit und Sicherheit" (Langer 1987: 155)

Unter diesem funktionalen Aspekt vor allem interessierten die von den Weisen des Altertums vorgeschriebenen Praktiken. Wenn Sorai gegen Jinsai den Nutzen der *Schildkröten- und Bambus-Divination* verteidigte, so ging es ihm nicht um das Problem der (wahrheitsgemäßen) Abbildung des Seins, um den Wahrheitsgehalt der von den Geistern gesandten Zeichen. Die Weisen und Gebildeten wüßten sehr wohl, daß diese Technik der realen Grundlage entbehrt ("Wie hätten die Weisen so engstirnig sein können?", zitiert nach Kracht 1986: 308, vgl. auch ebenda: 173). Bedeutung wuchs ihr vielmehr in den konkreten Kommunikationsprozessen zu, als deren Regulativ sie fungierte und in deren Kontext sie zu interpretieren waren. Sorais Skeptizismus gegenüber der Erkenntnisfähigkeit der Menschen, insbesondere aber gegenüber dem Nutzen privaten (individuellen) Räsonierens einerseits und die von ihm konstatierte Unbeständigkeit menschlichen Fühlens andererseits führten zu einer Instrumentalisierung überkommener symbolischer Aneignungsweisen der Realität für politische Zwecke, zu einem Zusammenschluß von Bildern/ Geschichten und Mechanismen zur Erhaltung von Ordnung (und damit von Machtverhältnissen), die auf Textinterpretation beruhen:

> "Im allgemeinen hielten die späteren Konfuzianer die Weisheit (chi) hoch und machten es sich zur Haupt(beschäftigung), über sie zu *sprechen*. Anders war der Weg der Vormaligen Könige und des Meister K'ung: Sie machten es sich zur Haupt(aufgabe), den Weg zu *praktizieren* und ihn dem Volk zuteil werden zu lassen. Im allgemeinen ist, was die Angelegenheiten des Volkes anbetrifft, das, was angesichts der Unerforschlichkeit des Himmels schwankt, das menschliche Fühlen (ninjô). Deshalb ist es auch das menschliche Fühlen, warum auf die Schildkröten- und Bambus-Divination und das Gebet seit uralten Zeiten nicht verzichtet werden kann." (aus der "Abhandlung über die Namen", zitiert nach Kracht 1986: 317; Hervorhebung von S.R.)

Primat von Wissen, das der unmittelbar praxisgeleiteten **und** auf die konkreten Orte/Felder bezogenen (auch begrifflichen) Rekonstruktion von Symbolbedeutungen entspringt, also von *kontextuell-subjektzentriertem* bzw. *topisch-soziozentriertem Wissen*, vor theoretisch-systematischem, auf Realitätsgehalt von Zeichen an sich zielendem, also substantivisch-objektzentriertem, identitätslogischem Wissen - darin sehe ich ein wesentliches Merkmal dieses geistigen Habitus. Nochmals an die hier idealtypisch überhöhte Betrachtungsweise der Kogaku erinnernd, ist deren Spezifik darin zu sehen, wie im Praxisbegriff ihrer Vertreter der politische und der moralische Aspekt beginnen auseinanderzufallen:
So wurde Sorais Auslegung der alten Texte von der **Priorität politischer Ideale** gelenkt, deren Realisierung zwar auch der moralischen Erziehung bedurfte. Doch hielt er zum einen die Tugendfähigkeit der Masse für begrenzt, weshalb das Politische auch auf Mittel der Gewalt (Strafen) angewiesen sei. Zum anderen ergab sich für ihn der Wert einer Handlung aus den Folgen für die Gemeinschaft, was durchaus im Widerspruch zu den Absichten, Motiven des Handelnden selbst stehen konnte. Das von ihm geforderte Vertrauen in die Autorität der Worte der Weisen (und dementsprechend das Zurückstellen eigenständigen, privaten Wissens) bedeutete

zugleich, der öffentlichen Ordnung das Primat vor der Welt der Empfindungen und privaten Ideale einzuräumen. Minamoto sieht in Sorai daher den ersten Vertreter einer *Verantwortungsethik*, die Max Weber zufolge spezifisch für die Sphäre der Politik war (Minamoto 1988: 66-70).

Das aus der Tradition des Itô Jinsai hervorgegangene Ordnungs- und Praxisverständnis hingegen band menschliche Sinnlichkeit an eine ethische Grundverfaßtheit des Mikro- und Makrokosmos. Die die Menschen in ihrem Miteinander bewegenden, ihrer Natur immanenten Gefühle wurden komplementär in Beziehung zu bestimmten Tugenden, Grundwerten gesetzt, die auszufüllen allerdings das Studium der Klassiker (hier: Konfuzius und Menzius) und die darauf beruhende Erziehung erforderte - beides aufs engste mit dem Wirken im Alltag verflochten, statt mit spekulativem Theoretisieren (wie im Song-Konfuzianismus) oder leerem Meditieren (wie etwa im Buddhismus).

Der Rückgriff der Kogaku-Gelehrten auf aus dem chinesischen Altertum überkommene Texte stand demnach im japanischen Kontext der Suche nach Möglichkeiten, die Probleme der sich neu strukturierenden städtischen Lebenswelten mittels der Neuaneignung dieser Zeichen- und Symbolpotentiale zu artikulieren. Die empfundene Spannung zwischen Elementen des Privaten, Konkret-Sinnlichen und dem öffentlichen (offiziellen) Raum kam hier vor allem über die Thematisierung des Verhältnisses von Moral und Politik als sich verselbständigende Funktionsbereiche zur Sprache: Erstere hatte auf dem Wege ihrer Individualisierung den Privatraum so mitzugestalten, daß dieser entweder direkt im Dienst öffentlicher Ordnung stand oder aber, die Kehrseite der Medaille, zum Ort geriet, an den die Lösung von Konflikten zurückverwiesen werden konnte. Diese Art des Zusammenschlusses von Sinnlichkeit, Moralität und Macht erforderte zwar eine Neuinterpretation des genannten Potentials, wodurch die Zeichen- und Symbolsetzung selbst als "Gefäß historischer Tätigkeit" (Weimann 1988: 36) erkannt und problematisiert wurde. Doch sah sich die Kogaku auch weiterhin in der Tradition des von ethico-politischen Inhalten dominierten Neokonfuzianismus stehend. Hier setzte die **Kokugaku** mit ihrer Kritik an, die diese Denkweise nach China, nach außen verortete und eine andere Konstellation der auseinanderfallenden Perspektiven auf die Realität mit dem Symbol des *Japanischen*, des *Inneren*, versah.

Kokugaku

Auch die Nationale Schule nahm ihren Anfang als eine Bewegung, deren Kritik am herrschenden Zeitgeist sich auf intensive Studien alter Texte stützte, weshalb ihre Repräsentanten sie mitunter ebenfalls als Kogaku bezeichneten. Doch banden sie ihr Interesse, die in der Edo-Zeit neu entstandenen Lebenswelten zum Ausdruck zu bringen, an die philologische Aufarbeitung der Literatur des japanischen Altertums, vor allem ältester Sammlungen von Mythen, Sagen und historischen Ereignissen: der "Aufzeichnungen alter Begebenheiten" (Kojiki, kompiliert 712) und der "Japanischen Annalen" (Nihongi, kompiliert 720) sowie von japanischer Poesie: der "Sammlung von Zehntausend Blättern" (auch als "Sammlung vieler Generationen" übersetzt, Man'yôshû, Mitte 8. Jahrhundert)[86]. Statt von einer über tausend Jahre währenden kontinuierlichen Wirkgeschichte des japanischen Mythos zu sprechen, kann daher in zweierlei Hinsicht davon ausgegangen werden, daß mit der Tätigkeit dieser Schule eine neuerliche Tradierung der über diese Schriften vermittelten verbalen und nonverbalen Symbole/Zeichen begann: Zum einen wurden diese Texte mit umfangreichen Kommentaren versehen, die jenes Nicht-Gesprochene, das immer schon im Wort schläft, jenen Bedeutungsüberschuß eines jeden Signifikanten zum Sprechen bringen sollen, welcher (ursprünglich) gar nicht explizites Signifikat war (vgl. Foucault 1988: 14/15):

> "Der Kommentar beruht auf dem Postulat, daß das Wort eine 'Übersetzung' ist, daß es mit Bildern das gefährliche Privileg teilt, durch **Verbergen** zu zeigen, und daß es in der offenen Reihe der diskursiven Reprisen endlos durch sich selbst ersetzt werden kann" (und endlos neue Bedeutungen geschaffen werden können, S.R.; ebenda; Hervorhebung von mir).

Zum anderen waren erst jetzt die soziokulturellen Bedingungen gereift, diese Neuinterpretationen in breitem Maße in Habitusformen, d.h. in kollektive Wahrnehmungsschemata und Handlungsorientierungen eingehen zu lassen: Neue Buchdruckverfahren und ein enges Netz von Bildungseinrichtungen beförderten deren Aneignung durch Lesen ebenso wie Veränderungen der Schriftsprache. Umgangssprachliche Elemente drangen in die seit Jahrhunderten fast unveränderte klassische japanische Schriftsprache (bungo 文語) ein.

Und Kokugaku–Gelehrte waren gar bestrebt, nicht nur die – in der Welt des Offiziellen, der Gelehrten vorherrschende – chinesische Schriftsprache (kambun 漢文) zu meiden, sondern einer "von Sinismen entkleidete(n) Schriftsprache altjapanischer Prägung" (Lewin 1975: 13) Breitenwirkung zu verschaffen. Zwar konnte das nicht realisiert werden, doch war mit der Überhöhung der in **Japan selbst** historisch gewachsenen Unterschiede bezüglich des Gebrauchs und der Ausdrucksfähigkeiten der japanischen und der chinesischen Sprache zur *kulturellen Gegensätzlichkeit Japan – China* der Fehdehandschuh geworfen, der in der folgenden Entwicklung wieder und wieder aufgegriffen wurde und wird: in den Auseinandersetzungen mit der Rangaku bzw. Yôgaku als *Gegenüberstellung Japan – Westen* vor Meiji ebenso wie danach in den "Debatten um das Japanertum (um die japanische Kultur)" (*Nihonjinron/Nihonbunkaron* 日本人論/日本文化論), die bis in die Gegenwart hinein mehr oder weniger heftig geführt werden.

Unterschiede in Syntax, Semantik und Pragmatik der Sprachen sind zweifellos kulturellen Besonderheiten geschuldet, und diese wiederum lassen sich in gewissem Maße auch auf bestimmte natürlich–klimatische (geographische) Bedingungen zurückführen. Und Sprachen vermögen diese Unterschiede auch zu reproduzieren. Doch das Problem *japanische versus chinesische Kultur* primär aus der räumlichen Perspektive anzugehen heißt letztlich, Wesentliches aus dem Blick zu verlieren. Nicht nur gilt es, die Distinktionen auch innerhalb eines Raumes zu berücksichtigen. Entscheidend ist zudem die historische Dimension kultureller Erscheinungen. Und so wird im folgenden die von der Kokugaku entscheidend mitinszenierte Gegenüberstellung *Chinesisch(es) – Japanisch(es)* aufgelöst in die Frage, welche innerkulturellen funktionalen Differenzierungsprozesse sich hinter diesen Zuordnungen verbergen.

Wie bereits erwähnt, einte zwar Kogaku und Kokugaku der Ansatz, menschliches Handeln, Denken, Sprechen und Fühlen als sich im Flusse der Zeit verändernd zu verstehen und daher die Welt des Altertums nur mittels Erschließens der Worte und Texte jener Zeit zugänglich machen zu können. Koyasu faßt daher beide unter dem Begriff einer neuzeitlichen **Kommentarwissenschaft** zusammen, die gegen die neokonfuzianische Entleerung der Sprache von ihren konkreten, menschliches Leben betreffenden Inhalten gerichtet gewesen sei (Koyasu 1973: 6 bzw. 15). In den dabei verfolgten Absichten, im jeweiligen Selbstverständnis, wie auch von den Folgen her gesehen unterschieden sich beide Strömungen jedoch erheblich voneinander. Der Kokugaku nämlich war es ernst mit dem Problem der Sinnlichkeit, menschlicher Gefühlswelten. Nicht primär um der politischen bzw. ethischen Ordnung willen sollten die von den *alten Worten* signifizierten (konkreten) Dinge, Begebenheiten erhellt werden, vielmehr interessierten sie vor allem aus **ästhetischer** Perspektive. *Ästhetisch (aisthesis)* hier als *sensation*, als an die Sinnesorgane und die Psyche gebundene Dimension der Aneignung und des Ausdrucks von Gestalthaftem und Gestaltetem verstanden, thematisierten die Vertreter dieser Schule das Verhältnis von verbaler (auch begrifflicher) und nonverbaler (emotionaler) Kommunikation, von theoretischem Erkennen und unmittelbar sinnlich gebundenem Wahrnehmen, Erfahren, von einer aktiven Haltung zu den Dingen und dem von ihnen Ergriffenwerden. Diese Konstellationen durchaus selbst mittels bestimmter Begrifflichkeit und Argumentationstechniken erörternd[87], wurde jeweils letzteres von ihnen als Garant für Wahrhaftigkeit favorisiert. Sie formten so einen eigenständigen ästhetischen Diskurs des Einfühlens und Gerührtseins. Metatextliche Arbeiten, etwa die "Stellvertretend verfertigte(n) Aufzeichnungen zum Man'yôshû" (Man'yô daishoki) von Keichû oder der "Kommentar zum Kojiki" (Kojiki den) von Norinaga wollten die Schriftzeichen der alten Lieder, Mythen, Geschichten entschlüsseln und dazu befähigen, sich unmittelbar von dem einst darin ausgedrückten Lebensgefühl berühren zu lassen, und vor allem: auf diese Weise es den Menschen zu ermöglichen, ihre eigenen konkreten Erfahrungswelten einzufangen. Mit diesen Schriften sollte also den *alten Worten* die ursprüngliche Kraft wiedergeben werden, wollte man die Herzen der Dinge (der Menschen und der sie umgebenden Phänomene) ohne Umweg über die Vernunft miteinander in Verbindung treten lassen.

Die japanische (Schrift-)Sprache, die seit Jahrhunderten im Prinzip als Medium galt, Alltagsangelegenheiten und Sinnliches (das Weibliche) zum Ausdruck zu bringen, schien dies offensichtlich verlustärmer bewerkstelligen zu können als das den lebensweltlichen Angelegenheiten fernere Beamten- und Gelehrten-Chinesisch, obwohl z.B. Mabuchi auch den alten chinesischen Liedern Milde und Gefühlsteilnahme bescheinigte (vgl. Kamo Mabuchi 1939: 191). Gerade in den Gesängen und Gedichten des Altertums artikulierten sich die Rhythmen des Lebens, auch der kollektiv verrichteten Arbeit, noch unvermittelter als in späteren Sublimierungen und Stilisierungen. Und die im Kojiki in Man'yôgana-Japanisch kompilierten Mythen vermittelten ein konkret-allgemeines Bild von der Welt der Wünsche, Ängste, Freuden, der feindlichen Gewalten, des Hasses, die die Gottheiten und Menschen zum Handeln trieben. Doch während im sogenannten Zeitalter der Mythen (das, falls man es überhaupt anerkennt, vor ihrer Kompilation lag) Symbol und Bedeutung noch nicht unterschieden wurden, fielen diese mit ihrer schriftlichen Fixierung (als bereits diskursives Denken) auseinander. Auch den Gelehrten der Kokugaku ging es ein weiteres Mal darum, neue Bedeutungsräume dieser Symbolsysteme zu konstruieren. Jegliche Funktionalisierung mythischer Symbole, verbunden mit Erörterungen über diese, liegt längst jenseits des Mythos, unter dem ich hier ein wesentlich von Phantasie und Einbildungskraft gelenktes Verhalten der Menschen zur Welt und zueinander verstehe.

Ein Wesensmerkmal der ostasiatisch-chinesischen Entwicklungslinie des Denkens besteht jedoch darin, Mythen nun aber nicht primär unter dem Aspekt ihres Wahrheitsgehaltes, ihrer Abbildfunktion - der *Repräsentation* - zu befragen und sie damit in Richtung Wissenschaft oder Religion aufzulösen, sondern an das kognitive Potential der Analogie, eines *präsentativen Symbolismus* anzuknüpfen: Hierbei sind Symbole weniger durch den Aspekt der Widerspiegelung (substantiell) als vielmehr funktional bestimmt, d.h. sie erhalten ihre Bedeutung durch ihre Stellung innerhalb eines Kontextes (vgl. Langer 1987: 103 und Heise 1989: 93 ff.). *Präsentativer Symbolismus* ist eine Art von Semantik, ein Rationalitätstyp, bei dem die Herauslösung eines Teils, eines Elements aus einem größeren, "artikulierten Symbol", aus einem konkreten Ganzen dieses nicht zerstört: Dieses präsentiert sich im einzelnen, ebenso wie das Einzelne sich über das Ganze präsentiert. Diese *Logik der Präsentation, des Ortes bzw. Kontextes* entspricht dann auch Formen der sozialen Kommunikation, in denen Subjektivität sich in erster Linie über Gruppen- und Rollengebundenheit einzelner konstituiert, das Individuum oder auch das *Wir* sich eher über das *Du des Du (Ihr des Ihr)* als durch das *Ich gegenüber dem Du (Wir gegenüber dem Ihr)* bestimmen.

Diese Typisierung ist zunächst als Problemstellung zu verstehen und sowohl räumlich als auch zeitlich durch konkrete Studien zu verifizieren. Auch in unseren eigenen und anderen Kulturen wird man diese Formen der Kognition und Kommunikation wahrnehmen können, zu verfolgen sind ihre konkret-historischen Wandlungen. Im hiesigen Zusammenhang wird die Kokugaku-Tradierung altjapanischer Literaturdenkmäler nicht nur insofern aus der Perspektive anti-traditionalistischen Denkens betrachtet, als diese eine gewichtige textkritische Arbeit leistete. Von Interesse ist vor allem ihr

Versuch der Abnabelung von dem bislang dominierenden Weltbildtyp und seinen vorrangig ethico-politischen Inhalten: Das von ihm verkündete Normensystem sei als ewig geltend postuliert worden, um die Machtgier der jeweils Herrschenden zu verschleiern. Produkt der chinesischen Schlauheit, Spitzfindigkeit und unablässigen Verfeinerung (der *Chinesischen Gesinnung* - kan'i 漢意 oder kara gokoro 唐心), sei dadurch aber in Wahrheit das schlichte *wahre Herz* (ma gokoro 真心), die menschliche Natürlichkeit verdrängt worden. Jenseits aller Spekulationen darüber, was als *gut* und erstrebenswert bzw. als *böse* und verachtenswert zu gelten habe, erfasse dieses *wahre Herz* intuitiv das Wesen aller Dinge, eben weil es über die Sinne von diesen ständig berührt werde.

Dieser radikale Sensualismus und Realismus, der das Tatsächliche, Ereignishafte vor jegliche Norm absolut zu setzen trachtete, machte im Falle Norinagas auch vor den japanischen Gottheiten (kami 神) nicht halt. Deren Existenz wurde nicht vom ethischen Kriterium des Guten her begründet, im Gegenteil wurden böse kami gar als für alles Schlechte auch unter den Menschen verantwortlich gedacht. *Gottheiten* nannte er alles Ungewöhnliche, Außerordentliche, Ehrfurcht Hervorrufende - **deshalb** solle man ihnen huldigen (vgl. Mikhailova 1988: 100). Die Welt der kami galt ihm zudem als Tor zur Welt der Menschen. Nicht nur sei mit ihnen der Weg gegeben. Im "Geist der Erneuerung" (Naobi no Mitama) schrieb Norinaga:

> "Wenn man nun nach dem Wesen des Weges von Nippon fragt, so ist er nicht der von Natur Himmel und Erde innewohnende Weg (wie es der Daoismus lehre) ... Der Weg ist auch nicht von den Menschen erdacht worden (wie Sorai meint), sondern er ist durch den Geist des erhabenen Takamimusubi no Kami entstanden. - Auch alle Dinge dieser Welt sind ohne Ausnahme aus dem Geist dieses Kami hervorgegangen." (Motoori Norinaga 1939: 204)

Sie seien es auch, die durch ihre Handlungen den Menschen diesen Weg weisen, für dessen Übermittlung es ursprünglich keinerlei Belehrung bedurfte, weshalb es den Begriff des *Weges* selbst im göttlichen, wortlosen Lande (kannagara kotoagesenu kuni 惟神言擧せぬ国 ebenda: 195) nicht gegeben habe.

"Den Geist dieses Weges kann man auch heute noch spüren, wenn man das Kojiki und alle andern alten Bücher in Musse durchkostet." (ebenda: 205)

Die Nationale Schule stand demnach vor dem gleichen Problem wie die Alte Schule: Ihre Kritik an leeren Theorien, die diskutierend, vernünftelnd allem bis ins kleinste nachgingen und die Menschen gerissen und schlecht machten, mußte sich selbst des diskursiven Denkens bedienen. Um die Worte wieder an lebensweltliche Erfahrungen zu binden, ihnen ihre Assoziationskraft wiederzugeben, galt es, sie als Spuren der Ereignisse, Begebenheiten selbst, und diese wiederum als Ausdruck von Lebensgefühlen darzustellen, wofür die Sprache des Erzählens, der Geschichten und des Poetischen am besten geeignet schien. Ein treffliches Beispiel dafür findet sich bei Koyasu (1973: 15): Während sowohl Konfuzianismus als auch Buddhismus das für jedermann fundamentale Erlebnis des Todes sogleich ethisch-religiös zu wenden bemüht wären, durch Ermahnung zum tugendhaften Handeln im Jetzt entweder nur die Generationsfolge im Auge hätten oder - mit dem Karma-Gedanken - das Problem für den einzelnen aufschüben, käme es den Kokugaku-Gelehrten darauf an, diese Kluft zwischen Diesseits und Jenseits in ihrer ganzen Emotionalität, als "Erlebnis unsagbarer Traurigkeit" nahezubringen. In diesem Sinne sei der Mythos der beiden Gottheiten Izanagi und Izanami zu deuten: Obwohl ersterer sich nach der verschiedenen Gattin verzehrte und ihr ins *Land der Dunkelheit* nachschlich, vertrieb diese ihn unnachsichtig, als er unerlaubterweise ihres Verfaulens ansichtig wurde. Die Geschichte endet mit der Scheidung beider durch die Trennung ihrer Aufenthaltsorte (vgl. Florenz 1919: 19-25).

Dieses Einfangen der Sinnlichkeit mittels Bedeutungsarbeit an einst mythischer Symbolik - Izanami verkörperte unter ihrem Namen *Große Gottheit der Unterwelt* letztere gleichsam, Izanagis Verhalten nach der Trennung war dem shintoistischen Reinigungskult äquivalent - wirkte m.E. in mindestens zweierlei Richtung: **Zum einen** blieben damit die menschlichen Leidenschaften als Gegenstand der Auseinandersetzung weiterhin präsent, und zwar nicht nur pejorativ, als etwas von der Vernunft zu Bewältigendes. Sie vielmehr immer wieder aufzugreifen und zu beschreiben, in Bilder zu fassen und sie somit durch Zuordnung zu bestimmten Kontexten zu binden, zu konditionieren - diese in der Geschichte japanischen Denkens offensichtlich stärker als in der europäischen Kultur ausgeprägte Tendenz ließ wohl eher im Literarisch–Künstlerischen Früchte reifen als im Philosophischen. **Zum anderen** sehe ich in dieser Entwicklung eine Ursache für das Aufheben der symbolischen Kraft des Mythos in der konkreten, von Vorvertrautheit und Vorverständnis geprägten Erfahrungswelt sozialer Gemeinschaften ebenso wie in Reflexionen über diese[88].

Letzteres zeigte sich auch in einer Argumentationstechnik, die zur Erklärung der erwähnten Kontinuität gleichfalls aufschlußreich ist. Nicht nur die Denker der Kokugaku, auch Repräsentanten anderer Strömungen bemühten zur Begründung von Behauptungen und Positionen die Historie. Konkreta der Geschichte präsentierte man dabei nicht nach der Logik, aus ihnen allgemeine Schlüsse zu induzieren, aus denen dann deduktiv die Behauptungen geschlossen werden. Vielmehr wurden sie erzählt, um ihnen die Funktion eines Symbols zuzueignen, das in einem bestimmten Kontext als Bedeutungsträger im Sinne der Ausgangspositionen steht, ohne seine Konkretheit einzubüßen. Auch das impliziert wieder zweierlei Wirkungen: Einmal ist für diese Logik die Frage nach der Faktizität eines Ereignisses, der tatsächlichen Existenz seiner Träger nicht oder kaum von Gewicht, weshalb gerade die Vertreter der Alten und der Nationalen Schule sich bei ihrer Suche nach Argumenten für sehr zeitgenössische Probleme recht frei zwischen dem Zeitalter der Gottheiten bzw. der legendären Weisen und Könige und dem der Menschen des Altertums bewegten. Desweiteren belebte eine solche Funktionalisierung des Erzählerischen die Mythen und Geschichten immer wieder aufs neue. Ihr andeutungsweises Aufgreifen ließ zudem auch mehrdeutige Bilder und mehrschichtiges Wirken zu, so daß stets auch Verbindungen zum Lebensweltlichen geknüpft werden konnten. Hat damit möglicherweise zu tun, daß den japanischen Humanwissenschaften noch heute bescheinigt wird, sie stünden – insbesondere als Literaturwissenschaft – der Kunstausübung nahe, seien unreflektiert und stark von "Diskurs–Fetzen vor–logischen Denkens durchsetzt" (Hijiya–Kirschnereit 1988: 205/206), sie zögen – auf dem Gebiet der Geisteswissenschaften – auf formaler Ebene die episodenhafte Gliederung und additive Organisation des Materials der logischen Stringenz und Kohärenz (aus vielleicht ästhetischen Gründen) vor (vgl. Kracht 1986: 253/254)?

Exemplarisch für Diskursformen oben genannter Art steht der von Fujita Tôko (1806–1855) verfaßte "Kommentar zum Manifest des Kôdôkan", vgl. Kracht 1975). Er stellte eine Art Programm der Späten Mito–Schule dar, deren Repräsentanten[89] sich zwar kritisch mit dem Anti-Konfuzianismus der Kokugaku auseinandersetzten (vgl. ebenda:, 73 bzw. 88), zugleich aber von dieser wichtige Impulse empfingen und ebenfalls am Problem der Besonderheiten der japanischen Kultur interessiert waren. Sie herauszuarbeiten bemühten sie sich vor allem um historische Argumente, mit denen sie letztlich einen "politik-theoretischen Symbolapparat" (ebenda: 13) schufen. Wenn in dieser Schrift von den Begebenheiten des Zeitalters der Gottheiten berichtet wird, von der Begründung der Linie des Tennô-Hauses durch die Himmlische Ahnherrin, die Sonnengottheit Amaterasu Ômikami, und des Himmlischen Enkels Ninigi no Mikoto und wenn die entsprechenden Rituale beschrieben werden, über Namen und Bezeichnungen räsoniert wird, so geht es darum, all dem einen bestimmten Symbolgehalt zuzuordnen:

> "Als der Himmlische Enkel (tenson) zur Erde hinabstieg, nahm die Himmlische Ahnherrin den kostbaren Spiegel in die Hand und übergab ihn, wobei sie glückwünschende Worte äußerte und sprach: 'Mein Kind! Wenn du diesen Schatzspiegel ansiehst, so soll es sein, als ob du mich ansähest. Laß ihn mit dir auf demselben Lager und in derselben Halle sein, und betrachte ihn als den heiligen Spiegel.' Ihre strahlend erleuchtenden Ermahnungen wurden wahrlich von den Nachfahren der Göttlichen Heiligen befolgt; und wie könnte es da noch etwas geben, das höher stände als der Weg der Ahnenverehrung und die Verpflichtung zu Pietät und Respekt?" (Kracht 1975: 74/75; Hervorhebung von mir)

Die Ereignisse und ihre Protagonisten, über die daraufhin erzählt wird, sind auch auf der Folie dieser normativen Ideen der Ahnenverehrung und der Pietät zu lesen, die - hier sind Mitogaku und Kokugaku sich einig - in allen Untertanen des Landes der Gottheiten von Natur aus angelegt seien. Doch begegnet man auch hier der Gegenüberstellung Altertum - Mittelalter, gleichbedeutend mit Reinheit, Schlichtheit einerseits und Zivilisierung, Verfeinerung andererseits, so daß die Gefahr des Verblassens dieser Anlagen bestanden habe. Als solch ein negatives Beispiel wird in vielen Quellen der Shôgun Ashikaga Yoshimitsu (1358-1408) erwähnt, der das Schlechte und Schändliche symbolisiere, da er sich im höfischen Range eines Großkanzlers wie der Tennô selbst gebärdet und als König von Japan China gegenüber die Tributpflicht (also eine Untertanenrolle) akzeptiert habe. Dieses Sinnbildes für Verrat bediente sich auch Takano Chôei, um seine Loyalität zum Land des Mikado als Gelehrter der Rangaku zum Ausdruck zu bringen, deren Studium nicht bedeute, dem Ausland zu Kreuze zu kriechen, sondern das eigene Land zu stärken (vgl. "Vogelgezwitscher", im Übersetzungsanhang, S. 268).

Norinaga führte in seinem Naobi no Mitama die gleiche - aus dem Kojiki stammende - Passage wie Tôkô als Zeugnis der Unvergänglichkeit des Tennô-Herrscherhauses und somit als Besonderungsmerkmal Japans im Vergleich zu China an: Dort habe die unheilstiftende Idee von der Änderung des *Himmlischen Mandats* (kakumei 革命), derzufolge eine Dynastie gestürzt werden konnte, wenn es ihr mehr und mehr an der notwendigen Tugend mangele, immer wieder zu Chaos und Unheil geführt.

> "Als Amaterasu Ômikami die Himmelszeichen in ihre Hände nahm - dies sind die drei göttlichen Schätze (Spiegel, Schwert und Krummjuwelen; S.R.), die von Geschlecht zu Geschlecht als heilige Zeichen überliefert werden - und diese ihrem Enkel überreichte, sprach sie die Worte: Tausend mal zehntausend lange Herbste wird das Reich dauern, das meine Nachkommen regieren sollen." (Zitat Norinagas aus dem Kojiki, das er nun kommentiert:)
> "Hier wurde also schon die Tatsache bestimmt, daß der Thron des Himmelssonnennachfolgers unerschütterlich stehe wie Himmel und Erde." (Motoori 1939: 193)

Mit diesem Erklärungsmuster möchte ich nun noch kurz auf mögliche ideologische Implikationen der Formen wie auch der Inhalte solcher Diskurse eingehen, denen sich dann einige zusammenfassende Überlegungen zum Problem der Korrelation von Kogaku, Kokugaku und Rangaku im geistigen Spektrum der späten Edo-Zeit anschließen.

Kogaku - Kokugaku - Rangaku

Seit dem ausgehenden 18. Jahrhundert war die Interpretation der mit dem Tennô-Haus verbundenen Symbolsysteme immer deutlicher politisch akzentuiert und motiviert. Auf die dem zugrunde liegende historische Situation gehe ich nicht ein, was keinesfalls bedeutet, die Rolle der Kokugaku bei der Herausbildung eines Nationalismus japanischer Prägung insbesondere seit dem zweiten Drittel des 19. Jahrhunderts (in der Gestalt Hirata Atsutanes) zu unterschätzen. Doch ist dieser Aspekt sowohl innerhalb als auch außerhalb Japans im Zusammenhang mit dem Problem der konservativ-militaristischen Funktionalisierung der Tennô-Ideologie im 20. Jahrhundert immer wieder Gegenstand von Diskussionen gewesen[91]. Für Reflexionen über die *japanische Ideengeschichte* (nihon shisôshi 日本思想史) allgemein und besonders über diese Schule läßt sich feststellen, daß sie entweder als Geschichte ethico-politischen Denkens erfolgten. Oder aber es wurde nach Konstanten eines japanischen Geistes gesucht, wozu man sich vor allem dem Schaffen geistiger Eliten zuwandte und anhand von Begriffen wie mono no aware 物のあわれ, magokoro 真心, fûga 風雅 die angebliche Begriffslosigkeit bzw. -armut der Japaner, ihr besonderes Verhältnis zur Natur und somit ihre tiefe Sinnlichkeit zu erklären bemüht war.

Diese - sicher grob schematisierte - Konstellation war nun nicht einfach dem jeweiligen Zeitgeist geschuldet, der die Ideengeschichtler umgab, resultierte auch nicht einzig aus deren unterschiedlichen weltanschaulich-ideologischen Positionen. Sie hat auch wesentlich zu tun mit der historischen Gewordenheit der verschiedenen Wahrnehmungs- und Denkweisen selbst, über die nachgedacht wurde und in deren Tradition stehend wiederum auch die shisôshi-Reflexionen zu begreifen sind. Sie sind als Elemente eines kulturellen Gewebes in Beziehung zu setzen: Wie konstituierten Politisierung von Symbolen einerseits und ihre Vergeistigung bzw. Ästhetisierung andererseits als komplementäre Prozesse eine bestimmte, historisch-konkrete Invariante gesellschaftlichen Bewußtseins und wie teilte diese sich (symbol-)sprachlich mit? Die Betrachtung einer solchen Verwobenheit unterschiedlicher Phänomene ermöglicht vielleicht eher einen Einblick in das damals "'Eigentliche' des japanischen Denkens" (Kracht 1986: 40) als jedes Phänomen für sich als Wesenheit zu behandeln.

Bei der korrelativen Betrachtung zunächst von Kogaku und Kokugaku geht es dabei um folgende Problemstellung: Die Kogaku insbesondere der von Sorai begründeten Richtung kann als Element einer Diskursformation verstanden werden, die mit ihren machtpolitischen, gesellschaftsgestaltenden Wirkungsabsichten direkt in den Alltag der Menschen einzugreifen vermochte. Und zwar sowohl aufgrund der gegebenen sozialen Strukturen als auch mittels der oben geschilderten entsprechenden Kodierung von Symbolen, die in den Lebenswelten ja durchaus präsent waren (wie z.B. die Rituale). Die Äußerungsformen der Kokugaku wiederum standen in einer Tradition und bildeten zugleich ein Ensemble mit anderen zeitgenössischen - etwa literarisch-künstlerischen - Ausdrucksformen, welche, durch die Favorisierung von Unmittelbarkeit als Quelle von Wahrhaftigkeit - eben des ästhetisierenden Welterfassens - an Episodenhaftes, Beschreibendes, Bildhaftes gebunden waren (vgl. May 1983: 20-25). Das sprach vor allem emotionale Ebenen wie das *Mit-Erleben, Mit-Fühlen, Ein-Fühlen* und damit Hinnehmen von Gegebenheiten an und orientierte eher auf Aktivität, Handeln in unmittelbaren Kommunikationsnetzen gruppenspezifischer Lebenswelten (Lebensweisen).

Auf diese Weise formierte sich das Verhältnis zwischen politischem und ästhetischem Denken neu: Letzteres hatte nicht mehr wie einst direkt-hierarchisch im Dienst des Politischen (wie auch der Moral) zu stehen. So setzte Norinaga sich z.B. mit der Auffassung der Konfuzianer auseinander, die Lieder und Gedichte hätten ihrem Wesen nach zur Ordnung im Lande und zur Vervollkommnung des Menschen beizutragen. Vielmehr müßten sie - sollen sie wirklich schön sein - frei von politischen und moralischen Normen sein, vom Innersten des Herzens sprechen und die Menschen besänftigen, indem diese sich zum Dichten und Vortragen von Gedichten zusammenfinden (vgl. Mikhailova 1988: 87/93). Politisches und Ästhetisches standen sich somit zum einen eher ideologisch gegenüber, d.h., mittels Diskurs - als handlungsorientierende Artikulation, die sich bestimmte Zwecke zu eigen macht (vgl. Weimann 1988: 14) - wurden divergierende Überzeugungen zum Ausdruck gebracht. Andererseits gingen sie nicht nur in Gestalt dieser beiden Richtungen, Alter und Nationaler Schule, ein stillschweigendes Bündnis ein. Auch im Rahmen letzterer, der Kokugaku selbst, ließ sich die Tendenz erkennen, die auf das Erfassen der Gefühls- und Sinnenwelten gerichteten Symbole (Erzählungen, Geschichten) zugleich so anzuordnen und zu kodifizieren, daß sie politische Bedeutungen ebenfalls konnotierten.

So soll die oben zitierte Übergabe der drei Throninsignien an den Enkel der Amaterasu Ômikami nicht einfach nur eine in der "ewig währenden Herrschaft des Tennô-Hauses" gründende emotionale Einheit zwischen den Gottheiten, Tennô-Haus und Untertanen symbolisieren, sondern auch die (intuitiv erfaßte) Pflicht zu Menschlichkeit seitens der Herrschenden sowie zu Unterordnung/Loyalität durch die Niederen. Und natürlich hat sie auch die Überlegenheit des eigenen Reiches gegenüber China und anderen Ländern zu bedeuten - ein Topos in der Kokugaku-Argumentation, der zum einen, zumindest anfangs, selbst mehr als Bild nach innen fungieren sollte, um den eigenen Ideen gegen die China-Verehrer zum Durchbruch zu verhelfen. Ideologische Implikationen wuchsen ihm jedoch auch in dem Maße zu, wie die Machtverhältnisse im Lande zur Disposition standen, der Tennô sich also möglicherweise wieder "in die gefährlichen Niederungen praktischer Politik" (Kracht 1979c: 77) hinabzubegeben hatte, und die Herausforderungen von außen die Konflikte zuspitzten.

Das von der Kokugaku mittels Kommentierungs- und Bedeutungsarbeit an literarischen Texten geprägte ästhetische Denken entzog sich also einmal durch seine - die unmittelbare emotional-sinnliche Kommunikation betonende - Subjektzentriertheit der Erörterung des Problems gestalterischen, sich selbst objektivierenden (besser: selbstreflexiven) Eingreifens in die Angelegenheiten der Gesellschaft. Die Sinne auf sich selbst verweisend, beschnitt es sie ihres bewußt übergreifenden Sinnes. Zum anderen lud es sich über die Tennô-Problematik selbst mit politischen Bedeutungen auf, brach somit spontan in die Sphäre von Machtdiskursen ein, die auf diese Weise wiederum recht unvermittelt ins Lebensweltliche einzudringen vermochten: Die *reine Seele, das wahre Herz* wurde mit der Macht kurzgeschlossen, worin auch die Affinität zur Kogaku bestand, der es ja um die Bändigung von Emotionalität und Sinnlichkeit (Privatheit, Alltag) durch Macht bzw. Moralität ging. Die Gründe dafür zunächst auf soziokultureller Ebene suchend, steht wiederum die Frage nach der Herausbildung einer Öffentlichkeit (als Gegengewicht zum Offiziellen), die sich zwischen beide schiebt und so einer gegenseitigen unmittelbaren Instrumentalisierung ebenso entgegenwirkt wie der esoterischen Abgrenzung des einen vom anderen[91]. Dieses Verhältnis wird am Schluß des Textes im Zusammenhang mit der Frage nach den Spezifika der Intellektuellenkultur in Japan, mit der es untrennbar verflochten ist, nochmals bedacht.

Doch auch auf kognitiver Ebene ist nach Erklärungen für dieses unvermittelte Ineinander- bzw. Auseinanderfallen beider Diskursformen zu suchen. Für beide ist oben, in Gestalt der idealtypisch gefaßten Kogaku und Kokugaku, eine Argumentationstechnik herausgearbeitet worden, die auf einer eigentümlichen Verquickung sinnengeleiteter Assoziationen und diskursiv erarbeiteter Konventionen (kodierter Symbole), geschichtenerzählender Geschichtsschreibung und metasprachlicher Textreflexion beruhte. Die Kogaku versuchte, mittels Kommentierung und Interpretation alter chinesisch(sprachig)er Quellen den konkreten (insbesondere städtischen) Erfahrungswelten ihrer Zeit aus politischer bzw. ethischer Perspektive gerecht zu werden und Handlungsorientierungen, Verhaltensweisen zu vermitteln. Der Kokugaku ging es bei der Auslegung früher japanisch(sprachig)er Literatur um eine ästhetische Aneignung dieser Erfahrungswelten, ebenfalls mit den erwähnten politischen Implikationen. Die Unterschiedlichkeit der Texte und Sprachen stand demnach in einem wesentlichen Zusammenhang mit Differenzierungsprozessen innerhalb der japanischen Kultur, in der das *chinesische Element* (das Ethico-Politische) und das *japanische Element* (das Ästhetisch-Politische) nun im Verhältnis gegenseitiger Bedingtheit einen Denktypus mitformierten, der sowohl an vormoderne Traditionen anknüpfte als auch - allein durch seine Funktion in der sich neu strukturierenden kulturellen Landschaft - Diskontinuität zum Ausdruck brachte.

Dieser Denktypus, den ich an den bereits genannten Habitus *Östliche Moral* (tôyô dôtoku 東洋道徳, seit Meiji meist reduziert auf *Japanische Seele* wakon 和魂) binden möchte und der demnach korrelativ zu *Westlicher Kunstfertigkeit* (seiyô geijutsu bzw. yôsai 西洋芸術/洋才) zu betrachten ist, läßt sich folgendermaßen skizzieren: Auf der Ebene unmittelbarer Kommunikation gewonnene und zunächst in Alltagssprache gefaßte Erfahrungen verarbeitet er zu Symbolen (Bildern) und weist ihnen im weiteren Bedeutungen entsprechend dem jeweiligen Kontext zu, in dem sie stehen und den sie in ihrer Konkretheit präsentieren. Er bewegt sich nicht in Richtung Aufhebung, Repräsentation des Einzelnen im Allgemeinen/Universellen, in einer Wesenheit, als deren Akzidens es letztlich nur noch erscheint. Vielmehr werden die Konkreta wieder und wieder in begrenzte Bedeutungsfelder eingebunden, so daß sie sich nur schwer definitorisch-begrifflich, also im Rahmen substantialistischer Identitätslogik bestimmen lassen. Eher ist eine *Logik der Topoi* am Werke, eine topologische Vernunft, ein Denken, das

> "nicht die Absicht (verfolgt), das Sein im Bewußtsein oder in der diskursiven Sprache abzubilden; es will das Sein an einen konkreten Ort binden und in eine soziale Beziehung gliedern" (Heise 1989: 94).

Dieses Denken formierte sich in einer geistig-kulturellen Tradition, die primär subjektbezogen war, d.h. deren kognitives Interesse sich vor allem auf die Realität des Handelns und Verhaltens in Verhältnissen richtete (und die auch Natur unter diesem Aspekt betrachtete; vgl. dazu Moritz 1990: 239 ff.). Subjekt bedeutete dabei einmal die sozialen Gemeinschaften, in die die Individuen eingebunden waren und die ihrem Handeln Normen setzte, welche entsprechend zu begründen und zu reflektieren waren. Zugleich wurde auch nach der menschlichen Natur gefragt, die es für diese Gemeinschaften - ihre Zwänge ebenso wie ihre Schutzfunktionen - zu konditionieren galt. Die kognitive Vermittlung zwischen beiden Subjektebenen wurde nicht zuletzt von der oben beschriebenen *Logik der Präsentation (der Topoi)* getragen, derzufolge die Polysemantik eines Symbols (das auch ein Begriff sein kann) jeweils dem konkreten Kontext und Kotext entsprechend zu entschlüsseln ist – Subjektbezogenheit und präsentatives/kontextbezogenes Denken bedingen demnach einander.

Im vormodernen Japan wurden (Neo-)Konfuzianismus und Buddhismus – als ganzheitliche Weltbilder jeweils einen spezifischen Synkretismus mit autochthonen shintôistischen Vorstellungen eingehend – beiden Ebenen funktionsteilig weitestgehend gerecht (vgl. Richter 1988). Auf dem Weg in die Moderne nun vermochte sich diese selbst in Veränderung begriffene Tradition gerade auch dank ihrer Subjektbezogenheit zu behaupten: Neue ethische und politische Werte, Normen begründende Diskurse, ästhetische Anschauungen konnten an bisherige Inhalte und Formen der drei Wege (dô 道) – Shintô 神道, Buddhismus butsudô 仏道, Konfuzianismus judô 儒道) – anknüpfen. Diese waren selbst zugleich weiterhin tief im praktischen Leben, im Alltag verwurzelt, so daß die an sie anschließenden ethico-politischen, ästhetischen Diskurse nicht in eine kaum noch zu überbrückende Ferne zum Vorbegrifflich-Lebensweltlichen gerieten.

Kontinuität durch Wandel wurde dieser Tradition aber vor allem auch dadurch möglich, daß der Geist der Empirie sie nicht mit der gleichen Radikalität zersetzen konnte und mußte, wie es für die europäischen Kulturen auf dem Weg in die Moderne charakteristisch war. Hier hatte die Entwicklung der Naturwissenschaften, einst im Schoße des traditionellen, vom Christentum geprägten Weltbildes gewachsen, allmählich einen Blick auf die Realität hervorgebracht, der sich primär an Tatsachen orientierte, d.h. einen Blick, demzufolge Realität ohne Bezug auf das tatsächlich Geschehende, Wahrgenommene keinen Bestand mehr hatte. Einmal in unversöhnliche Konflikte mit dem einstigen Mutterschoß geraten, drang er auch in die Menschenwissenschaften ein und bemächtigte sich schließlich der Geschichte. Vor allem die "Jagd nach Evidenz", der "Glaube an die Erreichbarkeit und den Wert des reinen Faktums" entzauberten die Welt.

> "Der historische Geist, nicht der wissenschaftliche (im Sinne der Physik), ist es, welcher der mythischen Orientierung der europäischen Kultur ein Ende bereitet hat; der Historiker, nicht der Mathematiker, führte die sogenannte 'höhere Kritik' ein, den Maßstab der

aktuellen Tatsache. Er ist der wirkliche Apostel des realistischen Zeitalters." (Langer 1987: 271)

Suche nach der *tatsächlichen, wahrheitsgemäßen* Geschichte hatte also teil an der Auflösung traditioneller Symbol- und Bedeutungsstrukturen, am Hervorbringen eines Typs rationaler (hier: geschichtswissenschaftlicher) Diskurse, die sich in ihrer Realitätsbeschreibung gegen lebensweltliche Wissensformen abgrenzten. Auf ihrem Weg in die Moderne hoben die europäischen Kulturen vor allem das Moment des Bruchs, der Diskontinuität im Verhältnis zu ihren Traditionen hervor. Das war dem **sozialen** Faktor der **Primär**-Entstehung kapitalistisch-bürgerlicher Verhältnisse ebenso geschuldet wie der sich daraus ergebenden Ansiedlung **geistiger** Auseinandersetzungen auf einer **zeitlichen** Achse, einer Ver-Zeitlichung sich zu Gegensätzen zuspitzender Unterschiede: Je nach Perspektive war das *Eigene* das Alte, Traditionelle (und zugleich Gute) bzw. das Neue, Moderne (und Gute) und das *Andere* das Neue, Moderne (und Schlechte) bzw. das Alte, Traditionelle (und Schlechte).

In ostasiatischen Kulturen (wie auch in anderen "nichteuropäischen" Kulturregionen) läßt sich die Tendenz ausmachen, Unterschiede, Eigen- und Andersheit zu ver-orten (zu *innen* und *außen*), was potentiell auch ihr Nebeneinander einschließt: ein Nebeneinander, das sich ideologisch zwar unversöhnlich geben, strukturell jedoch als Funktionsteilung, als Korrelation charakterisiert werden kann. Ein Beispiel dafür war das Verhältnis von Kogaku und Kokugaku[92]. Sie brachten die neuen Erfahrungen ihrer Zeit durch Rückgriffe auf Traditionen zum Ausdruck und formierten damit Diskurse, deren unterschiedliche Intentionen zum einen die *Figuration China versus Japan* konstituierte. Zum anderen vermochte diese sich durch ihre Nähe zum Gewohnten, zum Vorvertrauten zugleich als das *Eigene*, das *Östliche* (Moral und Seele) zu artikulieren, als das es eine spannungsvolle Beziehung zum – ins *Westliche* verlagerten – *Fremden* in Gestalt der Holländischen/Europäischen Wissenschaft (Rangaku/Yôgaku) einging. In dieser Funktion ist Rangaku nun nochmals aufzugreifen, bevor dann abschließend versucht werden soll, *Östliches* und *Westliches* als zwei Denkstile zu begreifen, die zwar verschiedene, doch nicht ver-ortet gegensätzliche Möglichkeiten geistiger Aneignung von Realität darstellen.

Wie bereits Kogaku und Kokugaku soll nun auch Rangaku unter dem Aspekt der Verselbständigung menschlicher Tätigkeiten zu (kor-)relativ autonomen Subsystemen betrachtet werden: In ihrem Rahmen begann Wissenschaft sich als eine - auf Wahrheitsfindung und Praktikabilität gerichtete - Expertenkultur mit eigenen Kommunikations- und Kognitionsformen herauszubilden, d.h. eine **moderne Wissenschaft**, die Wissen nicht mehr aus christlichen, konfuzianischen und sonstigen Visionen heraus ordnete, systematisierte oder es - um Spekulationen zu entgehen - auf beobachtbare Empirie (Faktensammlung) reduzierte, sondern die Theorie und Realität mittels wissenschaftlicher Praktiken (Experiment) im Rahmen eigener Institutionen zusammenschloß. Theoriegeleitete Sinne/Wahrnehmungen und erfahrungsbezogene Theorie bilden in ihr eine Einheit. Daß das Werden dieser Modernität - selbst im Falle der Naturwissenschaften - sich sowohl sozial als auch kognitiv feldgebunden vollzog und vollzieht, ist mittlerweile zu einem Allgemeinplatz wissenschaftshistorischer und -theoretischer Forschungen geworden. Hier idealtypisch für diesen Prozeß in Japan stehend, sind bezüglich der Rangaku wenigstens folgende Charakteristika herauszustellen:

(1) Im ersten Teil des Textes war die Rede davon, daß die Holland-Wissenschaften im Spannungsfeld der Überlagerung von *Inner-* und *Inter*kulturellem gewachsen sind, wobei vor allem auf die sozialen Implikationen verwiesen wurde: Bedarf an neuem Wissen, neuen Techniken, Rolle von Ärzten in diesem Kommunikationsprozeß. Doch läßt sich in kognitiver Hinsicht ebenfalls zeigen, daß es durchaus nicht bloßer Zufall war, welcher Art von Wissen man sich wie zuwandte. Hatte das Interesse an geographischen (landeskundlich-historischen) Kenntnissen nicht auch mit dem geistigen Habitus zu tun, dem *Anderen* über eine *Wir*-Ebene (hier: die des nationalen Selbst) zu begegnen und durch solcherlei Grenzziehung ein Bild eigener Identität zu konstruieren? War die von den Rangakusha gepriesene *Produktenlehre* (bussangaku 物産学) nicht auch Ausdruck eines auf Anwendung, Funktionalität/Kommunikabilität orientierten Denkens? Und das intensive Studium astronomischer Schriften ebenso wie medizinischer Werke und Verfahren - zeugte es nicht auch vom Aufbrechen bislang einheitlicher, Makro- und Mikrokosmos erfassender Symbolik als konsequente Fortsetzung dessen, was mit Ogyû Sorais grundsätzlicher Unterscheidung zwischen dem *Aus-sich-so-Seiend* (shizen bzw. in dieser Bedeutung auch: jinen 自然,

heute mit *Natur* übersetzt) und dem *Gestalten* (sakui 作為, bei ihm vom Politisch-Ethischen dominiert) begann?

Wiederum kann die Medizin als Illustration dienen, um zu zeigen, daß der neue Denkmodus sich genau dort zu etablieren vermochte, wo die Andersheit des Westlichen doch auch Ähnlichkeiten zum bereits Vorhandenen aufwies, Ähnlichkeiten, welche trennten und verbanden, Brüche und Nahtstellen in sich bargen. Eine Zäsur in der Entwicklung der Rangaku von einer wesentlich außengeleiteten beamteten Gelehrsamkeit zu einem vorrangig von wissenschaftlichen Erkenntnisinteressen geleiteten Forschen bildete die Übersetzung der 1732 von Kulmus veröffentlichten "Tabulae anatomicae" (holl. "Ontleedkundige Tafelen"), die Sugita Gempaku und seine Gefährten 1774 unter dem Titel *Kaitai shinsho* fertigstellten. Diese Tabellen repräsentierten die damals in Europa noch dominierende *Medizin der Arten*: Deren Struktur war der homogene "flache Raum des Immer-während-Gleichzeitigen - das Tableau" (die Ebene und der Augenblick). Sie klassifizierte die als eigenständige Wesenheiten verstandenen Krankheiten durch Analogien der Symptome und Formen; der konkrete Körper als Sitz der Krankheit trat dann als sekundäre Verräumlichung hinzu und war eher ein Störfaktor für den von der idealen Konfiguration der Krankheiten gelenkten Blick des Arztes (vgl. Foucault 1988: 19-37). Mit diesem (naturgeschichtlichen, am Modell der Botanik orientierten) Beobachten, Vergleichen, Zuordnen, Kombinieren, Erstellen von tabellarischen Entsprechungen war man von der traditionellen chinesischen Medizin her durchaus vertraut.

Zwar war diese weniger auf (kontextunabhängige) Wesenheiten fixiert, sondern interessierte sich für soziale Orte von Krankheit und Gesundheit sowie Wirkzusammenhänge: energetische Konstellation und Funktionsgebundenheit von Substanziellem, wie z.B. vom Begriff des *Prinzips und seiner Anwendung* (hontai sayô 本体作用) zum Ausdruck gebracht. Doch bot dem der weitere Gang europäischen medizinischen Denkens durchaus Anknüpfungspunkte. So zeigt Foucault, wie die bürgerliche Gesellschaft an der Schwelle zum 19. Jahrhundert in Abkehr von der Symbiose der (als Institutionen der Medizin der Arten zu betrachtenden) alten Spitäler und alten Fakultäten die Klinik hervorbrachte: Zum einen "setzte (diese) der Wissenschaft Augen ein", die nicht einfach nur feststellten, sondern auch entdeckten, indem sie die Krankheiten nicht bloß räumlich-bildlich, sondern chronologisch erfaßten: ihre Geschichte schrieben. Dadurch wurde das geschlossene Tableau zur offenen Liste und vor allem das wahrgenommene Symptom zum komplexen (anamnetischen, diagnostischen und prognostischen) Zeichen. Die Sprache (der Diskurs) strukturiert den Blick auf die Wirklichkeit, und

> "die Analogie (ist) nicht mehr eine Ähnlichkeit von der Art einer mehr oder weniger nahen Verwandtschaft, die der Wesensidentität mehr oder weniger nahekommt, sondern eine Isomorphie von Beziehungen zwischen Elementen; sie bezieht sich auf ein System von Relationen und wechselseitigen Aktionen, auf ein Funktionieren oder Nicht-Funktionieren" (ebenda: 114).

Somit – und das zum anderen – setzte die klinische Medizin, in Gestalt der Physiologie (als Gegenpol zur Pathologie), an die Stelle der Wesenheiten Gesundheit/Krankheit mehr und mehr die Modalitäten normal und pathologisch. Das hatte zu tun mit ihrer (und des Menschen) neuartigen Einbindung in den Raum der Gesellschaft, gesellschaftlicher Normen: Sie sollte gesellschaftlich nützlich sein. Galt Fürsorge bisher vor allem dem eher religiös verstandenen Heil des einzelnen, so wurde sie – zunächst in Frankreich – zur nationalen Aufgabe. Und das hatte – in einer nächsten Entwicklungsetappe: der *anatomisch-klinischen Medizin* – zu tun mit der Anbindung der zeitlichen Dimension von Krankheiten an die Individualität des menschlichen Körpers. Die Individualität einer Krankheit wurde nach dem Tode durch Sektion, durch Eindringen in räumliche Tiefe, sichtbar gemacht. Foucault spricht von der gemeinsam zu machenden Erfahrung von Sprache und Tod, um einer wissenschaftlichen Wahrnehmung des Individuums den Weg zu ebnen (vgl. ebenda: 184). "'Öffnen Sie einige Leichen: alsbald werden Sie die Dunkelheit schwinden sehen, welche die bloße Beobachtung nicht vertreiben konnte'", zitiert er aus dem Vorwort einer 1801 geschriebenen Schrift zur pathologischen Anatomie (ebenda: 160/161). Eben diese Themen: Anatomie, das Verhältnis von Sichtbarem und Unsichtbarem, von Normalität und Pathologischem erörternd, schrieb Takano Chôei zwei Jahre vor der Veröffentlichung des ersten physiologischen Werkes in Japan ("Schlüssel zu den Quellen der (westlichen) Medizin/Innere (Medizin)", 1832) im Vorwort zu dem Vergleich "Chinesische und westliche Lehren über das Innere":

> "Schenkt man meinen Ausführungen keinen Glauben, so sollte man zunächst den Hauptteil dieser Schrift durchlesen und dann selbst versuchen, die Leiche eines zum Tode Verurteilten zu sezieren."

(im Übersetzungsanhang, S. 245)

Es deutet sich wohl die ganze Kompliziertheit dieser Formierung wissenschaftlichen Denkens an: Rangaku entfaltete sich einmal über die Kritik an den eigenen Traditionen, am spekulativen Charakter der Späten Schulen sowie am passiven Empirismus der Alten Medizin-Schule, sich theoretisch dabei zum anderen auf die Rezeption westlicher medizinischer Erfahrungen stützend, die sich selbst wiederum über verschiedene Perspektivenwechsel scheinbar mit dem anreicherte, was Affinitäten zum eigenen Überkommenen und eigentlich zu Bewahrenden darbot - konkrete, ortsgebundene und aufeinander bezogene Interpretation von Symptomen/Zeichen sowie Praktikabilität und Nützlichkeit. Zwei weitere Charakteristika der Rangaku lassen sich im Zusammenhang damit noch anführen:

(2) Chôeis Forderung, sich erst mit den Texten auseinanderzusetzen, d.h. sich ein methodisch-theoretisches Rüstzeug zu erarbeiten und dann zu praktizieren, zu experimentieren, kann als Symptom für die Entzweiung der bislang von ethisch-politischen Inhalten dominierten Begriffe Praxis (praxisbezogenen Studiums jitsugaku 実学) und Einheit von Wissen und Handeln (chigyô gôitsu 知行合一) betrachtet werden. Die allmähliche Spezialisierung und gleichzeitige Generalisierung von Zeichen hin zu einer Wissenschaftssprache war an spezifisch wissenschaftliche Tätigkeit gebunden, die mit problemgeladenem Blick in die Realität eingreift, diese gewissermaßen aus ihrer Sicht erst schafft, um so das *Wie* ihrer Wirkprinzipien aufzudecken. Die Tätigkeit des Fachgelehrten fiel hier zunehmend auseinander in ein kognitionsbezogenes und ein auf Anwendung und Nützlichkeit des Erkannten gerichtetes Handeln. Wissen sollte nicht mehr nur unmittelbar der Fähigkeit zum normgerechten Handeln implizites Wissen sein, sondern auch Wissen um seiner selbst willen, d.h. seine eigenen Voraussetzungen und die des Handelns explizierendes Wissen. Oder wie Satô Shôsuke es formuliert: Rangaku zeichnet sich nicht mehr nur durch die von der traditionellen Wissenschaft geerbte Praktikabilität (jitsuyô sei 実用性), sondern auch durch Theorie/Prinziphaftigkeit (jitsuri sei 実理性) aus (vgl. Satô 1980: 6/7). Geradezu klassisch faßte Chôei diese Haltung im "Vogelgezwitscher" in die Worte:

> "... noch keine 200 Jahre (ist es) her, seit die Holland-Wissenschaften verbreitet werden, doch verachten sie viele und wenige schätzen sie.

Dennoch sind wir gezwungen, diese Wissenschaften zu betreiben, denn ihre Aussagen sind sich auf die Realität (gründende) Prinzipien (jitsuri) und danach zu handeln (gyô 行) bringt Nutzen (ri 利)." (im Übersetzungsanhang, S. 268/269).

Diesem wie auch dem vorangegangenen Zitat sind zugleich zwei Faktoren zu entnehmen, die - sich überlagernd - das Maß der Entwicklung und die Daseinsweise von Wissenschaft als relativ eigenständiges Kognitions- und Kommunikationssystem im Gewebe japanischer Kultur entscheidend prägten: Zum einen blieb das Streben nach jitsuri dennoch eng der Forderung nach jitsuyô, nach Nützlichkeit von Wissen, verhaftet, kam es nicht zu solch strenger Dichotomisierung von Wissen, Lernen (gaku 学) und Können/Technik (jutsu 術), wie sie in der europäischen Kultur bereits seit der Antike thematisiert wurde[93]. Die Gründe dafür sind vielfältig. So war, als Kehrseite der oben beklagten Verachtung, den politisch herrschenden Institutionen daran gelegen, vor allem auf die ohnehin praxisnahen Gebiete (wie Medizin, militär- und agrarrelevante Disziplinen, Geographie) einen möglichst umfassenden Zugriff zu haben, sei es durch direkten Druck oder indirekt auf dem Wege der Monopolisierung von Information, der Beamtung von Gelehrten. Doch nicht nur die vorauseilende Ausdifferenzierung und Modernisierung des politischen Subsystems bestimmte diesen anwendungsorientierten Rahmen wissenschaflicher (und anderer) kommunikativer Praktiken. Neben der Tatsache, daß das - wenn auch kanalisierte - offizielle Interesse an westlichen Wissenschaften genau in jener Zeit sprunghaft stieg, als diese selbst in Europa/Nordamerika erst seit dem 19. Jahrhundert industriell technisiert und praktiziert wurde, als das "theoretische Licht des 17. Jahrhunderts eine ebenso große praktische Ernte einbrachte" (Toulmin 1991: 36), ist zudem folgendes zu bedenken: Entsprach nicht dem sich gleichfalls modifizierenden sozialen Strukturprinzip der Häuser/Familien (ie 家), durch welches Individualität an konkrete Gemeinschaften gebunden und über diese bestimmt wird, ein geistiger Habitus des steten intersubjektiven Ortens und Abwägens eher als die Suche nach Objektiv-Universellem, nach vom momentanen Nutzen relativ abgehobenen Wahrheiten? Auf beide - nicht zu verabsolutierende - Denkmodi wird am Schluß zurückzukommen sein, hier leiten sie zum angekündigten dritten Merkmal der Rangaku über.

(3) Zum anderen, den zweiten Faktor betreffend, brachte die vergleichsweise enge Bindung von Rangaku an praktisch-politische (und ökonomische) Interessen eine scheinbar paradoxe Wirkung hervor: Dadurch in ihrer Entwicklung beschleunigt, weil - wenn auch selektiert und kontrolliert - gefördert, tat sich zwischen Rangaku (Wissenschaft) und den anderen Experten- und Alltagskulturen (Literatur und Künste, Ethik) eine tiefe Kluft auf, die um so tiefer geriet, als diese Ausdifferenzierung vom Aufeinandertreffen raum-zeitlich unterschiedlich gewordener Kulturen überformt und geprägt wurde. So läßt sich das obige Zitat von Chôei - erst lesen, dann praktizieren - auch noch anders interpretieren, im Sinne von: erst die fremdsprachige Lektüre übersetzen und dann den so gewonnenen Einsichten gemäß agieren. Hier ist das oben zu Problemen der Sprache und des Übersetzens Ausgeführte nochmals aufzugreifen:
Zwar wurden sowohl auf institutioneller als auch auf sprachlicher Ebene aus den eigenen Traditionen heraus gleichfalls neue Handlungsweisen und Bedeutungsgehalte produziert (vgl. auch Umezao 1988 über die Veränderungen der an der Shôheikô gelehrten neokonfuzianischen Shushi-Lehre). Gleichzeitig konnten sich diese Inhalte und Formen jedoch weitgehend reproduzieren, d.h. tradieren, da parallel dazu erforderliche neue Handlungs- und Sprachweisen im Rezeptionsprozeß westlicher Schriften und Verfahren erarbeitet wurden. In privaten Rangaku-Schulen ebenso wie in den von offizieller Seite eingerichteten Stätten zum Studium westlichen Wissens ergaben sich Bedeutungs- und Sinnprobleme, der Bedarf an neuer Begrifflichkeit nicht selten erst im Übersetzungsprozeß. Das Entstehen von Wissenschaftsprache(n) war von vornherein interkulturell, vollzog sich jedoch zugleich weitestgehend disziplingebunden, was innerkulturell nicht nur Schwierigkeiten bei der Verständigung zwischen den einzelnen Wissenschaften, sondern auch allgemein zwischen Wissenschaft und anderen geistigen Unternehmungen mit sich brachte. Bereits zum Ende der Edo-Zeit setzte demnach ein, was Maruyama für das ausgehende 19. Jahrhundert in seinem Aufsatz "Die japanischen Intellektuellen" konstatiert: daß die

> "Tendenzen zu einer mit Spezialisierung einhergehenden Departementalisierung und Sektionalisierung in Japan beinahe so etwas wie die 'Erbsünde' der Modernisierung an sich waren ..., daß die Arkanisierung der Fakultäten und Fachrichtungen schon früh einsetzte, da sie durch den Einzelimport der jeweiligen speziellen Fachrichtungen der westeuropäi-

schen Wissenschaft zustande gekommen sind, und demgemäß die Wände zwischen den Fakultäten wesentlich dicker als in den Universitäten des Westens sind" (Maruyama 1988: 109).

Wissenschaftler und Künstler würden sich im allgemeinen beinahe wie Bewohner verschiedener Planeten betrachten, die Kluft zwischen Wissenschafts- und Alltagssprache sei schier unüberbrückbar (vgl. ebenda: 110).

Herausbildung moderner Wissenschaft, eines die Realität in verschiedene Sektoren aufspaltenden und im Rahmen dieser auf universelle Abbildung zielenden Denkens wurde unter diesen Bedingungen in Japan als *Verwestlichung* reflektiert. Die lebensweltliche Anschaulichkeit hingegen sah man vor allem von den als *östlich* tradierten präsentativ–symbolischen Denkweisen getragen und zum Ausdruck gebracht. "Östliche Moral und Geistigkeit" und "Westliche Kunstfertigkeit" - diese ver–ortenden Pole dienten als Folie, um die im Modernisierungsprozeß auseinanderdriftenden Kommunikations- und Diskursformen zu erfassen und zu charakterisieren. Die explizite Formulierung einer solchen *Zweigleisigkeit* im Zusammenhang mit politischen Zielstellungen ließ ihre zweifellos auch vorhandene ideologische Dimension deutlich werden. Darauf reduzierbar ist sie allerdings nicht. Beide Normative und Handlungsorientierungen (Habitusformen) waren vielmehr wesentliche Strukturelemente des japanischen Moderne–Projekts, dessen Besonderheit wohl auch darin bestand, "durch Modernisierung traditionell zu bleiben" bzw. "wesentliche Teile der Tradition zu bewahren" (Heise 1990: 7). Im - freilich variablen - Spannungsfeld beider erst war wohl die relative Offenheit gegenüber westlichen Kulturprozessen und -produkten möglich. Zugleich steht diese Zweigleisigkeit für ein in Umbruchperioden japanischer Geschichte schon mehrfach stattgefundenes *pattern*:
Beginnend mit der Rezeption des Konfuzianismus und des Buddhismus seit dem 4. bzw. 6. Jahrhundert entwickelten sich neue Inhalte und Formen der Kommunikation, die für die soziokulturelle Reproduktion erforderlich wurden, nicht notwendig und nicht nur aus überkommenem Eigenen, sondern konnten aus Kulturen rezipiert werden, die sie bereits hervorgebracht hatten. Diese Funktionsteiligkeit und Komplementarität zwischen Eigenem und Fremdem bewirkte nicht nur die Absorptionsfähigkeit der Kultur(en) Japans, offensichtlich ist darin auch eine Ursache für die Kontinuität, für die Tradierung mancher Denk- und Verhaltensweisen zu sehen. Das habe ich exemplarisch

für die Kogaku und Kokugaku in Korrelation zur Rangaku zu zeigen versucht. Unter den Bedingungen der Moderne war es dabei nicht einmal mehr unbedingt erforderlich, die differenten sprachlichen Strukturen und Praktiken einander anzugleichen, da sie innerhalb der verschiedenen Subsysteme – hier: Politik, Moral, Wissenschaft – unterschiedliche Funktionen zu erfüllen hatten.

Abschließend wird nun nach weiteren Folgen jener komplementären Ent-Zweiung bzw. Zweigleisigkeit der beiden Habitusformen "Östliche Moral" – "Westliche Kunstfertigkeit/Wissenschaft und Technik" gefragt: Nicht nur brachten sie ein im Vergleich zur europäischen Moderne noch strikteres, weil in verschiedene Kulturen ver-ortetes, Auseinanderfallen der ohnehin schwer zu vermittelnden theoretisch-wissenschaftlichen Bewußtseinsebene und des literarisch-künstlerischen, politischen oder Alltagsbewußtseins mit sich. Sie prägten das intellektuelle Leben Japans auch insofern, als die Überhöhung der genannten kulturellen wie auch funktionalen Differenzen zu verabsolutierten Gegensätzlichkeiten mit den "Debatten über die japanische Kultur/das Japanertum" (*Nihonbunkaron/Nihonjinron* 日本文化論/日本人論) eine Diskursform hervorgebracht hat, die im Lichte heutiger postmoderner Moderne-Kritik erneut versucht, diese Unterschiede zu ver-orten und die *Westliche Moderne* als Verursacher der globalen Probleme durch *Östliches ganzheitliches Denken* zu überwinden[94].

XII. Ausblicke: Wege in die Moderne, Formen der (Selbst-) Reflexion

Julia Kristeva: FREMDE SIND WIR UNS SELBST
"Das Ohr öffnet sich Einwänden nur, wenn der Körper den Boden unter den Füßen verliert. Um einen Mißklang zu hören, muß man leicht ins Straucheln gekommen, schwankend über einen Abgrund gegangen sein. Aber wenn der Fremde ... sein Nichtübereinstimmen nicht äußert, verankert er sich einerseits in seiner Welt, der des Zurückgewiesenen, die zu verstehen von keinem erwartet wird. Der Einwendungen gegenüber taube Verwurzelte und der in seiner Nichtübereinstimmung gefangene Heimatlose stehen so einander gegenüber. Eine scheinbar friedliche Koexistenz, die den Abgrund verbirgt: eine kaputte Welt, das Ende der Welt." (27)
"Die Fremdheit des Fremden nicht zu fixieren, zu verdinglichen suchen. Sie gerade nur berühren, sie streifen, ohne ihr eine endgültige Struktur zu geben. Einfach die beständige Bewegung, die sie kennzeichnet, durch einige der disparaten Gesichter, die sich heute vor unseren Augen zeigen, durch einige ihrer alten, wechselnden, in der Geschichte verstreuten Figuren skizzieren. Diese Fremdheit auch abschwächen, indem man unaufhörlich darauf zurückkommt – aber immer rascher. Sie vom Haß und der Bürde befreien, sie nicht durch Angleichung oder Vergessen fliehen, sondern durch ein harmonisches Wiederaufgreifen der Differenzen, die sie voraussetzt und propagiert. Tokkaten und Fugen: Bachs Stücke evozieren in meinen Ohren die Bedeutung, von der ich meine, daß es die moderne Bedeutung der Fremdheit ist. Fremdheit, die anerkannt und schmerzlich ist, weil sie aufgenommen, gelindert, verstreut ist, eingeschrieben in ein neues, im Entstehen begriffenes Spiel, ohne Ziel, ohne Schranke, ohne Ende." (12/13)

Kristevas Reflexionen über *xenos* und Eschers bildliche Symbolisierung von *processus* - sie lassen sich als Variationen über ein Thema deuten: die Selbstfindung als endlose Begegnung mit dem Anderen. Aus dieser Perspektive interessieren mich die wieder und wieder aufflammenden Auseinandersetzungen um Spezifik und Zeitlichkeit der japanischen Kultur in zweifacher Hinsicht. Einmal gibt es Verbindungslinien, Parallelen, Analogien zwischen dem Beginn ihres Weges in die Moderne und ihrem Heute, zwischen beiden je in einen historischen Umbruch verwickelten diskursiven Räumen. Gleich dem sogenannten *Doppelbindereffekt* nehmen gegenwärtige Bemühungen um eine Standortbestimmung kritisch auf das Gestern Bezug und sind zugleich selbst durch das geprägt, was kritisiert werden soll. Zum anderen eignet diesen Diskussionen auch eine interkulturelle Dimension. Nicht nur haben sich die "Debatten über die japanische Kultur" in den letzten Jahren internationalisiert[95]. Im Zusammenhang mit den Auseinandersetzungen um die Krise der europäischen Moderne(n) beziehen sich vielmehr beide Kontexte, *Ost* und *West*, erneut in einer Weise aufeinander, bei der das jeweils Andere - ich beziehe mich auf Escher - zum figuralen Hintergrund, zum *Außen* wird. Welcher Art aber sind diese Rekursionen oder Kontrastierungen, welche Selbst-Reflexionen liegen ihnen zugrunde?

Nihonbunkaron und (Post-)Moderne in Japan. Ein mögliches Szenarium

Die "Debatten über die japanische Kultur" waren in den beiden Dezennien nach dem Zweiten Weltkrieg wesentlich vom modernisierungstheoretischen Ansatz geprägt. Sie gingen vor allem der Frage nach, warum gerade Japans Modernisierung so erfolgreich verlaufe (vgl. Kracht 1986: 24-32; Berndt/ Richter 1989: 15/16). Nun tönen sie seit geraumer Zeit als Chor fernöstlicher Moderne-Kritik, in dem das Verhältnis *Tradition - Moderne - Postmoderne* auf sehr verschiedene Weisen thematisiert wird und dessen zahlreiche Stimmlagen ebensowenig eindeutig identifizier- und bewertbar wie in hiesigen Kontexten sind. Wenigstens drei Variationen dieses Themas lassen sich wohl dennoch ausmachen und werden im folgenden anhand der Positionen von Umehara Takeshi, Takeuchi Yoshirô sowie Karatani Kôjin exemplarisch skizziert.

(1) Tonangebend für jene Gruppe von Denkern, die Moderne durch Rückbesinnung *auf* (und damit Neuschreibung *von*) Traditionen der eigenen Kultur überwinden wollen, ist **Umehara Takeshi**. Er geht von einer doppelschichtigen Struktur der japanischen Kultur aus: Das *Jômonartige* (benannt nach der Jômon-Zeit, etwa 12 000 - 300 v. u.Z.) als die geistig-kulturelle Schicht - etwa die Haltung zu Leben und Tod oder zur Natur - sei im Prinzip bis auf die Gegenwart unverändert überkommen, während das *Yayoiartige* (benannt nach der auf Jômon folgenden Yayoi-Zeit, bis etwa 4. Jahrhundert u.Z.) als die institutionell-technische, zivilisatorische Schicht in ständiger Veränderung begriffen gewesen sei. Beide Strukturen erscheinen bei ihm letztlich ver-ortet als das *Eigene/Japanische* bzw. als das von außen kommende und zu absorbierende *Fremde (Chinesische/Westliche)* und werden anhand der Frage nach den Jenseits-Auffassungen japanischer Religion (ano yo kan あの世観) konkretisiert: Am reinsten und ursprünglichsten heute noch bei den Ainu im Norden und auf Okinawa im Süden erhalten, gelte es diese zugleich auf ihre heutige Bedeutung für die Bewältigung zivilisatorischer Krisen (vgl. Umehara 1988 bzw. 1992) hin zu untersuchen.

So sei eine Grundannahme dieser einst animistisch gescholtenen Anschauungen die prinzipielle Wechselwirkung und Gleichwertigkeit aller Lebewesen. Sie enthalte potentiell die seit Darwin bekannten Wahrheiten der modernen Biologie und stehe damit im Gegensatz zum hierarchisierenden Schöpfungsgedanken des Christentums, das gemeinsam mit dem Griechentum die europäische Zivilisation (bummei 文明) hervorgebracht habe, eine "Zivilisation der Macht/Gewalt (chikara 力), der Aggression (kôgeki 攻撃), eine äußerst kriegerische Zivilisation" (Umehara 1990: 53). Auch der Gedanke vom ewigen Kreislauf des Lebens könne in die modernste wissenschaftliche und anthropologische Sprache übersetzt werden, wenn man das Wort Seele/Seelenwanderung durch das Wort *Gen* (idenshi 遺伝子) ersetze. Im Unterschied zu späteren Religionen, die vom Gegensatz Himmel-Hölle sowie vom Jüngsten Gericht sprächen, unterliege diesen Anschauungen vom Jenseits - in Japan am reinsten bewahrt und einst, bevor die urbanen Zivilisationen entstanden, von allgemeinmenschlicher Natur - kein Anthropozentrismus, bei dem das *Ich* im Mittelpunkt der Welt steht (vgl. Umehara 1988: 128-130).

Diese Tonart, die auf das Arnold Toynbee'sche Motiv vom Dahindämmern des Abendländischen zurückgreift und zugleich an Frietjof Capras Loblied auf new-age ("Wendezeit") erinnert, wird zumindest von zwei weiteren

Stimmgruppen kontrastiert, die sich zu Thema Postmoderne und Japan äußern. Beide heben bei aller notwendigen Kritik auch an den Variationen der Entwicklung westlicher Moderne zunächst eine ihrer Stärken hervor: ihre Fähigkeit zur ***Selbst*kritik**, die den Repräsentanten der These von der Moderne-Überwindung in Japan offensichtlich abgehe.

> "Vor allem fällt zunächst einmal auf, daß das sich neuerdings hierzulande verbreitende postmoderne Denken meist nur die im Westen, insbesondere in Frankreich als Selbstkritik hervorgebrachten Ideen (Foucault, Derrida, Deleuze, Guattari) wiederkäut, daß die japanischen Intellektuellen also - nachdem sie die westliche Moderne nachgeahmt haben - nun wieder lediglich die Theorien ihrer Überwindung imitieren; somit hat sich deren tiefgründige **Selbstkritik** bei uns völlig in bloße **Selbstbestätigung** verwandelt, wessen man sich nicht einmal bewußt ist." (Takeuchi 1986: 94)

(2) **Takeuchi Yoshirô** ist folglich jener Stimmlage zuzuordnen, die direkt auf Positionen, wie von Umehara vertreten, reagiert, indem die von letzteren aufgerechneten *Verfehlungen* westlicher, kapitalistisch-bürgerlicher Modernisierung aufgegriffen und sogleich an Japan zurückgereicht werden. Diese Irrwege des Westens seien keinesfalls zu bestreiten, doch lägen deren Ursachen dafür in zuwenig Modernität, d.h. in mangelnder Konsequenz bei der Realisierung von Menschenrechten und den Universalien *Freiheit, Gleichheit, Brüderlichkeit*, von Demokratie. Und da solch ein Mangel im eigenen Hause noch viel gravierender, andererseits wiederum das jene Moderne tragende *kapitalistische* Prinzip in Japan am fortgeschrittensten sei, könne von einer Moderne-Überwindung der Art einer Gegenüberstellung *West - Ost*, die methodisch den Ethnozentrismus bzw. Relativismus favorisiert, nicht die Rede sein.

Diese Argumentation setzt sich mit den ideologischen Implikationen der von den Moderne-Überwindern angestrebten Ver-Ortung und damit bloßen Gegenüberstellung von Gesellschaft und Gemeinschaft (Zivilisation und Kultur), Analytik und Ganzheitlichkeit, Ratio und Gefühl auseinander, so etwa mit der einfachen Wendung von einst geltenden universalen Werten zu Paul Feyerabends Motto *anything goes*, das zu einem Pluralismus als Wert an sich führt, der an den realen Verhältnissen nicht wirklich interessiert und zu Kommunikation als selbstreflexivem Perspektivenwechsel nicht wirklich fähig ist. Sie verbleibt jedoch inhaltlich und methodisch letztlich selbst in dieser Dichotomie, wenn Universalität wiederum als *-ismus* substantialisiert und am *Modell West* gemessen wird, statt sie als sich besondernde und für jede Kultur konkret herauszuarbeitendes funktionales Äquivalent zu begreifen. Über den unmittelbaren Vergleich von Phänomenen wird die Entwicklung von Moderne in Japan vor allem negativ bestimmt, postmodernen **Problemstellungen** schließlich mit Allgemeinplätzen begegnet: der Frage nach dem Preis der Gleichsetzung von Vernunft und Effizienz bzw. instrumenteller Rationalität, der Verabsolutierung von Universalismus und dekontextualisierter (formal-instrumenteller) Vernunft wird nicht nachgegangen, notwendig sei hingegen *wirklicher* Universalismus, *wirkliche* Internationalisierung (vgl. ebenda: 112–115). **Modernismus**, dem auf diese Weise eine einfach negative Haltung zu den eigenen Traditionen immanent ist /96/, und **Moderne-Überwindung** sind mithin die jeweiligen Kehrseiten eines (dichotomisierenden) Denkstils.

(3) Auch die Denker einer dritten, sich zum Thema *Tradition - Moderne - Postmoderne* äußernden Richtung heben als ein Wesensmerkmal der westlichen Moderne hervor, daß sie es angesichts verheerender Resultate ihrer eigenen Entwicklung vermag, Selbstkritik zu üben und sich in Frage zu stellen (vgl. Tokunaga/Shimizu/Asada/Makoto 1990). Hier hätte Japan noch manches zu lernen:

> "Angesichts der Sackgasse, in die die westliche Zivilisation geraten ist, verschreiben sich die Kräfte der Vernunft nicht einer Wiederaufwertung der japanischen Zivilisation, sondern - sich einzig an einer solchen Selbstkritik messend - bewegen sie sich in eine andere Richtung. Sie ist der einer bloßen Selbstaffirmation entgegengesetzt: Es gilt, sich Negativität als solche anzueignen, statt zu meinen, es sei da wegen des Negativen nichts zu holen." (ebenda)

Der unbedarfte Postmodernismus (der Moderne-Überwinder; an'i na posutomodanizumu 安易ポストモダニズム) bediene sich zwar unreflektiert der Früchte des enormen wirtschaftlich-technischen Wachstums der Nachkriegsära und setze auf die Konsumgesellschaft, stelle sich aber zugleich den in Frage gestellten Moderneprinzipien nicht auf produktive Weise, sondern setze ihnen seit den achtziger Jahren einfach die zum Merkmal von Postmodernität erhobene quasi vormoderne Kultur Japans entgegen: Gemeinschaftlichkeit und ihr entsprechende Denkweisen (ebenda: 318).

Gegen solcherlei simplifizierende und zur Ideologie erhobene Auffassungen, daß in der eigenen Vormoderne die Postmoderne bereits angelegt gewesen und nun gerade Japan ihren Herausforderungen aufgrund bewahrter Traditionen gewachsen sei, wendet sich auch **Karatani Kôjin**. Seine Auseinandersetzung mit beiden oben skizzierten Positionen stützt sich auf die These "Ein Geist, zwei neunzehnte Jahrhunderte" (vgl. Karatani 1987 bzw. 1992). Diese geht einmal davon aus, daß die Verschiedenheit des Verhältnisses Sprache - Subjekt (Innerlichkeit) - Objekt (Externität), also Unterschiede in kommunikativen Prozessen, im Westen und in Japan mit den Kategorien *Moderne* und *Vormoderne* (für letzteres oft auch: Zurückgebliebenheit) eben nicht hinreichend zu beschreiben ist. Modernität ist für ihn wesentlich vom 19. Jahrhundert geprägt. Die kulturellen Unterschiede jener Zeit zeugten von je eigenen Wegen in die Moderne: **Europas 19. Jahrhundert** - als Ereignisfeld zielgerichteter *großer Erzählungen* philosophisch durch Hegels *Geist*-Begriff zum Ausdruck gebracht, in dem die Vielfalt von Kulturen hierarchisch, als Stufen einer homogenen Weltgeschichte aufgehoben worden seien - präge ein "gefährlicher Kontrakt" zwischen der Sprache und dem Selbst (so Rousseau zitierend), der der Bedeutungsarbeit an den Objekten, also der sinnproduzierenden Konstruktion einer totalen Welt, zugrunde liege. **Japans 19. Jahrhundert** - zunächst festgemacht an der geistigen Landschaft, der Literatur der (späten) Edo-Zeit - zeichne sich dadurch aus, daß nicht diese Bedeutungsarbeit an Referenten, Objekten (Darstellung, d.h. Repräsentation von *Landschaften*) im Mittelpunkt des Interesses gestanden habe, sondern Sprache als solche, deren spielerische Handhabung *Landschaften* erst entstehen ließ; Sinn-Fragen seien daher nicht relevant gewesen, da das Subjekt-Objekt-Verhältnis nicht problematisiert wurde (vgl. Karatani 1987: 178).

Weiterhin versucht Karatani den untrennbaren Zusammenhang zwischen der (nationalen) Selbstaffirmation, die den gegenwärtigen Diskurs in Japan präge, und fehlender *Äußerlichkeit* (gaibusei 外部性) zu zeigen. Mit *Äußerlichkeit* meint er einen Bezugsrahmen sowohl zur Relativierung wahrgenommener, empirischer Realität als auch zur Erlangung von (Selbst-) Gewißheiten, also z.B. den *Geist*-Begriff in Form von Descartes' *cogito ergo sum*, oder Husserls *transzendentales Ego*. Auch Roland Barthes' Japan als "Reich der Zeichen" fungiere als ein solches Äußeres. Dieser wolle auf diese Weise den gegen Ende des 19. Jahrhunderts seiner Äußerlichkeit verlustig gegangenen und selbstgenügsam gewordenen Westen kritisieren. Hier nun entdeckt Karatani durchaus Gemeinsamkeiten in der Entwicklung beider Modernen. Nach dem einst von Motoori Norinaga vollzogenen Bruch mit traditionellem spekulativen Denken, das als *chinesische Gesinnung* (kara gokoro 唐心, kan'i 漢意) zu einem geographischen Außen verkam, habe sich geistige Aktivität in Japan zwischen zwei (in Norinaga selbst angelegten) Polen bewegt: Zum einen beharrte man im folgenden auf einer Welt der Phänomene und Sinne, des Oberflächlichen, die – auf Sprache (eher: auf Sprachspiele) reduziert – jeglichen auf Innerlichkeit beruhenden Sinn ausschließt; zum anderen habe diesem Ästhetizismus die Suche nach einem letztlich als *japanischer Geist* (nihon seishin 日本精神) ideologisierten Sinn entgegengestanden (und doch zugleich entsprochen! S.R.). Orientiert hätten sich beide Pole auf ihre Weise an der abendländischen Kultur, und zwar zu einer Zeit, als diese gerade mit ihren einstigen Idealen zu hadern begann.

Die Szenerie gleicht der eines Vexierbildes: Diese Selbstzweifel veranlaßten westliche Intellektuelle, insbesondere Künstler des Japonismus, nach Fernost zu schauen, wo man eine subjekt- und sinnfreie Welt als neue Externität zu entdecken glaubte. Das hatte ganz sicher Auswirkungen auf die Resistenz beider genannten Pole gegenüber westlichen Moderne-Idealen, wobei letzterer, der japonistische, mit seiner selbstgenügsamen japanischen Seele, Geistigkeit als Ziel, wiederum konform ging mit Entwicklungen in Europa selbst, speziell in Deutschland, wie Karatani anhand des Vergleiches der beiden Philosophen Kuki Shûzô (1888–1941) und Martin Heidegger zeigt: Kuki habe seine sublimen Untersuchungen zu Lebenswelten der Edo-Zeit in den Strom nationalistischen, Moderne überwindenden Denkens einfließen lassen, Heidegger reduzierte den *Geist*-Begriff auf den geschichtlichen Auftrag der germanischen Rasse.

Fazit und zugleich auch Hintergrund von Karatanis Ausführungen ist die Feststellung, daß die Situation des gegenwärtigen Japan in vielem dem japanischen 19. Jahrhundert analog sei.

> "Das 19. Jahrhundert Japans war für die 'Modernisierung' möglicherweise ein Hemmnis, für die postmoderne Gesellschaft hingegen konnte es zum Beschleunigungsfaktor werden." (ebenda: 179)
> "Während einerseits idiotische Sprachspiele, Oberflächlichkeiten vorherrschen, erfährt zugleich andererseits die ultranationalistische Ideologie eine Wiedergeburt. In einem anderen Kontext wird erneut eine 'Überwindung der Moderne' verfochten. Diese historische Phase als solche

> jedoch Postmoderne zu nennen, ist nicht angemessen, denn ... diese ist einem teleologischen Denken der Geschichte in Etappen gegenüber transzendental. ... Der diskursive Raum des gegenwärtigen Japan befindet sich in einem Zustand der Selbstgenügsamkeit, ihm mangelt es fast völlig an Äußerlichkeit." (ebenda: 183)

Moderne-Überwinder, Modernisten, Postmoderne - das Ringen aller drei skizzierten Sichtweisen um ein Verständnis der japanischen Kultur im Spannungsfeld zwischen Vormoderne, Moderne und Postmoderne kann durchaus als in der Tradition der Habitusformen "Östliche Moral - Westliche Kunstfertigkeit" stehend betrachtet werden. Ebenso lassen sich Parallelen, gar Isomorphien zwischen der Konstellation der Diskurse in der späten Edo-Zeit (erinnert sei an die idealtypisch betrachteten Kogaku/Kokugaku und Rangaku) und dem Bild der Gegenwart ausmachen. Damals hatte sich eine Zweigleisigkeit in den Argumentationstechniken, im Verhältnis zur eigenen Vergangenheit herausgebildet, die das für jede moderne Entwicklung charakteristische Auseinanderfallen von Lebenswelt und Expertenkulturen (Literatur/Kunst, Wissenschaft, Recht usw.) einerseits und das je unterschiedliche Maß der Entfremdung letzterer von ersterer andererseits auf spezifisch japanische Weise reflektierte. Auf dem einen Gleis wurde über ethico-politische bzw. ästhetische Diskurse weiterhin Bedeutungsarbeit an überkommenen Symbolsystemen geleistet, durch deren selektive Tradierung neue Bedeutungsräume, überhaupt Tradition neu geschaffen wurde. Mittels der oben als *Logik der Präsentation*, des *präsentativen Symbolismus* bezeichneten Methode geriet *Östliches* als das Erzählerische, das von Natur/Sinnlichkeit und gemeinschaftlich-moralischem Handeln untrennbare, auf ganzheitliche Konkretheit zielende Wissen letztlich zum Synonym für *Eigenes*, für Tradition an sich. Auf dem anderen Gleis avancierte analytisches, nach Wahrheit und Universalität suchendes Wissen sodann zu *Modernem, Westlichem, Fremdem* als solchem.

An diese von Kogaku/Kokugaku bzw. Rangaku repräsentierten Begründungstechniken anknüpfend, gerannen sie zu relativ selbständigen Diskursen, die je unterschiedliche Interessen verfolgten und sowohl miteinander rangen als zugleich einander bedingten. Beiden Positionen lag von Anfang an ein wertgeladener, aber verschieden gepolter europazentrierter Moderne-Begriff zugrunde, der in den skizzierten Argumentationen der *Moderne-Überwinder* und *Modernisten* erneut durchscheint. Relativ unversöhnlich standen bzw.

stehen sich beide Seiten vor allem dann gegenüber, wenn Wissenschaftler und Intellektuelle der "Verführung zum Ideologen" erlagen bzw. erliegen. Wenn es also zum "Kurzschluß zwischen einer bestimmten intellektuellen Variante und ihrer kulturellen, politischen und wirtschaftlichen Realisierung" kommt, Intellektuelle mit einer "machtseitigen Realisierung ihrer Ideen" jenseits öffentlicher Dispute einverstanden sind oder dies gar aktiv forcieren (vgl. Krüger 1992: 44). Unter solchen Bedingungen gehen die leisen, auf kritische Distanz zu beiden Lagern gehenden Töne meist zwischen laut hallenden Ideologemen unter. Gemeint sind Sichtweisen auf Kulturen, die den Versuch unternehmen, weder im Engagement um das Eigene zu versinken (und entsprechend einseitig distanziert dem Fremden zu begegnen) noch sich Fremdes um den Preis der einfachen Negation des eigenen Überkommenen anzueignen.

Auf Vermittlung zwischen den Kulturen zielende Versuche wurden in der späten Edo-Zeit keineswegs nur von Holland-Wissenschaftlern unternommen. Doch wurde im zweiten Teil des Textes an den Schriften des Takano Chôei gezeigt, wie der dort praktizierte Umgang mit verschiedenen Kontexten entsprungenen Kotexten Ansätze eines Perspektivenwechsels erkennen ließ, der es ermöglichte,

> "nicht nur sich, sondern sein Selbst auszudrücken: Ich reformuliere meine ursprüngliche Perspektive nach der virtuellen Übernahme der anderen, sei es in Übereinstimmung, sei es in Abgrenzung zu denselben. Diese Selbst-Äußerung ist mehr als die spontane Ich-Äußerung. Sie ist die Selbstbezüglichkeit, die der Ausdruck 'Reflexion' meint. (Krüger 1991 b: 1315).

Dieser Versuch eines Perspektivenwechsels, der damals noch fast ausschließlich auf Übersetzungsarbeit beruhte, zielte durchaus in beide Richtungen: sich mit den Augen des Anderen zu sehen, das die Konturen des Eigenen mitkonstituiert, und aus dieser Perspektive heraus sich wiederum dem Anderen zu präsentieren, dabei von diesem Gleiches einfordernd (erinnert sei an Chôeis "Traumgeschichte" sowie an die Aufsätze, die er an die holländischen Leser richtete). Solche Bemühungen um einen rekursiven Vergleich von Kulturen, der mehr auf ihr *Nebeneinander* (besser: ihr *synkretistisches Miteinander*) als auf *verdrängendes Nacheinander* setzt, gab es auch im Zuge der politischen und kulturellen Umbrüche der Meiji-Zeit. Unter diesem Aspekt etwa ließe sich das "Gespräch dreier Betrunkener über öffentliche Angelegenheiten" (San suijin keirin mondô) betrachten, 1887 von Nakae

Chômin (1847–1901), dem als *Rousseau des Ostens* bekannten politischen Philosophen verfaßt. Darin denken der *Yôgaku-Gentlemen*, ein Verehrer der westlichen Moderne, und der *Held*, demzufolge Japan zur Rettung Asiens vor dem expandierenden Abendland berufen sei, über die Zukunft ihres Landes nach. Der autobiographische Züge tragende *Meister Nankai* als Dritter im Bunde soll zwischen beiden Streithähnen keineswegs synthetisch-vermittelnd wirken, eher wohl beschwichtigen und auf Stärken und Schwächen beider Standpunkte, letztlich beider Kulturen, für die geworben wird, eingehen.

Auch diese Konstellation weckt Assoziationen zum oben gezeichneten Bild vom diskursiven Raum der Gegenwart. Ohne auf das dazwischen liegende Jahrhundert eingehen zu können, möchte ich dennoch eine Traditionslinie bis zu Intellektuellen wie Karatani ziehen. Deren Repräsentanten wandten sich auf dem Wege (kulturbezogener) *kontrastiver Selbst-Reflexion*, mithin kontrastiver Selbst-Kritik (statt -Affirmation), zugleich stets kritisch gegen einen *arroganten*, weil eurozentristischen und dekontextualisierten Universalismus. Zu fragen ist dabei allerdings nach der Spezifik des Kontrastes, die sich wiederum aus der Spezifik des jeweiligen Selbst-Verständnisses ergibt. Denn Rufe nach einer relativierenden Sicht auf die Entwicklung moderner westlicher Kulturen ertönten bereits zu Zeiten Nakae Chômins auch in diesen selbst, teils an ein räumliches, teils an ein zeitliches (in die Vergangenheit oder Zukunft projiziertes) Außen gerichtet. Inzwischen unter dem Stichwort *Postmoderne* zum Gedröhn angeschwollen, kommt eine der Rufarten den kulturvergleichenden Intentionen, die diesem Text als Ganzem unterliegen, besonders entgegen: Sie gemahnt, am Ursprung der europäischen Moderne selbst nach alternativen Elementen zu suchen, die jedoch in ihrem weiteren Werdegang verdrängt oder verkannt wurden (ich denke vor allem an **Stephen Toulmins** "Kosmopolis").

Auch die eigene Geschichte wird also immer wieder neu zu schreiben sein, und das dabei zutage Beförderte kommt dem, was andere Kulturen bislang als ihre Besonderheit sahen, mitunter verblüffend nahe. Als Vergleichsmöglichkeit zu den oben skizzierten japanischen zeitgenössischen Reflexionen einerseits, zum anderen aber auch im Sinne des eingangs beschriebenen Bildes von M.C. Escher als *rekursiver Hintergrund* möchte ich diesen neuen Zügen des Eigenen ein wenig nachgehen. Wenn daraufhin dann nochmals einige Charakteristika der im 19. Jahrhundert umbrechenden geistig-kulturellen Landschaft Japans herausgehoben werden, so aus zweierlei

Gründen: Um zu zeigen, daß – wenn die "Anschlußstellen" im Kulturvergleich nicht stimmen – es schwer ist, überhaupt Vergleichbares auszumachen und somit einer *Sprache des Mangels* zu entkommen. Und: um dennoch nicht der Gleichmacherei zu verfallen und einen Zugang zum Problem der **verschiedenen** Formen von Selbst-Konstitution und -Reflexion zu finden.

Substanz und Akzidenzien oder: Die Logik *ARE KA, KORE KA*

Neuzeitliche Wissenschaft bildete einen der konstitutiven Faktoren bei der Herausbildung moderner Gesellschaften, Handlungs- und Verhaltensweisen. Diese Tatsache problematisiert z.B. Toulmin in folgender Hinsicht: Um zu verstehen, weshalb die klassische westliche Moderne an einen Wissens- und Rationalitätstyp gebunden war, der die Ideale *unbezweifelbarer Gewißheit, Klarheit und Deutlichkeit letzter Ideen* postulierte und für sich in Anspruch nahm, kontextunabhängig und ewig gültig zu sein, bedarf es eben dessen Rekontextualisierung. Die konkrete Einbindung dieser an Systematik und Exaktheit orientierten Rationalität in die Historie des krisengeschüttelten Europas im 17. Jahrhundert, das diese Dekontextualisierung von Philosophie und Naturwissenschaft beförderte, ermöglicht es Toulmin zudem, von einem **doppelten Ursprung der Moderne** auszugehen, denn der seitdem einsetzenden Suche nach letzten Gewißheiten – dem Beginn der zweiten, wissenschaftlichen und *theoriezentriert-philosophischen Phase der Moderne* – sei die *literarisch-humanistische Phase* vorausgegangen. Deren Repräsentanten seien skeptisch gegen religiöse und theoretisch-spekulative Doktrinen (nicht Religiösität an sich) gewesen, was einherging mit einer Hinwendung zu erfahrbaren praktischen Dingen, Offenheit für alle menschlichen Angelegenheiten, Bescheidenheit gegenüber den eigenen Fähigkeiten sowie mit der Bereitschaft, mit "Ungewißheit, Vieldeutigkeit und Meinungsverschiedenheiten zu leben" (Toulmin 1991: 97). Für ihre praxisorientierten philosophischen Reflexionen war die Rhetorik von ebenso großer Bedeutung wie die Logik. An den diskutierten Gegenständen interessierte sie auch das Besondere (der Kasus), das Lokale und Zeitgebundene.

Das habe sich seit Descartes grundlegend gewandelt, dessen theoretische Auffassung von Philosophie und Fetischisierung kohärenter Systematik zum dominierenden geistigen Habitus wurde, aufs engste verbunden mit der Idealisierung des Schriftlichen, des Allgemeinen, Globalen und Zeitlosen (vgl.

ebenda: 60–67). In jener Zeit sei auch das "Gerüst der Moderne" errichtet worden, ein Ideengebäude, das getragen wurde von einer dichotomisierenden Sicht auf die Welt (vgl. ebenda: 178–193) und das - obwohl bald darauf von solchen erfahrungsorientierten Wissenschaften wie historische Geologie, Biologie/Physiologie, Physik, Kulturgeschichte, Psychologie zunehmend erschüttert - bis in die Mitte des 20. Jahrhunderts hinein den abendländischen Blick auf die Realität lenkte. Hauptpfeiler, so Toulmin weiter, war die Cartesische Dichotomie der beiden Substanzen Geist und Körper (epistemologisch ausgedrückt: Subjekt und Objekt), die eine ganze Reihe weiterer Dichotomien nach sich zog: Mensch und Natur; Rationalität (Gründe) und Kausalität (Ursachen); Bewußtheit (Handeln) und Spontaneität (Ereignishaftigkeit); Wille und Emotionalität (Sinnlichkeit); Aktivität und Passivität - wobei jeweils letzteres als das Niedere galt, welches erstgenanntes als das Höhere durchkreuze und daher ordnungs- bzw. stabilitätsgefährdend sei. Deshalb auch trägt sein Buch den Titel "Kosmopolis", denn dieses Bild von der Ordnung im Universum hatte zugleich Stütze einer - idealen und realen - sozialen Ordnung zu sein. Das Motto lautete:

> "*Stabilität* in und zwischen den verschiedenen Nationalstaaten und die *Hierarchie* in der Gesellschaftsstruktur jedes einzelnen Staates. ... Hinter der Trägheit der Materie erblickte man in der Natur wie der Gesellschaft dies, daß die Tätigkeit der 'niedrigeren' Elemente von der Überwachung und den Anweisungen der 'höheren' Geschöpfe und letzten Endes vom Schöpfer abhing und ihm untergeordnet war. ... In diesem Sinne gewann also das Weltbild der modernen Wissenschaft ... um 1700 allgemeine Zustimmung ebensosehr wegen der Legitimation, die es dem politischen System der Nationalstaaten zu verleihen schien, wie wegen seiner Erklärungskraft für die Planetenbewegung oder das Steigen und Fallen der Gezeiten." (ebenda: 209/210)

Dieses Selbstbild europäischer Moderne, das sich hauptsächlich auf die Interpretationen Descartes' bezieht, gelte es nicht nur wegen der nonkonformistischen Outsider zu relativieren, die dessen Evidenz wieder und wieder bezweifelten. Immer habe es neben dem theoretisch-metaphysischen auch den erfahrungs- und anwendungsorientierten Aspekt gegeben, das *Baconsche* Verständnis von Wissenschaft als Mittel zur Vermehrung menschlicher Wohlfahrt bzw. zur Minderung menschlichen Leidens, das auf das "Ideal der theoretischen Exaktheit mit seiner Vergötzung des geometrischen Beweises und der Gewißheit" (ebenda: 174) verzichten könne. Dessen auf menschlich wichtige Ziele ausgerichtete, erfahrungsorientierte Bahn der Entwicklung sei steil nach oben verlaufen und über das Mensch und Natur trennende "Gerüst der Moderne" hinausgewachsen. Vor allem moderne Physik, Biomedizin und Ökologie hätten zum Wandel des Selbstverständnisses von Wissenschaft(lern) geführt, dem ein wiedererwecktes Interesse an praktischer Philosophie korrespondiere, d.h. an Rückkehr zum Mündlichen, Besonderen, Lokalen und Zeitgebundenen und Abschied von einem auf formal-logische Rationalität (Effizienz) reduzierten Vernunftverständnis. Auf theoretischer Ebene könne die Bahn der Moderne demzufolge als ein in sich selbst zurücklaufendes großes Omega charakterisiert werden, nach 300 Jahren stünden wir wieder nahe beim Ausgangspunkt (vgl. ebenda: 268/69).

Postmoderne stellt sich für Toulmin mithin als ein Prozeß der "Humanisierung der Moderne" (und damit als deren dritte Phase) dar, bei dem es darum geht, statt des Strebens nach starr hierarchischer Stabilität und standardisierter Einheitlichkeit einer auf differenzierte Vielfalt und Anpassungsfähigkeit zielenden ökologischen Betrachtungsweise zum Durchbruch zu verhelfen.

> "In der Wissenschaft wie der Philosophie verlangen also die heutigen Aufgaben weniger Beachtung von Stabilität und Systemcharakter und mehr Beachtung von Funktion und Anpassungsfähigkeit." (ebenda: 307)

Damit sind wesentliche Stichworte meines Interesses an Toulmins geistesgeschichtlicher Konzeption einer konstruktiven Moderne-Kritik gegeben. Denn nicht um deren allgemein philosophische Wertung geht es hier (dazu vgl. z.B. Krüger 1991a: 15-41), noch darum, diesen Ruf nach praktischer Weisheit und sich selbstbescheidender, toleranter Vernunft mit den gesellschaftlichen Realitäten der Gegenwart zu konfrontieren, sondern um folgendes Problem: Zum einen legt dieser Blick auf die jüngere Geschichte Dimensionen der eigenen modernen Kulturen frei, die sie zur Selbstrelativierung zwingen und damit zugleich zum Überdenken bislang als Maßstab geltender Kriterien der Unterscheidung dieser von anderen (hier des japanischen, allgemein wohl aber "außereuropäischen") Entwicklungswegen: Universalismus versus Kontextualismus/Partikularismus, theoretische Exaktheit/Systematik versus Unbestimmtheit/Vieldeutigkeit (im Falle Japans auch formuliert als Gegensatz begriffliches versus bildliches Denken), Theorie- und Objektzentrismus versus

Praxis- und Subjektbezogenheit. Das wiederum bedeutet, daß kulturelle Spezifika nicht durch einseitige Verortungen dieser Charakteristika erfaßt werden können: weder die westlichen Kulturen als die des Universalismus etc. noch die östlichen als die des Kontextualismus/Partikularismus etc. Dennoch ist der Tatsache Rechnung zu tragen, daß *West* und *Ost* sich seit ihren ersten massiven Begegnungen, unter je konkreten sozialen Bedingungen, meist gegenseitig als solche rezipierten. Um solcherlei rekursiven Beziehungen auf die Spur zu kommen, ist also danach zu fragen, wie sich das Verhältnis dieser Charaktistika **innerhalb** der einzelnen Kulturen gestaltete, nach der Art und dem Maß ihrer Ausprägung in diesem Aufeinanderbezogensein, nach den Formen von Universalismus etc. bzw. Kontextualismus/Partikularismus etc.

So stand auch neuzeitliches Denken in Europa trotz aller Bemühungen um *Tabula rasa* in einer philosophisch-theologischen Tradition, die vom Begriff der *Substanz* geprägt war und als *identitätslogisch* zu bezeichnen ist. Immer wieder neu interpretiert (*Idee, Gott, Geist, Element, Vernunft, Individuum, Materie*), galt sie als ein letzter Grund, in sich selbst ruhend oder von Widersprüchen zu sich selbst getrieben, durch Einheit/Reinheit und Systematik charakterisiert, die sie zugleich zum Inbegriff von *Wahrheit, Gutem und Schönem* werden ließen. Diesem Allgemeinen, Notwendigen und Ewigen wurde das Konkrete, Zufällige, Veränderliche, Einzelne, Akzidentielle entgegengestellt, das als mit dem Substanziellen unversöhnlich und somit als ein weiterer Anfang oder als aus ihm selbst hervortreibend (und letztlich in es zurückkehrend) betrachtet wurde. Rede und Gegenrede kreisten in dieser Tradition stets um solch einen substantialistischen Universalismus (und akzidentiellen Partikularismus) – so wie auch Bacons erfahrungs- und nutzenorientiertes, induktives Wissenschaftsverständnis Descartes' die formale Rationalität favorisierende, deduktive Auffassung von Wissenschaft und Philosophie nicht transzendierte, sondern dieses dichotomische Gefüge mitkonstituierte. Gleiches gilt im Prinzip für die klassisch-modernen Philosophien nach Kants *kopernikanischer Wende*, die primär Fragen des Bewußtseins bzw. der an den Körper gebundenen Sinnlichkeit thematisierten: Dem Loblied auf den kalkulierenden Verstand wurde die Forderung entgegengehalten, das Recht auf tiefe Gefühle anzuerkennen, den Abgründen des Lebens ins Auge sehen zu können.

Kommunikationstheoretisch ist dieses dichotomisierende *Entweder – Oder (ARE KA, KORE KA)* nicht nur unter kognitivem Aspekt, als Denkstil (episteme) von Interesse, sondern auch hinsichtlich seiner sozialen Dimension:

als Interaktionsmuster zwischen Subjekten, als Handlungs- und Verhaltensweisen, die sich (in Form geregelter Verfahren) institutionalisieren. Es prägte das westliche klassisch-moderne *Selbst*-Verständnis nicht nur in theoretischer Hinsicht, sondern hat seine Spuren auch in den verschiedenen kommunikativen Ebenen und Netzen und schließlich auch in den Intellektuellenkulturen hinterlassen: Die von Descartes' und dann vor allem seit Kants Bewußtseinsphilosophie angestrebte Freisetzung des Subjekts erfolgte auf dem Wege einer Reflexion, die Krüger *monologisch* nennt. Die "sich auf sich zurückbeugende Tätigkeit des Bewußtseins" komme - wenn auch auf vermittelnden Umwegen, durch Entfremdungen, durch Blicke in die Fremde - doch wieder bei sich selbst als Ausgangsort, beim *Ich* = *Ich* oder *A* = *A* an (vgl. Krüger 1991b: 1312). Für das Verständnis des *Selbst* bedurfte es der Konstruktion eines wesentlich kognitiv gefaßten (transzendentalen) Gattungssubjektes als Ideal (auch individuell-)subjektiver Identität und Autonomie. Das wirkliche, im Alltag handelnde empirische Einzelsubjekt geriet kaum ins Blickfeld, war höchstens als atomisiertes Individuum einer diffusen Masse präsent.

Intellektuelle sind - idealtypisch gefaßt - selbst von paradoxer Natur, da ständig um Autonomie im Rahmen ihrer Expertenkultur und gleichzeitig um deren Überschreitung zwecks öffentlichen Engagements für allgemein interessierende Angelegenheiten bemüht. Sie sahen und sehen zwar ihre Aufgabe darin, das auch in der Realität Auseinanderfallende - formale, d.h. letztlich nivellierende Gleichheit und Identität - zu vermitteln. Doch bereitete es ihrem *Ego* zumindest bislang rechte Schwierigkeiten, von den *Höhen des Geistes* in die *Tiefen partikularer Alltäglichkeiten* zu finden. Und gelang es doch, dann meist mit dem Ehrgeiz, die darin Verwickelten darüber aufzuklären, wohin es zu gehen hat. Statt zum Gespräch über die jeweiligen Lebensverhältnisse zu ermutigen und so selbst eine bestimmte Perspektive in die Suche nach Wegen einzubringen - als ein immer währender, konkretes Handeln einschließender Prozeß -, verstanden sie sich

> als Elite "klarsichtiger und selbstbeherrschter Personen, von Weisen, denen es gelingt, die Toren in Einklang zu bringen" (Kristeva 1990: 70).

Dieser Skizze zur monologischen Etappe westlicher moderner Entwicklungen läßt sich Eschers Bild als Folie für die Figuration Japan unterlegen. Dann ergibt sich folgender rekursiver Hintergrund:

Es fallen zunächst die wenigen sich frei in die Lüfte schwingenden Vögel am oberen Rand ins Auge, die mit dem trüben, gleichförmigen unteren Rand scheinbar nichts verbindet. Nur jeweils zur Mitte hin deutet sich an, daß sich Aufstieg - Flucht aus der Anonymität? - und Sturzflug - Suche nach Nähe? - aufeinander beziehen. Dort auch sind es schwarze Vögel, die sich durch die schwarze Fläche klar gegen die weißen Vögel abheben (und vice versa), Spielraum ist nicht vorhanden.

Fragen an diese Moderne: Hat diese Art von Selbstidentität, von freiem Flug (oben) möglicherweise die Isolation und Einsamkeit zur Konsequenz? Ist scharf abgegrenzte Autonomie (Mitte) nur als eindeutiges Schwarz gegen/oder Weiß möglich? Und ist aufeinander bezogene (gemeinschaftliche) Gleichheit deshalb suspekt, weil sie das langweilige diffuse Einerlei eines uniformierten Massenindividualismus (unten) implizieren könnte - zu dem Gegenpol zum freien Flug oben?

Prinzipien und ihre Anwendung oder: Die Logik *ARE MO, KORE MO*

Die "Debatten über die japanische Kultur" als **Brückenschlag** zwischen den Zeiten und Kulturen - davon ausgehend lassen sich die wichtigsten Resultate des gesamten Textes in folgenden zusammenfassenden Betrachtungen verdichten. Diskurse um dieses Thema ziehen sich, wenn auch nicht expressis verbis, seit dem 18. Jahrhundert wie ein roter Faden durch die Ideengeschichte Japans. Als ein Ausdruck der Auseinandersetzung mit den eigenen und/oder anderen Wirklichkeiten, der Suche nach Gewißheiten sind sie eine *Form der Selbst-Reflexion*. Deren Spezifik erklärt sich daraus, was mit diesem *Selbst* gemeint ist, welche Subjektebenen damit gefaßt werden und wie diese sich aufeinander beziehen, wie sie strukturiert sind. Das hat Konsequenzen für das *Wie* von Reflexion: ob sie - wie oben - im Monologischen verbleibt oder - das andere Extrem - sich in einer Vielfalt von bezogenen Positionen verliert.

Der Holland-Wissenschaftler Takano Chôei, so ein Fazit des biographischen Teils meiner Untersuchungen, wirkte auf drei *Wir*- und Kommunikationsebenen, denen zugleich bestimmte Textformen zugeordnet werden können: Einmal aus der provinziellen Familien- und Herrschaftsstruktur ausgebrochen, war er im Rahmen der Institution *Privat- oder Hausschule* in unmittelbar kooperierenden Gemeinschaften tätig und gleichzeitig darum bemüht, sein Können in den Dienst des Landes zu stellen. Letzteres läßt die ganze Widersprüchlichkeit der Herausbildung einer modernen Öffentlichkeit deutlich werden. Denn *in den Dienst des Landes* meinte zum einen eine Ebene, die unterhalb des Staates lag und dennoch über die Struktur der Häuser (ie) hinausging (städtische und ländliche Gemeinwesen), zum anderen die der Herrschenden (öffentliche Gewalt in Form des Staates). Seine *Übersetzungen* und selbst verfaßten *Wissenschaftsschriften* waren an beide gerichtet, wobei vor allem letztere sich je nach Adressat sprachlich-stilistisch unterschieden - erinnert sei z.B. an die Abhandlungen, in denen Maßnahmen zur Vermeidung von Hungersnöten und Epidemien leicht verständlich, durch Verwendung alltagssprachlicher Elemente und *furigana*-Lesehilfen, übermittelt wurden und die der Leserschaft einen selbstverantwortlichen Umgang mit dem Text ermöglichten.

Die sogenannten *Ereignisschriften* sind ebenfalls im Kontext dieser zweiten *Wir*-Ebene, der "Gesellschaft der Alten" (Shôshikai) als ein Keim von Publizität, als Versuch öffentlicher Diskussion, also der diskursiven Auseinandersetzung zu sehen. Gleichzeitig läßt sich an ihnen das Scheitern dieser Ebene verdeutlichen. Enttäuscht darüber, sie (noch?) nicht realisieren zu können, blieb dem einzelnen - wollte er etwas bewirken - letztlich nichts, als auf doppelte Weise in gruppenbezogene Unmittelbarkeit zurückzufallen: in die der sich auch lebensweltlich nahestehenden Spezialisten (in der kritischer Geist weitestgehend verborgen bleibt) sowie in die Nähe politischer Entscheidungsträger (die die Gefahr des "Kurzschlusses" von Intellekt und Macht in sich birgt). Daher die Nähe zum Erzählerischen dieser Art von Texten, die in der wissenschaftlichen Welt Japans durchaus keine Seltenheit waren (und sind), wie die Einbindung der Rangaku in die kulturell-geistige Landschaft der späten Edo-Zeit (18./19. Jahrhundert) über den Vergleich mit der Alten Schule (Kogaku) und der Nationalen Schule (Kokugaku) zeigt. In diesem breiteren Zusammenhang sind zwei Tendenzen des sich in jener Zeit neu formierenden textsprachlichen Denkens hervorzuheben:

(1) Die erwähnten Unmittelbarkeiten hatten zur Folge, daß in Wortmeldungen zu den kulturellen Umbrüchen seit jener Zeit immer wieder ein *konkretes empirisches Ich* durchscheint (während in westlichen klassisch-modernen Texten vor allem um *das Ich als solches* gestritten wurde). Ohnehin stand

man in einer Tradition, in der der einzelne sich und sein Umfeld eher ereignis- und rollengebunden bestimmte, handlungs- bzw. anwendungsorientiertem Wissen um die Dinge ein höherer Stellenwert zukam als zu reinen Idealen formalisierten Prinzipien. So findet sich auch in den Schriften Chôeis der Begriff *Prinzipien und ihre Anwendung* (taiyô 体用), der dem *Wie* (der Funktionalität) einer Sache das Primat vor dem *Was* (dem Sein als solchen) einräumt.

Dieses Festhalten an der Ebene spontaner *Ich*–Äußerungen hat zum einen den Bezug auf das konkrete Hier und Jetzt zur Folge, die Akzeptanz der eigenen Partikularität/Relativität, die sich zudem auf den jeweiligen Kontext einläßt, sich durch ihn mitbestimmt (das *Du des Du*). Zwar birgt das die Möglichkeit einer Vielfalt von Stimmen in sich. Wenn aber diese Poly*phonie* nicht zugleich das Moment des Poly*logischen* enthält, d.h. nicht wirklich Perspektiven als Bezug der einzelnen *Ich* auch auf sich selbst als etwas relativ Invariantes sichtbar werden, dann verbleiben die Sinne mit ihren Wahrnehmungen letztlich im Disparaten, bleibt es beim Ereignis- und Geschichtenhaften, Selbstgenügsamen. Dann fällt die Subjektebene der Individuen entweder aus der Konstituierung von Sinn und Geschichte heraus oder – als Kehrseite der Medaille – sie schlägt in eben diesem Prozeß in ein scheinbar *Ich*–loses diffuses *Wir* um.

Qualitativ neu stellte sich das Problem des Verhältnisses zwischen diesen beiden Polen seit dem zweiten Drittel des 19. Jahrhunderts mit der auch ideengeschichtlich ernst zu nehmenden drohenden äußeren Gefahr für Japan: Sie veranlaßte die Herrschenden zu Maßnahmen in Politik und Verwaltung, die die Modernisierung dieser Funktionsbereiche rascher vorantrieben als auf anderen Gebieten. Darin wiederum ist ein entscheidender Faktor für den weiteren Werdegang der verschiedenen Subjektebenen in ihrer Konstellation zueinander zu sehen. Das bislang ständehierarchisch fundierte Familien- und Clanbewußtsein konnte nun funktionalisiert werden in Richtung *Landesfamilie* (so läßt sich die Kombination der Zeichen für kuni 国 – Land – und ie 家 – Haus bzw. Familie – zu kokka 国家 – der Staat – wortwörtlich übertragen) oder des *Reiches unter dem Himmel über Japan* – tenka 天下. Dieser Begriff bezeichnete in der Edo-Zeit den Herrschaftsraum des Shôguns: einmal dessen Verhältnis zum machtlosen Himmlischen Herrscher (Tennô 天皇, in dessen Auftrag er regierte), zum anderen zu den ihm, dem Shôgun, untergebenen Lehensherren (daimyô 大名). Er eignete sich nun als Vehikel für die Konstituierung eines allgemeineren *Wir*–Bewußtseins, das die Beziehungen zwi–

schen dem Volk und dem Tennô charakterisieren sollte. Beides war neu und ließ sich mit dem in beiden Kombinationen vorkommenden Zeichen ten 天 für Himmel möglicherweise besser durchsetzen: daß das Reich unter dem Himmel auf das (politisch natürlich untertane) Volk zielte und daß der *Himmlische Herrscher* wieder direkt für das *Reich unter dem Himmel* stehen sollte.

Im weiteren Rezeptionsprozeß westlicher Kulturen trafen nun zwei verschiedene Formen der Reflexion des *Selbst* aufeinander: diese Subjektebene bzw. Reflexionsform des *Wir*, begrifflich auch mit *Landeskörper* (kokutai 国体) zum Ausdruck gebracht, womit Staat ebenso wie japanische Kultur gemeint sein konnte; und Reflexionsformen eines Denkens, in dem das *Selbst* zum *Ich* als individuelle Identität und/oder zum Gattungssubjekt generiert war, beide durch den Begriff der *Vernunft* untrennbar verbunden. Letztere fanden – von der segmentierten akademischen Welt seit der Meiji-Zeit einmal abgesehen – in der Tat nur schwer Eingang in die kommunikativen Tätigkeiten und Praktiken der sich modernisierenden Gesellschaft: Die sich in Chôeis Texten andeutende Komplementarität von Universalisierungs- und Individualisierungstendenzen, aus seiner intensiven Auseinandersetzung mit dem *Anderen* resultierend, war für seine Zeit, sein gesamtgesellschaftliches Umfeld nicht repräsentativ und blieb auf wenige Gruppen Gleichgesinnter begrenzt.

Ursachen dafür sind zwar auch in der politischen Realität zu suchen, in der das *Wir* als das der Mächtigen und der Ideologen nach außen staatliche Souveränität gegen universalistisch verbrämte Interessen westlicher Nationen zu schaffen hatte und sich damit zugleich auch nach innen gegen Bestrebungen der Verwirklichung von Ideen wie Freiheit und Menschenrechte (jiyû minken 自由民権) zu legitimieren versuchte. Doch allein durch Druck von oben läßt sich das nicht erklären. Vielmehr wurde das sich formierende Spannungsverhältnis zwischen Staat und Individuum in der Regel durch ein Netz sozialer Beziehungen, ein facettenreiches *Wir* als *gesellschaftlich vermittelte* (nicht mehr quasi natürliche) *Gemeinschaften* abgefedert, über die letztlich der einzelne sein *Ich* konkret bestimmte und Identität zu gewinnen vermochte. Inhalte und Formen, das Maß dieser *Wir*-bezogenen Identitäten variierten natürlich je nach Teilbereich, in dem diese Gemeinschaften sich formierten – Alltag, Politik, Ökonomie, Literarisch-Künstlerisches, Wissenschaft. Doch selbst im Falle letzterer bildeten sich kommunikative Praktiken heraus, die vom Verhaltensmuster *wie in einer Familie* und den entsprechenden Werten wie *Loyalität, Pietät*, Fortführung des Erbes u.ä. geprägt waren. Am Beziehungsgeflecht zwischen Meister und Schülern im Rahmen der Haus- oder Privatschulen wird zudem deutlich, daß solcherlei Kontinuität nicht aus einfachem Bewahren, gar Verharren resultierte; sie realisierte sich letztlich über Wandel durch Aneignung von Neuem, Fremdem. Deutlich wurde zudem, daß die verschieden motivierten Protagonisten dieses Wandels aber wiederum nicht - wie Toulmin (1991: 281-288) es für die europäische Moderne konstatiert - den "Mythos von der Tabula rasa", den "Traum von einem Nullpunkt als Ausgangspunkt" auf ihre Fahnen schrieben, sondern mittels Erneuerung traditionell bleiben wollten. Und folgt man Toulmin darin, daß dieses *Tabula-rasa*-Denken - gemeinsam mit den Idealen der Gewißheit und Systematik - eine der drei Säulen des philosophischen Programms der westlichen Moderne gewesen sei und durchaus etwas mit deren kulturellen und politischen Gegebenheiten zu tun gehabt hätte - welche *kognitiven Säulen* trugen dann das Programm *Kontinuität durch Wandel*, wie nahm man dieses Aufeinandertreffen von Alt und Neu, Eigenem und Fremdem wahr, erfaßte es diskursiv?

(2) In diesem Zusammenhang zeigt sich als zweite Tendenz die - gleichfalls durch Modifizierung des gesamten diskursiven Raumes ermöglichte - Reproduktion eines bestimmten Typs kontextbezogenen Denkens, den ich mit dem Begriff des *präsentativen Symbolismus* beschreibe. Dessen Wesensmerkmal: "Sein an einen konkreten Ort binden und in eine soziale Beziehung gliedern" zu wollen (Heise 1989: 94), was Entsprechungen in den eben dargestellten kommunikativen Gegebenheiten hat. Praktikabel und nützlich zu sein, war im chinesisch-ostasiatischen Kulturkreis stets eine Grundanforderung an Wissen, einhergehend mit einer eher normativen als abbild- und somit wahrheitsorientierten Sicht auf die Realität. Kognitives Interesse galt eher den Beziehungen von Elementen eines Ganzen zueinander als deren Eigentlichkeit, eher dem *Wie* als dem *Was* oder *Warum*. Dieses funktional-analogische Denken prägte, wie am Beispiel der Medizin gezeigt, auch die Formierung moderner Wissenschaft in Japan: Im Rezeptionsprozeß westlicher Wissenschaften fand zum einen über das Konzept des *Praxisbezogenen Studiums* (jitsugaku 実学) eine wichtige äußere Vorauswahl statt, welchen Disziplinen man sich zuwandte; zum anderen suchte man nach inneren Anschlußstellen für die unterschiedlich gewachsenen Inhalte und Formen von Wissen, was immer auch das Problem der Grenzziehung implizierte.

Bei dieser Neuordnung von Wissen bildeten Analogien und Gleichnisse ein wichtiges methodisches Instrumentarium. Die Isomorphie von Beziehungsgefügen aufzudecken, Wirk- und Bedeutungszusammenhänge herzustellen, schloß stets auch ein Erkenntnisinteresse an der Art und Weise ein, wie Neu und Alt – kulturvergleichend gesprochen: *Fremdes/Anderes und Eigenes* – zueinander stehen, zu arrangieren sind. Analogieausgelöste Innovationen tendieren dazu, ersteres in letzterem aufzulösen. Solch eine konservierende Anpassung war auch für die Holland-Wissenschaftler unumgänglich, wollten sie in Zeiten tiefgreifender sprachlicher Umbrüche überhaupt kommunikativ sein. Praktiziert wurde sie in zweifacher Richtung mit sehr unterschiedlichen Resultaten: Im Rahmen der Übersetzertätigkeit versuchte man, vergleichbare Phänomene und Zusammenhänge durch bereits existierende Termini wiederzugeben (honyaku 翻訳 bzw. taiyaku 対訳). Dadurch erfuhren nicht nur beide Seiten eine Neuinterpretation, gemeinsam mit Transliteration (onyaku 音訳) und vor allem mit der sinngemäßen Übertragung (iyaku 意訳) wurden Fach- oder Wissenschaftssprachen überhaupt geschaffen. Das Problem des *Kassetten-* oder *black-box-Effektes* nahm damit seine moderne Gestalt der Kluft zwischen den Sprachen an, der man sich in den verschiedenen gesellschaftlichen Teilbereichen bzw. Funktionssystemen bediente.

Die gleichen Zeichen aber, deren Kombinationsfähigkeit die Rezeption und Konstruktion abstraktester Begriffe und Theorien zwecks wissenschaftlicher Erkenntnis erlaubte, begünstigten mit ihrem Symbolcharakter wohl zugleich ein anderes als das abbildmäßige Verständnis von Wirklichkeit: die Konstituierung von Bedeutung auf nicht nur verbalem, *diskursivem*, d.h. Worte und Gedanken *nacheinander* aufreihendem Wege, sondern durch *bildhaften* Ausdruck, der ein – *gleichzeitig* andere Elemente darbietendes – Ganzes präsentiert. Die gleichen Zeichen also, die über die neu entstehenden Wissenschaftssprachen in den Texten der Holland-Wissenschaftler objektiv an der Entzweiung (Dichotomisierung) bislang ganzheitlich gefaßter Realität mitwirkten, sie vermochten mit ihrer konkreten, z.T. gar sinnliche Unmittelbarkeit implizierenden Bildlichkeit diesen Prozeß der Ausdifferenzierung zumindest partiell wieder zu unterlaufen, darin vom Bildhaften der Analogien unterstützt. Beispiele aus Schriften des Takano Chôei zeigen, daß auf diese Weise zwar themen- und abstrakt-begriffliche Einseitigkeiten aufgefangen wurden, die Kehrseite der Medaille allerdings das Problem der Ambivalenz und Mehrschichtigkeit (schrift)sprachlicher Kommunikation war. Und diese resultierte nicht nur aus der immer wieder neu zu leistenden Bedeutungsarbeit an den symbolträchtigen Zeichen innerhalb der jeweiligen Kontexte, in denen oder für die sie stehen, sondern auch aus deren Fähigkeit, Assoziationen und Gefühle zu wecken und ihnen Ausdruck zu verleihen.

Mit beiden Aspekten hängt wiederum zusammen, daß auf historische Faktizität und Wahrheit zielende, empirisch-geschichtswissenschaftliche Herangehensweisen an Überlieferungen und überkommene Texte sich über Fachkreise hinaus nur schwer in der gesellschaftlichen Realität durchsetzen konnten. Hier lebten diese vielmehr als (auch reflexiv erarbeitete) Konventionen, als kodierte Symbole fort, die individuelle Erlebnis- und Handlungsweisen ebenso wie soziale Verhaltensweisen prägten. Auch die immer wieder konstatierte *Episodalität, Ausschnitthaftigkeit,* mehr *additiv-beschreibende* als kohärente Darbietung von literarischen wie auch (human)wissenschaftlichen Stoffen finden in den angeführten Merkmalen dieses Denkstils *einen* möglichen Erklärungsansatz: Während substanz- und identitätslogisch-orientiertem wie auch historisch-linearem Denken vor allem seit der Neuzeit das Dichotomisieren von Unterschieden, letztlich deren ausschließende Gegensätzlichkeit bzw. das Betonen von Diskontinuität immanent ist, setzt funktional-analogisches Denken (hier als präsentativer Symbolismus) diese Unterschiede korrelativ in Beziehung, ver-ortet sie in einen konkreten Kontext. Diesen wieder und wieder - nicht ein für allemal - rekonstruieren zu müssen, fördert wohl die Bereitschaft, Vieldeutigkeit, Un-Gewißheit, das Nebeneinander oder *Sowohl-als-Auch (ARE MO, KORE MO)* von scheinbar Unvereinbarem, mithin Paradoxes zu akzeptieren.

Die geistigen Habitusformen "Östliche Moral - Westliche Kunstfertigkeit", generell der diskursive Raum um die "Debatten über die japanische Kultur", können als Konkretisierung solch eines *Locozentrismus (Logik des Ortes* betrachtet werden. Sie zu bewerten erfordert demnach, sie an die konkreten historischen kommunikativen Gegebenheiten rückzubinden, statt sie abstrakt einem (noch dazu in die westlichen Kulturen ver-orteten) *Logozentrismus (Logik des Wortes)* gegenüberzustellen. Das sich postmodern gebende Programm einer *Überwindung der Moderne* könnte sich sonst als Bumerang ebendieses - auf ein formallogisches *Entweder-Oder (ARE KA, KORE KA)* - reduzierten Rationalitäts- und Moderne-Begriffes erweisen. Zumal, wenn in die Vergangenheit hinein überwunden und mit einer einseitigen Idealisierung dieses (nun in die Kulturen des Ostens lokalisierten) Denkstils gleichzeitig ein diffuses Gemeinschaftsbewußtsein und -empfinden konstituiert werden soll, das weder auf wirklich kontextbezogene vielfältige Identitäten aus ist, noch die auf dem eigenen Wege in die Moderne produzierten Probleme zu reflektieren vermag.

Die unter diesem Aspekt skizzierte Entsprechung von Formen der Kommunikation und Kognition abschließend mit dem Thema Intellektuellenkultur in Japan zusammengedacht, sehe ich z.B. folgendes Problem: Intellektuellenkulturen sind in ihrem Entstehen und Funktionieren aufs engste mit dem Bedürfnis verbunden, die auseinanderdriftenden Inseln von Spezialistentum nicht nur untereinander (wieder) zu vernetzen, sondern sie auch im Erfahrungsbereich des Alltags, in den Lebenswelten zu verankern, Fragen allgemeinen Interesses aufzuwerfen, Sinnfragen zur Diskussion zu stellen. *Öffentlichkeit* fällt dabei immer wieder als zentrales Stichwort. Der Raum für deren Entfaltung als eine allgemeinpolitische aber wurde in dieser Kultur von jenen *Wir*-Ebenen unterhalb von (bürgerlicher) Gesellschaft einerseits und des Staates andererseits zusammengeschoben. Er diffundierte daher in diese Ebenen, schuf dort je kleine Öffentlichkeiten recht unterschiedlicher Art und Wirkungsweise. Damit ist zum einen ein intellektuelles Potential gemeint, daß sich in der Nähe zur Macht - von dieser gefördert und gefordert - bildete und dort jene Tätigkeitsfelder fand und findet, um den genannten Bedürfnissen nachzugehen. Erinnert sei etwa an den Werdegang der Holland-Wissenschaften und ihrer Akteure (später auch eines Großteils von Intellektuellen der Meiji-Zeit) und die damit verbundene Gefahr des oben erwähnten "Kurzschlusses" mit dem Offiziellen. Zum anderen denke ich an Tätigkeitsfelder von Denkern und Intellektuellen in informellen Kreisen, deren heute unüberschaubare Verzweigtheit einen Ursprung auch in den einstigen Privat- oder Hausschulen hat. Ein wesentlicher Integrationsfaktor war und ist für sie ihre lebensweltliche Verankerung (d.h. auch kommunikative Nähe zu Nichtintellektuellen)[96], ihr lokal und gegenständlich konkreter Aktionsradius, weshalb sie aus der Vogelperspektive ganzer sozialer Funktionssysteme oft nur schwer wahrnehmbar sind. Daraus auch erwächst die Schwierigkeit, solche intellektuellen Topoi horizontal zu Sphären zu verflechten, die gesellschaftlichen Einfluß über die unmittelbaren Gruppen und Gemeinschaften hinaus erlangen und sich auf diese Weise der vertikalen, letztlich machtorientierten Organisation von Wissen - wortwörtlich - in die Quere zu legen vermögen.

Um diese Konstellation, der Vergleichsmöglichkeiten wegen, nochmals auf das Eschersche Bild zu projizieren:

Der Blick konzentriert sich dann vor allem auf den mittleren Teil. Weiße und schwarze Figuren scheinen sich weniger voneinander abzugrenzen, vielmehr beziehen sie sich aufeinander und gewinnen so ihre Identität. Sich daraus zu erheben und das Eigene durch die innere Strukturierung hervortreten zu lassen (sich zu profilieren), ist offensichtlich schwierig, immer wieder zieht es sich auf Rekursives zurück. Die auch hier nach unten hin verschwimmenden Konturen, die den Eindruck des Uniformen, der Undurchschaubarkeit vermitteln, bilden nun weniger den Gegenpol zum oberen Rand des Bildes, zum einsamen Flug infolge des ARE KA, KORE KA, sondern resultieren wohl eher aus dem unmittelbar darüberliegenden Miteinander als ARE MO, KORE MO.

Fragen an diese Moderne: Bloßes Miteinander, gar Nebeneinander statt Interaktion dieser Gemeinschaften - inwieweit hat das zu tun mit deren wesentlich konsensorientierten, selbstaffirmativen Binnenstrukturen? Bedarf wirkliche Kommunikation nicht eines bestimmten Maßes an Autonomie? Und zwar einer Autonomie nicht infolge von Isolation und Ausgrenzung, sondern durch (Dissens und Konsens ermöglichenden) Perspektivenwechsel, nicht infolge beliebiger Vielfalt, sondern des Nichtübereinstimmens und dennoch Miteinanderdiskutierens und -handelns. Könnte das nicht auch *Befreiung* bedeuten: *Selbst*findung als ein immerwährender Übergang, ein stetes Unterwegssein, auch zwischen den Kulturen?

Anhang:

1. Übersetzungen von Briefen und Schriften des Takano Chôei
2. Anmerkungen/Text
3. Anmerkungen/Übersetzungen
4. Übersicht über Leben und Werk des Takano Chôei
5. Literaturverzeichnis
6. Namenverzeichnis
7. Sachwortverzeichnis

1. Übersetzungen von Briefen und Schriften des Takano Chôei

Briefe

Auszug aus dem Brief an Takano Gensai, Bunsei 8 (1825), 19. Tag des 7. Monats[1]

PS.
Es sei nochmals gesagt. Hinsichtlich des Aufbruchs nach Nagasaki versprach ich, mich je nach Wetterlage in einigen Tagen auf den Weg zu machen.

Ich hätte erst nach einer Beratung mit Ihnen entscheiden sollen, was zu tun ist. Doch wäre es darüber zu spät geworden, und Unannehmlichkeiten hätten entstehen können, weshalb ich Meister Yoshidas und Komadome Masamis[2] beider Rat befolgte und alles in die Wege leitete, ohne mich mit Ihnen zu beraten. Ich bitte Sie um Vergebung, doch wie oben erwähnt, bin ich in Eile, beratschlagte mich daher mit Meister Yoshida und Komadome, faßte meinen Entschluß und breche nun nach Nagasaki in Hizen auf. Im folgenden erläutere ich Ihnen das Motiv dafür näher.

Wie früher schon erwähnt, kehrt Imamura Hôan[3] dieser Tage nach Nagasaki in sein Elternhaus zurück. Und weil im Frühjahr des nächsten Jahres die Holländer ihren Besuch bei der Regierung in Edo[4] abstatten, begibt er sich bei dieser Gelegenheit gemeinsam mit ihnen wieder nach Edo. Seine diesjährige Rückkehr nach Nagasaki hat folgende Bewandtnis. Der kürzlich in Japan eingetroffene holländische Arzt namens Siebold[5] beherrscht die Heilkunst dermaßen gut, daß er von der Verwaltung Nagasakis die Erlaubnis erhielt, in einem städtischen Haus zu praktizieren. Zudem soll Siebold etwa 20 chô[6] von der Stadt Nagasaki entfernt ein Stück Land von ca. 2 chô[7] gepachtet haben und alle möglichen Heilpflanzen, die er für die Behandlungen verwendet, anbauen. Alle zwei Tage seien ärztliche Behandlungen angesetzt, die in der holländischen Residenz von Nagasaki durchgeführt werden. Dieses Gerücht drang allmählich auch nach Edo, ist doch eine solche Vorgehensweise von jeher ohne Beispiel. Da es sich aber diesmal um einen so hervorragenden Arzt handelt und ihm sogar Heilbehandlungen gestattet werden, gibt es unter den in Edo die Holländische Wissenschaft Studierenden seit diesem Frühjahr immer wieder welche, die sich nach Beziehungen umsehen und sich mit einer Menge Geld auf die Studienreise nach Nagasaki begeben. So möchte auch Hôan sich auf den Weg machen und die Heilbehandlungen studieren. Doch ist dieser Hôan bereits in die Jahre gekommen und kränkelt obendrein leicht, weshalb, als er nach einem passenden Begleiter Ausschau hielt, es auch eine Menge Leute gab, die ihn zu begleiten wünschten. Er lehnte sie aber alle ab, weil er sich unsicher fühlt, wenn er unterwegs erkrankt und ihm kein Bekannter zur Seite steht. Meine Wenigkeit wiederum kennt er seit Jahren sehr gut, wir sind einander vertraut, weshalb er beruhigt sein kann, und so bat er mich, ihn zu begleiten. Dafür erhielt ich von ihm das Angebot, nach unserer Ankunft in Nagasaki im Haus seiner Eltern bleiben und studieren zu können. Bedenke ich es aber recht, so würde ich, bliebe ich in Edo, stets sofort über Ihr Befinden daheim Bescheid wissen. Zudem gelangte ich in letzter Zeit, nachdem ich meine Studien im großen und ganzen zum Ende gebracht habe[8], dank des gütigen Schutzes des himmlischen Weges in eine Position, in der ich von den (Sorgen um das) leibliche Wohl befreit bin und die es mir erlaubt, mich einzig der Wissenschaft zu verschreiben. Gehe ich hingegen nach Nagasaki, so habe ich dort weder Bekannte noch Geld dafür übrig, könnte also nur mit Schulden aufbrechen. Die ferne Zukunft bedenkend, gab ich dieses Verlangen als nicht realisierbar auf, und als ich Komadome in Honchô aufsuchte und wegen der Nagasaki-Reise befragt wurde, legte ich ihm meine Überlegungen im einzelnen dar. Daraufhin meinte Komadome: "Das sind ja höchst törichte Ansichten. Schließlich ist doch, wie man immer sagt, ein Jahr Studium in Edo lediglich ein Gefecht auf der Tatami. Auch nur ein halbes Jahr dagegen in Nagasaki studiert, ist ein Kampf mit echten Waffen[9]. Überleg doch 'mal, was von beiden effektiver für das Studium ist!", worauf meine Wenigkeit erwiderte: "Selbstverständlich ist Nagasaki entschieden besser!" Daher riet Komadome: "So manch einer sucht heute Beziehungen nach Nagasaki und steckt viel Geld in diese Studienreise. Ärmere Studenten wiederum betätigen sich unterwegs nebenbei als Masseure oder verdingen sich als Diener. Was aber nun Dich anbelangt, hat Dir Hôan nicht nachdrücklich sogar für Nagasaki seine Hilfe angeboten, Dich in seinem Elternhaus zu versorgen und sich um Dich zu kümmern? Das ist ein Segen des Himmels, daher solltest Du schleunigst Vorkehrungen für die Reise nach Nagasaki treffen. Außerdem ist der Holländer, der diesmal gekommen ist, von Rang und Namen, insbesondere wurden ihm Heilbehandlungen gestattet, weshalb viele Patienten kommen, wie ich hörte. Auch wird es sicher interessante Heilmethoden und Operationen geben. Diese zu erlernen und sich nach Medikamenten und den vielen Artikeln zu erkundigen, die es nur in der holländischen Sprache gibt und deren japanische und chinesische Bezeichnungen völlig unbekannt sind – das wäre nicht nur für Dich ein großes Glück, sondern auch für die Gefährten der Yoshida-Schule. Ich selbst wollte mich unbedingt auch hinbegeben, mußte aber wegen häuslicher Umstände verzichten, was ich heute noch bedaure. Natürlich gibt es bis dato noch niemanden aus der Yoshida-Schule, der in Nagasaki war und von dieser Holländischen Medizin[10] gelernt hat. Deshalb wollte man im nächsten Frühjahr, wenn die Holländer nach Edo kommen, diese zwar gleich ausfragen, doch ist das irgendwie belastend. Gingest Du nach Nagasaki und widmetest Dich dort ein Jahr lang dem Studium der Holländischen Medizin, so würdest Du damit vertraut und könntest vor allem auch ein wenig dolmetschen. Unsere Leute könnten dann leichten Herzens nach allen möglichen Dingen fragen. Geh also unbedingt!" Er fuhr fort: "Manch einer von den jungen Leuten vergeudet drei, vier Ryô[11] für nutzlose Dinge. Diesmal jedoch dient es dem Zweck, sich Fertigkeiten für das ganze Leben anzueignen, und es wird zudem für das Studium verwandt. Daher wird man es Dir in der Heimat nicht verübeln. Wie also wäre es, Du würdest Dir vom Kanzakiya[12] das Geld für die Reise borgen? Sind es jetzt auch drei, vier Ryô – wenn im nächsten Frühjahr die Holländer nach Edo kommen, so bist Du mit ihnen vertraut, vermittelst daher Geschäfte mit Büchern, Kolben, Arzneimitteln, chinesischen Pinseln u.ä. und müßtest daher eigentlich die Reisekosten entsprechend begleichen können. Mach Dich also unbedingt auf den Weg!" Das schien mir doch sehr plausibel. Ich fragte mich allerdings, ob Komadomes Meinung allein ausreiche und begab mich deshalb zu Herrn Yoshida. Und da auch der jetzige Meister, als ich mich mit ihm beriet, der gleichen Auffassung wie Komadome war, beschloß ich, mich auf den Weg zu machen. Ginge ich jetzt nicht zum Studium nach Nagasaki, würde sich wohl in meinem ganzen Leben nicht wieder solch eine Gelegenheit bieten, und so glaube ich, das eben ist der himmlische Augenblick. Auf heimatlichem Boden werden mir gewiß alle zürnen, doch breche ich mit der Absicht auf, erst um Vergebung zu bitten, nachdem ich mein Werk vollbracht habe.

Im nächsten Frühjahr kehre ich mit den Holländern zurück nach Edo. Folglich beabsichtige ich, im Sommer in die Heimat zurückzukommen. Bitte verlassen Sie sich auf mich. Für die jetzigen Reisekosten habe ich mir vom Kanzakiya ein Ryô entliehen, des weiteren bin ich bei Herrn Komadome Masami aus Honchô, 2–chôme mit drei Ryô verschuldet. Von diesem Geld wird ein Ryô aus dem Kanzakiya bei meiner Rückkehr nach Edo im kommenden Frühjahr zurückgezahlt. Die drei Ryô von Komadome Masami aber hat er angesichts der Tatsache, daß seine Familie sich gegenwärtig in Schwierigkeiten befindet, von anderen geborgt und meiner Wenigkeit geliehen, denn seit langem bin ich ihm vertraut, sind unsere Beziehungen wie die zwischen älterem und jüngerem Bruder[13] und ist diese Gelegenheit etwas mein ganzes Leben Betreffendes. Ich meinerseits borgte mir (das Geld) mit dem festen Versprechen, gegen Ende des 6. Monats in der Heimat um eine Geldsendung gebeten zu haben, die daher demnächst eintreffen müsse, weshalb ich Sie mit höchster Ehrerbietung um die Geldsendung bitte. Über den kürzlich empfangenen Betrag von zwei Ryô hinaus um weitere drei Ryô zu bitten, ohne Ihre Schwierigkeiten zu berücksichtigen, ist mir ziemlich peinlich, aber wie im letzten Brief erwähnt, waren die letzten zwei Ryô gänzlich für die Zahlung an den Kanzakiya bestimmt. Die drei Ryô diesmal sind als Reisekosten für die im nächsten Frühjahr beabsichtigte Rückkehr in die Heimat gedacht, bitte schicken Sie mir das Geld recht schnell. Wie schon gesagt, möchte ich in der Tat im kommenden Sommer nach Hause zurückkommen. Und da zu erwarten ist, daß ich im nächsten Frühjahr die Holländer nach Edo zurückbegleite und dann mit ihnen auf besonders vertrautem Fuß stehe, könnte ich durch den Handel mit holländischen Waren möglicherweise recht leicht zu drei, vier Ryô gelangen. Mit diesen möchte ich nach Hause kommen. Sollten Sie mir nun kein Geld zusenden, so würde ich mein Wort brechen, und Masami käme deswegen in Schwierigkeiten. Unsere bislang enge Vertrautheit könnte nicht bestehen bleiben und es wäre nicht mehr möglich, freundschaftlich miteinander zu verkehren. Würden Sie dies bitte gütigst bedenken. Ist gerade kein Geld bei der Hand – zürnen Sie mir nicht –, so bitte ich Sie, es sich von jemanden zu borgen und mir rasch zu schicken. Der Empfänger ist Herr Komadome Masami aus Honmachi,

2–chôme. Senden Sie es bitte direkt an dieses Haus. Auch für den Fall, daß Sie meiner Wenigkeit nach Nagasaki schreiben, richten Sie es bitte an dieses Haus. Da es über ein Geschäftsbuch der Eilpoststation von Nagasaki verfügt und ich um rasche Nachricht bitte, verfahren Sie also bitte auf diese Weise. Weiterhin nehme ich an, daß sich meine Wenigkeit nach der Ankunft in Nagasaki im Hause des Dolmetschers Imamura Naoshirô in Nagasaki, Gotô–chô, niederlassen wird. Allerdings weiß ich noch nicht, wie sich alles gestalten wird. Soweit erst einmal das Wichtigste.

Ich bitte Sie, meine Reise nach Nagasaki irgendwie vor Mutter zu verschweigen.

Ich werde Ihnen auch unterwegs und gleich nach meiner Ankunft in Nagasaki schreiben. Verlassen Sie sich also auf mich.

Ich denke, Sie können nunmehr beruhigt sein. Auch von Yoshida und Komadome sind Schreiben an Sie gegangen, und so bitte ich Sie, diese zur Kenntnis zu nehmen und einen, wenn auch nur kurzen, Dankesbrief zu übermitteln.

Nach Maesawa[14] habe ich diesmal nichts von der Nagasaki–Reise verlauten lassen. Teilen Sie es Ihnen doch bitte irgendwie mit.

Ich bemerkte oben, Sie möchten das Geld für Komadome direkt an dessen Haus senden. Unter seinen Vermittlern gibt es jedoch zweifelhafte Leute, und so bitte ich Sie, an Meister Yoshida Dôseki eine Bittschrift zu richten, Komadome möge (das Geld) von Yoshida erhalten. Auch künftig möchte ich Sie bitten, meiner Wenigkeit alle Waren und was es sonst auch sei, über Meister Yoshida zukommen zu lassen.

An Takano Gensai, Bunsei 8, 27. Tag des 10. Monats (1825)[15]

Gerade bietet sich eine günstige Gelegenheit, weshalb ich mir gestatte, Ihnen einige Zeilen nach Edo zu senden. Allmählich wird die Kälte strenger, ich entbiete Ihnen allen, die Sie sich sicher wohl befinden, die besten Grüße. Was meine Wenigkeit betrifft, so wohne ich, wie während der letzten Monate berichtet, in der vom holländischen Arzt Siebold eingerichteten Schule in Narutaki bei Nagasaki. Das Studium läuft bestens, sorgen Sie sich daher bitte nicht.

Nun hätte ich ja eigentlich anläßlich der Aufwartung der Holländer bei der Regierung im nächsten Frühjahr in deren Begleitung nach Edo kommen sollen. Doch stand man mir verschiedentlich zur Seite und meinte, daß der mühevolle Gang hierher nach Nagasaki vergeblich gewesen sei, kehrte ich jetzt zurück, und daß es gut wäre, würde ich auf alle Fälle noch das ganze nächste Jahr hier bleiben und studieren, was daher auch mir zusagte. Ich bitte Sie ergebenst, mir wenigstens das nächste Jahr zu gewähren.

Gegenwärtig kommen bei dem holländischen Arzt Siebold – es hat sich ziemlich herumgesprochen – von überall her zahlreiche Schüler zusammen, und es herrscht ein enormer Andrang. Dieser holländische Arzt mag die Pflanzenkunde außerordentlich, und zuweilen begibt er sich hinaus, um Heilpflanzen zu sammeln oder um bei Hausbesuchen in der Stadt Behandlungen vorzunehmen. Es ist wirklich ein großes Vergnügen.

Immer wieder bereitet meine Wenigkeit Ihnen allerlei Sorgen. Da Sie, verehrter Vater, zudem auch krank sind, sollte ich eigentlich schleunigst nach Hause zurückkehren. Doch obgleich unbegabt, möchte ich mein Studienziel unbedingt erreichen und begab mich deshalb bis hin nach Kyûshû. Keinen Moment verläßt mich der Gedanke, wie ungehorsam es doch ist, nunmehr in eine Gegend gelangt zu sein, die China näher ist als Ihrer Region. Wegen der obigen Umstände war das allerdings unumgänglich. Sollte (mir) das eine nächste Jahr gewährt werden, würde ich vor Sasaki Chûtaku[16] nicht mehr auf die Knie zu fallen brauchen. Dann könnte ich wohl – kehrte ich zu Ihnen zurück – die bisherige Schmach tilgen[17]. Bedenkt man es recht, gibt es unter den Menschen doch niemanden, der kein Geld begehrt. Daß aber einer wie ich, der von Geburt an nichts mit Geld zu tun hatte, seine Hoffnung aufs Geld setzt, das ist wider das Prinzip des himmlischen Weges. Und sollte ich zerschlissene Kleidung tragen, verschmutzten Antlitzes sein – wenigstens in der Wissenschaft will ich es zu etwas bringen, um dann in die Heimat zurückzukehren. Würden Sie bitte alles dementsprechend einrichten?

Wie mag es Mutter und Keizô[18] wohl jetzt gehen? Weilen sie noch in Ojika? Seit meiner Ankunft in Nagasaki kam aus Edo keinerlei Nachricht mehr, ich sorge mich so!

Ich wollte diesmal irgendwie auch nach Maesawa schreiben, konnte es aber nicht, da ich mich wegen der Eilpost sputen mußte. Übermitteln Sie bitte meine Grüße. (Mit diesem Brief) wollte ich Ihnen obiges mitteilen. Der Jahreszeit gemäß wird es wohl nun allmählich kälter. Achten Sie vor allem auf Ihre Gesundheit. Im folgenden dann also ausführlicher. Hochachtungsvoll, Takano Chôei.

An Takano Gensai, Bunsei 9 (1826), Frühjahr[19]

Zwei Briefe schrieb ich Ihnen seit meiner Ankunft in Nagasaki, die Sie sicher erhalten haben. Wie darin erwähnt, beabsichtigte ich ursprünglich, anläßlich der Aufwartung der Holländer bei der Regierung in diesem Frühjahr in deren Begleitung nach Edo zurückzugehen und dann heimzukehren. Da die Holländischen Wissenschaften hier aber zur Zeit ihre Blüte erleben und es günstig ist zu studieren, widerspräche es meinem eigentlichen Anliegen, gerade jetzt nach Hause zurückzukehren. Zudem ist es nicht möglich, nochmals hierher kommen zu wollen, weshalb ich Sie bitte, mir nur noch dieses eine Jahr zu gewähren. Im kommenden Frühjahr will ich mich dann sofort auf den Weg machen. Was meine Wenigkeit betrifft, so besuche ich seit Ende vorigen Jahres auch die Schule von Meister Yoshio Gonnosuke[20] und studiere eifrig am Tage wie auch nachts. Aus dieser Schule haben sich diesmal einige Siebolds Besuch bei der Regierung angeschlossen, daher gebe ich bei der günstigen Gelegenheit dieses Schreiben für Sie nach Edo mit. Wenn die Alten meinten "Kurz ist das Leben und schwer, das Wissen zu vervollkommnen", so betrifft das doch vor allem mich: schon fünf Jahre sind vergangen, seit ich die Heimat verließ. Und bedenkt man es recht, wie wäre ich mit meinen Studien vorangekommen, wenn ich schon vor zwei, drei Jahren nach Nagasaki gekommen wäre! Jetzt bedaure ich es erst recht. Widme ich mich dieses eine Jahr mit alle Kraft dem Studium, kehre ich im nächsten Frühjahr auf alle Fälle in die Heimat zurück, ich bitte Sie daher um Ihr Einverständnis.

An Takano Gensai, Bunsei 9 (1826), Anfang Herbst[21]

Bereits ein Jahr ist vergangen, da ich nichts über Ihr wertes Befinden vernehmen konnte und ein Tag mir wie eine Ewigkeit erschien[22], während ich auf eine Nachricht warte. Die Zeit der Spätsommerhitze ist angebrochen, ich würde mich freuen, Sie alle bei guter Gesundheit zu wissen. Meine Wenigkeit widmet sich wohlbehalten und mit Eifer dem Studium. Seien Sie bitte unbesorgt.

Kürzlich kehrten die Holländer in ihre Einrichtungen zurück, und so erfuhr ich Näheres zur Situation in Edo. Diesbezüglich verwunderte mich die Mitteilung, Ihrerseits sei seit vorigem Jahr keinerlei Nachricht an meine Adresse gegangen. In der Tat vermute ich, daß es Ihnen nicht recht war, als ich im vorigen Sommer ohne Ihre Zustimmung zum Studium nach Nagasaki ging und Sie deshalb bis heute nichts von sich hören ließen. Nun fühle ich mich erst recht schuldig. Bitte, vergeben Sie mir meine Schuld, bin ich doch wenigstens in den Holländischen Wissenschaften etwas vorangekommen!

Dank der Unterstützung von Genzô vom Kanzakiya wurde ich gerade wieder in die Lage versetzt, mich ausschließlich meinen Studien widmen zu können. Wie Sie sicher hörten, hatte sich der Arzt Yamada Daien verschuldet, da er die 48 Ryô für Arzneimittel vom Kanzakiya nicht bezahlen konnte. Dieser Mann ist jedoch inzwischen beim Fürsten Matsuura aus Hirado in Hizen zu Gast und macht seinen Einfluß auf die Landespolitik unumschränkt geltend. Sein neuer Name ist nun Matsubara Kenboku. Als man im Kanzakiya davon erfuhr, riet man mir, dieses geliehene Geld einzutreiben, es für die Studienkosten zu verwenden und sandte mir den Schuldschein. Daraufhin begab ich mich am 12. des vergangenen Monats mit dem Schiff nach Hirado, wo ich wohlbehalten ankam. Rasch suchte ich Kenboku auf und besprach mit ihm Verschiedenes an Ort und Stelle. Schließlich war er aber nicht bereit, das Geld herauszugeben, und als ich ihm daher vorschlug, das Kostgeld während meines Studiums in Nagasaki zu übernehmen, vereinbarten wir folgendes: Obgleich Fürst Matsuura glücklicherweise im Besitz vieler holländischer Bücher ist, verfügt er über keinen Holland-Wissenschaftler, weshalb Kenboku sich (an Fürst Matsuura) wenden wird, damit dieser mich beauftragt, diese Schriften zu übersetzen und durchzusehen. Mir würde zunächst ein Reihenhaus[23] im Anwesen des Fürsten Matsuura in Nagasaki zur Miete gegeben und die Verpflegung von der

Aufsicht des Hauses bereitgestellt. Vor einigen Tagen kehrte ich nun nach Nagasaki zurück und zog unverzüglich um. Wird demnächst alles genehmigt, so sollen mir die holländischen Bücher frei zugänglich sein und alle möglichen Ausgaben übernommen werden. Ich möchte jetzt ein Buch über die in unserem Lande noch unerschlossene "shikeikunde", was übertragen "Kunst des Zerteilens" bedeutet[24], übersetzen, Kenboku wird sich wegen des Abkaufs (der Übersetzung) an Fürst Matsuura wenden. Allerdings meinte Kenboku, daß dem sicher stattgegeben wird, weshalb ich obiges Buch schon ausleihen und übersetzen solle. Daher bin ich gerade sehr von der Übersetzung in Anspruch genommen. Dieses Buch, das dem Prinzip all dessen, was mit dem Himmel, der Gestalt der Erde, dem menschlichen Körper, Instrumenten, überhaupt all dessen, was mit der Kunst des Zerteilens in Beziehung steht, auf den Grund geht, ist für Ärzte eine Pflichtlektüre. Auch in Holland gelangte es erstmals seit 26 Jahren ans Licht, es ist ein einzigartiges Buch. Sobald ich die Übersetzung in Kürze fertiggestellt habe, zeige ich sie Ihnen. Ich hoffe, mich somit vor allem auch der Sorge um den Lebensunterhalt entledigt zu haben, mich einzig dem Studium widmen und meine langjährigen Wünsche einigermaßen erfüllen zu können. Ehrerbietig bitte ich Sie, sich mit mir zu freuen. Zwar wollte ich diesmal nach Maesawa schreiben, doch ohne daß sich eine Gelegenheit bot, erfuhr ich inmitten größter Geschäftigkeit von der Eilpost und ließ (wenigstens) Sie brieflich etwas über mein Befinden wissen.

An Takano Gensai, Bunsei 10 (1827), Neujahr[25]

PS.
Seit dem vorletzten Jahr konnte ich nichts mehr über Ihr wertes Befinden in Erfahrung bringen und so verbringe ich Tag und Nacht, das Herz voller Gram. Und doch ging schon dreimal der Frühling ins Land. Ich nehme an, in Wahrheit melden Sie sich vor allem nicht wegen Ihrer Einwände gegen meine Studienreise nach Nagasaki. Doch ist es nun einmal so gekommen, daher bitte ich Sie voller Ehrerbietung um Vergebung. Des weiteren berichtete meine Wenigkeit während des vergangenen Jahres ausführlich vom hiesigen Wohnsitz sowie über das Studium, was Sie sicher zur Kenntnis genommen haben. Und wie ich bei dieser Gelegenheit mitteilte, werde ich, als Entgelt für tagtägliches Übersetzen, von Matsubara Kenboku mit Essen usw. versorgt. Außerdem hält sich Kumagai Gorôzaemon aus einer wohlhabenden Familie in Hagi, Chôshû, gerade in Nagasaki auf, der ein wirklicher Anhänger der Holländischen Wissenschaften ist und auf dessen Bitte hin ich das "Yôjôron" ("Von der Pflege der Gesundheit")[26] übersetzt habe, weshalb er mir ein wenig Hilfe angedeihen läßt. Und da ich darüber hinaus auch von Siebold um Übersetzungen japanischer Texte ins Holländische gebeten wurde[27], erhalte ich für verschiedene Ausgaben etwas Hilfe. Erstmals, seit ich auf Reisen ging, bin ich daher vorläufig der Mühen um Essen, Trinken und andere Dinge ledig. So widme ich mich denn, an nichts anderes denkend, mit großem Eifer ganz dem Studium. Hinsichtlich meiner für dieses Jahr geplanten Rückkehr nach Edo habe ich mich entschlossen, wenigstens noch ein Jahr hier studieren zu wollen, war der Weg doch weit, die Reise beschwerlich. Ergebenst bitte ich Sie, mir diese Zeit zu gewähren. Zum Glück wird Meister Yoshio zum kommenden Neujahr an der Aufwartung der Holländer bei der Regierung zum Überreichen von Geschenken teilnehmen, weshalb ich als sein Begleiter nach Edo zu kommen beabsichtige. Nehmen Sie das bitte zur Kenntnis.

Seit dem vorletzten Jahr schon hörte ich nichts mehr von Ihnen, noch suchte irgend jemand Sie in der Heimat auf, und so träume ich bisweilen nur noch davon, nach Hause zurückzukehren. Recht bedacht glaube ich, die (auf uns) überkommene Schande bereinigen zu können, wenn ich dieses eine Jahr hier eifrig studiere, daher bitte ich Sie um Verständnis. Nichts würde mich mehr erfreuen, als von Ihnen wenigstens eine einzige Nachricht zu erhalten.

Stets muß ich daran denken, daß meine Wenigkeit es Ihrer aller großen Güte zu verdanken hat, was bislang aus mir geworden. Ich bitte ergebenst, das zu bedenken und mich gewähren zu lassen.

Wie mag es wohl Keizô und den Seinen gehen? Seit meiner Reise nach Nagasaki erhielt ich keinerlei Nachricht mehr und lebe daher in großer Bekümmernis. Untertänigst bitte ich darum, mich auch (über sie) etwas wissen zu lassen.

Ich wollte diesmal unbedingt nach Maesawa an Kisshôji einen Brief schicken, tat es jedoch nicht, da es auf diesem weiten Weg nicht möglich ist, ein dickes Schreiben mitzugeben. Übermitteln Sie bitte entsprechend die besten Grüße; hiermit wollte ich Ihnen lediglich mitteilen, daß es mir momentan gut geht und ich ein mir gemäßes Leben führe. Später werde ich über alles ausführlich berichten. Soweit in aller Eile.
Hochachtungsvoll.

An Mogi Samanosuke, Bunsei 11 (1828), 12. Tag des 4. Monats[28]

Ihr Schreiben vom 12. des 2. Monats habe ich in Hirado am 6. Tag des 4. Monats zur Kenntnis genommen. Vor allem freue ich mich, in Ihrem werten Hause alle wohlauf zu wissen. Auch meiner Wenigkeit geht es unverändert gut, seien Sie also unbesorgt.

Was mich nun betrifft, so war ich, wie aus Hirado berichtet, auf Bitten des Fürsten von Hirado den ganzen letzten Winter mit auf dessen Territorium unterwegs, Heilpflanzen zu sammeln. Von dort ging es mit dem Schiff bis nach Iki und Tsushima, und als ich Mitte des 2. Monats nach Kazamoto auf Iki zurückkehrte, erfuhr ich über einen Brief von einem Freund aus Nagasaki von den Vorkommnissen in der Heimat[29]. Unverzüglich ging ich nach Hirado zurück, öffnete am 13. des 3. Monats erstmals Ihren Brief, las ihn durch und war - zutiefst erschüttert - völlig ratlos. Ich hätte sofort nach Hause zurückkehren müssen, doch wie in dem aus Hirado abgesandten Brief vom 15. des 3. Monats mitgeteilt, bin auch ich gerade vom Hirado-Fürsten als Holland-Wissenschaftler aufgenommen worden, weshalb ich nicht gleich zurückkommen kann. Darüber hinaus mußten außer den holländischen Büchern unter anderem auch allerlei Arzneimittel angeschafft werden. Als ich Matsubara Kenboku zu Rate zog, ihn um einen Vorschuß von 20-30 Ryô bat, die er mir bewilligte, und nach Nagasaki aufbrechen wollte, suchte mich am 6. des 4. Monats Herr Sakanos Schüler Genseki in Hirado auf. Von ihm erfuhr ich Genaueres über Ihrer aller Lage daheim, erhielt Ihren werten Brief und war fürs erste beruhigt.

Mit Vaters krankheitsbedingtem Tod heißt es sich nun abzufinden. Sobald als möglich müßte ich zurückkommen, doch als ich kürzlich meine Freunde zusammenrief, um mich mit ihnen zu beraten, meinten sie, ich solle mich doch nicht gar so hastig auf den Weg machen. Und da ich zudem lange in Nagasaki weilte, viele Schulden habe und mir die erforderliche riesengroße Menge Geld verschaffen muß, schloß ich mich der Meinung der Freunde an und breche im 7. Monat von hier auf. Ich treffe dann vielleicht noch in diesem Winter zu Hause ein, je nach Umständen ist es aber auch nicht ausgeschlossen, daß es erst zum nächsten Neujahr im Frühling wird. Ich bitte Sie, sich darauf zu verlassen und sich darauf einzurichten.

Gemeinsam mit Genseki habe ich Hirado verlassen und bin am 9. des 4. Monats in Nagasaki eingetroffen.

Obwohl er demnächst zum Studium nach Kyôto gehen wollte, begab er sich eigens meinetwegen nach Nagasaki, und da ich dienstlich in Hirado beschäftigt war, besuchte er mich auch noch in Hirado. Schwer nur kann man sich für diese Güte dankbar erweisen. Würde er hier studieren, könnte ich ihm in jedem Falle zur Seite stehen. Doch entschied er sich für Kyôto, weshalb ich ihm nicht gegen seinen Willen empfehlen kann (hier zu bleiben). Er möchte unverzüglich nach Kyôto zurückkehren. Kaum läßt sich diese Freundlichkeit, eigens hierher zu kommen, in Worte fassen. Dennoch kann ich es, gerade unterwegs, nicht mit Geld begleichen. So möchte ich mich später für diese Güte erkenntlich zeigen.

Eben, da ich diesen Brief schreibe, kamen meine Freunde schon wieder zusammen und meinten, ich dürfe die Abreise nicht länger hinausschieben. Auch das ist vernünftig, und so möchte ich dem wiederum folgen. Jedoch kommt in Kürze Herr Matsubara aus Hirado bis zum Ende dieses Monats nach Nagasaki und ohne mich mit ihm zu beraten, kann ich nichts entscheiden, weshalb ich auf ihn warte. Ich selbst beabsichtige eigentlich, gegen Ende des 5. Monats abzureisen. Daher könnte ich zum ersten Todestag im 7. Monat zurück in der Heimat sein. Seien Sie also bitte beruhigt. Von Kindheit an wurde mir seitens meines Adoptivvaters große Gnade zuteil, gerade jetzt ist mir nicht danach zumute, dies und jenes zu bemerken. Eigentlich wollte ich mein Studium ja zu seinen Lebzeiten zu Ende bringen, mit meinen letzten Briefen habe ich Ihnen jedoch eher Qualen bereitet und war äußerst ungehörig[30]. Bitte sehen Sie mir das nach.

Es gäbe noch so viel, worüber ich erzählen möchte. Denke ich aber an dies und jenes, schnürt es mir das Herz zu und der Pinsel fährt wirr (übers Papier). Daher beende ich meinen Bericht an dieser Stelle. Soweit in aller Eile. Hochachtungsvoll,

Takano Chôei.

Aus einem Brief an die Verwandten, Bunsei 11 (1828), 7. Tag des 8. Monats[31]

... Nun haben Sie verschiedentlich kundgetan, ich solle zurückkehren - ich habe es zur Kenntnis genommen. Eigentlich wurde mir aber Zeit zum Erlernen des ärztlichen Berufs gewährt, (weshalb) ich mich nach Edo begab und mich dem Studium widmete. Nachdem ich dann noch verschiedenerorts studierte, beschäftigte ich mich in Nagasaki mit medizinischen Forschungen. Gerade aber, als ich mich selbst, der ich seit vier Jahren an der Beri-Beri-Krankheit leide, sehr krank fühlte, erhielt ich die Nachricht vom Tod des Adoptivvaters und war zutiefst bestürzt. Sofort wollte ich nach Hause zurückkehren, doch selbst krank, blieb ich wohl oder übel bis zum heutigen Tage hier. Allerdings vernahm ich, daß man sich seitens der Verwandtschaft um die Angelegenheiten des Erbschaftsantritts kümmere und (meine Vorstellungen) ohne weiteres akzeptiert würden, was mich einstweilen beruhigt. Allmählich besserte sich die Krankheit, doch recht bedacht, ergab es kaum einen Sinn, nun, da der Vater verstorben ist, mitten im Studium zurückzukehren. Zudem - einmal heimgekehrt, erschien mir eine erneute Studienreise ungewiß, weshalb ich nach weiteren ein, zwei Jahren Studiums hier zurückkommen wollte, ich sah mich also gezwungen hierzubleiben. Allerdings brach die genannte Krankheit erneut aus, nun bin ich mit deren Heilung beschäftigt. Auf Beratungen mit Verwandten hin wurden eigens Boten gesandt, die mich aufsuchten. Doch werde ich nicht abreisen können, da ich nicht zu laufen in der Lage bin. ... Wegen meiner oben erwähnten Krankheit besteht keinerlei Aussicht, daß ich zurückkehre und das Erbe des Familienoberhauptes antrete. Ich bitte Sie daher, meine Folgschaft als Erbe des Hauses Takano aufzuheben und der legitimen Tochter des verstorbenen Vaters einen geeigneten Mann als Adoptivschwiegersohn zu suchen und ihn als Familienoberhaupt das Erbe antreten zu lassen. Da sie nun aber einmal meine Verlobte ist, nehme ich an, daß die Überprüfung (dieser Angelegenheit durch die Behörden) schwierig wird. Doch hat die Hochzeitszeremonie noch nicht stattgefunden. Sollte sich daher nicht eine Lösung finden, indem ein Annulierungsschreiben eingereicht wird? Ich bitte Sie ergebenst, ihr gegenüber mit besonderer Barmherzigkeit auf diese Weise zu verfahren, steht sie doch als Frau schon seit Jahren im Dienst der gnädigen Frau (Mutter). Es ist dies alles bisher ohne Beispiel, sollte also Ihre Überprüfung nicht möglich sein, ließe es sich nicht ändern. Bitte ziehen Sie meinen Adoptivsohn in Erwägung. Wie auch immer, falls Sie die Bittschrift auf meinen Namen einreichen müssen, schicke ich Ihnen mein Siegel, so daß Sie alles nach Ihrem Belieben regeln können. ... In Ehrfurcht und Ergebenheit, Ihr Takano Chôei.

An die Herren
Mogi Kannojô,
Katô Hyôzô,
Gotô Sôsuke[32]

An Genzô vom Kanzakiya, Bunsei 12 (1829), 2. Tag des 10. Monats[33]

Über einen Eilboten aus dem Geishû-Han übermittle ich Ihnen diesen Brief. Die kalte Jahreszeit ist angebrochen. Ich hoffe, im werten Hause sind alle wohlauf, ebenso wie ich. Im 8. Monat in Hiroshima im Geishû-Han angekommen, sollte es gleich weiter nach Edo gehen. Doch entschloß ich mich, noch eine Weile hierzubleiben, da die (Zahl) meiner Schüler nach und nach größer wurde[34]. Vorläufig wohne ich im Gästezimmer des Minamiya in Hirataya-chô. Davon werden Sie sicher irgendwie hören. Auch ich bin im vergangenen Jahr dem Unheil in Nagasaki[35] entkommen und dann in Higo untergetaucht. Es ist so, wie Fukuma Keiteki es anläßlich seiner Reise nach Edo im Gefolge des Fürsten von Higo ausführlich übermittelte. In Edo soll später ein großer Brand ausgebrochen sein. Aus der Ferne befürchte ich, auch Ihr wertes Haus sei vielleicht von diesem Unglück betroffen. Nun aber, denke ich, werden Sie mit dem Neuaufbau fertig sein. Da ich hörte, auch meine Bekannten hätten durch den Brand alles verloren, bin ich mich dem Schreiben sehr in Verzug geraten, da ich nicht weiß, wohin ich es richten soll. Kürzlich schickte ich über den Ôsaka-Kurier einen Brief, den Sie sicher gelesen haben. Was nun meine heimatlichen Angelegenheiten betrifft: Sollte mein diesjähriger Aufbruch von hier sich verzögern und die Reise nach Edo aufgeschoben werden, schicke ich schnellstens einen Schüler nach Edo. Ich habe jetzt mehr als dreißig Schüler, und jeden zweiten Abend halte ich eine Vorlesung, die Atmosphäre ist sehr lebhaft. Sollten Sie mir schreiben, so senden Sie es bitte an Hoshino Ryôsetsu, Sakaimachi 2-chôme oder Nakai Kôtoku, Teppôyamachi. Diese beiden stehen mir sehr zur Seite. In der nächsten Zeit bringen wir ein großes Werk zu Ende[36] und sind dann miteinander jahrelange Mühen mit einem Mal los. Nicht alles habe ich im Brief geschrieben, denn da vor allem der Eilbote keine langen Schreiben mag, soweit in aller Kürze.
Takano Chôei

An die Verwandtschaft, Tempô 1 (1830), 13. Tag des 4. Monats[37]

Ono Ryôsaku traf am 9. dieses Monats als Eilbote von dem weiten Weg wohlbehalten in meiner derzeitigen Unterkunft ein, und so erhielt ich Ihren dringenden Brief. Ob Ihrer aller Wohlbefinden bin ich sehr froh. Auch mir geht es gut. Nun hat sich meine Heimkehr recht verzögert, selbst die Todesstrafe könnte mein Fehlverhalten nicht tilgen, ich bitte Sie um Vergebung. Doch geschah das aufgrund verschiedener Umstände, und auch mir, dem ein Tag so lang wie 1000 Jahre erscheint[38], ist die Sehnsucht nach der Heimat unerträglich. Die Trauer in meinem Herzen läßt mich nur schwer zum Pinsel greifen. Ich habe über alles dem Onkel in Maesawa[39] berichtet. Ein Brief in die Ferne sollte möglichst nicht lang sein, weshalb ich das weglasse. Lesen Sie bitte den an den Onkel gerichteten Brief. Meine jetzige Unterkunft ist nur provisorisch, daher will ich rasch alles aufgeben und in die Heimat zurückkehren. Im nächsten Monat verlasse ich diese Gegend, begebe mich über Kyôto und Settsu nach Edo und dann in die Heimat. Dort angekommen, werde ich (Ihnen) alles erzählen. Bis dahin richten Sie sich bitte entsprechend ein. Meine Entschuldigung dann, wenn wir uns sehen! Hochachtungsvoll, Takano Chôei.

An die Herren
Abe Shônoshin
Obata Gennosuke
Suda Tamiji
Gotô Sôsuke[40]

An Mogi Samanosuke, Tempô 1 (1830), 29. Tag des 5. Monats[41]

Es geht Ihnen sicher gut. Was meine Wenigkeit betrifft, so habe ich meine zeitweilige Unterkunft in Onomichi im Lande Bingo am 12. dieses Monats verlassen und kam am 19. in Ôsaka an. Alle meine Freunde, die Holland-Gelehrten, haben mich aufgesucht, am 22. Tag stieg ich dann einem 30-koku-Boot[42] zu und kam am 23. in Kyôto an. Ich meinte, unverzüglich heimkehren zu müssen, doch war ich wie immer nur auf der Durchreise zum Studium nach Nagasaki in Kyôto und kenne es kaum. Ich beschloß deshalb, etwas zu bleiben, um einige namhafte Persönlichkeiten zu besuchen, mit denen ich mancherlei Zukünftiges beraten möchte. Dank der Vermittlung von Fujibayashi Yasusuke zog ich gestern in ein Mietzimmer im Tsuchi-Laden in Kiyachô um. In Begleitung von Ryôsaku begab ich mich in die Unterkunft vier meiner Schüler. In einigen Tagen möchte ich eine kleine Vorlesungsreihe eröffnen, an der nach und nach auch Kobayashi, Koishi, Fujibayashi und Shingô[43] teilnehmen. Ich habe jedoch nicht die Absicht, länger zu bleiben. Diese Vorlesungen sind keineswegs nur zum Vergnügen. Es gibt zwingende Gründe dafür. Ich bitte Sie sehr, mir keine Vorwürfe zu machen. Gestern erst umgezogen, gibt es noch viel zu erledigen. Daher weiteres in Kürze. Ich wollte nur meine Ankunft in Kyôto mitteilen. Für heute in aller Eile nur soviel.
Takano Chôei

An die Verwandten, Tempô 1 (1830), 24. Tag des 9. Monats[44]

Kürzlich wurde mir von Ryôsaku das von Ihnen gemeinsam unterzeichnete Schreiben an diesen so fernen Ort überbracht, ich habe es gelesen. Es ist nun die Jahreszeit empfindlicher herbstlicher Kühle gekommen, morgens sind die Berge reifbedeckt. Bei Ihnen zu Hause, so vermute ich fernab, wird in den Bergen wohl schon Schnee liegen. Ich bin froh, Sie alle sicher bei bester Gesundheit zu wissen. Meinerseits ist alles beim alten.

Was nun meine Wenigkeit betrifft, so wollte ich ja unverzüglich zurückkehren, doch machen mir seit meinem Studium in Nagasaki zahlreiche Krankheiten zu schaffen, stets ist mir im Herzen schwer zumute. Auch schmerzen mitunter meine Beine, und so weile ich, in Gedanken bei der Heimkehr, noch immer in Kyôto und kuriere meine Krankheit. Denkt man über all das gründlich nach, bin ich doch sehr krank und zudem unbegabt, auch mit meinen Heilkünsten ist es noch nicht weit her. Einzig durch jahrelanges Studium wissenschaftlicher Dinge bin ich vielleicht etwas vorangekommen[45]. Daher meine ich, daß es sich krankheitshalber nicht lohnt, nun auch die Heilkünste zu studieren, weshalb ich selbst mein Leben in ganzer Hingabe an die Wissenschaft verbringen möchte. Nur ist es mir sehr peinlich, daß ich in diesem Falle der Obrigkeit nutzlos erscheine und folglich auch jahrelanges Lernen bisher vergeblich gewesen wäre. Als ich - Essen und Schlaf vergessend - ernsthaft darüber nachsann, wie ich mich dennoch in anderen Dingen befleißigen und etwas Nutzen bringen könnte, um wenigstens einen Teil der von Ihnen empfangenen unendlichen Güte zu vergelten, wurde ich einer Sache aus der Westlichen Wissenschaft gewahr. Diese ist nur in Edo zu erreichen. Doch handelt es sich dabei nicht um etwas Gewöhnliches, weshalb ich nichts mitteilen kann, bevor die Sache vollbracht ist. Erfragen Sie meine Absichten bitte bei Ryôsaku[46]. Hat sie Erfolg, so ist es bestimmt für (Sie in) Mizusawa und natürlich auch für die Obrigkeit von Nutzen. Käme ich zurück, könnte ich mich wegen der vielen Krankheiten sowieso nicht den Heilbehandlungen widmen. Wo immer ich mich auch kuriere - nirgends kann ich den ärztlichen Geschäften nachgehen. Haben Sie in diesen Dingen bitte Erbarmen mit mir. In diesem Zusammenhang will ich mich sogleich von hier nach Edo begeben und meine Krankheit kurieren. In Edo, wo ich lange Zeit zum Studium weilte, sind viele meiner besten Freunde, es eignet sich zur Pflege meiner Krankheit und ist außerdem günstig, um der Obrigkeit dienlich zu sein. Mehrfach habe ich Ihnen in letzter Zeit brieflich mitgeteilt, bis zum Winter zurückzukehren, doch ist das wegen der augenblicklich angeschlagenen Gesundheit so rasch nicht möglich. Da ich mich zudem der großen Kinderschar in der verwandten Familie Abe aus Wakayanagi entsinne, möchte ich eines von ihnen als Sohn adoptieren[47]. Auch würde ich gern, während ich mich in Edo kuriere, Mutter und die Adoptivmutter zu mir bitten und trotz Krankheit unverzüglich meiner Kindespflicht nachkommen. Hinzugefügt sei lediglich, daß ich persönlich nicht im geringsten daran denke, nach Edo zu gehen und in den Dienst eines anderen Hauses zu treten, etwa weil ich Mizusawa als Provinz verachten würde oder wegen geringer Einkommen unzufrieden wäre. Den Dienst für einen Herrn einmal abgelehnt, werde ich auf keinen Fall einem anderen Hause dienen.

Diesbezüglich bitte ich Sie um Verständnis für meine Gesinnung. Allerdings ist mir vom Hause Takano seit meiner Kindheit zutiefst die Gnade zuteil geworden, aufgezogen und ausgebildet zu werden, daher kommt es mir überhaupt nicht in den Sinn, mich gerade jetzt davon loszusagen. Ich möchte unbedingt, daß die Adoptivmutter zu mir kommt und ich an ihrer Mühsal teilhabe, daß ich sie im Alter sorgsam pflege und so wenigstens etwas die unendliche Güte des verstorbenen Vaters vergelte. Ich teile Ryôsaku alles mündlich mit, erfragen Sie es daher bitte bei ihm. Ich habe nur rasch geschrieben, um Ihre Einwilligung in der Angelegenheit meines Rücktritts und der Erbfolge des Adoptivsohnes zu erbitten. Nur soweit.

Takano Chôei.

An die Herren
Suda Yogosaemon
Obata Gennosuke
Gotô Sôsuke

Aus einem Brief an Taketani Gentatsu, Tempô 1 (1830), 6. Tag des 10. Monats[48]

... Was mich nun betrifft, so weile ich seit dem Sommer in Kyôto. Ich berichtete es im letzten Brief ausführlich, Sie wissen daher wohl bereits Bescheid. Jedoch ist Kyôto kein geeigneter Ort, sich durch Beschäftigung mit Wissenschaft einen Namen zu machen[49]. Außerdem soll es zur Zeit in Edo nur sehr wenig Leute geben, die - als Holland-Wissenschaftler - zwecks ihres Lebensunterhaltes eine Schule eröffnen und Schüler heranbilden. Freunde aus Edo teilten mir das mit, und da sie mich mehrfach baten, gleich zu ihnen zu kommen, verlasse ich Kyôto rasch und mache mich am 8. auf den Weg in Richtung Edo. Mein Schüler Nagashima Toshisada wird mich begleiten...
Takano Chôei

Aus einem Brief an Mogi Samanosuke, Tempô 2 (1831), 5. Tag des 11. Monats[50]

... Vor kurzem schickte ich Mutter Geld. Es müßte bald eintreffen. Nun habe ich gehört, daß dieser Genkyô[51], bereits kurz vor der Hochzeit stehend, sich mit einer anderen Frau eingelassen hat und beide sich schließlich davon machten. Ihr jetziger Aufenthaltsort sei unbekannt. Daher verstehe ich das Motiv der Ihrerseits an mich ergangenen Aufforderung sehr gut, ich möge zurückkehren und die häuslichen Geschäfte führen. Indessen ist der Weg des Regierens über ein Reich nicht in allen Ländern etwas so Begehrenswertes. Desgleichen bin ich gerade als Familienoberhaupt zurückgetreten und kann zudem wegen meiner schwächlichen Konstitution dienstlichen Pflichten nicht nachkommen, es ist mir also nicht möglich, jetzt heimzukehren und sogar in den Dienst (der Obrigkeit) zu treten. Auch ist Chio ganz offiziell meine Tochter. Ich kann sie nun keinesfalls mehr zur Frau nehmen. Die Angelegenheiten des Rücktritts und der Adoptivtochter müßten, wenn Sie nur mein Siegel haben, trotz meiner Abwesenheit zu erledigen sein[52]. Ich bitte Sie sehr, die entsprechenden Vorkehrungen zu treffen. Ich bin gerade mit sehr dringenden Dingen beschäftigt. Erfragen Sie (alles weitere) bitte bei Herrn Takuchi.

Die Adoption von Genkyô in jedem Falle aufzulösen, finde ich richtig, ich bitte darum, einen geeigneten Schwiegersohn zur Adoption zu bestimmen. Momentan bin ich nicht in der Lage, über gut oder schlecht, Vor- und Nachteil zu richten, doch bietet sich mir jetzt eine so leicht nicht wiederkehrende Gelegenheit, ein wenig zu Kräften zu kommen. Und da ich nun gar in einer Stellung bin, die es mir nicht (mehr) erlaubt, in Dienst zu treten, bliebe mir selbst für den Fall, daß ich zurückkäme, nichts anderes, als erneut auf Studienreisen zu gehen. Dann jedoch ist es ungewiß, ob sich die gleiche Möglichkeit wie diesmal bietet. Ich bin wahrhaftig ein Unglücksrabe. Kehrte ich zwangsweise heim, wäre ich ohne Hoffnung für die Zukunft. Ich könnte weder der Loyalität und Kindespflicht nachkommen noch mein Ziel erreichen, jahrelange Mühen würden zunichte gemacht – in diesem Falle müßte ich einen schwerwiegenden Entschluß fassen. Wieder und wieder bitte ich Sie ergebenst um nur dieses eine: Auch ohne meine Rückkehr möge das Haus Takano fortbestehen. Forderten Sie mich auch zur Rückkehr auf – gegenwärtig bin ich in Edo auf der Flucht. Es scheint unmöglich, sofort heimzukommen. Wie aber wäre es (würde ich es tun)? Das würde doch selbst der Obrigkeit Schwierigkeiten bereiten. Ich bitte Sie sehr um Ihr Mitgefühl und Verständnis. ... Takano Chôei

An Chio, Tempô 2 (1831), 5. Tag des 11. Monats[53]

Gerade traf ein Brief aus Maesawa ein, der mich über mancherlei in Kenntnis setzte. Vor allem bin ich froh, auch bei Euch alle unverändert wohlauf zu wissen - den Fürsten wie auch alle innerhalb und außerhalb (des Hauses).

Nun ereignete sich ja im Zusammenhang mit Deiner Verlobung etwas völlig Unerwartetes, gewiß ist auch Mutter voller Sorge. Ich fühlte mich gestern ebenfalls sehr betroffen und suchte bis spät in die Nacht hier und da um Rat, doch fiel mir nichts Gescheites ein. Ich habe momentan alle Hände voll mit Arbeit zu tun, kann aber dennoch ein Erlöschen des Hauses Takano nicht zulassen. Und da Du nun offiziell meine Tochter bist, ist es Dir nicht möglich, mich zu heiraten. Wegen meiner schwachen Konstitution kann ich zudem meiner Kindespflicht nicht nachkommen, woran selbst meine Rückkehr nichts ändern könnte. Unbeweglich wie ich also bin, betraue ich Saburôbei damit, Einzelheiten nach Maesawa zu übermitteln, weshalb Du ihn bitte befragst. Daher möchte ich nun, daß Du Dich wieder mit einem guten Gefährten verbindest, der als Familienoberhaupt das Erbe antritt. Das vor allem wünsche ich Dir. Alle diese Sachen haben meinen Eigensinn zur Ursache und bereiten dem Hause Takano allerlei Schwierigkeiten. Und auch Du bist sicher böse auf mich. Wie Mutter sich wohl ärgern wird! Bitte Du sie in meinem Namen um Vergebung. Mögest auch Du alles ertragen und mir verzeihen. Es kann nicht bis in alle Ewigkeit immer nur Mühsal und Sorgen geben. Einmal wird (Dir) Gutes widerfahren. Soviel möchte ich erzählen, doch läßt sich das nicht mit dem Pinsel erledigen. Vernimm es bitte aus Maesawa. Ich bete darum, daß das Haus Takano auch ohne meine Heimkehr irgendwie Bestand haben möge. Selbst wenn ich jetzt zurückkäme, fiele mir doch nichts Geeignetes ein. Befände ich mich in der gleichen Stellung wie früher, gleich morgen kehrte ich nach Hause zurück, jetzt aber wäre das genauso schlimm wie der Tod. Denke daher bitte nicht schlecht von mir. Einst komme ich sicher irgendwie zurück, dann sehen wir uns, möchte ich Dich um Verzeihung bitten. Laß uns dann alles klären. Auch der Fürst wird mich für einen ziemlich widerwärtigen Kerl halten, doch glaube ich, daß die Zeit kommen wird, da man es vielmehr auch als Loyalität gegen die Obrigkeit betrachtet, daß ich in Edo geblieben bin[54]. Soweit also. Alles Gute, Chôei.

Schriften

Vorwort zu:
Chinesische und westliche Lehren über das Innere (Kanyô naikeisetsu)[55]

Viele Jahre gab ich mich in Verborgenheit und aller Ruhe der Betrachtung der fünf Kontinente hin und (stellte dabei fest, daß) in Bezug auf Genauigkeit und Vortrefflichkeit wissenschaftlicher Kenntnisse und Kunstfertigkeit[56] niemand an die Menschen im Westen heranreicht. Das liegt daran, daß es in jenen Ländern allgemein üblich ist, Unmittelbarkeit und Schlichtes hochzuschätzen und nichts unternommen oder behauptet wird, ohne es – sich auf die Dinge stützend und auf Tatsachen berufend – an der Praxis zu überprüfen. Sie überlieferten den Brauch, alles gründlich und lange zu bedenken und unter Anstrengung des Geistes zu klären. Um das Prinzip zu ergründen[57] und das Wissen zu vertiefen, wurden in jenen Ländern verschiedene Zweige festgelegt und ausgewählt: von denen, die sich mit der Beschaffenheit von Himmel und Erde, den Vermessungsregeln, dem Kalender befassen bis hin zu denen über die Malerei, Werkzeuge u.a.[58]. Im Streit der Fähigkeiten läßt man auf diese Weise Subtiles und Verborgenes ans Licht treten. Insbesondere das Fach des Heilens von Krankheiten wird hochgeschätzt, das von allen an erster Stelle liegt und einzigartig ist, denn seine Fertigkeiten betreffen vor allem Menschenleben, es ist daher höchst verantwortungsvoll. Allerdings (so sagt man) ist es sehr aufwendig und nicht einfach, sich diese Kunstfertigkeit anzueignen. Zwar ist auch dieses Fach nicht einheitlich, doch wird die Anatomie[59] als ein Muß betrachtet, will man in die einzelnen Zweige richtig eindringen. Man beobachtet die natürliche Beschaffenheit der vielen inneren und äußeren Organe des gesamten Körpers, seien sie dem Aussehen und Aufbau nach noch so kunstvoll, noch so fein: wie ihre jeweiligen Gestalten, Funktionen und Lagen miteinander verbunden und voneinander verschieden sind und sie daher auf Unwägbarkeiten reagieren, und vermag dadurch die Ursachen täglichen Gesunderhaltung und eines langen Lebens zu verstehen. Zum anderen kann im Falle einer Krankheit festgestellt werden, welches Gift welches Symptom hervorbringt. Im voraus kann ein wichtiger Teil von einem gewöhnlichen Teil unterschieden und je nach Gefährlichkeit und Tiefe der Stelle, Schwere und Ausmaß des Krankheitsgiftes eine Prognose bezüglich Tod und Leben, Wohl und Übel gegeben werden. Die zahlreichen Veränderungen im Krankheitsverlauf sind zwar aus dem äußerlichen Zustand nicht leicht auszumachen, da sie aber letztlich aus Anomalien der alle zu einem Körper gehörenden Organe entstehen, sind sie erkennbar und so mit einer Gonguhr vergleichbar[60]: Tag und Nacht dreht sie sich von selbst im Kreise und ist ein genauer Zeitmesser. Betrachtet man sie nur äußerlich, kommen einem merkwürdige Gedanken, man wird in Staunen und Zweifel versetzt. Selbst nach langem Nachdenken ist nichts zu verstehen. Doch hat man einmal den inneren Mechanismus überprüft und dessen Prinzip durchschaut, so ist es ein leichtes, die Ursache des selbsttätigen Ertönens (des Gongs), der geringsten Abweichung zu erkennen, nichts ist mehr verwunderlich. Da die Anatomie – diesem Beispiel gleich – in der Kunst des Unterteilens ihre Wissensgrundlage, das Wesen für Heilbehandlungen sieht, betrachten alle sich zur westlichen Medizin Äußernden diese von jeher als Maßstab und bemühen sich zunächst um Klarheit über das innere Bild. Danach befassen sie sich mit den Krankheitsursachen, treffen Aussagen über Leben und Tod, entschließen sich zu Untersuchungen, legen Heilmethoden fest und verordnen Rezepte. Deshalb gibt es in ihren Erörterungen keinerlei Fehlurteil, sie sind außerordentlich wirksam, nichts auf der Welt übertrifft obiges an Genauigkeit. Zudem ist es in jenen Ländern üblich, nicht nur zum Tode Verurteilte zu sezieren. Auch bei von chronischen und mysteriösen Krankheiten Befallenen, die trotz Heilkünste nicht genesen sind, werden sogleich deren tote Körper zerlegt, die Ursachen des Leidens ergründet, der Krankheitserreger gesucht. Das (vergleicht) man mit den vorausgegangenen, von den äußeren Symptomen her erstellten eigenen Überlegungen, berät sich mit den Gefährten in gemeinsamen Versammlungen. War diese Krankheit von vornherein ein tödliches, schlimmes Leiden und lag kein Irrtum im Heilverfahren vor, so stellt man bei der Betrachtung der unheilbaren inneren Ursache und des äußeren Krankheitsbildes das unvermeidliche Schicksal des Todes fest. War diese Krankheit heilbar, doch das Heilverfahren entsprach nicht der Krankheitsursache, so muß man erkennen, daß der Tod durch falsche Behandlung verursacht wurde. Die (innere) Ursache und die (äußeren) Symptome werden jeweils aufgezeichnet und als Lehre für später betrachtet. Über viele Jahre hinweg jenes nachgeschlagen und dieses erprobt, bestimmte man schließlich Heilverfahren und Arzneimittel für die (inneren) Krankheitsursachen und äußeren Symptome, gelangte zu bestimmten unveränderlichen Schlüssen, die – in Schriften zusammengefaßt und in der Öffentlichkeit verbreitet – als Regeln der Krankenbehandlung betrachtet werden. Das Augenmerk weiter auf die Tätigkeit der Anatomen gerichtet, sezierten sie – lebende wie tote – Vögel und Felltiere, Insekten, Fische u.ä.[61] und untersuchten Verlauf und Verbindungszonen ihrer inneren Organe, Knochen, Membrane, den Kreislauf der Blutgefäße, das Hirn und verglichen es miteinander. ... Außerdem wurde geklärt, welche Töne sie jeweils von sich geben, wie sie fliegen, laufen, kriechen, schwimmen und das dann weiterhin genauestens mit dem inneren Bild des menschlichen Körpers verglichen. Über diese Unterschiede und Übereinstimmungen gewann man Einsicht in die miteinander (verwobenen) Vorgänge der verschiedenen vom Himmel[62] geschaffenen Organe. Die vielen Geheimnisse der göttlichen Einrichtungen des menschlichen Körpers – Heranwachsen und am Leben bleiben, Wachen, Schlafen und Bewegung, Wahrnehmung und Bewußtsein –, all das, so klein und subtil, ist allein durch die Sehkraft nicht zu erfassen, weshalb man lieber mittels Schlußfolgerungen begann, das Prinzip zu ergründen und das Geheimnis der Schöpfungen zu lüften, als sich über das innere Bild aller Dinge Gewißheit zu verschaffen, denn nicht eines der Dinge des gesamten menschlichen Körpers ist unnütz, jedes hat seine feste Funktion. Das läßt uns die Ursachen wissen, die mysteriöse, unerwartete Bewegungen auslösen, und sicher eröffnet sich ein Weg für Heilbehandlungen. Die westliche Medizin hat ihren Ursprung somit in großer Tiefe, ihr Aufbau ist überwältigend, bis zum Feinsten ergründet sie das Prinzip, weshalb sie – wie man hört – nicht leicht zu begreifen und zu studieren sei. Doch durchschreitet man einmal dieses Tor und folgt diesem Weg, so kommt man geradewegs und sehr einfach ans Ziel. Im Unterschied dazu sind etwa die Lehren Chinas unvergleichlich komplizierter, schwerer zu befolgen und zu erlernen: Sie legen die (Auffassung) von den Umlaufphasen und Energien sowie den Fünf Wandlungsphasen zugrunde[63], lassen die Tatsachen beiseite, schätzen das Erhabene, verfechten sich widersprechende und verworrene Neuheiten ins Blaue hinein. In den Ländern des Westens tritt seit Tausenden von Jahren ein berühmter Arzt nach dem anderen hervor. Sie klärten – auf Gründlichkeit und Konkretes setzend – miteinander das innere Bild. Heute gibt es viele bedeutende Ergebnisse, die zu unumstößlichen Gesetzen geworden sind. Die verschiedenen Lehren auf einen Weg geführt, gibt es das Übel der Vielfalt, in der man sich verliert, nicht. Auch wurden die vielen Organe im einzelnen kopiert, genau abgebildet und mit Abhandlungen versehen. Das Beobachtete schrieb man nieder, die Überlegungen faßte man zusammen und wies sie sorgfältig und ausführlich aus. Anderentags, beim Lesen der Bücher, bilden diese dann das Feld, von dem Wissen über den Krankheitsherd und die heilende Arznei eingeholt werden kann. Diese Wissenschaft ist daher vielmehr einfach und schnell zu erlernen, sie ist leicht zu verstehen. ... Da die tausenderlei Krankheiten nur aus Anomalien der Organe im Körper entstehen, müssen - will man die Krankheit wirklich kurieren - mit Hilfe der Anatomie zunächst der Normal(zustand) studiert und die den Organen von Natur aus eigenen Anlagen geklärt werden. Hat man bei der Behandlung eines Patienten - verwirrt von den Symptomen - Schwierigkeiten, die Diagnose zu stellen und ist es nicht leicht, Arznei zu verschreiben, so hat das seinen Grund darin, daß die Ordnung des inneren Bildes im Dunkeln liegt und es keine Klarheit über die Krankheitsursachen gibt. Daher wurden früher scheinbar auch in China Sektionen vorgenommen, wovon in Schriften wie dem "Ling Shu" und dem "Hou Han Shu"[64] berichtet wird. Allerdings ist uns in die Gegenwart keinerlei genaue Lehre überliefert. In späteren Generationen haben nicht wenige Mitstreiter - auf der Grundlage der Auffassungen im "Su Nan"[65] oder durch eigene Annahmen - sich zum inneren Bild (des menschlichen Körpers) geäußert, doch waren das im allgemeinen haltlose Ansichten, die alle auf die prächtige, doch leere und unbegründete (Lehren) von den Fünf Elementen zurückgingen. Von heute aus betrachtet stehen (die Bezeichnungen) keiraku - Gewebeverlauf, zôfu - Eingeweide, hone - Knochen, niku - Fleisch, seishin - Geist[66] alle in Diskrepanz zur Realität und brauchen kaum registriert zu werden. Schenkt man meinen Ausführungen keinen Glauben, so sollte man sich zunächst den Hauptteil dieser Schrift durchlesen und dann selbst versuchen, die Leiche eines zum Tode Verurteilten zu sezieren. Über die Ursache nachgedacht, weshalb das so ist, liegt es nicht etwa daran, daß die Chinesen den Erkenntnissen des Westens nicht gewachsen seien. Diese Gewohnheiten entspringen allein den Unterschieden in der Art und Weise, wie man die Dinge sieht: schätzt man den Stil oder die schlichte Natürlichkeit[67]. Ich versuche nun, die sich widersprechenden Lehren Chinas und des Westens über das innere Bild zusammenzufassen und die von den Chinesen noch nicht benannten Organe, Flüssigkeiten u.ä. aufzuführen, damit man sich mit der jeweiligen Genauigkeit bzw. Ungenauigkeit, Richtigkeit bzw. Falschheit auseinandersetzen und den menschlichen Körper in großen Teilen erfassen kann.

Die Auffassungen westlicher Gelehrter (Seiyô gakushi no setsu)[68]

Lange schon ist es her, da es im Westen die ersten Gelehrten gab. Als deren früheste, zeitlich etwa 150 Jahre vor Konfuzius, betrachtet man Thales und Pythagoras. Thales, als der erste der sieben Weisen, wurde in Ionien von Milet, im westlichen Griechenland geboren. Etwa um das 3300. Jahr nach der Erschaffung (der Welt)[69] verkündete er sein Werk am erfolgreichsten und eröffnete in Ionien eine Schule. Er ist also der Gründer der Ionischen Schule. Unter seinen Schülern ragten vor allem vier hervor: Anaximenes, Anaximander, Anaxagoras und Archelaos. Anaxagoras widmete sich unter vielen Wissenschaften besonders der Sternenkunde. Als ihn jemand tadelnd fragte: "Weshalb machst Du Dir keine Gedanken um die Dinge des Landes?", wies Anaxagoras zum Himmel und antwortete: "Zwar habe ich die Dinge des Landes aufgegeben, doch halte ich das nicht für falsch."

Pythagoras (er war meines Erachtens der Begründer der westlichen Himmelskunde) wurde in Magna Graecia geboren, einer kleinen Ecke in Italien, einem Teil von Napoli. Er verkündete sein Werk (etwa) im 3400. Jahr nach der Erschaffung des jetzigen Königreichs. Von den Ägyptern erlernte er die Mathematik, mit der er die Lehre der proportionalen Übereinstimmung schuf und u.a. Thesen aufstellte, die das Prinzip der Vollständigkeit und Vollkommenheit der Dinge erklären, die die Erde als einen großen menschlichen Körper betrachten und die Unsterblichkeit des Geistes, die (Seelen-)Wanderung verkünden (das scheint gleichbedeutend mit dem zu sein, was den Menschen von der buddhistischen Lehre der drei Welten[70] gelehrt wird). Schließlich eröffnete er die Italienische Schule. Unter seinen Schülern war der Lukaner (Ortsname) Okellos (Personenname), Archytas (Personenname) aus Tarent (Ortsname), Philaos (Personenname) aus Kroton (Ortsname), Parmenides (Personenname) aus Eleas (Ortsname) sowie Zenon (Personenname) und Lysos (Personenname) aus Samos (Ortsname) berühmt. Vor allem Zenon erfand die Rhetorik (Redenkunde[71]) und war zugleich um die Wissenschaft von der Ordnung der Dinge und der Erforschung des Prinzips bemüht, für die er Regeln festlegte. Anschließend trat ein Nachfolger von Pythagoras, Archelaos, hervor.

Ein weiterer Schüler war Sokrates. Er merzte die Mängel der verschiedenen überkommenen Lehren aus, übernahm das Gute, schuf so seine eigenen Doktrin und ebnete damit in hohem Maße den Weg zu Politik und Erziehung[72]. Etwa im 3500. Jahr nach der Erschaffung (der Welt) verkündete er erfolgreich sein Werk. Man bezeichnete ihn später als Vater der Weisen. Bei all seinem Tun war er selbst bei den Mahlzeiten auf die gute Mitte bedacht (d.h. das Vermeiden von Übermaß), ging es ihm einzig darum, der Dinge geduldig zu harren, ohne sich nach Genügsamkeit zu sehnen. Späteren Generationen galt er oft als Vorbild. Auch seine Lehrmethoden waren den früheren Weisen überlegen, groß war die Zahl seiner Schüler, die sich alle einen Namen machten.

Unter ihnen war es Platon, der besonders hervorragte (dem Konfuzius-Schüler Yan Zi ähnlich?[73]). Von alters her verehrte man ihn und nannte ihn goddelijk, was Gottheit bedeutet. Dem Rang nach aber stand er unter dem Meister. Platon wurde von Sokrates unterrichtet und verkündete sein Werk um 3560 nach der Erschaffung (der Welt) in Athen. Sehr viele, Männer wie Frauen, nahmen seine Lehre an. Seine Vortragshalle wurde von einem anderen betrieben, einem griechischen Aristokraten namens Akademius. Darauf ist es wohl zurückzuführen, daß man die Schule später "Akademie" nannte. Nach Platon bildet der menschliche Geist eine Linie mit der himmlischen Gottheit, weshalb er seiner Natur nach (von allen irdischen Dingen) frei und klar ist[74]. Vermischt er sich aber mit dem Irdischen, wird er dadurch beschmutzt und zu etwas Unwissendem und Unreinem. Meines Erachtens gleicht das den Auffassungen des Zhu Zi über das Herz. Alles hier Erläuterte hat in Gott und der Erde seinen Ursprung. Es ist meiner Meinung nach (der Beginn der) Theorien vom Sein und vom Nichts (Gott wird zum gestaltlosen Nichts, die Erde zum gestalthaften Sein). Sein Bemühen galt nicht vorrangig der Ordnung der Dinge und der Erforschung des Prinzips[75] (ich glaube, Sokrates gab die Wissenschaft der Erforschung des Prinzips auf, unternahm nichts). Wenn er darüber vielleicht auch debattierte, so verwarf er doch vieles, indem er meist der Lehre des Meisters folgte. Lediglich der Sternenkunde galt seine Mühe. In seinen Lehrmethoden war er dem von Sokrates Vollbrachten ebenbürtig.

Wohl gab es unter seinen Schülern gar viele namhafte Nachfolger, Aristoteles aber war der Beste. Meines Wissens trennten die Gelehrten bis zu jener Zeit die einzelnen Zweige und unterschieden z.B. jenen als Astronomen, diesen als Rechtsgelehrten. Jeder widmete sich vor allem einem Zweig, eine Zusammenführung der einzelnen Zweige schien nicht möglich. Aristoteles trug die einzelnen Zweige zusammen und begründete seine eigene Wissenschaft. In dieser galt nun aber die Rhetorik nicht als eine Disziplin, sondern nur als eine Methode, die Dinge nach wahr und falsch zu unterscheiden. Seine Wissenschaft von der Erforschung des Prinzips sah ihr Ziel hauptsächlich darin, sich mit unnützem Gerede und endlosen Dingen auseinanderzusetzen. Man sagt wohl, mit diesem Mann sei im Westen (die Lehre) des Ursprungs aller Dinge in den vier Elementen[76] entstanden. Ist das aus heutiger Sicht in Wirklichkeit nicht unsinniges Geschwätz? Etwa in der Zeit um 3590 nach der Erschaffung (der Welt) bereiste Aristoteles alle möglichen Gebiete und verbreitete sein Werk. Daher gab man seinen Schülern den Namen Spaziergänger. Weiter war unter den Schülern Platons ein Arkesilaos. Seine Lehre besagte, daß – nach der Wahrheit in der Welt befragt – man nur das Vorher und Nachher aller Dinge wissen könne. Dies scheint eine Theorie des Nichts zu sein. Er gründete eine Schule, die Mittlere Akademie genannt wurde. Später traten außerdem noch Lakydes hervor, der eine dieser entgegengesetzte Lehre verkündete und eine weitere Schule eröffnete, Neuere Akademie genannt.

Bald darauf traten die beiden Großen, Epikur (Personenname) und Zenon (Personenname), hervor, deren Anschauungen voneinander verschieden waren. Zenon wurde in Kitium auf Kypros geboren und verkündete sein Werk in der Stoa in Athen (Name einer Stadt). Daher nannte man später die Verehrer dieser Wissenschaft Stoiker. Seine Lehrsätze betonen vor allem, den Gesetzen zu folgen und sich mit der Natur in Einklang zu befinden. Epikur wurde ursprünglich in der Stadt Athen geboren, erhielt im Alter von 32 Jahren einen amtlichen Auftrag, als Gelehrter Schüler heranzubilden. Das war in der Zeit um 3650 nach der Erschaffung (der Welt). Er betätigte sich nicht mehr in der Wissenschaft vom Prinzip. Die Wahrheit zu erkennen – dafür benötige man nur seine eigenen fünf Gottheiten (Ohren, Augen, Mund, Nase, Körper). Des Menschen Ursprung sei die Lust, die durch ein ausgeglichenes Herz und einen zufriedenen Körper zu erreichen ist; das sind seine Lehrsätze. Erstmals erörterte er das Kleinste (wobei es in Wirklichkeit Demokrit war, der dies aufdeckte).

Wie oben (deutlich wurde), haben die Lehren der verschiedenen Leute nicht ein und dieselbe Grundlage, sind ihre Erläuterungen folglich unterschiedlich, es fällt daher schwer (zu beurteilen), was richtig und was falsch ist. Deshalb wurde zur Zeit des großen Kaisers Augustus (Personenname) von Rom ein Weiser aus Alexandrien (Ortsname), Potamon (Personenname), beauftragt, das Gute der verschiedenen Leute zusammenzutragen und aufs neue eine Schule mit einer Lehre zu begründen. Allerdings erlebten bald darauf die Wissenschaften des Platon und des Aristoteles einen neuen Auf–

schwung und fanden große Verbreitung, weshalb jene Schule wieder verfiel. Von nun an verfiel über die Jahrhunderte auch das Platonsche Wissen wie von selbst, allein das des Aristoteles fand lebhafte Verbreitung.

Mit der Zeit verlor jedoch die Lehre von den vier Elementen an Bedeutung, stützten sich die Menschen bei der Erforschung der Dinge vor allem auf Wahrheit durch genaue Messungen. So trat im Jahr 1473 der neuen Zeit in einem kleinen Winkel des Landes Polen, einem Ort, der an Preußen heranreicht, Torun, ein Gelehrter namens Nikolas Kopernikus hervor (er kannte sich in der Wissenschaft des Prinzips aus und war in der Mathematik sowie in der Himmelskunde bewandert). Und er durchschaute die Lehre von der Bewegtheit des Himmels, einst aufgestellt von Ptolomäus (einem Ägypter, der nach jetziger Zeitrechnung um das Jahr 140 lebte; die Griechen betrachten ihn als ihren Meister), und entdeckte die Wahrheit, daß die Erde sich bewegt. Er starb 1543. Bald darauf wurde im Jahr 1564 in dem Ort Florenz Galileo de Galilei geboren. Dieser folgte Kopernikus völlig, berief sich wiederum auf genaue Messungen und erweiterte damit diesen Weg beträchtlich. Doch huldigten und vertrauten auch in dieser Zeit noch viele Gelehrte den alten Lehren und verfochten sie, weshalb er schließlich verhaftet wurde und fünf, sechs Jahre im Gefängnis verbrachte. Das einmal vorhandene Prinzip aber ist nicht mehr zu verdrängen, im Gegenteil – gerade dadurch begann die Lehre, sich in der Öffentlichkeit zu verbreiten.

Später, zu Beginn des 17. Jahrhunderts, gab es unter den Gelehrten der Mathematik der Hauptstadt von Frankreich, in Paris, einen Petrus Gassendi, der die Lehre des Kopernikus hochschätzte. Er war darum bemüht, die Wahrheit dieser Lehre zu erläutern und trug dazu bei, daß diese Lehre in der Welt Verbreitung finden konnte. Zur gleichen Zeit trat auch Rene Descartes hervor, der Hochachtung für die Lehre des Kopernikus empfand und sie ergänzte. Zwar konnte er manche frühere Schwachstelle nicht beheben, teilten sich seine Auffassungen in Wahres und Falsches, doch war es die Stärke dieses Mannes, seit Ewigkeiten allgemein anerkanntes traditionelles Wissen zu verwerfen und in die Wahrheit des an der Wirklichkeit orientierten Wissens[77] einzudringen. Er schrieb sehr viele Bücher. In vielen Wissenszweigen bewandert, galten seine Mühen allerdings vornehmlich der Mathematik und dem Studium zur Ergründung des Prinzips. Und wo er über die Himmelskunde debattiert, ist der Himmel für ihn nicht wirklich leer. Fixsterne seien Sonnen, von denen jede Wandelsterne besitzt. Dazwischen bewegten sich jedoch einzelne fließende Körper, infolge dessen käme es zur

Bewegtheit des Himmels. Hierin konnte er sich noch nicht vom Überkommenen lösen. Aber auch zuvor gab es bereits viele namhafte Weise, die um die Irrtümer früherer Lehren wußten und neue Lehren guthießen.

Allen voran steht Bacon (Personenname), Kanzler in England und Einsiedler von Verulam in Frankreich[78]. Dieser Bacon ist auch als Ahn der Erneuerung der heutigen Himmelskunde sowie verschiedener Wissenschaften zu betrachten. Mit ihm wurde man erstmals der Irrtümer früherer Lehren gewahr, trat die Wahrheit der neuen Lehren erstmals ans Licht. Drei (seiner) Schüler, die sich in ihren Forschungen und Übungen ausschließlich auf diese Grundprinzipien stützten, zählen zu den Großen. Einer ist Newton, der zweite Leibniz, und der dritte ist Locke. Das passierte im 17. Jahrhundert, welches meines Erachtens zwischen 1600 und 1800[79] liegt. Daß sich in diesen 100 Jahren einige namhafte Gelehrte hervortaten, ist ein unvermeidliches Resultat der Schöpfung und nicht als von menschlicher Kraft Vollbrachtes zu betrachten.

Dem Kalender dieser Länder nach sind es seit der Erschaffung (der Welt)[80] bis zur Gegenwart insgesamt 5840 Jahre. Die graue Vorzeit zu untersuchen, ist nicht möglich, die Zeit der Blüte der Lateiner jedoch brachte einen Weisen nach dem anderen hervor, und die einzelnen Wissenszweige wurden begründet. Allerdings betrachteten sie ursprünglich die auf den alten Lehren von Schatten und Licht sowie von den vier Elementen beruhende Wissenschaft vom Gestaltlosen als Quelle, es liegt im Dunkeln und läßt sich nicht klären, weshalb sich die Wissenschaft vom Gestalthaften davon abzweigte[81]. Unterdessen traten einflußreiche und namhafte Weise hervor, von denen nicht wenige dem wahren Weg des Experiments folgten, Gesetze und Lehrsätze aufstellten. Die überkommene und irrige alte Gelehrsamkeit indessen war unbestreitbar und allgemein verbreitet, weshalb die Leute scheinbar an ihr hingen. Während allerdings mit dem Auftreten von Persönlichkeiten späterer Generationen, deren genaue Messungen mit diesen Lehren überhaupt nicht übereinstimmten, Zweifel entstanden, fanden die auf genauen Messungen beruhenden Studien allmählich Verbreitung, weshalb man schließlich die alten Lehren verwarf und den neuen folgte, die mittels der oben erwähnten Wissenschaft vom Gestalthaften in den Dienst der Menschen traten. Es entstand eine Schultradition, die ausgehend von dieser (Wissenschaft vom Gestalthaften) zur Wissenschaft vom Gestaltlosen gelangt. Newton kannte sich besonders in der Himmelskunde aus. Den himmlischen Raum hielt er für völlig leer. Die Bewegung der Sterne habe nichts mit der

Bewegung fließender Körper zu tun. Sie stünde allein mit der Anziehungskraft, mit der Absorptionskraft in Beziehung. Das stimmt mit Cartesius überein (der obige Rene Descartes). Und die Grundlagen dafür wurzeln in der Mathematik, deren klare Prinzipien unanfechtbar sind. Leibniz schrieb ein Buch mit dem Titel "Theodicee". Dieses Buch diskutiert die Dinge der Wissenschaft vom Gestaltlosen und ist ins Holländische als godskunde zu übersetzen. Gods ist die Gottheit, kunde die Wissenschaft - beide Worte zusammen werden zu Wissenschaft von der Gottheit. In diesem Buch geht es vor allem um die Elemente des Universums, er erörtert solche Dinge wie die unveränderliche Vernunft. Zudem beherrscht er auch die Mathematik und stellte ein Gesetz auf, das von alters her komplizierte Mengen auf einfache Weise erfassen kann. Locke forschte vor allem zum menschlichen Körper und Geist. Auf Vernunft und Erfahrung gründend, bestimmte er die Grenzen des menschlichen Intellekts. Die Wissenschaft unserer Zeit wurde von diesen drei Männern begründet. Seither traten namhafte Weise der Mathematik hervor, doch ragte unter ihnen als der beste der Gelehrte Wolff heraus, noch heute als Meister geltend. Dieser verkündete mittels der Mathematik ein Prinzip, wonach die verschiedenen Wissenszweige dem mathematischen Prinzip entspringen. Er geht soweit zu sagen, daß alle Dinge, die sich nicht mit dem mathematischen Prinzip in Verbindung bringen lassen, nicht klar bewiesen werden können. Er gab auch ein Rechenbuch heraus, in dem er das Leibnizsche Gesetz bedeutend erweiterte (dieses Buch ist vielen Wissenschaften unentbehrlich). Sehr viele gab es, die ihm folgten, so etwa Desargues (Personenname), Gravesande (ebenfalls), Niewentiet (gleichfalls), Keill (gleichfalls), Derham (gleichfalls); gar nicht zu reden von unseren Zeitgenossen, die nicht aufzuzählen sind. Sie alle stützen sich auf genaue Messungen, und ohne auch nur eine spekulative, leere Phrase erneuern sie ihre Lehren Tag um Tag, im Laufe der Monate erheblich.

Das ist in aller Kürze ein Abriß über das Auf und Ab der Weisen in einem Zeitraum von 5800 Jahren nach der Erschaffung (der Welt) im Westen. Und betrachtet man die in dieser Zeit entstandenen Wissenszweige im großen und ganzen, dann sind es lediglich fünf. Die erste nennt man redenkunde[82]. Es sind dies Vorschriften, die - dem selbsttätigen Ursprung der Dinge entsprechend - Regeln aufstellen, mit denen man wahr oder falsch, Schein oder Wirklichkeit erkennt. Mit ihnen kann man Wahres und Falsches der verschiedenen Lehren und allgemeinen Ansichten ermitteln. Vorläufig übersetze ich es mit Wissenschaft vom Wissen und von der Vernunft[83]. Die zweite ist die zedenkunde. Sie lehrt uns die Dinge der angemessenen Vergeltung von Unglück und Glück. Man könnte sie Gesetzeslehre[84] nennen. Sie ist die zusammenfassende Bezeichnung für natürlijk recht (Wissen vom Weg), Wissenschaft von der Erziehung und Wissenschaft vom Regieren. Die dritte heißt natuurkunde - die Wissenschaft, die die Eigenschaften der gestalthaften Dinge erkennt. Zu ihr zählen die Optik, die Wissenschaften vom Zerlegen und Vereinen[85], von der Wasserverdrängung, die Werkzeugkunde u.a. Sie sei zunächst mit Wissenschaft von der Ordnung der Dinge und der Ergründung des Prinzips übersetzt. Die vierte ist die bovennaturkunde. Sie lehrt, die Eigenschaften der Dinge zu erkennen, die mit den fünf göttlichen Organen (Ohren, Augen, Mund, Nase, Körper) nicht wahrzunehmen sind. Dazu gehören wezenkunde, die Wissenschaft vom Geist, von der Welt, von den Geistern[86]. Die fünfte heißt wiskunde. Sie lehrt, die Gestalt, die Maße und Entfernungen der Dinge zu berechnen. Dazu zählen die Rechenkunde, Geometrie, Hooketerekunde[87], Sternenkunde. Im allgemeinen wird sie mit Mathematik übersetzt. Darüberhinaus gibt es noch viele andere Wissenschaften, wie die vom Stil (letterkunde), vom Hervorbringen der Dinge (histori)[88], von der Jahreszählung (tijdrekenkunde) u.a., doch bilden sie besondere Gruppen innerhalb dieser fünf Wissenschaften. Historia lehrt, das Äußere der Ereignisse zu beschreiben. Beschreibt man dazu auch die inneren Dinge, klärt sich deren Ursprung ganz von selbst. Diese zu beschreiben, nennt man geschiedenis. Vermutlich ist das eine weitere Wissenschaft, wohl die der Geschichte.

Eine Geschichte, geträumt im Jahre Bojutsu (Bojutsu yumemonogatari)[89]

Die Winternacht rückte voran. Kaum eines Menschen Wort war noch zu hören, kaum hallten Schritte wider. An der Haustür rüttelte der Wind und stimmte mich einsam. Es war recht unheimlich, und ich konnte, über dies und jenes nachsinnend, keinen Schlaf finden. So lehnte ich mich an den Tisch, entzündete ein Licht und las. Die Nacht war schon weit vorangeschritten, da wurden mir - des Lesens müde - mit einem Mal die Augen schwer. Als ich so vor mich hindämmerte - war's Traum, war's Trug? - winkte mich jemand zu sich in einen großen Raum, wo ich einige Dutzend Männer im Gespräch versammelt fand, die sehr gelehrt[90] zu sein schienen.

Ein Herr A wandte sich nach einer Weile fragend an einen Herrn B: "Jüngst kam mir ein seltsames Gerücht zu Ohren. Ein gewisser Morrison[91] aus England soll als Kapitän eines Schiffes mit sieben oder acht japanischen Schiffbrüchigen an Bord in den Gewässern vor Edo aufgetaucht sein und - diese als Geiseln nutzend - vermittels der Holländer um die Aufnahme von Handelsbeziehungen gebeten haben. Was für ein Land ist das eigentlich, dieses England?"

Herr B gab folgendes zur Antwort: "England ist eine Insel im Norden Hollands, ungefähr 118 Ri[92] Seelinie von dessen Hauptstadt Amsterdam entfernt und bei günstigem Wind zu Schiff in einer Tagesreise zu erreichen. Es ist etwa so groß wie Japan, wohingegen seine Bevölkerungszahl geringer ist, denn es ist ein kaltes Land. Insgesamt leben 17 706 000 Menschen dort. Seine Menschen sind behend und unermüdlich im Studieren der verschiedensten Dinge. Sie mögen die Literatur, erforschen die Technik, üben sich in der Kriegskunst, bereichern ihr Volk und stärken ihr Land[93] - darin sehen sie ihre oberste Pflicht. Darüber hinaus besitzt England viele Küsten, Sandbänke und Riffe, die es Fremden schwer machen einzufallen, weshalb es auch bei den jüngsten Unruhen in Europa abseits stand und sein Volk somit vor Kriegsschäden bewahrt blieb.

London, wie seine Hauptstadt heißt, ist ein prachtvoll gedeihender Ort, den schöne Straßenzüge mit vielen Häusern zieren und in dem ungefähr eine Million Menschen leben. Da sie günstige Bedingungen für die Schiffahrt bietet, treibt man von hier aus Handel in alle nur denkbaren Gegenden, fährt in viele Länder, erschließt unkultivierte Landstriche, kolonialisiert Völker und zieht sich barbarische und wilde Stämme zu Untertanen heran. Bis heute beträgt die Bevölkerungszahl der ausländischen Territorien 74 240 000

Menschen, gut das Vierfache der Bewohner des Mutterlandes. Die Namen dieser Länder sind: erstens Nordamerika, das auf der westlichen Seite Amerikas liegt; zweitens West-Indien, eine Insel zwischen Nord- und Südamerika; drittens Gebiete südwestlich von Indien[94] auf dem afrikanischen Kontinent; viertens Neu-Holland im äußersten Süden Japans; fünftens in Südamerika die Gegenden von Brasilien, Guayana und Kalifornien, die östlich von Japan liegen; sechstens (Gebiete) in Indien, dem sogenannten Mogul-Reich und im Süden Indiens Yunnan und Siam; siebtens Ost-Indien, das sich von den wilden, unbewohnten Südsee-Inseln nahe der japanischen Gewässer bis zu den Inseln im Süden (erstreckt).

In jedes dieser Länder entsandte England Beamte zur Ausübung seiner Herrschaft, wofür man Kriegsschiffe baute, deren jedes mit 40 bis 50 Kanonen ausgerüstet wurde. Insgesamt waren es 25 860 Schiffe. Mit diesen kamen an höheren Beamten 178 620, an niederen Beamten 406 000, und zusammen mit den Schiffsmannschaften und den Negersklaven sollen es in der Summe eine Million Menschen gewesen sein – eine Angelegenheit von riesigem Ausmaß. Daher verfügt England natürlicherweise über besondere Erfahrungen auf den Gebieten der Schiffahrtstechnik und der Kriegsmarine. Mit jeder Fahrt ins Ausland nimmt es allmählich an Größe zu und vermag seinen Handel stetig zu beleben. Wie kein anderes Land ist es auf allen fünf Kontinenten zu Hause. Ob dessen beneiden und fürchten es die Menschen anderer Länder.

Auch in China treibt England schon seit langem Handel, erhielt Land in der Gegend von Kanton und unterhält dort eine Handelsvertretung mit einem Gouverneur und verschiedenen niederen Beamten. Hierher bringen Jahr für Jahr Dutzende von Schiffen Erzeugnisse der Südsee-Inseln und Amerikas, um diese gegen Tee zu tauschen, den man ins Mutterland sendet. England besitzt aber auch Gebiete in Yunnan und Siam und berührt somit die Grenzen zu China gehörender Länder. Da die Grenzvölker bisweilen aufbegehren, die Grenzen verletzen, sich gegenseitig befehden und bekriegen, sind die Chinesen England nicht allzu wohlgesonnen. Hinzu kommt, daß die Portugiesen (wie die Südlichen Barbaren eigentlich heißen) und auch die Holländer, die genau wie England mit China handeln und durch den blühenden Handel der Engländer jeweils eigene Einbußen hinzunehmen haben, verschiedenste Verleumdungen und Gerüchte in Umlauf brachten. Diese nahm China für bare Münze, hatten sich doch Portugal und Holland während der Umwälzungen der Qing-Dynastie[95] große Verdienste erworben, wofür sie jeweils mit viel Land bedacht worden waren und ein außergewöhnlich tiefes Vertrauen erlangt hatten. Mehr und mehr zog sich China von England zurück, wovon auch die Handelstätigkeit nicht unbeeinträchtigt blieb. Bereits am Ende der Qianlong-Jahre[96] waren die tagtäglich wachsenden Schulden so groß geworden, daß der Handel zum Erliegen kam. Daraufhin gab es im (englischen) Mutterland verschiedene Beratungen, in deren Ergebnis auch die Überlegung laut wurde, es sei wohl kaum zu umgehen, den Handel mit Kanton einzustellen. Da sich aber in England neuerdings der Tee(genuß) allgemeiner Beliebtheit erfreut, würde es bei Abbruch des China-Handels bald schon (an Tee) mangeln, was den Menschen zum Verdruß gereichen könnte. Zwar gibt es auch auf den englischen Südsee-Inseln, in Indien und Amerika viel Tee, dessen Qualität jedoch bleibt weit hinter der des chinesischen zurück. Eine Weile könnten die Vorräte noch reichen, aber da große Mengen Tee nicht zu haben sind, dürfe auch der Handel nicht beendigt werden. Eine nochmalige Diskussion erbrachte deshalb, daß der schlechte Fortgang des Tee-Handels den niederen Beamten in Kanton anzulasten sei, keineswegs aber mit den Absichten des chinesischen Kaisers in Verbindung gebracht werden könne. Deshalb hielt man es für günstig, zur Geburt des Kaisers Ren Zong[97] Glückwünsche und Geschenke zu überbringen und beschloß, unter diesem Vorwand eine Gesandtschaft zu verabschieden, die dem Kaiser eine Petition überreichen sollte. Dafür suchte man im Mutterland Leute aus. Zum Generalboten wurde Lord McCartney und mit ihm zu reisen wurden auch Leute erwählt, die in der Himmels- und Erdkunde, Heilkunst und der Herstellung von Gütern[98] bewandert waren, da China auf diesen Gebieten noch recht ungeübt sein soll. Hierzu stellte man Schriften zusammen, aber auch verschiedene Gerätschaften, machte sogar Dolmetscher für die chinesische Sprache ausfindig und brach sodann mit insgesamt vier Schiffen – jeweils einem für den Generalboten und seinen Stellvertreter, einem Proviantschiff und einem Leitschiff – vom Mutterland auf. Es heißt, man habe bei dieser Gelegenheit auch königliche Schreiben mit sich geführt – in dem Wunsch, auch mit Japan und Korea Beziehungen zu knüpfen. All dies trug wohl zum Aufschwung des Kanton-Handels bei, so daß in jüngster Zeit die englische Handelsniederlassung in Kanton unter denen der westlichen Länder zur größten geworden sein soll."

Wieder fragte Herr A: "Ich würde doch gern wissen, ob jener Morrison ein bekannter Mann ist."

Darauf erwiderte Herr B: "Man konnte schon recht viel über ihn hören. Seiner hohen Bildung und der vielfältigen Begabung wegen soll er urprünglich Professor an einer höheren Schule in England gewesen sein und ein Gehalt bezogen haben, das etwa 5 000 bis 6000 koku[99] entspricht. Morrison bekümmerte es, daß England bei den Chinesen nicht sehr beliebt war, ja von ihnen verachtet wurde, und führte dies auf beidseitig unzureichende Kenntnisse von Sprache und Schrift des anderen zurück. Dem abzuhelfen, begab er sich vor mehr als 20 Jahren eigens nach Kanton, wo er Studien betrieb und bereits auch das "Wu Che Yun Fu"[100] ins Englische übertragen und herausgegeben hat. Voller Eifer widmete er sich der Chinesischen Wissenschaft und lernte sogar, Chinesisch zu schreiben. In jüngster Zeit erlangte er große Berühmtheit, weshalb er befördert wurde und auch seine Tätigkeit an Wertschätzung gewann. So ernannte man ihn zu einer Art Generalgouverneur der Handelsvertretung in Kanton, womit ihm - wie man hört - alle Kriegsschiffe in der Südsee und mindestens 20 000 bis 30000 Marinesoldaten unterstehen. Damit kommt ihm etwa die gleiche Stellung zu wie einem hiesigen Lehensfürsten mit einem Einkommen von 40000–50 000 koku."

Erneut sprach Herr A: "Die Rückführung japanischer Schiffbrüchiger hatte - auf Anweisung unserer Regierung - eigentlich den Holländern zu obliegen, und das müßten die Engländer als deren Nachbarn doch wissen. So haben sie schon vor einigen Jahren, als ein Küstenschiff aus der Provinz Bizen an den Indien-Inseln, englischem Hoheitsgebiet, strandete, dessen Insassen den Holländern zur Rückführung nach Japan übergeben. Nun sind die Engländer jedoch so dreist, aufgenommene Schiffbrüchige auch selbst zurückzubringen. Dies nicht irgendeinem beliebigen Kapitän zu überlassen, sondern damit jenen hochrangigen und wichtigen Morrison zu beauftragen, entzieht sich völlig meinem Verständnis, und so bitte ich Sie, der Sie sicherlich eine Meinung dazu haben, mir diese ohne Umschweife kundzutun."

Darauf antwortete Herr B: "Das alles wird schon seine tieferen Gründe haben, nur ist es recht schwierig, Genaueres über die konkreten Umstände zu sagen, ohne direkt von den Engländern etwas in Erfahrung bringen zu können. Wie ich mir jedoch in aller Bescheidenheit zu vermuten erlaube, verhält es sich so: England - so hört man - bemühte sich schon seit vielen Jahren wieder und wieder um Handel mit Japan und unternahm Verschiedenes, wenigstens mit Brennstoffen und Wasser versorgt zu werden, wenn die Vorräte zur Neige gingen, aber in Unkenntnis von Sprache und Schrift konnte man von englischer Seite aus jedenfalls keine Vorschläge unterbreiten. Diesen hätte unsere Regierung auch kein Gehör geschenkt, denn allein mit dem Wort "England" verbindet sie die Vorstellung, dies seien nur Piraten, die man nicht als Partner zu behandeln gedenke. Nähern sich ausländische Schiffe Japan, so jagt man sie mit Gewehrsalven davon, gleich, in welcher Absicht sie kamen[101]. Eines ist gewiß: Eine derartige Handlungsweise gibt es auf der Welt kein zweites Mal. Mir scheint sie darin begründet, daß die Holländer um ihres eigenen Vorteils willen die Engländer in den schlechten Ruf brachten, ausschließlich Piraten zu sein. Wohl in der Absicht, dies richtigzustellen, sendet England jetzt einen des Chinesischen kundigen Mann. Es ist anzunehmen, daß man die Überführung der Schiffbrüchigen als Vorwand für das Kommen gebraucht, da man im Falle einer direkten Vorsprache abgewiesen werden würde. Schon im Voraus soll (England) die Holländer davon unterrichtet haben, daß es Morrisons Schiff sei, das in Kürze in die Gewässer vor Edo einfahren wird, und wenn man es recht bedenkt, stand dahinter nichts anderes als der Wunsch, dies (unsere Regierung) wissen zu lassen und so einer gewaltsamen Vertreibung aus dem Wege zu gehen. Um außerdem den Störungen und Verleumdungen der in Nagasaki lebenden Holländer[102] auszuweichen, kommen die Engländer nicht über Nagasaki, sondern geradewegs bis vor Edo. So verfuhren sie ja bereits am Ende der Qianglong-Jahre, als sie - wie oben geschildert - mit Geschenken nach China kamen, die angeblich so wertvoll waren, daß man sie nicht von Kanton aus über den Landweg transportieren, sondern per Schiff nach Peking bringen wollte, womit man die Behörden in Kanton umgehen und über die Missetaten der niederen Beamten unmittelbar Beschwerde führen konnte."

Herr A fragte weiter: "Seit dem Beginn der jetzigen (Regierungs-)Zeit[103] beschränkt sich der Handel mit den Barbaren-Ländern ausschließlich auf Holland, und aufgrund unserer Abschließungspolitik ist es gänzlich unvorstellbar, daß dieses auch anderen Ländern gewährt werde. Da man es als Bedrohung empfindet, so sich irgendwelche (Fremden Japan) nähern, verjagt man sie gemäß einem Regierungserlaß, der wohl auch diesmal zur Anwendung kommen wird. Wie aber würde England ein solches Vorgehen aufnehmen?"

Herr B entgegnete: "In den Ländern des Westens bringt man dem Volk[104] besondere Achtung entgegen und sieht es als höchste Tugend an, Menschenleben zu retten. So kam mir folgendes zu Ohren: Als vor einigen Jahren England mit Dänemark im Kriege lag, griffen englische Kriegsschiffe die dänische Hauptstadt Kopenhagen an, stießen aber auf einen äußerst entschlossenen Widerstand und erlitten schwere Verluste. Dabei war eines ihrer Kriegsschiffe durch die dänischen Kanonen so stark beschädigt, daß es zu sinken begann und die Besatzung dem Ertrinken nahe war, als den Engländern in letzter Minute ein listiger Einfall zu Hilfe kam. Es befanden sich nämlich auf den englischen Schiffen ein Dutzend Dänen als Kriegsgefangene, die zu übergeben man nun um eine kurze Feuerpause bat. Der dänische König - dies hörend - durchschaute die List sehr wohl, ließ aber dennoch das Feuer einstellen in der Überzeugung, daß die Zerstörung eines einzigen Kriegsschiffes Dänemark schließlich nicht zu einem vollständigen Sieg verhelfen würde und daß die Fortsetzung des Beschusses - befände sich auch nur ein einziger Landsmann an Bord des englischen Schiffes - einem Mord an diesem gleichkäme. Während die Kanonen ruhten, setzten die Engländer ihr Kriegsschiff wieder instand und ergriffen die Flucht. Das zeigt, daß es im Westen üblich ist, selbst feindliche Schiffe nicht rücksichtslos zu beschießen, wenn diese Leute des eigenen Landes an Bord haben. Nun ist England aber für Japan kein feindliches Land, (vielmehr) gewissermaßen ein Fremder, zu dem man keinerlei Beziehungen unterhält. Wenn es sich jetzt japanischer Schiffbrüchiger erbarmt und diese im Namen von Menschlichkeit und Gerechtigkeit[105] auch noch zurückbringt, dafür aber nicht einmal angehört, sondern gleich mit Kanonen vertrieben wird, könnte es Japan für ein unmenschliches Land halten, das sein Volk nicht achtet. Ja, schlimmstenfalls könnte England (uns) - aus Ärger über diese Unmenschlichkeit und Ungerechtigkeit - zukünftig auf See zum Feinde werden, was unserer Küstenschiffahrt zum Schaden gereichen würde, da (England) zwischen den vielen ihm gehörenden Inseln in den Japan nahen Gewässern hin und her kreuzt. Selbst wenn es nicht soweit käme, könnte es im Falle seiner gewaltsamen Vertreibung in aller Welt verbreiten, (Japan) sei ein tyrannisches, ungerechtes Land, in dem man Gesetz von Willkür nicht zu unterscheiden wisse. (Japan) verlöre seinen Ruf als ein Land von Anstand[106], und welcher Schaden daraus erwüchse, ist gar nicht auszudenken. Oder aber, so der Eindruck entstünde, es fürchte England nur, könnte man daraus schließen, daß seine innere Stärke abnehme. Bei aller Ehrfurcht, aber dies könnte die militärische Autorität unseres Staates stark untergraben, wie ich mir untertänigst zu meinen erlaube."

"Wie soll man angesichts dessen also verfahren?" fragte Herr A. "Zwar ist dies, da es die Politik des Staates berührt, eine heikle Angelegenheit, dennoch bitte ich Sie - so Sie etwas wissen - mir frei heraus zu antworten."

So fuhr Herr B also fort: "Ja, dies berührt sehr wohl die Politik unseres Staates, und es steht mir einfältigem Mann aus dem Volke eigentlich nicht an, meine Meinung dazu zu äußern, aber - wie selbst die alten Schriften sagen - es gibt Dinge, in denen man auch die Ansicht der gemeinen Leute hören sollte[107], deshalb werde ich bei aller Ehrerbietung meine törichten Gedanken dartun. Also, welche wahren Beweggründe die Engländer auch immer haben mögen - wenn sie Schiffbrüchige im Namen von Menschlichkeit und Gerechtigkeit zurückbringen, Edo aber nicht anlaufen dürfen, da diese Gewässer für unsere Regierung von strategischer Bedeutung sind, so sollte man ihnen die Erlaubnis geben, in Nagasaki oder anderswo vor Anker zu gehen, die Schiffbrüchigen in Empfang nehmen und jenen als Zeichen der Dankbarkeit die Gnade einer freundlichen Belohnung erweisen. Meiner bescheidenen Ansicht nach wäre vor allem folgendes zu bedenken: Gegenwärtig sind es die Holländer, die von unserer Regierung als Informanten über das Ausland[108] beauftragt wurden. Diese treiben aber mit China, Zentralasien, Indien und verschiedenen anderen Ländern Handel, sind bei all diesen - wie man so schön sagt - Stammkunde und werden wahrscheinlich nur solche Dinge verlauten lassen, die weder für ihre Partnerländer noch für sie selbst von besonderem Interesse sind. Denn würden sie über die Lage in China, Korea, Rußland und anderen Ländern, mit denen sie handeln, für Japan Bedeutsames berichten, so wäre dies einerseits von großem Nutzen für uns, andererseits aber hätten sie auf lange Sicht für sich selbst große Nachteile zu befürchten. Eben deshalb werden sie keinesfalls derart Wichtiges preisgeben. So kommen die Engländer diesmal gerade zur rechten Zeit. Befragte man sie über die Lage in China, Korea, Rußland und anderen Nachbarländern, so wären sie sicher zu einigen genaueren Berichten bereit, womit sie uns einen großen Dienst erweisen würden. Auf diese Weise könnte man ohne eigenes Zutun über die Engländer - wie einst Su Wu und Zhang Jian[109] - die wirkliche Lage des Auslandes genauer in Erfahrung bringen, etwas Besseres kann man sich als Staat doch gar nicht wünschen. Ihr Anliegen nimmt man erst einmal zur Kenntnis, setzt ihnen dann jedoch, wenn sie wirklich auf Handel drängen, mit aller Deutlichkeit auseinander, daß dieser einem Regierungserlaß aus der Anfangszeit des (jetzigen) Staates zufolge verboten ist. So würden wir unseren Ruf der Menschlichkeit und Gerechtigkeit nicht einbüßen, sie jedoch könnten nichts ausrichten und hätten keinerlei Grund, uns zu zürnen. Alles nähme ein gutes Ende.

In den Bunka-Jahren kam einmal der russische Gesandte Rezanov nach Japan mit der Bitte um Handel, welcher nicht entsprochen wurde[110]. Unverrichteter Dinge nach Rußland zurückgekehrt, nahm er sich aus Gram darüber das Leben. Der ihm untergebene Beamte Khvostov, der ob dessen grollte, stiftete daraufhin mit nur einem einzigen Schiff vor Ezo[111] Unruhe durch Raubzüge, die den Staat zu riesigen Ausgaben zwangen. Im Unterschied zu dem Russen Rezanov befindet sich nun Morrison im näher gelegenen Kanton, befehligt außerdem viele Kriegsschiffe, und nicht zuletzt besitzt England viele Inseln in den japannahen Gewässern, so daß bei einem ungesetzlichen Vorgehen die für die Zukunft absehbaren Schäden fürchterlich wären. Desweiteren ist nicht bekannt, ob die jetzigen Schiffbrüchigen nur gemeine Seeleute oder nicht doch gebildete und fähige Männer sind. Auf jeden Fall ist der Besuch Morrisons nicht als gewöhnliche Angelegenheit zu betrachten.

Aber wir haben ja gegenwärtig eine aufgeklärte Zeit mit einem weisen Herrscher und klugen Ministern[112], die zweifelsohne richtige und gute Maßnahmen ergreifen werden. Und wenn ich törichter Mann bedenkenlos eine Meinung zur Politik des Staates äußerte, ohne ein (entsprechendes) Amt zu bekleiden, und auch die darauf stehende Strafe nicht gering ausfällt, falls dies jemanden zu Ohren kommt, so nur, weil Sie mich darum baten. Aber da ich in jedem Falle aus treuer Sorge gegenüber meinem Lande handelte, wird man mein Vergehen wohl für so schwerwiegend nicht erachten."

So sprachen sie, und ich lauschte. Und wie ich - verwundert über den Klang zusammenschlagender Hölzer[113] - aus meinem Traum erwachte, war es mein Schlafzimmer, das mir bis jetzt als Ort der Zusammenkunft erschienen war, und auch meine Gegenüber waren verschwunden. Die Lampe leuchtete nur noch schwach, in der Ferne krähte ein Hahn, schon lichtete sich die Nacht. Über das Erlebte nachsinnend, schien es mir - wie im Traum so auch jetzt noch offenen Auges - seltsam und merkwürdig, weshalb ich zum Pinsel griff und niederschrieb, woran ich mich erinnerte.

Winter des Jahres Bojutsu, im 10. Monat, der folgende nach dem Ebisu-Tag[114]

Aus:
Vogelgezwitscher Oder: Memento (Tori no nakigoe - Wasuregatami)[115]

(Takano Chôei beginnt den Aufsatz mit einer detaillierten Schilderung des Falles der *Einkerkerung der (Leute vom) Barbaren-Verein* (Bansha no goku)[116], wie sich ihm dessen Hintergründe und Verlauf darstellten. Da dieser Bericht inhaltlich mit dem identisch ist, was er in der nachfolgenden Übersetzung der "Kurzen Beschreibung des dem Barbaren-Verein widerfahrenen Unheils" (Bansha sôyaku shôki) dazu ausführte, wird dieser Teil hier nicht noch einmal vollständig übertragen. Einzelne Passagen, die Chôeis Einschätzung der geistigen Situation erhellen, möchte ich jedoch vorstellen.)

... Daher war nicht anzunehmen, ich könnte wegen dieser (Traum-)Geschichte bestraft werden. In Zeiten jedoch, da Konfuzianer sich untereinander verleumden und Buddhisten sich gegenseitig befehden, schmähen sogar Gleichgesinnte einer Wissenschaft einander. Selbst wenn gestandene und erfahrene konfuzianische Meister allerlei über Gewinn und Verlust der Regierungspolitik diskutierten, so mochte dies zwar als Meinung eines acht Züge voraussehenden Unbeteiligten scheinbar gut sein, doch ohne die Praxis zu durchlaufen, käme das der Kriegskunst des Zhao Sheng gleich[117]...
... Da die Westliche Erdkunde (Zeiten des) Friedens und der Aufruhr, Aufstieg und Niedergang, Menschen und Leben aller Länder genau untersucht[118], sind ihr in letzter Zeit des öfteren auch verschiedene hervorragende Lehrmeister wohlgesonnen; einige traten gar vom Konfuzianismus her der Holland-Wissenschaft bei, weshalb es auch Leute gibt, die diese voller Mißgunst verabscheuen. ...

... Fünf, sechs Jahre dauerten die Hungersnöte schon an, und nicht einmal leichter Rauch stieg (aus den Häusern) auf, so daß ich mich gerade noch am Leben erhielt, denn im Sommer vorangegangenen Jahres traf mich auch noch der Fluch des Feuergottes Shukuyû[119] - die Hälfte des Hauses brannte ab. Der Wiederaufbau ist noch nicht abgeschlossen, und so gibt es im Hause keinerlei Ersparnisse. Als Wanderer aus weiter Ferne, weile ich auf Zeit in der Hauptstadt. Im Winter letzten Jahres heiratete ich eine Frau, deren Familie zugrunde gegangen ist, hatte also selbst keine weitere verwandtschaftliche Unterstützung und war folglich nicht in der Lage, für meine alte

Mutter, die allein ist, zu sorgen. Hin und her überlegend suchte ich nach einem Ausweg, doch blieb mir nichts anderes, als andere um Hilfe zu bitten. Ich suchte jemanden auf und trug ihm mein Anliegen vor, er aber fürchtete die Obrigkeit und konnte dem nicht zustimmen. Redliche Menschen sind nicht reich, reiche Menschen sind unredlich; viele gibt es, die am Glück (des anderen) teilhaben, (doch nur) wenige, die das Leid mit einem teilen – das ist der Lauf der Welt. Um wieviel mehr trifft das auf einen wie mich zu, der eines Verbrechens beschuldigt wurde, und einem (herrenlosen) Hund aus trauerndem Hause gleich, streifte ich hier und dort umher, ohne meine Bitte anbringen zu können. So vergingen ein, zwei Tage, als meine chronische Krankheit heftig ausbrach und mir schwindelte. Ich hegte keinerlei Hoffnung und sann also über meine Lage nach: Am 25. des neunten Monats wurde ich unterwegs krank, dann erneut in diesem Jahr am 15. des vierten Monats. Ich lag zu Hause und pflegte mich, ohne bisher genesen zu sein. Würde ich dennoch lange im Gefängnis festgehalten, wo mir Leid widerfährt – weshalb sollte ich dann wohl am Leben bleiben. Ist es nicht besser, sich selbst den Tod zu geben, als unnötig die Schmach der Gefangenschaft zu ertragen und obendrein gewaltsam umzukommen? So hatte ich bereits meinen Entschluß gefaßt.

Dachte ich hingegen an meine alte Mutter, so war ich zwar als Kind ungehorsam, doch hatte sie ja niemanden außer mir. Auch die Verwandten in der Heimat sind alle verstorben, auf niemanden kann sie sich stützen. In der fernen Fremde wohnend, bin ich ihr die einzige Kraft und Bindung, auf die sie vertraut. Sollte sie von meinem gewaltsamen Tod erfahren, worauf verließe sie sich dann, um überleben zu können? Selbst wenn es nicht so wäre – mit wessen Hilfe sollte sich die alte Frau, deren Jahre gezählt sind, die verbleibende Zeit am Leben erhalten? Natürlich würde man mein Vergehen nicht mit dem Tode bestrafen können, bliebe ich also irgendwie am Leben, würde ich – durch die großmütige Entscheidung der Behörde – bald begnadigt und wir kämen einst (wieder) zusammen, was sie sicher beruhigte. Ich rieb meine Brust und hielt an mich, es wäre doch töricht, überstürzt etwas Nutzloses zu tun und einem Unglück[120] ein weiteres hinzuzufügen. Ich unternahm allerlei für meine Genesung und kümmerte mich nur um jemanden, dem ich die Dinge während meiner Abwesenheit anvertrauen könnte. Ohne jedoch einen zu finden, verstrichen die Tage nutzlos, weshalb leider solch verleumderisches Gerede aufkam: Es gäbe wohl Nachforschungen von der Behörde, und da ich so lange außer (Haus) bliebe, würden die

Anschuldigungen der Behörde wohl schwerwiegend sein. Vielleicht sei ich auch geflüchtet. Ich schickte daher Leute, um die Lage im Haus zu erkunden, woraufhin ich erfuhr, daß gestern zahlreiche Fremde eingedrungen seien, verkündet hätten, dies sei ein Befehl der Obrigkeit und sowohl Bücher, Briefe als auch Gerätschaften beschlagnahmten. Es seien bereits strenge Untersuchungen im Gange. Zögern führt zu Angst vor den Behörden, für meine Mutter konnte ich ohnehin nichts mehr tun. Hinsichtlich meiner Abwesenheit schrieb ich alles in mehreren Briefen auf und (wollte) dann im einzelnen um die Dinge nach meinem Verschwinden bitten. Ach, könnte ich nach Hause zurückkehren und einen Abschiedsbesuch machen, dachte ich bei mir. Doch wäre es sicher nicht gut gewesen, in ihr trauriges Antlitz zu schauen und so richtete ich mich darauf ein, mich sogleich den Behörden zu stellen. In diesem Moment, am 18. Tag mittags traf ich meinen treuen Freund Shunzan[121] und war daher unglaublich froh. Eilig bat ich ihn, sich um meine Angelegenheiten nach meinem Verschwinden zu kümmern, begab mich am Abend zum Gericht der Nördlichen Stadtverwaltung und wurde am folgenden, 19. Tag ins Gefängnis abgeführt.

Das war Mitte Mai, als es heiß wurde, doch war die Hitze in diesem Jahr besonders groß. Selbst wenn man höhere Gebäude hinaufkletterte, Fenster und Türen öffnete und die Abkühlung am Abend genoß, war es kaum auszuhalten – um so mehr an einem düsteren, freudlosen Ort, wo kein Sonnenstrahl durchdringt, kein Lüftchen weht und der mit Dutzenden von Menschen – aneinandergereihten Fischschuppen gleich – vollgestopft ist, weshalb die Hitze kaum zu ertragen war. Der Geruch der Kranken mit dem von Kot gemischt, ergibt eine sonderbare Art von Gestank, von dem, was sich im Gefängnis ansammelt, geht ein Geruch ohnegleichen aus. Hier lange drinzubleiben und zu überleben, ist für mich völlig unvorstellbar. Es kommt zudem vor, daß einer, der bis gestern gesund war, heute morgen einer Krankheit zum Opfer fällt und stirbt; oder jemand, der bis heute morgen von Herzen gesungen und gelacht hat, kaum, daß er auf die Stimme des Diensthabenden hin (so heißt es, wenn der Schlüsselbeamte zur Urteilsverkündung vors Gefängnis kommt, den Namen des Betreffenden verkündet und ihn abführt) hinaustritt, sich augenblicklich in ein Häuflein strömenden Blutes verwandelt und von uns geht. In einer solch glückverheißenden Zeit geboren worden zu sein und solch traurigen Dinge zu sehen, zu hören und zu erleiden – das ist wohl unser aller Karma früheren Daseins. Bedenkt man aber, daß es heute jenen Menschen und morgen mich betrifft, so wird man vom Entsetzen gepackt, erstickt man vor Traurigkeit in Tränen. Nun sind die hier Verwahrten ja eigentlich alle umherstreunende, heruntergekommene Leute, die Morde und Brandstiftungen verübten, die von Mitgefühl nichts wissen dürften. Sie muntern einander eifrig auf, und ihr Herz dem Mitleid verschließend, sind sie – werden sie nun krank – ohne Klagen auf den Tod gefaßt, gehen sie – führt man sie zur Hinrichtung durch das Schwert ab – lächelnd hinaus. War es früher, in Zeiten des Krieges, als die treuen Gefolgsmänner den Tod nicht fürchteten, nicht ebenso? Ohne hier gut und böse zu erörtern, ist das menschliche Herz in der jetzigen friedlichen, aufstrebenden Zeit schwach, und so erscheint mir solch todesverachtende Entschlossenheit bewundernswert und rührt mich sehr[122]. Solch wilde Männer haben sich also im Gefängnis zusammengefunden, daher kann es nicht einfach mit den üblichen Gesetzen verwaltet werden. Es wurden brutale und harte Gesetze erlassen, nur gewaltsam läßt sich Fügsamkeit erreichen, weshalb mir das tägliche Leben – Essen, Trinken, Unterhaltungen – sehr schwer fiel. Voller Furcht dachte ich bei mir: Was soll ich nur machen? Doch gemäß dem Prinzip, daß es in der Unterwelt auch ein Paradies gibt, ist weit und breit kein dämonischer Mensch, wenn ich kein dämonisches Herz habe[123]. Wenn auch nur flüchtig, bemerkten die höheren und niederen Vorgesetzten im Gefängnis, daß ich im Herzen die Treue bewahre und – von Verleumdern hintergangen – an der unverschuldeten Strafe zerbreche. Voller Mitgefühl nehmen sie in allem Anteil, sind sehr gütig und rücksichtsvoll und erleichtern mir das tägliche Leben, Essen und Trinken – sicher ein kleines Glück im Unglück, das die Qualen leichter ertragen läßt. (Eigentlich) dem schnellen Tod geweiht, verbringe ich Tag um Tag, ohne daß mir etwas widerfährt, mir ist wie einem Insekt zumute, das sich – auf den Frühling wartend – unter der Erde verkriecht; ein Tag kommt mir wie tausend Herbste vor[124], ungeduldig warte ich auf die weise Entscheidung der Behörde[125]. Doch wiegt die Anklage der Verleumder schwer, ertönt lautstark allerlei Gerede, und so glaube ich nicht, daß die Entscheidung rasch gefällt werden kann. Ich vernahm, daß es inzwischen auch Leute gibt, die behaupten, ich sei ein Verräter, von jeher ein Schwerverbrecher, der mit aller Härte zu bestrafen sei, was völlig unerwartet und entsetzlich ist. Da sich aber der Himmel nicht einseitig in Anspruch nehmen läßt, möge sich inzwischen das Mißtrauen der Behörde von selbst zerstreuen. Selbst König Wen ereilte das Mißgeschick von Youli, und auch Gong Yezhang erlitt die Schmach des Gefangenseins[126]; auch die Würdenträger und Weise Genannten gingen ins Gefängnis, von uns einfachen

Menschen ganz zu schweigen! Bliebe ich auch für lange Zeit im Gefängnis, so bin ich doch ohne Schuld und habe daher keinen Grund, mich vor den Leuten zu schämen. All das ist himmlisches Schicksal und daher unvermeidlich. Ich habe mich damit abgefunden, die Zeit abwarten zu müssen. Denke ich tief über mich selbst nach, so habe ich als Kind meinen Vater verloren und wurde durch Mutters Hände ohne strenge Erziehung großgezogen, wuchs somit nach eigenem Gutdünken heran. Ganz jung ging ich auf Studienreisen und hatte unglücklicherweise keine gestrengen Meister und Freunde. Früh begab ich mich in die Barbaren-Wissenschaft, und da ich die ehrwürdigen kanonischen Schriften nicht gelesen habe[127], ist mein Handeln nicht recht geraten. Ich zog des weiteren in alle Himmelsrichtungen und kenne mich natürlich in Gesetzen und Verordnungen nicht aus, denn ich durchlief den Weg der Beamten nicht. Ohne Begabung und oft unvernünftig handelnd, habe ich - ohne ein entsprechendes Amt zu bekleiden - solche (politischen) Dinge erörtert[128], kann also gar nicht unschuldig sein. Ich sollte daher weder gegen Menschen noch Himmel Groll hegen, daß mich solches Unheil traf. Nur ist dabei die Sache mit dem ehrenwerten Kazan und Tokusai[129] zum Erbarmen traurig. Der Verehrte (Kazan) ist wahrhaftig eine Persönlichkeit unserer Zeit - vom Charakter her sanftmütig und gefaßt, sehr gelehrt und vielseitig begabt, von Loyalität im Dienst für seinen Herrn und der Mutter gegenüber von kindlicher Pietät erfüllt, im Umgang mit Freunden auf Aufrichtigkeit bedacht. Durch 36 Provinzen bin ich gekommen, begegnete Tausenden von Leuten, doch gab es (darunter) keine solche Persönlichkeit, weshalb ich ihn stets verehrte und mich freute, einen lieben, gestrengen Meister gefunden zu haben. Er ist zudem von Natur aus neugierig, geschickt im Malen und gut im Schreiben, pflegt breiten Umgang mit gebildeten und talentierten Menschen, überall ist er auf Suche nach Schönem unter dem Himmel. Sein Ruhm als Maler wird daher immer größer, der als Schreibender ist weithin zu vernehmen. Neuerdings hat er gar eine Vorliebe für die Westliche Wissenschaft und studierte Schriften zur Erdkunde (meines Erachtens ist das der Grund, weshalb er den Haß einer bestimmten Person auf sich lud[130], woraufhin das Unglück dann seinen Lauf nahm), und so war ich mit ihm besonders vertraut, ging - ob früh, ob spät - bei ihm ein und aus und beriet mit ihm dies und jenes. Eine solche Persönlichkeit nimmt alles sehr genau, handelt nicht unvorsichtig und dürfte eigentlich nicht gegen die Gesetze und Verordnungen der Behörden verstoßen haben. Daß er jetzt festgenommen wurde, hat - bedenkt man es recht - seinen Grund: Die fortwährenden Hungersnöte der letzten Jahre haben die Menschen in Angst und Unruhe versetzt. Die Reichen wurden immer reicher, die Armen immer ärmer. Das notleidende Volk befand sich hier und dort in Aufruhr, irgendwie war die Welt in Unruhe geraten. Aus Sorge (um das Land) fertigte er aus holländischen Büchern Abschriften über Staatswesen, Regierungspolitik, Menschen und Leben aller Länder an, trug außerdem Dinge vom Hörensagen zusammen und brachte eine Schrift mit dem Titel "Notizen über bedeutungsloses Geschrei"[131] heraus. Da zudem in letzter Zeit die Angelegenheit um Morrison[132] öffentlich ins Gerede kam, untersuchte er aus großer Sorge England - von den Sitten und Menschen bis hin zur Morrison-Sache. Er erörterte Nutzen und Übel der japanisch-chinesischen (Verhältnisse) einst und heute sowie Erfolg und Mißerfolg der Regierungspolitik und trug das in der Schrift "Befürwortung von Besonnenheit in (kritischen) Zeiten"[133] zusammen. Beide Schriften sind jedoch Manuskripte geblieben, speziell die "Befürwortung von Besonnenheit in (kritischen) Zeiten" ist noch nicht einmal fertig gewesen. Selbst ich habe sie noch nicht zu Gesicht bekommen, er dürfte sie daher nicht unbesonnen (anderen) Leuten gezeigt haben. So kann es nicht anders gewesen sein, als daß unter den Verleumdern ein Spion bereits Einblick in die "Notizen über bedeutungsloses Geschrei" hatte, ihn verunglimpfte, (die Behörde) mißtrauisch wurde und ihn festnahm.

Tokusais herkömmlicher Name ist Ozeki San'ei. Er wurde in der Besitzung Dewa geboren und ging im besten Alter in die Holland-Wissenschaften, in harter Arbeit drang er von selbst in holländische Schriften ein und wurde schließlich einer der bekanntesten Holland-Wissenschaftler. Wegen seiner Vorliebe für die Geschichte des Westens eignete er sie sich an und konnte zudem bewundernswert mit holländischen Texten umgehen. Nur hatte er von jeher kranke Beine, litt außerdem an Schlaflosigkeit, weshalb er kein Arzt werden konnte, der zwischen Ost und West umherziehen (muß). Er betätigte sich vor allem als Übersetzer und Lehrer, begründete eine Schule für Holländische Medizin, trat vor einigen Jahren als Leibarzt in den Dienst von Fürst Okabe, wurde vor kurzem an das Amt für Himmelskunde[134] berufen und diente zugleich den Behörden als Übersetzer und Kommentierer (ausländischer Bücher). Generell von rechtschaffener und solider Herkunft, verstieß er gegen keinerlei Gesetze, übersetzte allerdings dies und jenes aus holländischen Schriften und stellte es dem ehrenwerten Kazan vor. Er war besonders eng mit uns vertraut, und so konnte er sich der Anklage durch die Verleumder nicht entziehen, war auch dem Verdacht der Behörden ausgesetzt.

Dennoch meinte ich, deswegen könne er nicht ins Gefängnis gesteckt werden. Als sein bester und engster Gefährte war ich aber bereits ins Gefängnis abgeführt worden, und lautstark, vielfach diffamierend, ertönte das Gerede der Leute: Die Holland-Wissenschaftler würden alle vorgeladen, auch ihn nehme man bald gefangen. Er, der gewöhnlich unter Schlaflosigkeit litt und erst nach dem Griff zum Opium-Sakebecher einschlief, nahm wohl an, daß er im Gefängnis nicht überleben würde. Von Natur aus bieder und kleinmütig, glaubte er der öffentlichen Meinung einfach und gab sich schließlich hastig selbst den Tod. Ach, so ging ein bedeutender Meister unseres Reiches zugrunde, ging ein vertrauter Freund, dem ich Brüderschaft schwor, plötzlich davon. Meine Trauer ist ohnegleichen, ich vermag es nicht genug beklagen. In einem Gespräch - wie gewöhnlich beim Trinkgelage - kamen wir überein, daß man Leben und Tod nicht anhand des Alters erörtern könne. Wer von uns beiden eher stirbt, wer hinterbleibt, ließe sich nicht vorausbestimmen. Da uns solch feste Freundschaft verbinde, solle der jeweils Hinterbliebene in den Grabstein des Verstorbenen eine Inschrift eingravieren. Nun bin ich es, der die Inschrift in den Grabstein eingravieren müßte, doch einem Licht im Winde, einem Fisch im Netz gleich, ist selbst meine jetzige Lage ungewiß. Eine unbeständige Welt! Irgendwie fliegt sogar im Schmerz die Zeit pfeilschnell dahin. Sommer und Herbst sind vergangen, es ist Winter geworden. Inzwischen bin ich an die sechs, sieben Mal herausgeholt und verhört worden. Da ich aber mit den Leuten, die die Fahrt zu den unbewohnten Inseln planten[135], nicht einmal flüchtigen Umgang hatte, war es gar nicht möglich, eine Übereinkunft treffen zu wollen, auch der ehrenwerte Kazan hätte dem nicht zustimmen können. Außerdem war diese Sache mit der Fahrt zu den unbewohnten Inseln in Wirklichkeit noch im Spaß geäußertes Gerede und überhaupt nichts Bestimmtes. All das sind Intrigen der Verleumder, um uns Strafen einzubrocken. Offensichtlich dient es dem Zweck, die Holland-Wissenschaften zurückzudrängen. Im großen und ganzen vermutet das auch die Behörde, und da an Tadelnswertem nichts weiter vorzubringen war, nahm man in meinem Fall die "Traumgeschichte" zum Anlaß und warf mir vor, obenstehende (Schrift) sei zwar in der Absicht verfaßt worden, nur der persönlichen Einsicht durch die Beamten dargeboten zu werden, doch sei sie unterdessen in der Öffentlichkeit gekreist und habe die Gemüter der Menschen erregt. Des weiteren hätte ich mich zwar freiwillig gestellt, doch Krankheit vortäuschend, habe ich es versäumt, mich rechtzeitig zu stellen. Dies sei bar jeder Ehrerbietung gegenüber der

Regierung und ein unerhörter Vorgang (ein leichtes Vergehen, das schwer bestraft wird; ach, ich bin nicht mehr von dieser Welt). Beim ehrenwerten Kazan nahm man die "Notizen über bedeutungsloses Geschrei" und "Befürwortung von Besonnenheit in (kritischen) Zeiten" zum Anlaß und warf ihm vor, er habe keine Ehrfurcht vor der Regierung und sei – als Person, deren Dienst auch von hoher Verantwortlichkeit ist – äußerst respektlos und aufs höchste unverschämt (ist es nicht schmerzlich, daß ein großer Mann des Reiches sich dem Tode nähert, das Leben sich von ihm entfernt). Und diejenigen, die die Fahrt zu den unbewohnten Inseln beabsichtigten, erhielten größtenteils einen Freispruch. Nur zwei – Hikobei und Hidesaburô[136] – verblieben im Gefängnis und wurden angeklagt, über gefährliche Dinge geplaudert zu haben, was ebenfalls unverfroren sei. Zudem scheint auch der Spion der Verleumder des Vergehens beschuldigt worden zu sein, er soll unsinnige Gerüchte für Tatbestände ausgegeben und daraufhin Anklage erhoben haben; das sei äußerst unverschämt.

Ursprünglich wollten Verleumder uns des Verbrechens bezichtigen, die Holland-Wissenschaften zugrunde zu richten, um daraufhin weiter auf andere Einfluß zu nehmen und ihren eigenen Haß zu vergelten. Das aber gelang nicht, vielmehr erwuchs ihnen selbst daraus das Vergehen der Nachlässigkeit, weswegen man den Spion bestrafte und sie selbst der Strafe entgingen. 2300 Jahre sind es seit der Gründung des kaiserlichen Reiches, und schon 1600, 1700 Jahre werden Konfuzianismus und Buddhismus praktiziert. Oben, vom Sohn des Himmels[137], bis hinunter zu den einfachen Leuten gibt es niemanden, der nicht ehrerbietig diesen beiden Lehren folgt. Über die lange Zeit der Überlieferung und des Lernens wurden die Konfuzianer halb zu Chinesen, die Mönche ähneln fast den Indern. Die (anderen) Menschen jedoch folgen lediglich diesen Lehren und sehnen sich nicht nach den Ländern. Unser Land ist bislang nicht Untertan von China und Indien gewesen (einzige Schande seit der Gründung unseres Landes ist es, unter Fürst Yoshimitsu als Lehen Chinas betrachtet worden zu sein[138]). Bisher habe ich noch von niemandem gehört, der am kaiserlichen Reich Verrat übte und vor dem Ausland zu Kreuze kroch. Zudem zählt die kaiserliche Linie ununterbrochen 121 Generationen. Wenn von oben höchste Menschlichkeit ausgeht, schätzt man unten die Loyalität[139]. Im blauen Meer des Ostens auf uns allein gestellt und ewig als Land des Mikado verehrt, ist es wahrhaftig ein glückliches Land der Gottheiten. Zugleich ist es noch keine 200 Jahre her, seit die Holland-Wissenschaften verbreitet werden. Unter tausenderlei

Leuten sind es nur einige, die diese Wissenschaften betreiben, doch verachten sie viele und wenige schätzen sie. Dennoch sind wir gezwungen, diese Wissenschaften zu betreiben, denn ihre Aussagen sind sich auf die Realität (gründende) Prinzipien, und danach zu handeln, bringt Nutzen[140]. Warum sollte man ein solch glückliches Land der Gottheiten aufgeben, sich nach dem kalten, unfruchtbaren Westen sehnen und sich den Westlichen Barbaren ergeben? Die Leute aber, die die Holland-Wissenschaften verabscheuen, nehmen das oft zum Vorwand, um sie zu verunglimpfen. Ist das der Grund für die Zurückhaltung der Behörden?

Die Vergehen der mit den Holland-Wissenschaften Beschäftigten sind im allgemeinen leicht, ihre Bestrafung hingegen hart. Da läßt sich nichts machen. Ach, es gibt Leute, die die Holland-Wissenschaften mehr verabscheuen als einen Feind. Selbst wenn ich nämlich die "Traumgeschichte" nicht geschrieben und Kazan die "Notizen" und "Befürwortung" nicht von sich gegeben hätte, wäre es schließlich doch kaum möglich gewesen, den zerstörerischen Verleumdungen zu entgehen - ganz davon zu schweigen, daß wir bereits in die Falle geraten sind. Sollte uns durch das weise Urteil die Güte der menschlichen Regierung nicht zuteil werden, wird es wahrlich schwierig, bis zur Erfüllung unserer Lebensaufgabe zu leben. Warum überhaupt läßt der Himmel die Holland-Wissenschaften soweit ins Unglück geraten? Machte ich die Holland-Wissenschaften zu meinem Beruf und sterbe nun dafür, handelte ich in Loyalität und sterbe nun dafür, so gäbe es vom Prinzip her nichts zu bedauern und von der Redlichkeit her gesehen nichts, dessen man sich zu schämen hätte. Doch wegen der "Traumgeschichte" zu sterben, ist doch sehr bedauerlich. Sollte später einmal jemand diese kleine Broschüre zu Gesicht bekommen - verstehe er dies! Diese kleine Schrift ist in der Tat wie das Zwitschern eine Vogels, der dem Tode nahe ist.

Kurze Beschreibung des Unheils, das dem Barbaren-Verein widerfuhr (Bansha sôyaku shôki)[141]

Zwar ist heute Genaueres über die ersten Kontakte des Westens zu uns nicht zu erfahren, doch verschiedenen Schriften zufolge gerieten gegen Ende der Ashikaga(-Zeit), der Blütezeit des Hauses Ôtomo in Bungo auf Kyûshû[142], Schiffe des westlichen Portugal mit Leuten auf dem Weg nach Luzon an Bord (von und nach Luzon, seit jener Zeit zum portugiesischen Territorium gehörig, verkehrten ständig bis zum heutigen Tage Schiffe) in einen Orkan, so daß es sie in die Bucht von Bungo verschlug (es heißt, damals gelangten Vogelflinten in unser Land). So habe man schließlich Kontakte geknüpft. Seither fuhren Jahr für Jahr Schiffe hin und her, wurden Waren ausgetauscht, und weil das ein Vielfaches an Gewinn brachte, seien den Portugiesen weitere westliche Handelsländer gefolgt, die - miteinander konkurrierend - Kyûshû anliefen und ihre Waren handelten. Bald darauf ging das Haus der Ashikaga unter, mit dem Aufstieg des Hauses Oda ergriff Nobunaga die militärische Macht und erlangte die Führung über verschiedene Ländereien. Er lud die Portugiesen zu sich ein und fand ihr Äußeres sonderbar. Sie seien außergewöhnliche Menschen, deren Anschauungen sich praktisch gut anwenden ließen. Darob erfreut, folgte er diesen Auffassungen beim Bau seiner Burg sowie der Herstellung neuer Waffen, er war ihnen sehr wohlgesonnen und vertraute ihren Anschauungen schließlich. Er respektierte ihren Glauben und ließ sie einen Tempel errichten. Obwohl diese Leute aus dem fernen Westen kamen, gelangten sie doch alle von Luzon her per Schiff zu uns, weshalb man sie Südliche Barbaren[143] nennt und den Tempel als den der Südlichen Barbaren bezeichnet. Erstmals fand die neue Lehre der Christen Verbreitung. Zweifellos war die Ankunft der Südlichen Barbaren allgemein von Nutzen: so u.a. für den Burgenbau (die heutigen Burgen, so wird gesagt, sind alle seit Nobunaga entstanden; dem Steinwall, den Ecktürmen, dem Festungsturm, dem rechteckigen Platz eingangs der Burg u.a. liegen westliche Verfahren zugrunde, sie gingen aus den Überlieferungen der Barbaren hervor); für die Himmels- und Erdkunde (bis dahin wurden Himmels- und Erdkunde recht nachlässig betrieben, seither sollen sie erstmals Genauigkeit erlangt haben); für die Kunst, Krankheiten zu heilen (angesichts der, wie stets zu Zeiten kriegerischer Unruhen, darniederliegenden Heilkunst riefen die Südlichen Barbaren namhafte Ärzte aus dem In- und Ausland herbei, um Krankheiten kurieren zu lassen; ihre Erfolge sollen besonders in der Chirurgie bemerkenswert gewesen sein, die daher von vielen (Japanern) studiert wurde und heute die Schule der Südlichen Barbaren darstellt); für die Herstellung von Feuerwaffen (die Anfertigung von Vogelflinten, von großen und kleinen Kanonen, von Schießpulver u.ä. gehen sämtlichst auf die Überlieferungen der Barbaren zurück). Deren Glaubensregeln aber führten das unwissende Volk ziemlich irre und fügten die Herzen der Menschen fest zusammen, was schließlich landesweiten Aufruhr verursachte. Darum entzog Nobunaga ihnen allmählich seine Gunst. Das Haus der Oda ging alsbald unter, und mit dem Aufstieg des Toyotomi zum kaiserlichen Regenten brachen Glaubenskämpfe aus. Als sich die Unruhen bereits abzeichneten, verbot der Regent schließlich voller Weitsicht und gründlich bedacht diesen Glauben. Den Südlichen Barbaren wurde die Überfahrt (nach Japan) untersagt, lediglich Holland und England durften Handel treiben, da ihre Religion eine andere war. Später, als auch die Toyotomi untergingen und das jetzige verehrte Herrscherhaus zur Macht über das Reich gelangte, folgte man den früheren Erlassen des kaiserlichen Regenten und genehmigte nur noch diesen beiden Ländern, weiterhin Handel (mit Japan) zu treiben[144].

Zu jener Zeit, da die Handelsschiffe aus fremden Ländern nur Hirado in Hizen zum Handel anliefen und der Kontrolle des Fürsten Matsuura unterlagen, verstießen Schiffe der Barbaren wohl bisweilen gegen die erlassenen Anordnungen, legten in verschiedenen Orten der Küste von Kyûshû an und trieben dort heimlich Handel. Zudem eignete sich Hirado wegen seiner engen Hafenzufahrt nicht als wichtige Position für den Handel mit dem Ausland, weshalb auf einen Regierungserlaß hin das heutige Nagasaki zum Hafen für fremdländischen Verkehr bestimmt und erneut eine Aufsichtsbehörde eingerichtet wurde, in die man Jahr für Jahr Beamte zur Regulierung (des Handels) entsandte. Es war verboten, heimlich an anderen Orten zu handeln; man duldete niemanden, der die Schriften der Barbaren las und deren Glauben huldigte. Und dennoch gab es Gläubige der vom Südlichen Barbaren-Tempel überlieferten Lehre - Leute, die vielerorts auf Kyûshû Zuflucht nahmen und dort heimlich ihrem Glauben anhingen, weshalb es auf der Insel Amakusa zu Aufständen kam und ganz Kyûshû in Aufruhr versetzt wurde. Daher verabscheuten die Behörden den Barbaren-Glauben aufs tiefste und verboten ihn durch einen noch strengeren Erlaß. Allein den Holländern wurde noch der Handel erlaubt, man beauftragte sie, den Behörden Berichte über das Ausland zu erstatten und gewährte schließlich ihrem Gesandten alle fünf Jahre eine Audienz (beim Shôgun) zwecks Tributabgabe. Außer den

Dolmetschern durfte niemand Schriften der Barbaren lesen. Somit verkehrt Holland zwar seit langem mit uns, doch ist nur wenigen (etwas über den Westen - von den Verhältnissen und Sitten bis hin zur Herstellung verschiedenster Dinge - bekannt). Mit der Regierungszeit des Yoshimune erließ dieser in seiner großzügigen Güte und früheren Herrschern darin folgend, alles Schöne unter dem Himmel - gleich, ob aus China oder von den Barbaren - zu übernehmen[145], die Verfügung, Schriften der Barbaren zu übersetzen. Seit Fürst Hakuseki Arai von Chikugo Bücher wie "Ausgewählte Betrachtungen zu fremdartigen Äußerungen" geschrieben hatte[146], konnten nun einige Leute erstmals Schriften über die Barbaren lesen.

Später traten Männer wie Aoki Konyô, Maeno Ranka hervor und übernahmen Übersetzungsaufgaben. Ihnen folgten Katsuragawa Getsuchi, Sugita Isai und Udagawa Shinsai[147], die zahlreiche Schriften übersetzten. Vielerorts traten hervorragende Männer auf, die in diese Studien eindrangen und deren Werk fortsetzten. In nur kurzer Zeit vermochten sie es, Übersetzungen - vor allem von der Himmels- und Erdkunde bis hin zu technischen und handwerklichen Dingen - fertigzustellen. Und während der Bunka-Zeit erging dann an den Hofastronomen Takahashi Sakuzaemon[148] von höchster Stelle der Auftrag, Holländisch-Dolmetscher an die Regierungssternwarte zu rufen, um so auf ein unvorhergesehenes Eintreffen der Barbaren-Schiffe vorbereitet zu sein. Auch wurden Leute herbeigeholt, die - obgleich nur Untervasallen - der Barbaren-Wissenschaft kundig waren. Beide Seiten wurden beauftragt, Bücher zu übersetzen, wodurch die Barbaren-Wissenschaft seither einen enormen Aufschwung nahm. War dies auch wahrhaftig das Ergebnis einer friedlichen, aufgeklärten Zeit, kann doch eine solch große Verbreitung innerhalb nur weniger Jahrzehnte allein dem unvermeidlichen Weltenlauf[149] geschuldet sein.

Gibt es aber viele Verehrer, sind auch der Verleumder viele. So gab es welche, die verfaßten Gedichte wie dieses: "Lautes, doch leeres Geschwätz macht sich in den östlichen Landen breit. Oft verlachen diese Lernenden Zhou Gong und Konfuzius. Tiefe Seufzer angesichts des heutigen Verfalls der Tugenden eines Herrschers wie Yao. Nur wenige erkennen noch den Kuckucksruf von Amatsu[150]." Solche Ansichten fand manch einer vorzüglich und lobpreiste sie; und wieder andere verglichen die Holländer mit den wilden Xian Yun der Zhou-Zeit oder mit den Qi Dan der Song-Dynastie[151] und meinten, von ihnen ginge zukünftig Unheil für den Staat aus, weshalb auch der Staat mit dem Regierungserlaß über die Landesabschließung strengen

Selbstschutz übte und den Fremden nicht traute. Man ließ besondere Vorsicht walten, um nur ja einem Angriff von außen zu entgehen. Und gemäß dem Prinzip, daß das Leben an Bösem reich, an Gutem jedoch arm ist, (trug es sich zu, daß) Takahashi Sakuzaemon seine Zwistigkeiten mit dem Geheimbeamten für das Ausland, Mamiya Rinzô[152], nicht beilegen konnte. Dennoch war Takahashi während der Bunsei-Jahre[153] so unvorsichtig und selbstsicher, den Barbaren eine große Karte des Landes zu überreichen und zudem noch engen Umgang und brieflichen Verkehr mit ihnen zu pflegen, weshalb Mamiya ihn bei der Behörde als Verräter anzeigte, worauf man ihn verhaftete, ins Gefängnis warf und verhörte. Wenngleich er zu keiner Zeit Verrat im Sinn hatte und sich große Verdienste als treuer Diener erworben hatte, sprach man ihn wegen der begangenen Verstöße gegen das strenge Verbot, heimlich mit Barbaren zu verkehren, ihnen Landkarten zur Verfügung zu stellen und Briefe zu wechseln, schuldig und bestrafte ihn streng. Für schuldig befunden und bestraft wurden neben den Dolmetschern noch weitere Dutzende Personen, was die Anhänger der Barbaren-Wissenschaft zeitweise sehr verängstigte und diese Wissenschaft erheblich schwächte.

Doch ist die Barbaren-Wissenschaft eine auf die Wirklichkeit bezogene Wissenschaft, die Nutzen bringt und dringliche Aufgaben (lösen hilft). Auch hat sie in letzter Zeit vielerlei entdeckt, und so sollten ihre Kräfte - ist das der unvermeidliche Weltenlauf? - nicht zum Erliegen kommen, darin den Gräsern und Bäumen gleich, die im Frühling Zweige und Blätter treiben. Später kamen Männer wie Zuikô Takano Chôei[154] und Gakusai Ozeki San'ei von der Medizin her zur Barbaren-Wissenschaft. Jeder schließlich zu einer namhaften Persönlichkeit geworden, nahmen sie in Yamanote[155] Quartier, unterrichteten Schüler, übersetzten verschiedene Schriften und hatten breiten Umgang mit vielen Leuten, so daß ihr Einfluß immer größer wurde. Zu ihnen gesellte sich, wer Genaueres über friedliche wie unruhige Zeit in allen möglichen Ländern erfahren wollte; diese Wissenschaft schätzte, wer Himmelskunde und Mathematik erforschen wollte; ihre Schriften studierte, wer über das Exerzieren und die Artillerie Klarheit zu gewinnen trachtete; man fand Gefallen an dieser Wissenschaft, weil man den Anbau von Pflanzen erweitern wollte oder übte sich in verschiedenen Techniken und deren Anwendung. All jene, die dieser Wissenschaft bereitwillig folgten und sie über die Medizin hinaus priesen und hochschätzten, machten zeitweise recht viel Lärm um sich. Da es aber - gemäß dem Prinzip, daß ein hoher Baum viel Wind fängt, ein reiches Haus den Groll der Geister auf sich zieht - von alters her häufig geschieht, daß einer, der es zu Rang und Namen gebracht hat, Schaden nimmt, hätten sie selbst bescheiden und vorsichtig sein sollen. Zuikô hingegen war so unbedacht, im Jahre Bojutsu (1838)[156] die "Traumgeschichte" zu schreiben, in der in treuer Absicht gerade heraus Ratschläge (in Sachen) Staat gegeben werden, was unglücklicherweise sogleich bei vielen Leuten Verbreitung fand. Verleumder nutzten diese Gelegenheit und trugen es den Behörden zu, woraufhin Zuikô im Jahre Kigai (1839) für lange Zeit in Gefangenschaft geriet und Gakusai Selbstmord beging. Sehr zu bedauern ist vor allem, daß dadurch die Barbaren–Wissenschaft schließlich in Verfall geriet. Einem alten Wort gemäß, gerade ein guter Läufer stolpere und ein guter Schwimmer ertrinke, haben Männer wie Zuikô wohl, da sie mit den Verhältnissen des Auslandes sehr vertraut sind, unnütze Dinge niedergeschrieben; man kann ihnen den Vorwurf nicht ersparen, ihre Bestrafung selbst herausgefordert zu haben. Es ist der Mühe nicht wert und: wer tapfer kämpft, wird hart bestraft - das muß auch hier wieder festgestellt werden. Nun sollen die näheren Umstände kurz dargestellt werden.

Zuikôs und Gakusais Verein gehörte auch ein Mann namens Kazan Watanabe Noboru[157] an, oberster Beamter des Fürsten Miyake von Tosa und Burgherrn zu Tawara in (der Provinz) Sanshû. Ursprünglich ein Schüler des Hauses Hayashi[158], hatte er sich mit allen möglichen Schriften vertraut gemacht, breit die Geschichte studiert und seine vielen Fähigkeiten entfaltet. Seit seiner Kindheit erlernte er das Malen und brachte es als Maler zu großer Berühmtheit. Er pflegte breiten Umgang mit Gebildeten[159], ging allenthalben bei den Mächtigen ein und aus. Vielseitig, wie er war, befaßte er sich mit Studien der westlichen Malerei und fand auch an Erdkunde gefallen. Doch wegen der Amtsgeschäfte, die ihn sehr in Anspruch nahmen, war es schwierig, sich näher mit den Schriften der Barbaren vertraut zu machen, weshalb er die Barbaren–Wissenschaft im häufigen Verkehr mit Zuikô, Gakusai u.a. betrieb. Der (als Lehensfürst) zurückgetretene ehrenwerte Herr Kôzô[160], der sich wegen seiner Liebe zur zivilen Bildung ebenfalls der Barbaren–Wissenschaft zuwandte, nahm Zuikô und Gakusai für ein monatliches Entgelt als Lehrer auf, ließ sogar Barbaren–Schriften in breitem Umfang zusammentragen und wurde binnen kürzester Frist zu *dem* Bücherbesitzer im Verein der Barbaren–Wissenschaft. Und gemäß dem Prinzip, daß gleiche Neigungen einander suchen, gleiche Töne widerhallen, gab es unter Kazans Freunden viele Verehrer der Barbaren–Wissenschaft, nicht wenige hatten demnach auch mit Zuikô und Gakusai Umgang.

Dazu gehörte Hakkaku Gisai Endô Katsusuke[161], ein konfuzianischer Beamter von Kishû. Erzieher im Dienst des Fürsten von Kishû, bildete er die Söhne der Residenz aus. Von überragender Körperkraft, vertraut mit den Regeln des Schwert(kampfes) und in der Kriegslehre bewandert, ist er ein Samurai, im Zivilen gleichermaßen befähigt wie im Militärischen[162]. Er beklagte jedoch die Übel des lange währenden Friedens: der Weg des Kriegers verfalle wie auch das Schulwesen, das Militär ergehe sich vornehmlich in eitlem Gepränge, das Studium erliege der Buchstabengelehrtheit oder aber verfalle der Mode der Verfeinerung des Dichtens - beides bringe dem Gemeinwohl keinen praktischen Nutzen. So war er zwar gewillt, den Übeln dieser Welt abzuhelfen, doch kam es seit dem Jahr Kishi (1833) wiederholt zu Mißernten, selbst im hauptstädtischen Gebiet gab es zahlreiche des Hungers Gestorbene, erst recht aber, wie man sich vorstellen kann, auf dem Lande, in entlegenen Gebieten. Darüber bestürzt klagend, schrieb er verschiedene Schriften zur Hilfe aus der Not und befaßte sich vor allem mit wirklichkeitsbezogenen Studien der Verwaltung und der Wohltätigkeit[163], weshalb er häufig von einigen Fürsten, wollten diese Maßnahmen treffen, in Regierungsangelegenheiten um Rat gebeten wurde. Nun handelte es sich dabei auch um sehr schwierige, nicht sofort zu beantwortende Dinge, und so gründete er die Shôshikai[164], die sogenannte Zusammenkunft der Alten, zu der verschiedene namhafte Samurai aus dem Hauptstädtischen eingeladen und somit die Meinungen der Öffentlichkeit zusammengetragen wurden. Stets gelangte man zu einer Antwort, die Beratenen vertrauten deshalb deren Lauterkeit sehr, was zur Folge hatte, daß die Zahl der nach Regierungsangelegenheiten Fragenden groß war. Daher betrachteten die Hauptstädter die (Shôshikai-Leute) zeitweise als Autoritäten der Wissenschaft von der Verwaltung und Wohltätigkeit.

Zum Vollmond im Frühwinter Bojutsu (1838) hatte die Shôshikai einen Termin, Zuikô aber lag zu dieser Zeit mit einer langwierigen Krankheit darnieder und blieb zu Hause. Nun gab es unter seinen Schülern allerdings mit Uchida Yatarô, Gefolgsmann von Iga im Range eines Gokenin und mit dem Bewachen der Residenz (während der Abwesenheit seines Herrn in Edo) beauftragt, und Okumura Kisaburô, Verwalter der Grundstücke zum Unterhalt des (Shôgun-)Ahnentempels Zôjôji[165], Männer, die mit der astronomischen Kalenderberechnung und der Mathematik vertraut waren. Da von alters her die Techniken der Schiffahrt unseres Landes höchst unzulänglich sind und über dem küstennahen Meer häufig Stürme toben, kommt es jährlich zu

Dutzenden von Schiffbrüchen, bei denen tragischerweise nicht nur die Seeleute Beute der Fische werden, ihnen Unheil widerfährt, sondern die auch die Behörden staatliche Mittel kosten. Darob in ständiger Sorge, haben beide die westliche Navigation studiert und sich schon länger sehr um den Bau von Instrumenten bemüht, die der größeren Sicherheit der Schiffe dienen und dem Unglück eines Schiffbruchs vorbeugen sollen. Just zu jener Zeit hatten sie ein solch neues Erzeugnis fertiggestellt (Längs- und Quer-Gerät genannt) und gingen - in der Absicht, dies der Shôshikai zu zeigen, es allen vorzustellen - zunächst zu Zuikôs Wohnung und ersuchten ihn um Begleitung, worauf dieser notgedrungen einwilligte und sich trotz Krankheit zur Shôshikai begab. Die Zeit war bereits fortgeschritten, mehr als die Hälfte der Gäste hatte sich zurückgezogen und nur etwa 14-15 Personen weilten noch. Unter ihnen der Gefolgsmann im Range eines Hatamoto, Haga Ichisaburô, der im Obersten Gericht als Schreiber seinen Dienst versah. In diesem Jahr Aufsichtsbeamter geworden, inspizierte er als solcher gerade verschiedene Ländereien: Kôzuke, Shimotsuke, Kai, Shinano u.a., und weil er daraufhin einen mehrbändigen Reisebericht verfaßt hat, brachte er ihn an diesem Tage mit, um ihn den Versammelten zu zeigen und um Durchsicht zu bitten. Bis in die Nacht hinein dauerte das lautstarke Für und Wider der Meinungen, ohne daß die Anwesenden sich einigten. Unterdessen fragte einer aus der Runde leise, ob am Obersten Gericht nicht etwas Besonderes vor sich ginge. Zu jener Zeit erging an die Garnison in Nagasaki eine Beschwerde von einem holländischen Kapitän (Rangbezeichnung des Schiffsführers), worauf am Hofe des (Shôgun) insgeheim eine Beratung stattfand. Und da es sich um etwas ganz Außergewöhnliches handelte, hatte Herr Haga unbemerkt eine Abschrift angefertigt, die er (im Kimono) an seiner Brust verwahrte und nun heimlich zeigte. Diese Schrift besagte in Kürze folgendes: Vom in Nagasaki weilenden holländischen Kapitän sei an die Garnision, den Fürsten Kuze eine Klage ergangen, wonach es "Gerüchte gibt, daß das englische Schiff 'Morrison'[166] sieben schiffbrüchigen Japanern Schutzgeleit gewährt und nun, ohne Nagasaki anzulaufen, direkt vor Edo, an der Küste von Uraga anlegen will. Schutzgeleit für die Schiffbrüchigen vorgebend, soll in Wirklichkeit um die Aufnahme von Handelsbeziehungen ersucht werden." Als daraufhin die Garnision unverzüglich Meldung nach Edo zu geben hatte und Fürst Mizuno von Echizen[167], Kabinettsältester, - zwar geneigt, ähnlich wie mit dem russischen Gesandten Rezanov zu Beginn der Bunka-Zeit zu verfahren und (die Engländer) zu empfangen[168] - sich an das Oberste Gericht gewandt und dessen Einschätzung erbeten habe, sei die Behörde auf einer geheimen Beratung einhellig zu folgendem Ergebnis gekommen: "Die fremden Piraten aus England gehen seit dem letzten Jahr an einigen Abschnitten (unserer) Küste und entlegener Inseln an Land und führen sich roh und gewalttätig auf – das ist zu verabscheuen. Nachforschungen ergaben nun, daß dieses Land vor allem Seefahrt betreibt und gemeinhin an die (bei uns) streng verbotene christliche Lehre glaubt, weshalb man nicht mit ihnen verkehren sollte. Ersuchen sie uns hingegen um Handelsbeziehungen, so mögen sie eine Botschaft aufsetzen und diese – früheren Beispielen folgend – nach Nagasaki überbringen. Sie aber begaben sich unter dem Vorwand, Schiffbrüchigen Schutzgeleit zu geben, in die Nähe der Landeshauptstadt – das kommt einer heimlichen Erkundung der Situation unseres Landes nahe und ist unverschämt, wobei das künftig daraus erwachsende Unheil nur schwer zu ermessen ist. Gemeinhin heißt es, einen kleinen Wurm zu töten, rettet einen großen Wurm; und so dauert uns zwar das Leben der Schiffbrüchigen, doch ist es unvermeidlich (sie zu opfern). Weil es – sollten sie sich nähern – in jedem Fall Schwierigkeiten bereitet, sind sie in Anwendung des einstigen, in den Jahren Bunsei erlassenen Befehls durch Kanonenbeschuß[169] unverzüglich zu vertreiben. Beschlossen auf der Sitzung des Obersten Gerichts am 5. Tag des 10. Monats." Die Anwesenden befragten daher Leute wie Zuikô, Kazan, die sich auf die Erdkunde beriefen, woraufhin diese einhellig meinten: "England, unter den Ländern des Westens heute unvergleichlich mächtig und erfolgreich, wurde zu Beginn der jetzigen Hohen Herrschergeneration (der Tokugawa) Handel mit uns gewährt. Im gleichen Jahr wie Holland kam es mit seinen Schiffen und fuhr selbst nach Edo. Doch brachte der Warentausch keinen Gewinn, und so zogen sie sich selbst zurück, kamen nicht mehr. Ihr neuerliches Ersuchen um Handelsbeziehungen ist nur schwer zu verstehen. Zudem gilt Morrison als einer der außergewöhnlichsten großen Männer der letzten Zeit – seit längerem weilt er in Amakawa (Macao) bei Kanton, studiert chinesische Schriften, kennt sich in den Chinesischen Wissenschaften aus; seine Bücher gelangten bereits auch in unser Land und lagern sogar in den Magazinen der Behörden. Jüngst soll dieser Mann den Oberbefehl über die englische Handelsflotte erlangt haben. Dann ließe sich seine Autorität nicht mit der des Russen Rezanov vergleichen. In den Behörden bleibt man bei der Politik der Landesabschließung, ist man mit den Verhältnissen des Auslands kaum vertraut, weshalb es verständlich ist, daß sie, sobald von England nur die Rede ist, einzig an Seeräuber denken und Morrison lediglich für den Namen eines Schiffes halten. Käme Morrison tatsächlich nach Japan, wäre dies etwas Außergewöhnliches. Berufen sie (die Engländer) sich, den Schiffbrüchigen Schutzgeleit gebend, zudem schon einmal auf Menschlichkeit und Gerechtigkeit[170], scheuen sie über Zehntausende von Ri[171] weder Wind noch Wellen und bemühen bei der Überfahrt enorme menschliche Kräfte, wir aber vertreiben sie unbedacht, so ziehen wir uns die Feindschaft des Auslands zu, woraus künftig eine sehr ernste Angelegenheit erwachsen könnte. Gerade in diesen Zeiten sollte dem Staat die Treue halten, wer sich auf Erdkunde versteht und in den Verhältnissen der Länder genau Bescheid weiß. Ein jeder möge seine Ansichten kundtun und berichte insgeheim nach oben (an den Hof)." Daraufhin wurden solche Schriften wie "Notizen über bedeutungsloses Geschrei", "Befürwortung von Besonnenheit in (kritischen) Zeiten", "Private Aufzeichnungen zur Barbaren-Lehre", "Kurze Erzählung aus dem Jahre Bojutsu"[172] verfaßt, in denen jeder seine Überlegungen aufzeichnete. Zuikô, unter ihnen der führende Kopf in der wirklichkeitsbezogenen Wissenschaft und Kenner der Erdkunde, war natürlich aufs genaueste mit den Zuständen in England vertraut. Auch über Morrison hatte er während einer Studienreise in Nagasaki von den Holländern gehört, ja, er besaß sogar Schriften aus Morrisons Feder. Da er also Näheres zu dieser Persönlichkeit wußte, faßte er alles über das Staatswesen Englands, über Morrisons Person, über die Absichten des jetzt eingelaufenen Schiffes bis hin zu Vor- und Nachteil der Vertreibung der Schiffe in einem vierzehn, fünfzehn Seiten zählenden Bändchen zusammen, das die Form eines im Traum geführten Dialogs zwischen den Herren A und B annahm. Unter dem Titel "Traumgeschichte" niedergeschrieben, wurde es heimlich einem Beamten zugeleitet, und da es sich eigentlich um eine Einmischung in Regierungsaufgaben des Staates handelte, wurde es der Öffentlichkeit nicht unbesonnen unterbreitet, sondern insgeheim Gleichgesinnten gezeigt. Aber wie heißt es doch: Sagt einer Wahres, tragen es viele als Lüge weiter[173]. Und da es in der Natur der Menschen liegt, in einer ruhigen und friedlichen Welt Gefallen an Merkwürdigkeiten zu finden – erst recht, wenn es sich um Ansichten aus Literatenkreisen handelt, die einen breiten Umlauf haben –, fand unglücklicherweise nur diese Schrift bei vielen Verbreitung. Alsbald schrieb manch einer gar eine "Traum-Traum-Geschichte" oder eine "Fortsetzung der Traumgeschichte"[174], und weil bei Hofe wie im Volk aufgeregt und laut über diese Lehren gestritten wurde, waren es Leute wie der leidenschaftlich aufbrausende Samurai Kawaji Saemon[175], einst im Amt des Finanzprüfers, jetzt Verwalter von Sado, der Statthalter Egawa Tarôzaemon, das Oberhaupt der Wachmannschaft des Hachiôji (Tempel), Matsumoto Tokizô, die Denkschriften oder Geheimberichte an die Obrigkeit richteten und allesamt mahnten, man solle nicht auf Vertreibung setzen. Daher befaßte man sich auch in den Behörden erstmals näher mit dem Staatswesen Englands sowie mit der Morrison-Angelegenheit und zeigte sich besorgt.

Dennoch wußte man sehr wohl, daß ein vom Kaiser verkündetes Wort nicht zurückgenommen werden könne, frühere Erlasse nicht zu verändern sind. Und da Uraga sozusagen die Kehle für Edo ist, wurde zunächst der ehrenwerte Herr Ôkubo Senmaru, Burgherr von Odawara in Sôshû (113 000 koku Reiseinkommen) mit der Verteidigung der Feste (Ort, an dem Kanonen stationiert sind) Uraga beauftragt. Die Uraga gegenüberliegende Küste zu bewachen, war bislang die Aufgabe von Fürst Matsudaira Yamato, Burgherr von Kawagoe in Bûshû (150 000 koku), nun jedoch wurde sie Fürst Hotta Bitchû, Burgherr zu Sakura in Shimôsa (110 000 koku, derzeit einer der Kabinettsältesten) neu übertragen[176], und auch die Feste wurde durch weitere Beamte-Kanoniere verstärkt, denen strengstens befohlen wurde, Vorkehrungen zum Schutze von Uraga zu treffen. Außerdem beauftragte man den ehrenwerten Herrn Torii Yôzô[177], Polizeibeamter, die Ladungen der Schiffe vor der Uraga-Küste sowie die Feste zu kontrollieren. Nun stand die Umgebung von Izu und Uraga unter der Aufsicht des Statthalters Egawa Tarôzaemon, weshalb er anläßlich einer Inspektionsreise von der Behörde gebeten wurde, diese in Begleitung von Herrn Torii zu unternehmen, und so brachen beide gegen Ende des ersten Monats Kigai (1839) aus Edo auf. Herr Torii jedoch, zweiter Sohn des ehrenwerten Herrn Hayashi, Beamter des Zentralministeriums und jüngerer Bruder des Rektors der Hochschule, entstammt also einer konfuzianischen Familie und ist ein Gebildeter, verabscheute daher die Barbaren-Wissenschaft. Wieder und wieder brachte er seinen Unmut darüber zum Ausdruck, daß diese Barbaren-Wissenschaft jüngst in voller Blüte steht, sie oben vom Hofadel bis hinunter zu den einfachen Leuten gepriesen wird und selbst unter den konfuzianischen Schülern nicht wenige von ihr schwärmen. Zur Ankunft von Morrisons Schiff soll er jetzt wohl geäußert haben, dies sei zwar nur ein vages Gerücht, dem man schwerlich glauben könne; die Barbaren-Wissenschaftler aber würden den Lehren der Barbaren so sehr vertrauen, daß sie nutzlose und verführerische Ansichten verbreiten, oben würden die Regierung in Schrecken versetzt und unten die Gemüter der Leute in Aufruhr gebracht. Deshalb solle man den Autor der "Traumgeschichte" mit dem Tode bestrafen und die Barbaren-Wissenschaft überhaupt verbieten. Egawa hingegen, ein Mann mit ausgeprägtem Gerechtigkeitssinn, ungestüm und leicht entflammbar, ein stets den Taten des Wen Tianxiang[178] nacheifernder, unerschrockener Krieger, schätzte neuerdings die Barbaren-Wissenschaft und ging bei Leuten wie Kazan vertraut ein und aus. Er befaßte sich mit den Verhältnissen fremder Länder und war gewillt, den Staat auf Unwägbarkeiten vorzubereiten. Von alters her aber herrscht zwischen zivilen und militärischen Beamten bisweilen nicht gerade Eintracht, und so war Fürst Akira von Hida, Finanzverwalter, in Sorge und hat wohl Egawa heimlich gewarnt, er solle bei der Ausübung seines Dienstes größte Zurückhaltung üben.

Doch nach kaum einem Tag gemeinsamer Reise geschah es: In der Nähe der Station Fujisawa kam es bei einem Wortwechsel zu keiner Einigung. Doch hielt ein jeder an sich und ließ sich nichts anmerken. In Uraga angekommen, war dort ein Herrn Torii untergebener Beamter namens Ogasawara Kôzô, ein Unteraufseher. Zu Beginn der Bunka-Jahre war er im Gefolge des Verwalters Matsumae in die Provinz, nach Ezo gegangen, wo er einiges über das Ausland gehört und ein wenig zur Landvermessung erfahren hatte und sich nun deshalb an Herrn Torii wandte, um auf Uraga Verschiedenes zu vermessen - so die Gestaltung der Hafengegend, die Küstenlinien und Meerestiefen. Doch entsprach sein Vorgehen keinerlei Regeln und geriet äußerst ungenau, was Herrn Egawa unerträglich war, weshalb er - eine Krankheit vorgebend - jenem aus dem Weg ging und sich indessen in Sachen Landvermessung rasch nach Edo wandte und Zuikôs Schüler Uchida Yatarô als Gehilfen zu sich bat. Uchida, der sich zwar aufs Rechnen gut verstand, in Vermessungsdingen hingegen noch nicht erfahren genug war und obendrein wegen einer Augenkrankheit an Weitsicht litt, empfahl daher seinen Mitschüler Okumura Kisaburô. Ein jeder bat darum, gemeinsam auf die Reise zu gehen, worauf Herr Egawa beantragte, auch ihn zum Unterbeamten zu ernennen. Beide brachen gegen Ende des ersten Monats auf und begaben sich nach Uraga. Ogasawara aber, ob seines eigenen Mißerfolgs wütend, hinterbrachte Torii heimlich Verleumdungen, und Torii, mit Egawa entzweit und zudem voller Abscheu gegen die Barbaren-Wissenschaft, ging auf diese ein. Kisaburô wurde zurückgewiesen, denn eigentlich als Bonze ein niederer Beamter eines Tempels, sei es ja wohl beispiellos, ihn in den Dienst staatlicher Angelegenheiten zu stellen. So wurde Uchida zunächst seiner rechten Hand beraubt. Yatarô aber riß sich schier ein Bein aus, lernte (eifrig) und schaffte die Landvermessung gerade so. Gegen Ende des zweiten Monats kehrte er nach Edo zurück.

Irgend jemand trug diesen Streit nun unter die Leute, verschiedentlich sprach man davon, Zuikô und die anderen würden sicher ihre Strafe erhalten. Eigentlich geschah dies alles aber doch aus Sorge, wurden die treuen Ratschläge einst für den Staat aufgeschrieben, und in einer aufgeklärten, blühenden Zeit walten oben kluge Minister, die weiterhin eine Politik der Toleranz und Menschlichkeit betreiben, so daß auch die Behörden nichts unternahmen und die Verleumder nicht noch größeren Schaden anrichten konnten. Indessen vergingen einige Tage und es schien nun an der Zeit zu sein, da die Leute um Zuikô das Unheil ereilen müsse. In der Gegend der Shitamachi[179] gibt es Anhänger der Barbaren-Wissenschaft und seit einigen Jahren kamen von Zeit zu Zeit Gleichgesinnte zusammen, die darüber berieten, mit dem Schiff die hinter Hachijô liegenden unbewohnten Inseln anzulaufen, um zum einen neue Inseln urbar zu machen, zum anderen Verschiedenes zu produzieren und so auch dem Staat Dienste erweisen zu können. Viele von ihnen beabsichtigten, die Überfahrt eines Tages im Auftrag der Behörden zu unternehmen. Zu ihnen gehörte Hanai Toraichi, der seinen Dienst am mittleren Festungstor der Burg zu Edo versah, weshalb auch Ogasawara Kôzô von dieser Sache hörte und nun außer sich vor Freude war: Das ist die Gelegenheit, die Barbaren-Wissenschaftler mit einem Schlag aus dem Weg zu räumen! Er bat Toraichi, einst von niedrigem Range, also ein Kollege, den er zudem gut kannte, zu sich und täuschte ihn mit Schmeicheleien und schönen Worten: "Wenn Du Dich laut über diese Leute beschwerst, die demnächst zu den unbewohnten Inseln reisen wollen und die Barbaren-Wissenschaftler von Yamanote der Fahrlässigkeit bezichtigst, wenn Du die Verfasser solcher Schriften wie der 'Traumgeschichte', der 'Notizen über bedeutungsloses Geschrei' nach oben angibst, dann sollte es doch möglich sein, daß Du aufsteigst und ein wichtiges Amt übertragen bekommst, obwohl Du ja selbst zu diesem Verein gehörst, die zu den unbewohnten Inseln fahren wollen." So redete er auf ihn ein und Hanai, ein habgieriges, dummes Würmchen, nahm dies für bare Münze und reichte die Klage eiligst an den Oberaufseher Herrn Torii weiter. Zusammengefaßt lautete sie: "In den letzten Jahren gelangte die Barbaren-Wissenschaft zu einer enormen Beliebtheit, von der Himmels- und Erdkunde bis hin zu Medizin und Fertigungsverfahren folgen ihr viele, und so hat sich der Kreis Gleichgesinnter allmählich ausgeweitet. Angefangen bei Fürsten wie Shimazu, Kuroda und Miyake über solche Samurai im Range von Bannerträgern wie der Beamte des Zentralministeriums Matsudaira (Gefolgsmann ohne besonderes Amt), Fürst Matsudaira von Ise (Wachmann des Shôgun), Shimosone Kinzaburô (zweiter Sohn des Stadtverwalters, Fürst Tsutsui von Kii, Pagen-Wachmann), Egawa Tarôzaemon, Hakura Geki (Statthalter), Koga Kotarô (konfuzianischer Gelehrter an der Regierungshochschule), Lehnsmänner der Daimyô wie Endô Shôsuke, Tachihara Jintarô (Beamter im Mito-Haus) bis hin zu Daimyô-Vasallen Mochizuki Tomo (Kommandant der Unshû-Residenz), Shôji Gumpei (Samurai im gleichen Lehen) und Watanabe Noboru sind es einige Tausend[180], die ihr über die Medizin hinaus blind ergeben sind, und nicht wenige schätzen sie schließlich so sehr, daß sie das eigene Land verachten, die Barbaren hingegen verehren. Bald legen sie ihre nutzlosen und verführerischen Ansichten in Schriften wie der 'Traumgeschichte', den 'Notizen über bedeutungsloses Geschrei' dar, schmähen den Rat des Bakufu und führen die Herzen der Menschen irre, bald schließen sich Leute wie Hikobei (von der Herberge in Hongokuchô), Hidesaburô (ein Lackmaler), (die Priester vom) Muryûju-Tempel (Jôdoshin-shû im Dorf Torinosu, ein Kreis in Jôshû), Ôuchi Gosaemon (Lehensmann des Mito-Hauses), Saitô Jirobei (Vasall des Bannerträgers Fukuhara Takumi) und Motoki Dôhei (Fußsoldat) zu einer Partei zusammen[181], dabei unterstützt von Hakura Geki, Egawa Tarôsaemon, Okumura Kisaburô und anderen. Sie geben vor, die unbewohnten Inseln urbar machen zu wollen, doch geht es ihnen wohl darum, heimlich fremde Länder anzulaufen und Verbindungen aufzunehmen, was Gerüchten zufolge in Kürze in Angriff genommen werden soll. Auf ein solches Vergehen steht für alle die Todesstrafe. Überdies sind sie zwar nicht alle in gleicher Weise schuldig, doch kam es wegen der übermäßigen Hingabe an die Barbaren- Wissenschaft zu dieser Sache. Einem anderen Gerücht nach sollen sie außerdem wiederholt mit den Leuten um Ôshio Heihachirô[182] aus Naniwa eng verkehrt und in Wirklichkeit alle miteinander verschworen gewesen sein. Wird die Überprüfung verzögert, weitet sich das sicher zu einer sehr ernsten Angelegenheit aus." Diese Verleumdungen weiter ausschmückend, spitzte Herr Torii die Lage noch zu und übergab dem Kabinettsältesten Fürst Mizuno von Echizen eine Beschwerde. Die Behörde, die dies voller Bestürzung vernahm, hielt Rat und befahl dann, zunächst sollten die führenden Köpfe vorgeladen und verhört werden, worauf alle, die in Yamanote und Shitamachi als Anführer galten, verhaftet wurden. Es gab also für Zuikô und Gakusai keinerlei Möglichkeit, dem zu entgehen.

Zu dieser Zeit von einer Krankheit heimgesucht, war Zuikô wegen des unüberhörbaren Geredes der Leute, die Anhänger der Barbaren-Wissenschaft würden sicher bestraft werden, niedergeschlagen und im Herzen freudlos. Seit einiger Zeit lag er darnieder und ging nicht aus. Als Kazan dies recht bald zu Ohren kam, rief er Zuikô sogleich zu sich und meinte, es gebe tatsächlich eine gründliche Überprüfung der Barbaren-Wissenschaftler. Damit war sicher, daß es auch zu einer Untersuchung wegen der "Traumgeschichte" usw. kommen mußte, der man sich ohnehin nicht entziehen konnte. Doch war zu hören, das habe keine Eile, man müsse sich in aller Ruhe darauf vorbereiten. Und da in diesem Monat das Amt des Stadtverwalters Herrn Tsutsui oblag, wurde beraten, (wie) man daraus Nutzen ziehen könne. Aber auch Tsutsuis zweiter Sohn, Herr Shimosone, stand in dem Ruf, Mitverschworener zu sein. Die Behörde lud den Fürsten Ôkusa von Awa vor und noch am gleichen Tag erging von Herrn Ôkusa an den Schloßkommandanten von Fürst Miyake über eine Vorladung folgender Befehl: "Watanabe Noboru wird hiermit gesucht und hat unverzüglich der Begleitperson ins Amt des Fürsten von Awa zu folgen." Das geschah so plötzlich, daß keinerlei Beratung mehr miteinander möglich war, und so begab Kazan sich gleich ins Amt. Zuikô nahm Abschied (von ihm) und ging zum Haus von Shimosone, legte Kazans Lage dar und wartete zunächst ab, man müsse die Dinge überdenken. Kazan hingegen wurde noch am gleichen Tag ins Gefängnis geworfen, die in seinem Besitz befindlichen Bücher wurden versiegelt und zum größten Teil unverzüglich zur Regierungsbehörde gebracht. Da dann auch in Zuikôs Haus schon die Polizei erschien, meinte man, er sei bereits festgenommen, desgleichen Fürst Matsudaira von Ise. Und als Stimmen laut wurden, Shimosone würde man demnächst ebenfalls holen lassen und ins Gefängnis werfen, war größte Eile geboten. Weder kluge Erwägungen noch mutige Entscheidungen waren mehr möglich. Manch einer riet Zuikô: "Sich aus dem Staube machen war von jeher das Beste, zumal (für einen), der treuen Herzens und frei von Schuld ist; haben Verleumder ihn vorerst auch bei den Behörden verklagt - in diesen aufgeklärten Zeiten gibt es bei Hofe viele Weise, die schwarz von weiß sehr wohl zu unterscheiden wissen. Es ist also noch nicht zu spät, für ein Weile unterzutauchen, um später seine Klagen vorzubringen." Dem konnte Zuikô allerdings nicht zustimmen: Unbesonnen die Flucht zu ergreifen und ein Dasein in Verborgenheit zu führen, zeitlebens mit Gräsern und Bäumen dahinzusiechen, wäre eines Tüchtigen unwürdig. Und da Kazan wegen der "Traumgeschichte" ins

Gefängnis geworfen wurde, sei es ungerecht, ihm die Schuld aufzubürden – besser wäre es, sich selbst den Behörden zu stellen und deren gerechtes Urteil zu ertragen. Zuikô aber hatte eine alte Mutter, der zwei ihrer Kinder in der Hauptstadt gestorben waren und die außer bei ihm nirgendwo Schutz finden konnte. Auch gab es seit Kishi (1833) immer wieder Hungersnöte. Zudem sogar vom Fluch der Feuergottheit Shuku[183] verfolgt, verfügte sie zu Hause über keinerlei Ersparnisse und hatte – von weither als Gast in der Hauptstadt untergekommen – keine weitere verwandtschaftliche Unterstützung. Käme Zuikô ins Gefängnis, würde sie mit einem Mal auf der Straße umherirren – so war er zeitweilig unentschlossen. Er erfuhr jedoch, daß er von der Behörde dringend gesucht werde, und meinte daher, Zögern würde ihm als Furcht vor der Behörde ausgelegt, er vertraute daher seinem Freund Suzuki Shunzan einige Dutzend Briefe an, übertrug ihm die Regelung aller weiteren Dinge (nach seiner Verhaftung) und stellte sich in der Nacht des 18. Tages im 5. Monat Kii (1839) selbst dem Nördlichen Stadtverwalter, Herrn Ôkusa.

Insgesamt acht Personen waren es, die in diesem Zusammenhang ins Gefängnis geworfen wurden: Zuikô Takano Chôei, Kazan Watanabe Noboru, Saito Jirôbei, Motoki Michihei, Vater und Sohn aus dem Muryôju-Tempel, Hikobei und Hidesaburô; Tokusai Ozeki San'ei unterdessen vermochte die Schmach einer Gefangenschaft nicht zu ertragen und gab sich selbst den Tod. Ach, es ist so traurig! Die nach oben gereichte Klage (von Torii) war also ihrem Inhalt nach sehr schwerwiegend – es handle sich um einen Aufruhr, hieß es, und stünde daher von Anfang an im Zusammenhang mit Regierungsangelegenheiten des Staates, demnach war es kein gewöhnliches Verbrechen. Unverzüglich erschien Herr Ôkusa persönlich mit dem Polizeibeamten Sasaki Sanzô sowie Aufsehern und Unteraufsehern als Zeugen vor Gericht, die Verhöre verliefen äußerst streng. Doch stellte sich heraus, daß die Leute, die die Überfahrt zu den unbewohnten Inseln geplant hatten – Hikobei, Hidesaburô, Jirôbei und die beiden vom Muryôju-Tempel –, Zuikô, Kazan und die anderen gar nicht kannten und daher auch nicht das gleiche vorhaben konnten. Auch die Fahrt zu den unbewohnten Inseln – ein Unternehmen, bei dem man vielleicht später einmal die Behörden um einen Auftrag bitten und dann in See stechen wolle – erwies sich in Wirklichkeit nur als unbestimmtes Gerede, so daß es nichts weiter zu untersuchen gab. Zwar erkannte man auch in der Behörde klar, daß es sich um Verleumdungen handele, doch wurde sie von Fürsprechern (der Anklage) fortwährend bedrängt, weshalb mehr und mehr Mißtrauen aufkam und wiederholt Verhöre stattfanden. Zunächst befragte man Zuikô nach den Quellen seiner Ansichten zur Schiffahrt Englands, doch befürchtete dieser, Haga eine schwere Strafe aufzubürden und Gisai (Endô Katsusuke) mit hineinzuziehen und gab an, es sei dies nur Geschwätz von der Straße gewesen, die "Traumgeschichte" habe er aus Sorge aufgeschrieben. Weitere Aussagen machte er nicht. Auch Kazan konnte keinen Verrat beabsichtigt haben, entstanden doch die "Notizen über bedeutungsloses Geschrei" und "Befürwortung von Besonnenheit in (kritischen) Zeiten" tatsächlich aus patriotischer Empörung heraus. Hikobeis (geplante) Überfahrt zu den unbewohnten Inseln war Hakura und Egawa natürlich nicht bekannt, Okumura Kisaburô und die anderen hatten ebenfalls nichts dergleichen vor, und so war wohl auch die Behörde wider Erwarten verdrossen. Aber es ging ja um einen Eingriff in die Angelegenheiten des Staates allgemein - überlegte man daher, für die Zukunft zu warnen? Zuikô, städtischer Arzt, wurde - dem früheren Beispiel von Hayashi Shihei, Verfasser des "Gesprächs über die Strategie eines Insellandes"[184] folgend, der als Untervasall seinem Herrn zu lebenslanger Verwahrung übergeben wurde - mit lebenslanger Haft bestraft. Kazan hätte wegen Verleumdung der Regierung in den "Notizen über bedeutungsloses Geschrei" und "Befürwortung von Besonnenheit in (kritischen) Zeiten" schwer bestraft werden müssen, er hatte aber während der Hungersnöte in seiner Heimat für Proviantzuschüsse gesorgt und wurde infolge außerordentlicher Barmherzigkeit zu Hausarrest in privater Zurückgezogenheit bei seinem Herrn verurteilt. Hikobei, Hidesaburô und Saitô Jirôbei starben im Gefängnis. Zwar wollten die Verleumder Egawa und Hakura mit hineinziehen, sie hatten aber keinerlei Gesetze, worauf sie sich hätten stützen können. Und so wurde zwar Okumura Kisaburô, der als niederer Beamter eines Tempels der Verwaltung für Tempel und Schreine untersteht, einmal von Fürst Aoyama von Inaba, Verwalter für Tempel und Schreine verhört, doch hatte jener nichts mit der Sache zu tun, und da er der Behörde einen Oktanten und einen großen Kompaß zur Vermessung, außerdem den von ihm erfundenen und neu gebauten Länge-Breiten-Apparat überreichte, befand man ihn nicht weiter für schuldig. Ôuchi Gozaemon von Mito stand unter dem Verdacht, mit dem Schiff (in fremdes Land) übersetzen zu wollen, doch wußte er natürlich von nichts, so daß ihn keine Schuld traf. Motoki Michihei, (die Priester) vom Muryôju-Tempel und alle noch in diese Sache Verstrickten wurden verwarnt oder mit einer Geldstrafe belegt. Hanai Toraichi hingegen, der Ankläger, wurde nun selbst angeklagt, törichtes

Geschwätz für Tatsachen (hingestellt zu haben), was die Behörden in Aufregung versetzt und unten sehr viele in Schwierigkeiten gebracht hatte. Angesichts dieser Unverschämtheit und wegen der eigenen zahlreichen Vergehen wurde er mit lebenslangem Hausarrest in privater Zurückgezogenheit bestraft. Das Urteil wurde ohne weiteres im 12. Monat Kigai (1839) gefällt.

Meines Erachtens ist Uraga, die Kehle von Edo, ein Ort, an dem sozusagen der Lebensfaden für 300 Territorialfürsten und zahllose Vasallen des Bakufu hängt, und so sollte strengstens der Auftrag verteilt werden, Schutzmaßnahmen zu ergreifen, was ja patriotisch besorgte Samurai seit jeher ständig erörterten. Und um so mehr, das wird wohl niemand bestreiten, sind solche Vorbereitungen besonders dann zu treffen, wenn es wahrhaftig Gerüchte über englische Schiffe gibt. Auch in den Regeln des Krieges heißt es: "Vertraue nicht darauf, es würde nichts passieren, rechne damit, daß das Erwartete eintritt!"[185], weshalb es besser ist, nicht darauf zu hoffen, die Engländer kämen schon nicht, und sich von vornherein auf Unvorhergesehenes einzurichten. Daß die Engländer bislang nicht gekommen sind, ist ein großes Glück, der Aufwand für den Staat (sich darauf vorzubereiten), wiegt so leicht wie ein Haar. Man sollte nicht sparsam sein. Doch währen die Tage des Friedens schon lange, gelten in einer Welt der Verschwendung leibliches Wohl, Kleidung und Wohnen als vordringliche Pflichten, wird militärischer Schutz hintan gesetzt. Und so ist es unvermeidlich, daß diejenigen, die das gelegentlich erörtern, verabscheut oder zurückgewiesen werden. Zuikôs "Traumgeschichte" ist - wahrhaftig als treuer Rat gemeint - schuldlos, und die darin geäußerten Ansichten sind natürlich sicher nachzuweisen. Viele sind deshalb der Auffassung, daß Zuikô, würde er Haga als Zeuge aufbieten, gewiß von der Strafe befreit werden müßte. Es gilt aber von jeher als Verbrechen, Dinge des Hofes zu diskutieren, ohne in dessen Dienst zu stehen. Erst recht bei solchen geheimen Beratungen. Die "Traumgeschichte" in alle Richtungen verbreitet zu haben, kommt der Enthüllung von geheimen Unterredungen gleich. Und widersprechen die Ansichten dann auch noch den höfischen Entscheidungen, entgeht man selbst dem Vorwurf nicht, die Behörde zu verleumden. Daher mußte Zuikô in jedem Fall bestraft werden, selbst wenn er Haga aufgeboten hätte. Das hatten natürlich auch die Verleumder gründlich bedacht und wollten die Barbaren-Wissenschaftler damit unter Druck setzen, so war es wirklich schwer, diesem Machwerk zu entrinnen. Im Wissen, dem bereits nicht mehr entrinnen zu können, nahm

Zuikô beherzt alle Schuld auf sich. Mannhaft auf sich allein gestellt, verbüßt er seine Strafe. Das muß man tapfer nennen. Auch in der Behörde war man sich dessen bereits im klaren und hatte tiefes Mitleid mit ihm, doch war das laut Gesetz nicht zu verhindern. Der Strafe wurde stattgegeben. Doch wird es nicht mehr lange dauern, daß Zuikô wohl begnadigt wird.

Vielleicht sind es nun 250, 260 Jahre her, daß das Gefängnis in der östlichen Hauptstadt errichtet wurde. Keiner weiß, wieviel Hunderttausende von Verbrechern ins Gefängnis geworfen wurden. Doch findet man keinen Zweiten, der – wie Zuikô – wegen mit treueerfülltem Herzen geschriebenen Schriften bestraft wurde. Zudem gab es so viele Gerüchte in der Stadt, daß er – angefangen vom Gefängnisverwalter, Herrn Ishide Tatewaki, bis zu den Aufsehern aller Ränge – eine sehr gütige Behandlung erfuhr. Jüngst wurde er aufgrund seiner Tüchtigkeit zum Betreuer einer Vierergruppe gemacht. So ist auch im Leid ein wenig Erleichterung möglich, was man wohl als großes Glück im Unglück bezeichnen sollte.

Regeln des Studiums (Gakusoku)[186]

- Ein Sprichwort im Westen besagt: "Möge der Weg der Gelehrsamkeit Tropfen gleichen, die den Stein höhlen!" Das meint, unablässiger Fleiß von früh bis spät müsse schließlich zur Vollkommenheit führen. Was nun die westlichen Schriften anbelangt, so scheinen Wortfolge und Sinnzusammenhang wegen der waagerecht verlaufenden Schriftzeichen und der wie ein krächzender Neuntöter[187] durcheinander klingenden Lauten durcheinander verwirrt und regellos zu sein. Doch sind ihre Regeln höchst streng und wohlgeordnet und gleichen darin den Tagen und Monaten[188], die unverändert ihres Weges ziehen, den Gestirnen, deren Stellung sich nicht verändert. Werden sie daher am Morgen gelernt und abends rezitiert, gibt man sein Herz ganz hin und nimmt seine Gedanken zusammen, dann sind wohl selbst Geister[189] drauf und dran, sie zu verstehen. Welche der Schriften sollte denn nicht zu begreifen sein?! Lernende haben einzig den beiden Zeichen Fleiß und Strebsamkeit zu folgen. Wer an sich selbst zweifelt und sich aufgibt, wird nicht mein Schüler.

- Im westlichen Wissen gibt es mehrere Fächer[190]. Zählt man diese auf, ist deren erstes die Syllabik[191]. Kenntnisse um die Lektüreregeln - Buchstabieren, Laut- und Wortbildung - machen sie zur Disziplin über Elementarwissen. Das zweite heißt Grammatik[192]. Sie unterscheidet die Wortarten und bestimmt die Grundlagen aller Sätze. Wort für Wort ordnet sie zu und erklärt dies. Sie ist somit ein Fach, das die Lernenden die Gründe für die Flexion der verschiedenen Worte wissen läßt. Das dritte nennt man die Syntax[193]. Sie gibt die Unterschiede in der Grammatik an und zeigt so das Prinzip und dessen Anwendung[194]. Sie erklärt die Aufeinanderfolge von Wortgruppen und verdeutlicht damit, in welchem Zusammenhang Wortverbindungen und Satzbedeutungen stehen. Folglich sind das die Regeln, nach denen die Worte angeordnet und die Sätze gebildet werden. Das vierte (Fach) heißt Logik[195]. Ganz den verschiedenen Betätigungen von Geist und Seele, der Weisheit[196] zugehörig und von selbst aktiv und scharfsinnig, ist sie das Fach, das die Lehren der verschiedenen Schriften für richtig oder falsch befindet, deren Grundsätze als wahr oder falsch bestimmt und die Regeln für die Verbindung von Sätzen (Schlüsse) aufstellt. Sie gilt als Fach ersten Ranges. Ist man beim Studium westlicher Texte nicht mit allen diesen vier Fächern vertraut, kann man diese Texte nicht gut meistern. Jedoch ist das nicht auf einen Schlag mit fleißigem Lernen zu erreichen, die Studierenden schreiten daher zunächst vom ersten Fach zum nächsten fort, und nur über jahrelange Mühen wird man sich unweigerlich bestimmten Positionen zuordnen können. Laßt nur keinen Verdruß aufkommen!

– Bei einem tagtäglich zu studierenden Text geht man zunächst am besten von den Wortverbindungen aus, trägt dann die zu übersetzenden Zeichen (Vokabeln) zusammen, (übersetzt alles) provisorisch in unsere Landessprache und fügt dem danach eine genaue Übersetzung hinzu. Anschließend sollten die Texte eingehend verglichen werden. Auf diese Weise kann zum einen der Sinn des Textes schnell erfaßt werden. Zum anderen ist es dadurch möglich zu erkennen, worin sich jener und unser Text unterscheiden. Auch das Prinzip, Auswüchse zu beschneiden und Auslassungen zu ergänzen[197], entfällt so ganz von selbst. Das sind die Regeln des kürzesten Weges, zwei Texte zu studieren. Lernende, seid bei diesem Werk nicht nachlässig!

– Das Studium (dauert) täglich von der Zeit des Drachens bis zur Zeit des Rindes[198]; von der Zeit des Rindes bis zum Abend habt Ihr Zeit, (Texte) abzuschreiben und nochmals zu lesen. Indessen verbleibt noch etwas Freiraum, in dem daher am besten die Vokabeln gesammelt und übersetzt werden sollten.

– Der Unterricht geht täglich von der Zeit des Drachens bis zur Zeit des Rindes, die Übersetzungen von der Zeit des Rindes bis zu der des Vogels oder des Hundes. Am 1. und 15. jedes Monats und an Feiertagen sind allerdings verschiedene Audienzen bei den Behörden, Besuche bei Freunden. Deshalb ist an diesen Tagen kein (Unterricht). Am 3. jedes Monats ist Ruhetag. Wollt Ihr mich besuchen, so kann ich Euch hoffentlich an diesem Tagen erwarten. (Habe ich mich) bei den Behörden zu melden oder liegen andere wichtige Dinge an, muß ich das Haus verlassen; selbst am freien Tag liegt mitunter dies und jenes an. Beehrt Ihr mich trotzdem gerade dann mit Eurem Besuch, so habt Ihr ob meiner Abwesenheit nicht zu murren.

– In (meinem) Zimmer sind viele Bücher der Behörden aufbewahrt. Diese sind stets hochzuschätzen. Beim tagtäglichen Einsehen ist zu befürchten, daß selbst noch mit den Fingerspitzen das Papier beschmutzt werden könnte. Auch der Tisch ist voll von verstreut umherliegenden Übersetzungsmanuskripten, weswegen mir der Blick Fremder ins Zimmer peinlich wäre und es selbst unseren Gefährten nicht gestattet ist, während meiner Abwesenheit einfach so das Zimmer zu betreten. Daran gibt es nichts zu beargwöhnen!

Kaei 1 (1848), 5. Monat, Herr der Fünf-Gipfel-Halle[199]

Aus:
Eine Hilfe, andere zu verstehen (Chihiichijo) Band 1[200]

Ein alle Länder betreffendes Übel ist das einer Invasion Fremder, dem auch mit einem erlauchten Herrscher an der Spitze nicht zu entgehen ist. Daher richtet sich von alters her jedes Land auf seine Weise auf die Abwehr ein, baut hohe Festen, errichtet solide Burgen und schützt seine Umgebung, indem es diese großen Schilde bereitstellt. Beste Beispiele dafür sind die Große Mauer der Qin, die Viertel Roms (Name eines alten Landes)[201] und die langen Festungen der Engländer. Unser Land ist allseitig vom Meer umgeben, und an den Küsten gibt es viele verborgene Riffe und Sandbänke, zuweilen erheben sich Taifune und Flutwellen aus dem Ozean. Aufgrund der Schroffheit dieser Lage und Natur ist deren Festigkeit der Großen Mauer, den (Römer-)Vierteln weit überlegen, und so ist unser Land im östlichen Meer auf sich allein gestellt und konnte sich von alters her als Kaiserreich behaupten. Zudem wurden seit der siegreichen Landes(einigung durch die Tokugawa die Wege über den) Ozean hermetisch abgeriegelt[202]. Es gab keinen Verkehr mit fremden Territorien, was für das Land von großem Nutzen war[203], keinerlei Staub wurde aufgewirbelt, und das Volk erfreut sich nun schon fast 250 Jahre der Gunst erhabenen Friedens. Doch den Ozean zu versperren und das Land abzuschließen ist nicht möglich, ohne ein reiches und starkes Land zu sein (aus einer Schrift Kämpfers)[204]. Und so verschaffen sich die westlichen Barbaren heimlich einen Einblick in die Reichtümer unseres Landes, sind voller Neid darauf und haben bereits sehr oft um Handel in Eintracht gebeten. Die Behörden fürchten aber für die Zukunft Unheil und untersagen – an einmal erlassenen Befehlen festhaltend – das streng, dulden es nicht. Unter jenen hegt vor allem England diesen Wunsch und lauert uns schon 55, 56 Jahre auf (aus einer Reisebeschreibung von Herrn Rorudo[205]). Da sie aber einen Mißerfolg fürchten, waren ihre Gesuche (um Handel) nicht sehr hartnäckig. In letzter Zeit gerieten die Engländer wegen des Opiumverbotes in Rage, brachen ein Krieg vom Zaun und besetzten China[206]. Einstweilen konnten sie kleinere Gewinne erzielen, nahmen Entschädigungsgelder ein und erhielten sogar Handelsgebiete, und so wollten auch andere westliche Barbaren(-Länder) diese Gelegenheit nutzen und ihre Handelsbezirke stark ausdehnen: Barbaren aus Frankreich, Nordamerika und Dänemark drängten sich ständig unserem Land auf. Zudem stationierten die Barbaren aus England und Frankreich etwa in Ryûkyû bereits ihre Spione;

vor allem Frankreich schickte sich an, zahlreiche Kriegsschiffe aus der Ferne zu entsenden, um Handelsbeziehungen zu erzwingen, es sich schließlich einzuverleiben und ergriff alle möglichen hinterlistigen Maßnahmen. Wahrhaftig, ist das nicht verabscheuenswürdig?! Bedenkt man diese Wolfsmanier und stellt sich das zukünftige Unheil vor, so ist das wirklich schrecklich. Die Behörden hatten diese Listen bereits durchschaut und nach allen Richtungen hin den Grenzschutz allgemein verschärfen lassen, um so diesen Überraschungen vorzubeugen. Da Uraga die Kehle der östlichen Hauptstadt ist, wird es sicher auf die strengen Mahnungen bereits vorbereitet sein, und auch Nagasaki im Westen - bislang der große Hafen, in dem die fremden Schiffe einlaufen - ist daher bereits darauf eingerichtet. Desweiteren erhöhte man auch (die Zahl) der Wachsoldaten, hat die wichtigsten Stellungen unter Kontrolle und somit sind diese Gebiete geschützt. Außerdem liegen die Verteidigungen alle gleichermaßen auf dem Festland. Zwar währt die Friedenszeit seit langem und die Krieger sind unerfahren im Kampf, doch wurden die Menschen unseres Landes mit der reinen Kraft des Himmels bedacht und die Treue ihrer Herzen, ihre tapfere Natur sind mit keinem anderen Land zu vergleichen. Daher braucht man keine Sorge zu haben, wie Man Qing[207] wegen Feigheit und Schwäche in alle Ewigkeit verlacht zu werden. Außerdem sind die Kriegsschiffe der Barbaren zwar unerschütterlich, ihre Geschütze genau, doch zählen sie nicht mehr als einige Dutzend oder Hundert Mann, auch auf ihre Geschütze sind wir vorbereitet. Daher wäre es töricht, sie zu fürchten - um so mehr, da die westlichen Barbaren zwar unersättlich und erfolgsgewohnt sind, doch kennen sie selbstverständlich Anstand und Ehrgefühl. Werden sie da wohl ohne Grund in das Land anderer eindringen wollen?! Daher, so heißt es, brauche man sich im Lande nicht allzu große Sorgen machen. Weil aber die Südlichen Inseln[208] zwar insgeheim uns untergeben sind, nach außen jedoch bislang zu China gehören, ist es nicht möglich, daß unsere Krieger sich sofort auf dieses Gebiet begeben, die westlichen Barbaren ganz und gar überwältigen und unsere militärische Macht erstrahlen lassen. Außerdem sind die militärischen Kräfte Chinas bereits erschlafft, sie können sich nicht einmal mehr selbst verteidigen. Wie sollten sie wohl die Muße aufbringen und ein unbedeutendes Anhängsel-Land retten?! Die westlichen Barbaren werden dies nun im voraus bedenken, sie verachten die Beschränktheit dieses Landes (Ryûkyû) und wissen um die Schwäche seines Volkes. Mit Geschützen zeigen sie ihre militärische Macht und verführen die Herzen (der Leute) schon mit kleinen Gewinnen;

wortgewandt ihre Ränke verfolgend, wollen sie heftige Begierden entfesseln. Nehmen die Barbaren-Krieger es schließlich ein, kann (unserem) Land gerade daraus großes Unheil erwachsen - das ist wirklich unbeschreiblich und nur mit einer giftigen Schlingpflanze oder einer schlimmen Seuche vergleichbar: Haben deren Wurzeln sich einmal festgesetzt, so breiten sie sich allmählich und üppig auf die Zweige und Blätter aus, bis schließlich mit der allseitigen Umzingelung das Unheil geschehen ist. Und ist das verseuchende Gift einmal übertragen, so dringt es durch Türritzen, durch Tore, und so dürfte das Übel auch die Nachbarländer erfassen. Möchten wir das jetzt auch ausschließen - die Woge befindet sich einige hundert Ri[209] draußen (auf dem Meer), und die Seefahrerei ist nicht gerade sicher. Die Krieger haben keine Erfahrung mit der Schießerei in Seeschlachten, ganz zu schweigen davon, daß wir die Fremden, sie hingegen die Hausherren sind. Wie sehr man auch vor Wut mit den Zähnen knirscht - wir können nichts machen. Daher ist es vielmehr ein Grund zu tiefer Sorge für uns, Ryûkyû als Kehle unseres Landes zu betrachten. Um Unkraut zu entfernen, muß man in jedem Falle seine Wurzeln vernichten; um eine Krankheit auszumerzen, muß man sie unbedingt von ihren Ansätzen her heilen, um so mehr, da die westlichen Barbaren noch nicht fest verwurzelt und die Einheimischen noch nicht von diesem Gift angesteckt sind. So dürfte heute der Weg, dies auszumerzen, wohl nicht all zu schwer sein. Das aber obliegt den zuständigen Behörden und Verwaltungen, da haben wir Ungebildete uns nicht einzumischen. Doch ist es die dringende Pflicht eines Kriegers, über jene (Barbaren) und über sich selbst Bescheid zu wissen, darauf beruhen die Kalkulationen der Regierung. Ich möchte daher die Dinge, die in verschiedenen Schriften über die Verhältnisse und Lage in den beiden Barbaren(-Ländern) England und Frankreich verstreut sind, zu einem Band kompilieren, auf die unterschiedlichen Ordnungen und Zustände eingehen und auch einiges zur Art und Weise der westlichen Grenzverteidigung hinzufügen. Ich möchte lediglich einen Beitrag zu deren Verständnis darbieten und damit ein wenig die vom Staat empfangene unermeßliche Gnade entgelten.

Kôka, Jahr des Drachens (1847), Ende des 4. Monats

Der Beginn westlicher Barbaren, in fremde Länder einzufallen. Wie durch Handel das Land bereichert und das Militär gestärkt wird. Weitere Hinweise auf den Nutzen des Handels

Es begann mit der Entdeckung Amerikas, daß westliche Barbaren in fremde Länder einfielen und diese besetzten. Die Erkundung Amerikas erfolgte, nachdem die Portugiesen bereits das Indische Meer beschifft und Handelsbeziehungen mit unseren östlichen Gebieten geknüpft hatten. Heute vor mehr als 350 Jahren war es Christopher Columbus (Personenname), der erstmals dort landete. Zunächst bahnten sich nur die Spanier den Handelsweg dorthin und erzielten enorme Gewinne. Daraufhin bauten verschiedene westliche Länder, miteinander wetteifernd, Handelsschiffe und liefen eins nach dem anderen dieses Gebiet an. Sie richteten Geschäftshäuser ein und nahmen über den Handel oder die gewaltsam besetzten Territorien Steuern ein. Große Gebiete der Südküste wurden spanisches Land, ein Großteil der Nordküste wurde englisches Gebiet. Von den anderen Territorien ergriffen nach und nach Frankreich, Portugal, Dänemark, Holland, Rußland u.a. Besitz, wodurch riesige Handelsdistrikte erschlossen wurden, die jedem dieser Länder Nutzen brachten. Ursprünglich (lebten in) Amerika primitive, noch nicht zivilisierte Barbaren-Sippen, gleich unserem Ezo[210]. In der Auseinandersetzung mit diesen (Ländern) standen ihnen nur Pfeil und Bogen als Waffen zur Verfügung, die westlichen Fremden präsentierten ihre militärische Macht mit Gewehren, verteilten kleine Almosen und betörten die Herzen des Volkes. Ihre Herzen ergaben sich jenen zwar nicht, doch mußten sie sich jenen fügen. Und indem sie sich fügten, glichen sie angetriebenen Sklaven, Ochsen und Pferden – es ist wahrhaftig bemitleidenswert. Als ich einmal über die Geschichte des Westens las, meinte ein gebildeter Mann jener Zeit dazu voller Bedauern: "Wir aus dem Westen regierten das Land bisher auf der Grundlage von Menschlichkeit, Gerechtigkeit und Sittlichkeit und setzten damit auf den Weg des eigenen Schutzes. Heute treiben wir eifrig in fremden Ländern Handel, dessen einziges Ziel der Nutzen ist. Der Menschen Natur verlangt nach Behaglichkeit und verabscheut die Mühsal, sie mag Reichtum und Ehre und verachtet Armut und Niedrigkeit. Das Gesetz des Handels führt am leichtesten auf diesem Weg, Reichtum, Ehre und Behaglichkeit zu erlangen. Daher wetteifern Edle wie das Volk miteinander und begeben sich auf diesen Weg. Herabfließendem Wasser gleich, verfallen die im Ackerbau tätigen Berufe. Oben vernachläßigt man die Regierungsgeschäfte, unten werden die Gesetze nicht eingehalten. Die Leitung des Landes wird dadurch geschwächt, und die Sitten verfallen von selbst, schließlich ist Aufruhr nicht mehr zu verhindern." (Auszug aus der "Weltgeschichte" von Marti[211]) Man muß schon sagen - eine sehr weitsichtige Auffassung. Anfangs (als der Handel aufblühte), bemächtigte sich Spanien allmählich verschiedener Länder. Zur Zeit König Karls (V.) begegnete man dem königlichen Titeln ehrfurchtsvoll und schätzte ihn; "Karl der Große" wurde er genannt, seine Macht war gewaltig. Danach allerdings betrieb man mehr und mehr Handel mit fremden Ländern, nahm deren Gebiete ein und teilte folglich die Krieger in andere Länder auf, so daß im Lande selbst nichts mehr war, die militärische Macht dann allmählich verfiel und der Königstitel innerhalb nur einer Generation verlorenging. Dieses Land liegt in einem warmen, sehr fruchtbaren Gebiet des europäischen Kontinents, dennoch erhöhte sich das Ansehen des Landes in der Folgezeit nicht. Jüngst wurde es vom französischen Bonaparte überfallen und konnte dem nichts entgegensetzen. Die Truppen des ganzen Landes erlitten eine Niederlage nach der anderen, schließlich wurde das Territorium aufgeteilt, Frieden verkündet und nur die (königliche) Abstammung vererbt, allein diese Ahnen konnten noch angebetet werden. In all dem ist wohl auch das Übel des Handels zu sehen. Und dann Länder wie England und Holland, die gleich einem steinigen, unfruchtbaren Feld ursprünglich zwar arm waren, Gebiete, die wegen der Inseln und Meeresküsten für die Seefahrt geeignet sind - sie wurden dadurch plötzlich zu reichen und starken Ländern. Ihre einstige und jetzige Situation sind völlig verschieden, die unzähligen Waren aller Art stehen im krassen Gegensatz zu ihren natürlichen (Gegebenheiten). Sicher hängt das mit dem Fleiß der Menschen zusammen. Kommt es aber zur gegenseitigen Konkurrenz um Vorteile, führt das schließlich zu kriegerischen Unruhen, vielen Gefechten wurde eben deshalb kein Einhalt geboten - gleich dem von Marti Beobachteten. Im folgenden wird nun als Beispiel ein holländischer Handelsbericht angeführt, der den Grund für die Bereicherung dieses Landes sowie das Ausmaß seines Nutzens aufzeigt[212].

Holland ist eines der armen Länder des europäischen Kontinents, das am Rande gelegene und äußerst kleine Gebiet ist feucht und niedrig. Überall gibt es Teiche, Seen und Sümpfe, zahlreiche große Flüsse (wie die Maas, der Rhein) durchströmen das ganze Land. Fluten und Überschwemmungen richten oft großen Schaden an, weshalb man von alters her hohe Deiche errichtete, um sich davor zu schützen. Die Felder sind größtenteils sehr feucht und daher ungünstig für den Ackerbau. Nur Rinder, Pferde, Schweine und Schafe kann man aufziehen. Der Nordosten grenzt an das Meer und eignet sich lediglich für die Fischerei, weshalb die Landsleute dort früher ihr Leben mit Meeresprodukten unterhielten. In späteren Zeiten, als die Bevölkerung allmählich anwuchs, machten die Ansässigen brachliegende Wiesen urbar, steckten ihre Kräfte in die Felder und erntete viel Getreide. Jedoch reichte dieser Ertrag nur, um ein Drittel des Bevölkerungsbedarfs abzudecken, es bedurfte daher großer Mengen an Nahrung aus anderen Ländern. Da das Gebiet aber am Meer liegt, die Landsleute sich selbst mit den Gesetzen des Wassers (Schiffahrt) vertraut machten und diese Fertigkeiten einzigartig unter den verschiedenen Ländern waren, holten sie sich ihre Nahrungsmittel seit dem Mittelalter vornehmlich über die Handelswege aus fremden Ländern. Sie liefen mit dem Schiff verschiedenste Länder an, tauschten Güter aus, die (der eine) hatte, (der andere aber) nicht, und so wurde das Land reich und das Volk wohlhabend - es gelang, so heißt es, in Europa ein zu einem geachteten, starken und reichen Land zu werden. Daraus ist ersichtlich, daß der Handel ein geeignetes Mittel zur Bereicherung eines Landes ist. In dem Abschnitt, wo der Nutzen dieses Handels erörtert wird, heißt es weiter:

Was den Nutzen des Seehandels betrifft, so ist Japan Nummer eins. Nie hat man gehört, daß westliche Länder je einen solch großen Gewinn erzielen konnten. Es begann im Jahr 1611 n. Chr. (nach unserer Zählung das Jahr Keichô 16), da wir nach Japan segelten und eine offizielle Regelung des Handels erfolgte. Zu jener Zeit trieben die Portugiesen (da sie anfangs aus Luzon kamen, nannte man sie gewöhnlich Südliche Barbaren) bereits seit langem Handel (mit Japan), und so befürchteten sie nun Nachteile und verleumdeten uns als Piraten. Daß man uns in den Behörden so sehr mißtraute, bereitete uns Sorgen. Doch bezweckte der Handel der Portugiesen, den (christlichen) Irrglauben zu verbreiten und das Land zu gewinnen, nicht aber echten Gewinn zu erzielen. Die japanischen Behörden durchschauten diese Absichten recht bald und verabscheuten sie tief. Sie erließen strenge Gesetze, töteten ihre Landsleute, die dieser Religion anhingen, und da offensichtlich wurde, daß wir Holländer damit nichts zu tun haben, konnte durch eine etwas günstigere Art des Handels pro Jahr ein Reinertrag von etwa 10 Mio. Gulden (Währungsbezeichnung; der soll ungefähr 20 Sen[213] unseres Geldes entsprechen, scheint aber noch nicht die rechte Grundlage zu sein; das gilt es später nochmals zu bedenken) erzielt werden. So vergingen die Jahre; seit Handelsbeginn (wie o.g. 1611) bis zum Jahr 1644 (nach unserer Zählung Shôhô 1) kam es im Zeitraum von 33 Jahren zu einer Gesamtsumme von 300 Mio. Gulden. ... Von uns aus wurden Artikel wie bunte Tücher, Wollwaren, aus Schaf(swolle) hergestellte Stoffe, außerdem Dinge europäischer und indischer Herkunft - Sagopalme, Einhornwal, Rhinozeroshorn, weißes Wachs, Muskatnuß, Fenchel, Weihrauchstäbchen, Zucker, Moschus, Gummi, verschiedene Leimsorten, Duftstoffe zur Beruhigung, Antimon, außerdem Glasspiegel und verschiedene andere Artikel aus Glas - versandt. Große Gelehrte vieler Länder und von weither gereiste Persönlichkeiten priesen diese Zeit und meinten, sie sei ungelogen die Blütezeit unseres Handels. Daher wollten die verschiedenen westlichen Länder Handel mit unserem Land treiben. ...

Weiter heißt es dann zu den großen Veränderungen des japanisch-holländischen Handels in unserem Land:

Um das Jahr 1640 wurde das Christentum streng verboten. Zwar stellte man vor allem den um die Portugiesen gruppierten Leuten nach und vertrieb sie, doch mußte das auch unsere Handelsweise mehr oder weniger behindern, denn 1642 (Keichô 18) verlegte man das Handelshaus neu von Hirado nach Dejima vor Nagasaki im Westen und erließ einen strengen Befehl, der es nicht mehr erlaubte, nach Gutdünken überallhin zu reisen und von sich aus Handel zu treiben. Zwar waren unsere Leute dadurch den Unannehmlichkeiten des Eingesperrt- und Beengtseins ausgesetzt, da aber den anderen Europäern der Handel gänzlich untersagt war, wurden die Nachteile im nachhinein etwas ausgeglichen. Seither ist allerdings die Zahl der Handelsschiffe (die Japan anlaufen können) festgelegt. Die Menge der ausgetauschten Güter sank, was unseren Unternehmungen wiederum schadete. 1672 (Kambun 12) verbot man nämlich den Handel mit Silber, im Jahre 1700 (Genroku 13) wurde die Zahl unserer Handelsschiffe verringert und auf fünf pro Jahr festgelegt; im Jahre 1721 senkte man die (Ausfuhr-)Menge des Kupfers. ...

Später gab es dann in einer (japanischen) Verwaltungsbehörde jemanden, der diesen ganzen Zeitraum in Betracht zog, seine langfristigen Überlegungen niederschrieb und nach oben übergab. Sie besagen kurz folgendes: Kupfer sei - vergleicht man es mit dem menschlichen Körper - sozusagen das Skelett, also nicht etwa wie das Haar, das trotz Rasur sogleich nachwächst. Was einmal verlorengegangen ist, würde sicher lange fehlen und nur schwer wiederzuerlangen sein. Nimmt man diese Handelsartikel zum Vergleich, so sei das Kupfer der Kopf und die verschiedenen Dinge fremder Produktion - die Beine. Habe der Körper einen Kopf, könne er auch ohne Beine noch existieren, von einem, der ohne Kopf am Leben blieb, sei hingegen noch nichts zu hören gewesen. Wie unvernünftig sei es daher, den Kopf gegen die

Beine zu vertauschen! (Es handelt sich dabei wohl um die Auffassung von Hakuseki Motoyoshi[214].) Die Behörde fand diesen Bericht an die Obrigkeit richtig und erließ schließlich im Jahre 1790 (Kansei 9) den Befehl, (jährlich) nur noch ein Handelsschiff zu genehmigen und allen anderen die Zufahrt zum Hafen zu verwehren. Doch verwandte später der im westlichen Nagasaki weilende Kapitän unseres Handelsschiffes, Cock Blomhoff (Personenname), seine Kraft auf hartnäckiges Bittstellen, so daß schließlich 1820 (Bunsei 3) zwei weitere Handelsschiffe zugelassen wurden und bis zum heutigen Tag jährlich 10 000 picul (ca. 600 t) Kupfer im Tausch erworben werden können. Das ist im großen und ganzen der Japanhandel. Den größten Nutzen erzielte unser Land also vor der zweiten Umgestaltung der Handelsgesellschaften (damit ist wohl der Umzug nach Nagasaki gemeint), danach ging er zurück, heißt es (im Bericht der Holländer). Die westlichen Länder aber entnahmen daraus, wir hätten wegen der gestrengen Ein- und Ausfuhr Ausgaben, das Übriggebliebene gespart. Sie bestaunen die mehr und mehr gedeihende Macht unseres Landes und neiden uns die reichhaltige einheimische Produktion.

Das Heerwesen und die Situation/die Verhältnisse im heutigen England

England ist der Name für den südlichen Teil der nordwestlich von Holland und nordöstlich von Frankreich gelegenen Insel. Einen Teil dieses Gebietes nennt man Schottland und die westlich davon gelegene Insel Irland. Es heißt, vor fast 200 Jahren, während der Revolution in jenem Land, habe man beide Länder schließlich zu einem vereint. Die ihm zugehörigen Länder haben sich in letzter Zeit allmählich auf Nord- und Südamerika, Asien und Afrika ausgebreitet, und da dieses Verwaltungsgebiet ziemlich groß ist, nennt es sich selbst Großbritannien. Britannien ist die frühere Bezeichnung Englands. Die Einwohnerzahl des ursprünglichen Britannien (drei Länder in Europa nebst den dazwischenliegenden Inseln) beträgt insgesamt 21,396 Mio. Menschen (einem anderen Buch nach sind es 18,004 Mio.; ob das eine Zahl der Bunka-Jahre[215] ist? Dieser Band wie auch alles weitere bezieht sich auf neueste Schriften, das sind also Zahlen zu den Jahren Bunsei und Tempô 1[216]. Die Bevölkerung der vielen ausländischen, neu zugeordneten Länder zählt 115,2 Mio. Menschen, die Einwohnerzahl beträgt also das Vierfache des Mutterlandes selbst. Dessen verschiedene Territorien sind in 21 Distrikte aufgeteilt, die wiederum zweigeteilt sind: je ein Teil, der die militärischen Trupps (sogenannte Bauerntrupps) aushebt und der die Steuern (Gebühren für

Kleidung und Nahrung) einnimmt. Dem Truppenerhebungsteil unterstehen 12 Distrikte, dem für Kleidungs- und Nahrungsgebühren neun Distrikte. Die Hauptstadt des Landes heißt London. Das Stadtschloß hat man am Fluß Themse errichtet, was für den Schiffstransport günstig ist und zudem das Eindringen äußerer Feinde unmöglich macht. Man hält sie daher am geeignetsten zum Regieren (das Stadtschloß wird in drei Stufen unterteilt: die am Unterlauf des großen Flusses liegende und nicht direkt ans Meer stoßende Stelle hält man für die beste, die weit im Hafen liegende für die zweite, die direkt ans Meer stoßende für die dritte, für die unterste). Ihre Einwohnerzahl beträgt 1,05 Mio. Menschen, sie floriert daher auf dem europäischen Kontinent am besten. Allerdings ist es in diesem Land sehr kalt, ein Großteil des Bodens ist steinig und unfruchtbar, weshalb nur wenig Getreide sowie andere Bodenfrüchte produziert wurden und Regierenden dort durch den Handel mit aller Welt das Leben aufrecht erhalten. Dadurch konnte sie zu einer solch unvergleichlich starken und reichen Großstadt werden. Die Zahl der Handelsschiffe beläuft sich auf insgesamt 28 081 Stück, die der Schiffer, der unteren Beamten und der Matrosen 184 000 Leute (in einer Schrift von Brandt ist diese Zahl noch größer). Damit kann man sich vorstellen, daß der Handel in diesem Land als Hauptaufgabe gilt. Die Anzahl der Krieger der beiden Heere zu Land und zu Wasser ist jeweils zu (Zeiten) des Friedens und der Aufruhr und entsprechend der verschiedenen Jahreszeiten unterschiedlich. ... Was also Gediegenheit der Waffen und Masse an militärischen Dingen anbelangt, so gibt es in ganz Europa nichts mit England Vergleichbares. Und als Inselland sind seine Bewohner natürlich mit den Gesetzen des Wassers vertraut und im Kampfe zu Wasser erfahren. Die Zahl seiner Kriegsschiffe ist groß. Darauf gründet sich Englands willkürliches Handeln zu See, sein Ruf der Überlegenheit im Westen, seine Autorität, die alle Länder erzittern läßt.

Rechnet man alle Beträge, die England jährlich an Steuern und anderen Geldern einnimmt, zusammen, so sind das 55 Mio. Pfund Sterling (Name der Goldmünzen, (Entsprechung) unbekannt; einer Auffassung nach entspricht sie etwa 40 Sen unseres Silbergeldes, doch habe ich noch keine sichere Quelle gefunden und übernehme sie nicht). Und die Gesamtschulden des Landes betragen 8,3 Mia. 6 910 (Pfund Sterling), die Zinsen – jährlich 40 Mio. Die Gelder für die verschiedenen Truppen sowie für die Heere sind zwar wegen der Unterschiede in ruhigen und unruhigen Zeiten und entsprechend der Jahreszeiten nicht konstant, doch betragen die Ausgaben in Kriegszeiten für die Landstreitkräfte 8 Mio., für die Seestreitkräfte 7 Mio., die Gelder für die regulären Gehälter der Beamten und die zur Hälfte reduzierten Einkommen 3 Mio., insgesamt also 18 Mio.; die jährlichen Schulden machen also – berechnet man die Beträge für Ausgaben und Einnahmen – 3 Mio. aus. Nicht lange nach (1789) brachen Jahre des Aufruhrs an, fast 20 Jahre wurde ununterbrochen gekämpft, wodurch die Ausgaben enorm anstiegen, das Land in große Not geriet und die oben erwähnten Schulden entstanden. Im Jahre 1819 wurden die Kämpfe dann völlig eingestellt, und es schien, als würde man zum früheren Truppensystem zurückkehren, doch waren die Ausgaben, verglichen mit jenen Zeiten, riesig. Die Berechnungen der Ausgaben für die Seestreitkräfte innerhalb von drei Jahren, von 1827 bis 1829 (d.h. von Bunsei 10 bis 12) ergaben im Durchschnitt meist 6 Mio. Pfund Sterling, was als Beweis dafür zu sehen ist. Die jährlichen Einnahmen sanken deshalb, die Ausgaben hingegen wurden größer. So konnte man nicht nur die bestehenden Schulden nicht begleichen, auch die Zinsen war man nicht in der Lage, vollständig zu zahlen. Hinzu kommt, daß in den letzten Jahren ein langer Fluß ausgehoben und erschlossen wurde, was den Transport über eine Länge von mehreren hundert Ri erleichterte. Das erforderte einen weiteren riesigen finanziellen Aufwand, dem Land mangelte es ständig an Mitteln, was wiederum den Handel mit anderen Ländern belebte, so wurden die Schulden getilgt.

Dieses Land befindet sich seit langem mit Frankreich nicht gerade in gutem Einvernehmen. Nach dem Grund gefragt, hat Frankreich fruchtbaren Boden, ist also ein reiches Land und vermag sich daher tatsächlich selbst zu behaupten, es gibt sich ohne Forderungen an andere zufrieden. Dadurch verfallen seine Menschen dem Müßiggang, schwelgen wie von selbst im Luxus. Das aber ist eben der Grund, weshalb man in Not geriet. England war eigentlich wegen seines steinigen und kargen Bodens ein armes Land und hat sich deshalb seinen Lebensunterhalt allein mit Unternehmungen gesichert. Daher verhielt man sich sparsam und widmete sich mit großem Fleiß verschiedensten Geschäften – und brachte es zu solch großem Reichtum. Die Franzosen rühmen sich des Reichtums ihres Landes wegen, die Engländer vertrauen stolz auf sich selbst – der finanziellen Geschäftigkeit ihres Landes wegen. Und im gegenseitigen Handelsverkehr zwischen beiden Ländern traten dann ganz von selbst die Unterschiede hervor: Scharfsinn bzw. Schwerfälligkeit, Überlegenheit bzw. Schwäche. Die Franzosen wurden ständig betrogen, und da sie zu allem Unglück noch ihre Vermögensgrundlagen verloren und sich viele Schulden aufbürdeten, beglichen sie diese häufig nicht. Darauf ist zurückzuführen, daß beide Länder voll Wut und Haß aufeinander in Streitigkeiten gerieten und nicht übereinkamen. Zudem unterstützte der französische Kaiser Bonaparte in dem neuerlichen Krieg in Nordamerika die (Amerikaner), was denen zur Selbständigkeit verhalf, und riß zu England gehörendes Land auf deutschem Gebiet an sich; dadurch wurde die Feindschaft vertieft, nicht aber beigelegt. Doch starb Kaiser Bonaparte bereits vor fast 20 Jahren, der französische König verehrte – einstigen (Traditionen) folgend – die Ahnenmausoleen früherer Könige. England war Frankreich nun besonders wohlgesonnen, sie wurden gar verbündete Länder. Auch heute sind sie daher sehr eng befreundet.

Das Heerwesen und die Situation/die Verhältnisse im heutigen Frankreich

Frankreich liegt genau westlich von Ezo (in der Höhe unserer Insel) Matsumae. Zwar ist es im Vergleich zu Spanien kälter, jedoch wärmer als in England. Sein Boden ist fruchtbar, weshalb alles Getreide gut heranwächst und es überall vielerlei Dinge gibt. Darum hält man es von alters her für ein starkes und blühendes Königreich. Seit dem Mittelalter stellten die Generationen der beiden Geschlechter Heinrich und Ludwig die Könige. Seine Fläche umfaßt 10 086 Ri im Quadrat, die Einwohnerzahl beträgt etwa 32 Mio. Menschen (neueste Zahl). Das gesamte Land ist in 86 Regionen aufgeteilt, 22 beflaggte Bataillone wurden aufgestellt. In jeder Region richtete man ein Amt ein, das diese verwaltet. Pro Flagge gibt es eine stationierte Garnison und einen Leutnant, der über alle Krieger das Kommando führt. Die Hauptstadt des Landes heißt Paris. Das Schloß der Stadt wurde entlang des Flusses Seine gebaut, sie gilt deshalb als die geeignetste Stadt (für die Verteidigung). Es gibt 18 Einfahrten zum Schloß, 30 000 Häuser, 600 000 Einwohner (wie oben). Es ist daher das belebteste (Gebiet) nach der Türkei. Die militärischen Truppen führt der König persönlich an, er hat das höchste Amt inne. Jahr für Jahr werden die verschiedenen Streitkräfte inspiziert und ein Drittel ausgewechselt, was sie neu belebt. Dadurch sind alle Krieger gut ausgebildet, bilden eine erlesene Truppe in den besten Jahren und verfügen stets über ausreichende Kräfte. Es gilt die Regel, zwischen stark und schwach, alt und jung keinen Unterschied zuzulassen. Die Krieger sind in die

See- und Landstreitkräfte aufgeteilt. Die Stärke beider Truppen ist in friedlichen und unruhigen Zeiten unterschiedlich und auch in den verschiedenen Jahreszeiten nicht gleich. ...[217].

2. Anmerkungen/Text

1 Feudalismus wird hier als ein vormoderner Gesellschaftstyp verstanden, der sich - aus struktureller Perspektive betrachtet - in multifunktionale, patriarchalisch-hierarchische Teilbereiche differenziert, die im wesentlichen mit den Ständen zusammenfallen und deren Einheit per Repräsentanz durch einen Teilbereich hergestellt wird; das grundlegende Herrschaftsverhältnis trägt außerökonomischen Charakter (Funktionsteilung zwischen den Teilbereichen ist ausschlaggebend); aus **handlungstheoretischer (subjektformativer) Perspektive** bedeutet das die völlige/lebenslange Einbindung der Individuen in einen ("erblichen") Funktionsbereich = Stand = Haus/Familie; bürgerlich-kapitalistisch meint den modernen Gesellschaftstyp, der - aus **struktureller Perspektive** - sich in verschiedene spezifische Teilsysteme differenziert, deren Einheit sich über ihre relative Autonomie und Interdependenz bei Dominanz des Subsystems Wirtschaft herstellt; Herrschaftsverhältnisse sind ökonomisch begründet und realisieren sich klassenmäßig; individuelle und gesellschaftliche Reproduktion fallen auseinander, der Lebensprozeß der formal von persönlicher Abhängigkeit freien Individuen vollzieht sich in verschiedenen Funktionssystemen, zwischen denen sie sich hin und her bewegen, was hinsichtlich der Vermittlung das Problem der Öffentlichkeit ebenso impliziert wie das der "Zerrissenheit des modernen Individuums" (im Unterschied zu "bornierten" Ganzheitlichkeit in traditionellen Gesellschaften; vgl. Haucke 1989)

2 Biographien, die den folgenden Ausführungen zugrundeliegen, sind: **Green, S.D.C.** 1913, **Takano Chôun** 1943, **Satô Shôsuke** 1972: 9-80 und 1980: 89-110/386-502, **Takahashi Shinichi** 1972 und 1985: 254-269, **Hangai Jirô** 1983, **Tsurumi Shunsuke** 1985, **Takano Chôei kinenkan** 1989, **Sugawa Chikara** 1990; historiographisch bemerkenswert und bedeutsam scheint mir die Tatsache zu sein, daß das Schreiben von Biographien bis in die Gegenwart hinein eng mit der "Häuserstruktur" der japanischen Gesellschaft verbunden ist: häufig sind es Nachkommen, die sich der Lebensbeschreibung ihrer Vorfahren widmen; so steht auch hinter Tsurumi Shunsukes Chôei-Biographie die Tatsache, daß er in der verwandtschaftlichen Linie der Gotô-Familie aus Mizusawa, in der Takano Chôei geboren wurde, steht; interessant ist auch die Entstehung der Chôei-Biographie von Takano Chôun (der die 12. Generation der Takano-Familie repräsentiert und der Enkel von Chôeis Adoptivsohn Tôei und seiner einstigen Verlobten, später Adoptivtochter Chio war): selbst auch die medizinische Laufbahn einschlagend, begannen seine Erkundungen zum Leben Chôeis 1888; im Zusammenhang mit einer kaiserlichen Inspektion in den Nordosten Japans 1876 war die "Wunde" erneut aufgebrochen, da dieser ja einst als Feind der zentralen Bakufu-Regierung und Verbrecher in Verruf geraten war, seine Ideale nun jedoch gar im Fünften Artikel des Kaiserlichen Edikts von 1868 verkündet wurden: Wissen in aller Welt zu suchen und so das Land zu

stärken; diese Schmach zu tilgen, sollte auf Wunsch des Vaters von Chôun ein Lebenslauf Chôeis erstellt werden, aus der dessen Loyalität und der Patriotismus hervorgehe; dieser gelangte dann über verschiedene Instanzen auch an das Hofministerium, 1898 wurde Chôei rehabilitiert und ihm posthum der Vierte Höfische Rang verliehen; in diesem Geiste setzte Chôun dann die Arbeit an der Biographie (1928 beendet) wie auch an den ersten (vierbändigen) gesammelten Werken fort (1931), die als Einheit zu betrachten sind; die Ausgabe 1943 war dann zwar erheblich um neue Fakten erweitert, die geistige Ausrichtung (einschließlich der "Aussparung" bestimmter unangenehmer Tatsachen wie Chôeis Frauengeschichten) blieb gleich (vgl. Takahashi Shinichis abschließender Aufsatz im letzten, sechsten Band der TCZ von 1982)

3 Mitstreiter von Chôei; als Vasall im Dienst der Miyake-Fürsten erhielt er eine konfuzianische Ausbildung und nahm Unterricht im Malen bei verschiedenen bedeutenden Künstlern seiner Zeit; Verpflichtungen als Lehensrat ließen ihm kaum Zeit, seinen Neigungen auch hinsichtlich den Holland-Wissenschaften (und der Westlichen Malschule) nachzukommen; daher ließ er sich von Chôei und Ozeki San'ei (vgl. Anm. 17) unterrichten und informieren und brachte dieses Wissen in seine Reformvorschläge ein; über seine Tätigkeit im Gelehrtenkreis der Shôshikai (vgl. Anm. 36) wurde er als Befürworter einer vorsichtigen Öffnung des Landes in den Fall der *Bansha no goku* (vgl. Anm. 37) verwickelt und zu lebenslänglichem Hausarrest in seinem heimatlichen Lehen verurteilt; Intrigen seiner politischen Widersacher trieben ihn schließlich in den Freitod (vgl. Dombrady 1968)

4 folgende Beispiele sind in dieser Hinsicht recht aufschlußreich:
Söhne von Ärzten waren: **Hanabusa Itchô** (1652–1724), einer der Wegbereiter von Ukiyo-e, den "Bildern der vergänglichen Welt"; **Ogyû Sorai** (1666 bis 1728), konfuzianischer Gelehrter, dessen Kogaku-Richtung dem Neokonfuzianismus kritisch gegenüberstand; **Takenouchi Shikibu** (1716–1771), Erneuerer des Shintô, dessen Ideen vor allem in Hofadelskreisen Anhänger fanden; **Maeno Ryôtaku** (1723–1803), **Nakagawa Jun'an** (1739–1786), **Ôtsuki Gentaku** (1757–1827) und **Udagawa Genzui** (1755–1797) waren dann selbst wieder berühmte Vertreter ihres Faches, die sich um die Holländische Richtung der Medizin verdient gemacht haben; **Andô Shôeki** (1703–1760), der wohl auch wegen seiner beißenden Kritik an jeglicher autoritären Herrschaft über Menschen lange Zeit "vergessene" Denker, war Arzt; **Yamagata Daini** (1725–1767), der als Anstifter eines Putsches zur Wiedererrichtung der Tennô-Herrschaft zum Tode verurteilt wurde, und **Motoori Norinaga** (1730–1801), der bedeutende Kokugaku-Gelehrte, studierten ebenfalls einst Medizin

5 einer der bedeutendsten frühen Holland-Wissenschaftler (vgl. auch weiter unten den "Exkurs in die Geschichte der Rangaku"), der durch die mit Gleichgesinnten vollbrachte erste vollständige Übersetzung einer medizinischen Schrift aus dem Holländischen ins Japanische ein wichtiges Fundament für die Holländische Richtung der Medizin (ranpô igaku 蘭方医学), generell neuzeitlichen wissenschaftlichen Denkens, in Japan schuf: 1774 erschien die "Neue Schrift über die Anatomie" (Kaitai shinsho) als Übersetzung der "Ontleedkundige Tafelen" (1734), des holländischen Textes der "Anatomischen Tabellen" (1732) von J.A. Kulmus; bekannt wurde der als Sohn eines Arztes im Dienst des Obama-Clans in Edo Geborene auch durch die Beschreibung dieser mühevollen Arbeit, die zugleich eine Kurzgeschichte der Holländischen Medizin darstellte: "Die Anfänge der Holland-Wissenschaften" (Rangakukoto hajime), 1815; vgl. Sugita 1983 sowie die deutsche Übersetzung von Môri in MN 5, 1942: 146–166 und 501–522)

6 gemeint sind der Kanon der Vier Bücher: die "Gespräche" des Konfuzius (Lun Yu, jap. Rongo), "Menzius" (Meng Zi, jap. Môshi), die "Große Lehre" (Da Xue, jap. Daigaku),

"Maß und Mitte" (Zhong Yong, jap. Chûyô") und die Fünf Leitfäden: "Leitfaden der Wandlungen" (Yi Jing, jap. Ekikyô), "Leitfaden der Urkunden" (Shu Jing, jap. Shokyô), "Leitfaden der Lieder" (Shi Jing, jap. Shikyô), "Aufzeichnungen über die Riten" (Li Ji, jap. Raiki), "Frühling und Herbst" (Chun Qiu, jap. Shunjû); vgl. Kracht 1986: 44/45

7 auch im Vorwort zu "Beknopte Lijst van de tempelenen kerken te Mijako" (1828) schrieb Chôei, es mangele ihm zwar an Wissen in der schon vor langer Zeit nach Japan eingeführten Chinesischen Wissenschaft, doch habe er einige Bücher aus dem Holländischen ins Japanische und Chinesische und umgekehrt übersetzen können (vgl. TCZ 6, 1982: 109 bzw. 57 (Rückübersetzung ins Japanische))

8 in einem Gespräch mit Prof. Koyasu Nobukuni Ende 1990 in Ôsaka verwies dieser zum einen darauf, daß Ôsaka als Handelszentrum zugleich ein wichtiger intellektueller Sammelpunkt vor allem für Leute aus dem Süden Japans gewesen sei und man in den dortigen Privatschulen eher wirtschaftlichem und naturwissenschaftlichem Wissen aus dem Westen Interesse entgegengebracht habe; zum anderen erwähnte er einen wichtigen Unterschied zwischen der Frühen Neuzeit (kinsei 近世, Edo-Zeit 1600-1868) und der Neuzeit (kindai 近代, ab 1868): während einst Edo zwar als das Zentrum für Wissen und Informationen galt und doch auch immer wieder ein Rückfluß in die Peripherien stattfand, hätten später immer mehr zentralistische Bestrebungen die Oberhand gewonnen, sei die Tendenz der Monopolisierung und des Ansaugens von Talenten immer spürbarer geworden

9 was damals wirklich geschah, ist offensichtlich nicht mehr zu rekonstruieren; in den meisten Darstellungen fehlt dazu jede Angabe, in einem Gespräch mit den Mitarbeitern der Takano-Chôei-Gedenkstätte in Mizusawa Ende 1990 wurde darauf verwiesen, das damalige Oberhaupt Takano Gentan (der Großvater) hätte sich möglicherweise aus Gründen der Hungersnot zurückgezogen, was ja im Japan jener Zeit nicht ungewöhnlich war; Hangai und Itô Tetsuo legen allerdings Material vor (auf das ich mich hier stütze), welches zeigt, daß auch der Erbe Gensai (Adoptivvater) und seine Familie zu jener Zeit nicht in Mizusawa lebte, was die Annahme bestärkt, daß das Haus eine Schuld auf sich geladen hatte (vgl. Hangai 1983: 42-46 und Itô 1980: 401-410

10 Abkürzung von Shôheizaka gakumonjo 昌平坂学問所: Stätte der Gelehrsamkeit auf dem Hügel zum Blühenden Frieden; 1690 als Lehranstalt auf diesem Gelände angelegt, wurde sie 1797 im Zuge von Reformen unter diesem Namen formal der zentralen Regierung unterstellt, nachdem sie zuvor seit 1630 als Privatschule der Familie Hayashi bereits zu einem "Tempel" der neo-konfuzianischen Lehre des Zhu Zi (1130-1200) avanciert war; bis zum Beginn der Meiji-Zeit (1868-1912) fungierte sie sowohl von ihrer Struktur als auch von den Ausbildungsinhalten her als Modell für die Errichtung der verschiedenen Lehensschulen (hankô 藩校), an denen die Vasallen sich notwendige Kenntnisse und Fertigkeiten in zivilen (bun 文) und militärischen Dingen (bu 武) aneigneten; über die Lehrinhalte und -methoden an der Shôheikô vgl. Uchiyama/Motoda (Hg.): Yûshima seidô to Edo jidai (Ausstellungskatalog zu 300 Jahre Yûshima seidô), Tôkyô 1990

11 in der Natur der Sache lag es, daß die Möglichkeiten und Richtungen der Spezialisierung in den Rangaku-Schulen vielfältiger, der Privatcharakter der Lehrenden stärker ausgeprägt waren als etwa in den Kangaku-Schulen, in denen Meister wie auch Schüler doch durch das Studium des (neo)konfuzianischen Kanons u.a. klassischer chinesischer (auch medizinischer) Schriften erheblich gebunden waren; durch Kommentierung und Auslegung boten sich jedoch auch hier Freiräume zur stetigen Neuproduktion von Ideen, die das geistig-kulturelle Leben jener Zeit prägten: so entfalteten Itô Jinsai (1627-1705) und Ogyû Sorai (1666-1728, vgl. beide unter dem Abschnitt Kogaku) im Rahmen ihrer Schulen - der "Kogidô" in Kyôto bzw. der "Ken'en juku" in Edo - nicht nur neue Inhalte, sondern auch neue, auf eigene Denkleistungen gerichtete, Lehrmethoden; gleiches

gilt für die "Kangien" des Hirose Tansô (1782–1856) in Hita auf Kyûshû, in der übrigens auch Chôei nach seiner Flucht aus Nagasaki (1828) kurz verweilte und sicher sein Wissen über die Rangaku vermittelte (vgl. Rubinger 1982: 39–99)

12 auf dieses auch im weiteren immer wieder zu verhandelnde Problem soll hier einstweilen mit Kracht verwiesen werden, der für den Neokonfuzianismus jener Zeit das "Problem der Selbständigkeit privaten Denkens und Unselbständigkeit öffentlichen Handelns", eine "Identitätsspannung zwischen öffentlich argumentierender Unperson und privater Verselbständigung des Denkens" (Kracht 1986: 260) konstatiert; mit dieser Situation hatten sich jedoch auch die Rangaku-Wissenschaftler (die sich selbst oft ja zugleich als Konfuzianer verstanden) auseinanderzusetzen, wobei sie – wie Chôeis Schicksal exemplarisch zeigen wird – oft genug daran daran scheiterten

13 einer der Wegbereiter der im 17. Jahrhundert in China entstandenen Kôshôgaku 考証学 in Japan, einer antitraditionalistischen Richtung, die sich textkritischer Methoden bediente, um gegen die herkömmlichen, noch realitätsfernen Interpretationen der Klassiker, mithin auch der Geschichte, vorzugehen und so auch in Wirtschaft und Verwaltung praktizierbares Wissen zur Verfügung zu stellen (vgl. Tetsugaku jiten 1976: 467 und Franke/Trauzettel 1988: 304–306)

14 Arzt, der nach seinem Studium der Medizin Chinesischer Richtung auch die Holland-Medizin bei dem Mitübersetzer des "Kaitai shinsho" (vgl. Anm. 4) Katsuragawa Hoshû (1751–1809) erlernte und diese weiterentwickelte, indem er sich nicht nur für die bis dahin vorherrschende Chirurgie, sondern auch für die westliche innere Medizin interessierte; Grundlagen für Chôeis spätere Pionierarbeit auf dem Gebiet der Physiologie, seinen Blickwechsel vom Äußeren ins Innere des Körpers wurden demnach in jenen Jahren der Lehre in der Privatschule von Meister Yoshida gelegt

15 Jahre wurden nach dem Prinzip nengô 年号 gezählt: bestimmte (meist unglückliche oder unglückverheißende) Ereignisse wurden von der Regierung zum Anlaß genommen, um die Bezeichnung einer Ära zu verändern und die Jahreszählung neu zu beginnen; nach der Wiedereinsetzung des Tennô als politisches Oberhaupt (1868) wurde die Ärabezeichnung und Jahreszählung gemäß der Thronfolge der Tennô gewechselt (gegenwärtig ist die Ära Heisei 平成, *Friedliches Gedeihen*, 1992 ist das Jahr Heisei 4); während man nach dem Zweiten Weltkrieg im allgemeinen der nengô- Zählung die international übliche westliche Jahresangabe voranstellte (z.B. im Impressum von Büchern), wird im Zuge der "Suche nach einer eigenen Identität" von konservativen Kreisen versucht, dies umzukehren oder die westliche Angabe gar ganz zu vermeiden; Chôei selbst verfaßte im Rahmen des Aufsatzes "Allerlei Gehörtes und Gesehenes" (Bunken manroku) eine "Abhandlung über westliche Jahreszählung" (Seiyô nengô setsu, vgl. TCZ, 1978 4: Handschriftenteil) und gab in verschiedenen Schriften sowohl die japanische als auch die westliche Zählweise an (zu nengô vgl. auch Anm. 32)

16 solcherlei Bittgänge waren zu jener Zeit allgemein wichtige Reisemotive, bestimmte Schreine und Tempel waren zu regelrechten Wallfahrtsorten geworden; zugleich galten Pilgerfahrten als eine Art Vorwand, um die Erlaubnis zu erhalten, auf Reisen gehen zu dürfen und für kurze Zeit der Einbindung in den streng normierten Alltag zu entrinnen

17 auch Oseki San'ei; engster Vertrauter und Freund Chôeis, studiertein seiner düsteren Kindheit (er wurde in einer Zeit großer Hungersnöte geboren und war gelähmt) zunächst China-Wissenschaften und ging dann nach Edo, wo er sich zwischen 1815 und 1821 in der Yoshida-Schule (vgl. Anm. 12) dem Rangaku-Studium widmete (Medizin und später auch Himmelskunde, heimlich las er auch Schriften über das Christentum); danach stand er im Dienst verschiedener Fürsten und wurde 1835 als Dolmetscher (auch für Englisch!) an das Observatorium (tenmondai 天文台) der Zentralregierung berufen, an der Gelehrte

Beobachtungen, Messungen u.ä. zwecks der Kalenderbestimmung durchführten; seit Beginn der 30er war er mit Chôei und auch Watanabe Kazan (vgl. Anm. 3) bekannt und praktizierte und forschte gemeinsam mit ihnen; auch in der Shôshikai (vgl. Anm. 36) wirkte er mit und wurde demzufolge in den Fall *Bansha no goku* (vgl. Anm. 37) verwickelt, woraufhin er sich – um der möglichen Gefängnisstrafe zu entgehen – das Leben nahm (vgl. auch Chôeis Porträt von Ozeki im "Vogelgezwitscher", im Übersetzungsanhang)

18 Numata Jirô verdeutlicht diesen Gedanken in seinem Aufsatz "Studies of the History of Yôgaku: A Bibliographical Essay" (Numata 1982) anhand der Klassifizierung von "Geschichte(n) der Rangaku/Yôgaku" in biographische (personenbezogene), bibliographische (bedeutende Werke/Wörterbücher), wissenschaftshistorische (Geschichte einzelner Wissensgebiete) und – von einem weiteren Blickwinkel betrachtet kulturgeschichtliche Arbeiten, die seit dem ausgehenden 19. Jahrhundert in Japan verfaßt wurden; drei Problemfelder stünden in den historiographischen Abhandlungen nach 1945 im Mittelpunkt der Betrachtungen: 1. die Rangaku als Kritikpotential der Feudalgesellschaft und ihres Denkens (eingebettet in die Problematik der japanisch-holländischen Beziehungen), 2. Rangaku und ihre Protektion durch damalige Machthaber (Beziehungen Rangaku – politische Macht), 3. Rangaku und traditionelle Wissenschaft und Technologien (Kontinuität und Diskontinuität); bislang kaum erforscht sei die Daseinsweise von Rangaku/Yôgaku in den einzelnen Lehen (han 藩)

19 gemeint sind hier vor allem Beamte, die im Zusammenhang mit der Abschließungspolitik Europäer zu vernehmen hatten und sich so auf dem Wege der "negativen" Auseinandersetzung Wissen über die andere Kultur aneigneten; das wohl bekannteste Beispiel ist Arai Hakuseki (1657–1725), der auf der Grundlage des "Gesprächs mit Pater Sidotti" sowie Studien chinesischsprachiger Abhandlungen über Europa das dreibändige Werk "Aufzeichnungen über den Westen" (Seiyô kibun) sowie die erste (fünfbändige) Weltgeographie in Japan, das "Sairan igen" verfaßte, auf die spätere Rangaku-Gelehrte – auch Takano Chôei – sich immer wieder beriefen

20 Kommunikation – mit Krüger – als Koordinierung von Handlungs- und Verhaltensweisen sozialer Akteure durch Informations- und Zeichenaustausch verstehend, ist diese stets an einen bestimmten **pragmatischen Kontext** gebunden, d.h. die realen sozialhistorischen Bedingungen, die diese Koordinierung erfordern; **Kotexte** stellen die Zeichenanordnungen, -strukturen und damit das Potential dar, das es zu koordinieren gilt und geben darüber Auskunft, welche Möglichkeiten in einer Sprache eines bestimmten Kontextes akkumuliert sind, um zu interagieren und zu erkennen und auf welche Weise diese bedürfnisgerecht aktualisiert werden können (vgl. Stichwort "Kommunikation" in Bd. 2 der Europäischen Enzyklopädie zu Philosophie und Wissenschaften)

21 zunächst muß an dieser Stelle auf die sogenannte Nambangaku 南蛮学, die "Gelehrtheit der Südlichen Barbaren" verwiesen werden, die häufig als erste Etappe der Westlichen Wissenschaften charakterisiert wird; da ihre Träger aber vor allem die aus dem Süden anlaufenden spanischen und portugiesischen Missionare waren (deren Werk dann oft japanische Christen fortsetzten), wird sie hier nicht weiter berücksichtigt, was keineswegs heißt, deren Bedeutung geringzuschätzen; auch auf die konkrete Entwicklung der Yôgaku seit den fünfziger Jahren des vorigen Jahrhunderts wird hier nicht eingegangen;
Ueda Minoru (1977) zeichnet ein interessantes Bild der Rezeptions- und Entwicklungsgeschichte von Rangaku/Yôgaku aus der Perspektive des Verhältnisses von Zentrum und Peripherie: nachdem die Abschließungspolitik verkündet worden war (1639), richtete sich die Aufmerksamkeit der des Holländischen Kundigen zunächst auf das Studium der verfügbaren medizinischen, botanischen, astronomisch-geographischen Schriften; von

Nagasaki ausgehend, verbreitete sich das daraus gewonnene Wissen dann auch nach Kyôto, Ôsaka und Edo, wo sich – z.T. auf Befehl der Zentralregierung, z.T. aus eigenem Interesse – Studiengruppen bildeten, die selbst zusammenfassende Schriften über das Gelesene verfaßten und bald auch ganze Bücher übersetzten; im weiteren erwähnt Ueda die Arbeiten, die die in Nagasaki/Dejima tätigen ausländischen Ärzte und Naturhistoriker über Japan schrieben, was insofern von Bedeutung war, als das dazu nötige Material unter ihrer Anleitung auch von japanischen Rangaku-Interessenten zusammengetragen wurde (hier findet die von Siebold eingerichtete Narutaki-Privatschule 鳴滝塾 besondere Erwähnung; dazu siehe weiter unten); die "Streuung" des Rangaku-Wissens aus Nagasaki ging nicht nur in Richtung der drei Zentren Ôsaka (als Handelszentrum von Ueda als relativ unabhängig von der neokonfuzianischen Zhu Zi-Ideologie dargestellt; einen Höhepunkt bildete hier die von Ogata Kôan, 1810–1863, gegründete Tekijuku 適塾), Kyôto (hier wird die sogenannte Eklektische Schule erwähnt, die Holländische mit Chinesischer Medizin zu verbinden suchten: die Rankan setchu ha 蘭漢折衷派) und Edo (dazu siehe im Text); auch in die verschiedenen Provinzen wurde Rangaku von den aus den Zentren zurückkehrenden Schülern der zahlreichen shijuku getragen: am Beispiel der beiden Städte Uwajima, wo Takano Chôei nach seiner Flucht aus dem Gefängnis auch ein Jahr tätig war (1848/49), und Osu, wo einst der Gelehrte Nakae Tôju (1608–1648) die konfuzianisch-buddhistische Ôyômei-Lehre (chin. Wang Yangming, 1472–1529) in Japan begründete, zeigt Ueda, wie auch die je lokale politische und geistige Atmosphäre den weiteren Werdegang von Rangaku beeinflußte

22 in diesem auch als Lebensskizze des Denkers zu verstehenden Abriß der Rangaku-Geschichte bis um 1815 finden zugleich die wichtigsten Träger dieser Entwicklung, vornehmlich auf dem Gebiet der Medizin, Erwähnung, so etwa: **Narabayashi Chinzan** (1648–1711), **Katsuragawa Hochiku** (1661 bis 1747), **Aoki Bunzô** (1698–1769), **Takebe Seian** (1712–1782, mit dem Sugita sich über gleichzeitig, aber unabhängig voneinander gemachte Entdeckungen austauschte; dessen Sohn wurde von Gempaku adoptiert und damit Oberhaupt der Sugita-Schule – er, Hakugen, war es auch, der Chôei einst als Schüler ablehnte), **Yoshio Kogyû** (1724–1800), **Maeno Ryôtaku** (1723–1803), **Hiraga Gennai** (1726–1779), **Nakagawa Jun'an** (1739–1780), **Katsuragawa Hoshû** (1751–1809), **Udagawa Genzui** (1755–1797), **Koishi Genshun** (1743–1808), **Ôtsuki Gentaku** (1757–1827), **Inamura Sampaku** (1758–1811), **Hashimoto Sôkichi** (1763–1836), **Baba Sajurô** (1787–1822)

23 bussangaku 物産学: Chôei ordnete diesem Begriff unterschiedliche Bedeutungsfelder zu; in seinen "Auffassungen westlicher Gelehrter" wird er im Sinne von Naturgeschichte verwendet: das Hervorbringen von Dingen (historii, vgl. im Übersetzungsanhang, S. 250); ansonsten stand er – wie bei anderen Holland-Wissenschaftlern – meist für "Produktenkunde", für das Wissen der aus Europa neu nach Japan kommenden Dinge (Techniken)

24 1856 wurde dann infolge der drei Jahre zuvor erzwungenen Öffnung des Landes eine eigenständige Institution, die *Stelle zur Kontrolle der Barbarenschriften* (Bansho shirabesho 蕃書調所) eingerichtet, in der man nicht nur übersetzte, sondern auch lehrte (Rubinger zufolge gab es im ersten Jahr 191 Studenten,die alle Vasallen der Zentralregierung waren; vgl. Rubinger 1982: 34); 1862 erneut als *Stelle zur Kontrolle europäischer Schriften* (Yôsho shirabesho 洋書調所) erweitert und umbenannt/umgesiedelt, wurde diese 1863 zur *Stätte (im Dienste) der Öffnung und des Gedeihens* (Kaiseijo 開成所), in der man u.a. Englisch, Französisch, Deutsch, Mathematik lehrte; aus dieser wie auch aus der *Stätte (westlicher) Medizin* (Igakusho 医学所) ging 1877 die erste Kaiserliche Universität in Tôkyô hervor, die noch heute – als Staatliche Universität Tôkyô – als "Kaderschmiede" der japanischen Bürokratie gilt

25 noch 1849, so Rubinger (1982: 34), als die Holländische Medizin längst breite Anerkennung gefunden hatte, durfte ein Arzt dieser Richtung das Gelände der Shôheikô (vgl. Anm. 10) nicht betreten; Kracht (1975: 17) zeigt für die 1841 eröffnete Schule des Mito-Lehens (Kôdôkan 弘道館), daß hier zwar eine Abteilung für Rangaku eingerichtet wurde, diese sich jedoch als getrenntes Gebäude gemeinsam mit den Viehställen, Kräutergärten, der Pharmazie und der Krankenstation hinter dem Bereich des Militärischen (bukan 文館, der mit dem des Zivilen, bunkan 武館 eine Einheit bildete) befunden habe

26 Beispiele dafür sind (neben Takano Chôei selbst, wie noch zu zeigen ist): Ôtsuki Gentaku (1757–1827), der in der Sugita-Schule sowie in Nagasaki Rangaku studierte, in Edo dann als Arzt sowohl im Dienst des Date-Clans stand als auch in seiner eigenen Schule (der Shirandô 芝蘭堂) lehrte, übersetzte und praktizierte und 1811 von der Zentralregierung als bansho wagegoyôkata (蕃書和解御用方 Übersetzer von Barbarenschriften) in ihren Dienst befohlen wurde (vgl. Kunimoto 1987: 188–197); Ôzeki San'ei (vgl. Anm. 17); Ogata Kôan (1810–1863), der 1838 die bedeutende Tekijuku (適塾) in Ôsaka gründete, an der in über 20 Jahren mehr als 650 Studenten – darunter vor allem nichtadlige Städter ausgebildet wurden; nur unter Druck folgte er 1862 der Aufforderung der Zentralregierung, am Igakusho (vgl. Anm. 24) in Edo zu wirken, wo er nach nur zehnmonatiger Tätigkeit verstarb (vgl. Rubinger 1982: 127–151 und Ueda 1977: 77–80)

27 dem Kriegeradel entstammender konfuzianischer Gelehrter, der sich nicht zuletzt infolge des 1. Opiumkrieges (1839–1842) und der wachsenden äußeren Bedrohung Japans für Rangaku (bes. Militärwissenschaft und -technik sowie Mathematik) zu interessieren begann; sich gegen blinden Haß gegenüber der westlichen Kultur wendend, verfolgte er die pragmatische Linie, "sich auf die Barbaren stützend die Barbaren abwehren" (kurz vor seiner Ermordung nahm er auch von der Bezeichnung der Europäer als Barbaren Abstand) – eine Haltung, die in seinen "Reflections on My Errors" (Seikenroku) folgendermaßen zum Ausdruck kam: "Fünf Freuden gibt es für einen Edlen ...: daß sein Haus sich auf die Etikette und Gerechtigkeit versteht und frei von familiären Zwistigkeiten bleibt, ist eine; die zweite ist, sich anderen zuzuwenden und selbst Zuwendung zu erfahren ...; die Lehren der Weisen darzulegen und zu preisen, den großen Weg im Herzen zu wissen und stets – in widrigen wie in erfolgreichen Zeiten – zu seinen Pflichten zu stehen – das ist die dritte Freude und die vierte: daß er geboren wurde, nachdem sich der Blick den westlichen Wissenschaften geöffnet hat und er Einsicht in Prinzipien gewinnen kann, von denen die Heiligen und Weisen des Altertums nichts wußten; daß er sich der östlichen Ethik wie auch der westlichen Kunstfertigkeit widmet, ohne weder die geistigen noch die materiellen Aspekte des Lebens zu vernachlässigen und indem er Subjektives und Objektives miteinander verbindet und so dem Volk nutzt und dem Land dient – das ist die fünfte." (zitiert nach Tsunoda/de Bary/Keene 1964 (2): 103; diese Formel "Östliche Moral – Westliche Kunstfertigkeit" (tôyô dôtoku seiyô geijutsu 東洋道徳西洋芸術) avancierte im weiteren zu geistigen Habitusformen, die Japans Weg in die Moderne wesentlich prägten)

28 wie seine Vorfahren der angesehenen Würzburger Gelehrtenfamilie studierte auch Ph. F. von Siebold Medizin, nach deren Abschluß er sich bei der niederländischen Ostindienkompanie als Sanitäter bewarb, um trotz Geldmangels seiner Lust auf Reisen und naturgeschichtliches Wissen nachkommen zu können; 1822 zunächst in Batavia eintreffend, gelangte er 1823 nach Japan, wo er bis zu seiner Ausweisung 1829 als Faktoreiarzt tätig war; Einblick in seine 1826 unternommene Gesandtschaftsreise nach Edo gibt Scurla 1982: 369–565 ("Reisen in Nippon"), seine in sechs Jahren gesammelten Erfahrungen und Kenntnisse hielt er in dem Monumentalwerk "Nippon" (Siebold 1975) fest; noch einmal, 1859–1862, hielt er sich als Vertreter einer niederländischen Handelsgesellschaft in Japan auf (gemeinsam mit seinem Sohn Alexander, der darüber in der Schrift "Ph. Fr. von

Siebolds letzte Reise nach Japan", Berlin 1903, berichtete), bezog zu Studienzwecken wiederum ein Landhaus in Narutaki und traf auch seine einstige japanische Frau und ihre gemeinsame Tochter wieder (vgl. Genschorek 1988)

29 z.B. der Arzt **Itô Gemboku** (1800–1871), der 1826 in Edo seine Privatschule Shôsendô 象先堂 eröffnete (zwischen 1833 und 1870 über 400 Studenten) und 1856 eine Impfstelle einrichtete, die später der Zentralregierung unterstellt und als Igakusho (vgl. Anm. 24) Vorläufer der medizinischen Fakultät der Kaiserlichen Universität Tôkyô wurde; **Totsuka Seikai** (1799–1876) errichtete ebenfalls in Edo eine medizinische Praxis und wurde 1858 als Arzt in den Dienst der Regierung berufen (gemeinsam mit **Tsuboi Shindô**, 1795–1848, nennt man sie die "Drei Großen (Häuser) der Westlichen Medizin"); **Ninomiya Keisaku** (1804–1862) kehrte nach dem Nagasaki-Aufenthalt in seine Heimatprovinz Iyo, nach Uwajima zurück, betrieb eine shijuku sowie eine Arztpraxis und diente hier ab 1855 den Fürsten des Date-Clans als Leibarzt (offensichtlich hatte er mit dafür gesorgt, daß Chôei nach der Flucht 1848/1849 als Rangaku-Lehrer in den Dienst dieses Lehens treten konnte)

30 **Ogata Kôan** war von 1831–1836 in Edo zunächst Schüler des mit **Itô Gemboku** eng zusammenwirkenden **Tsuboi Shindô** (vgl. Anm. 29), ging dann selbst einige Zeit nach Nagasaki (obwohl nicht klar ist, ob er dort direkt bei den Holländern studierte) und war dann ab 1838 in Ôsaka als Arzt und Lehrer tätig; **Fukuzawa Yukichi**, der große Aufklärer der Meiji-Zeit (1868–1912), trat 1855 in die Tekijuku ein und studierte hier bis 1858 Rangaku; über den Alltag und die Studienformen und -inhalte berichtete er in seiner Autobiographie (Fukuzawa 1981: 39–92), diese Erfahrungen gingen ein in die Arbeit an seiner eigenen Schule, der 1868 gegründeten Keiôgijuku (慶応義塾; später als Keiô-Universität, wie gesagt, die erste Privat-Universität Japans)

31 Satô Shôsuke (1972: 18/19) zufolge sind außer Chôeis "Doktorarbeit" über Wale und den Walfang weitere 16 Aufsätze als dessen Pinsel entstammende und für Siebold verfaßte Arbeiten identifiziert worden; Hangai (1983: 63/64) hingegen spricht von insgesamt 42 Artikeln (davon 39 identifizierbare), die Siebolds Schüler für diesen geschrieben hätten, auf Chôei fielen dabei allein 11; zehn davon wurden im sechsten Band der neu herausgegebenen Gesammelten Werke des Takano Chôei mit Rückübersetzung ins moderne Japanisch abgedruckt (vgl. im Anhang das Chronologische Verzeichnis der in TCZ enthaltenen Schriften unter den Jahren 1826–1828), es handelt sich dabei um diejenigen, die auch im Autoren-Katalog der "Acta Sieboldiana" (1989: 391/392, vgl. auch 256–261) aufgeführt sind

32 der Shimazu-Clan, der Satsuma auf der Insel Kyûshû regierte, gehörte ebenso wie das Haus der Date (Iyo-Lehen, Uwajima) auf Shikoku zu den "außenstehenden Feudalherren" (tozama 外様), die eine latent feindliche Haltung gegenüber der Zentralregierung in Edo einnahmen; der Krisenerscheinungen im eigenen Lehen wegen um Reformen auf den Gebieten der Wirtschafts- und Finanzpolitik bemüht (die in den 40er Jahren relativ erfolgreich waren), strebten sie zugleich – der äußeren Bedrohung und der genannten Konflikte mit Edo wegen – nach militärischer Erneuerung und bemühten sich daher um Kontakte zu den Holländern bzw. Holland-Wissenschaftlern; nach 1854 brach die Feindschaft mit der Tokugawa-Regierung offen aus: während diese versuchte, mit Hilfe der Engländer ihre Macht halbwegs zu retten, schlugen sich die Shimazu (wie auch die Môri in Chôshû) auf die Seite der prinzipiell ausländerfeindlichen – Anhänger des Tennô-Hauses; als diese 1868 siegte, kam ein Großteil der nun Japan regierenden Bürokratie aus diesen Gebieten und setzte eine Politik durch, deren Ziel in der Devise "Ein reiches Land und starkes Militär" (fukoku kyôhei 富国強兵) ebenso zusammengefaßt wurde wie in der Formel "Östliche Moral und Westliche Kunstfertigkeit/Wissenschaft und Technik", vgl. Anm. 27)

33 außer den bereits erwähnten **Hirose Tansô** (vgl. Anm. 11), **Ninomiya Keisaku** und **Itô Gemboku** (vgl. Anm. 29) sind weiter zu nennen: **Totsuka Seikai** (1799–1876, mit den beiden letzteren verkehrte Chôei in den 30er Jahren in Edo sowohl auf fachlicher als auch lebensweltlicher Ebene sehr eng), **Kô Ryôsai** (1799–1846) und **Oka Kenkai** (1800–1839); einen Einblick in das Leben dieser Zeit erzwungener Wanderschaft geben die im Anhang übersetzten Briefe von 1829/1830

34 zwei Überlieferungen mögen dies verdeutlichen:
(1) die von Ôtsuki Gentaku (vgl. Anm. 26) gegründete Hausschule Shirandô wurde auch deshalb als eines der Rangaku-Zentren berühmt, weil dort seit dem 1.1.1795 (bis 1837) das Neujahrsfest nach europäischen Bräuchen begangen (oranda shôgatsu オランダ正月) und so wenigstens symbolisch die strenge Politik der Abschließung partiell aufgehoben wurde; ein in der Bibliothek der Waseda-Universität in Tôkyô aufbewahrtes Bild gibt die Atmosphäre solch einer Feier in der Shirandô wieder: 29 Männer sitzen (in japanischer Manier) um drei große Tische, auf denen – statt Stäbchen – Löffel, Gabeln und Messer sowie Teller und Weingläser zu sehen sind; an einer Wand scheint zudem der Eid des Hippokrates zu hängen (vgl. Tsurumi 1985: 66 sowie Rubinger 1982: 108)
(2) Hangai (1983: 81–83) berichtet aus den Erinnerungen Ôtsuki Fumihikos (1847–1928, Enkel des Ôtsuki Gentaku) an Takano Chôei, in denen nicht nur von dessen mitunter an Überheblichkeit grenzendem Selbstbewußtsein, sondern auch von seiner Begeisterung für Rangaku die Rede war: bei einer – gewöhnlich sehr feucht verlaufenden – Zusammenkunft Chôeis, Itô Gembokus u.a. Holland-Wissenschaftlern habe man ausgemacht, nur auf Holländisch miteinander zu reden oder aber ein Strafgeld zahlen zu müssen; am Schluß sei nur noch Chôei bußgeldfrei gewesen, weshalb der verärgerte Itô ihn von hinten einige Stufen hinabgestoßen habe, um ihm in dieser Situation einen japanischen Ausruf zu entlocken; der gestrauchelte Chôei aber hätte ihn daraufhin geistesgegenwärtig mit "gefarlik!" ("gefährlich!") angefahren

35 auch als Uchida Itsumi bekannt; einer der engsten Vertrauten Chôeis, der um 1831 in dessen shijuku eintrat und bei ihm in die Rangaku eingeführt wurde; offensichtlich war Uchida es, der Chôeis Interesse auch auf die Sternenkunde, Mathematik, generell auf westliche Wissenschaftsgeschichte lenkte, denn Sugawa (1990: 127–143) zufolge schrieb dieser die "Auffassungen westlicher Gelehrter" (1835) wie auch den "Abriß zur Sternenkunde" und "Über die vier von Sommer (neu entdeckten) Sterne" (beide 1846, alles TCZ 4) für Uchida; gemeinsam waren sie auch in der Shôshikai (vgl. Anm. 36) tätig und nach Chôeis Verhaftung sowie der Flucht aus dem Gefängnis kümmerte er sich um die Familie des Freundes, half ihm, sich zu verbergen und zugleich durch Übersetzungen Geld zu verdienen; Chôeis Darstellung Uchidas als seinen Schüler (vgl. im Anhang die Übersetzung der "Kurzen Beschreibung des Unheils, das dem Barbaren-Verein widerfuhr" ist demnach etwas einseitig, da beide voneinander profitierten; Uchida war zudem ein anerkannter Meister des Wasan (der altjapanischen Mathematik) wie auch ein hervorragender Kenner der westlichen Mathematik und Astronomie, der sich für die Umstellung des chinesischen Mond-Kalenders auf den Gregorianischen Sonnen-Kalender (1873) einsetzte (vgl. auch Kawajiri 1982: 39–88)

36 von dem konfuzianischen Beamten Endo Shôsuke (1789–1851) gegründete Diskussionsrunde, in der Konfuzianer, Literaten (bunjin 文人) und Rangaku- Gelehrte darüber berieten, wie man den Hungersnöten der Tempô-Zeit (1830–1844) begegnen könne; der hier stattgefundene praxisorientierte Wissens- und Informationsaustausch zwischen verschiedenen geistigen Strömungen war damals durchaus kein Einzelfall; Umezao (1988) verweist darauf, daß solcherlei Zusammenkünfte gegen bisherige ideengeschichtliche Darstellungen sprechen, in denen die Rangakusha und die an der Shôheikô (vgl. Anm. 10) tätigen Neokonfuzianer

allgemein als Kontrahenten verstanden wurden: es gelte zwischen letzteren sowohl wissenschaftlich als auch politisch zu differenzieren, denn Gelehrte wie *Koga Tôan* (1788–1847) hätten sich – im Unterschied zu Dogmatikern wie *Torii Yôzô* (1815–1874) – neuen Gedanken geöffnet und seien nicht zuletzt aus diesem Grunde von der Bürokratie ins Abseits gedrängt worden (immer wieder wurde nämlich die Praxisferne der Konfuzianer der späten Edo-Zeit beklagt); Chôei stand – entgegen seiner Selbstdarstellung in der "Kurzen Beschreibung..." keineswegs im Mittelpunkt dieser Gesellschaft, auch wenn er zu ihren Zusammenkünften stets eingeladen wurde;
die Shôshikai, die infolge des Falles *Bansha no goku* (vgl. Anm. 37) zerschlagen wurde, war in ihrer Zeit nicht die einzige Vereinigung, die diesen Namen trug: auf diesen konnte man schon in der Heian-Zeit (794–1185) stoßen, als hochbetagte Würdenträger von den Herrschenden zur Beratung bestimmter Angelegenheiten herangezogen wurden (dies war wohl auch die Intention der Leute um Endô: zur Beratung herangezogen zu werden)

37 bevor kurz die konkreten Anlässe und persönlichen Verstrickungen dieses Ereignisses geschildert werden, ist darauf aufmerksam zu machen, daß dessen sozialen Hintergrund die Auseinandersetzungen um die Reformen der Innen- und Außenpolitik angesichts der tiefen ökonomischen und politischen Krise der Tempô-Zeit (1830–1844) bildeten; dabei war das Problem, ob und wie weit man den immer dringlicher werdenden Forderungen der westlichen Mächte nach Handel mit Japan (auch im eigenen Interesse) nachgeben sollte, ein ebenso wichtiger Streitpunkt wie der Konflikt, einerseits auf die Einsichten der Rangaku angewiesen zu sein, andererseits aber keinerlei Einmischung der Träger dieses Wissens in Fragen der Politik dulden zu wollen; beides spiegelte sich in den *Bansha no goku* auslösenden Kontexten wider: zum einen sollte – der äußeren Bedrohung und den sich daraus ergebenden neuen Erfordernissen militärischer Verteidigung wegen – die (unmittelbar vor Edo liegende) Uraga-Bucht neu vermessen werden; dabei erbrachten die Berichte der beiden Hauptakteure – des Egawa Tarôzaemon (1801–1855) und des in Anm. 36 bereits erwähnten Torii Yôzô sehr unterschiedliche Ergebnisse, was nicht nur an den verschiedenen Vermessungsmethoden lag (im Dienst Egawas stand Uchida Yatarô, der Kenner westlicher Mathematik), sondern auch an den unterschiedlichen Wertmaßstäben: Egawa, Befürworter einer vorsichtigen Öffnung des Landes (kaikoku 開国) gegenüber dem Westen, hatte sich bei seiner von Toriis Resultaten deutlich abweichenden Einschätzung der Situation auf Zuarbeiten von Watanabe Kazan (vgl. Anm. 3) und damit indirekt auch von Chôei gestützt, also auf die von Torii verhaßten Holland-Wissenschaftler (zu Egawa selbst stand dieser Beamte der Zentralregierung in keinem solch feindlichen Verhältnis, wie Chôei es in der "Kurzen Beschreibung..." schildert); gegen diese gedachte Torii nun auch deshalb vorzugehen, weil im Zusammenhang mit der Ankunft des amerikanischen Schiffes "Morrison" (1837, vgl. Anm. 89 bzw. 91 zu den Übersetzungen) Chôei mit seiner "Traumgeschichte" und Kazan mit der "Befürwortung von Besonnenheit in (kritischen) Zeiten" sich in die Angelegenheiten der Regierung in Edo eingemischt und diese harsch kritisiert hatten; zum anderen nahm der als Inspektor (metsuke 目付) ganz im Dienste des herrschenden Tokugawa-Hauses stehende Torii Gerüchte über eine Gruppe, die angeblich zu den "Unbewohnten Inseln" (Mujintô 無人島, heute die Ogasawara-Inselgruppe) aussiedeln wolle und mit den Rangaku-Leuten in Verbindung stehe, zum Anlaß, um gegen die "landesverräterischen" Verehrer der "Barbaren-Wissenschaft" zu einem empfindlichen Schlag auszuholen; Bilanz: zahlreiche Verhaftungen und lebenslängliche Gefängnisstrafen, die für einige baldigen Tod bedeuteten, Ozeki und Kazan gaben sich selbst den Tod

38 die Zeichenkombination keisei saimin 経世済民 (auch keikoku saimin 経国済民) brachte dieses eng an die Praxis gebundene (neo)konfuzianische Ordnungsdenken zum Ausdruck: sozialer Frieden, Harmonie und Ordnung generell bedurfte einer guten Verwaltung/

Regierung des Landes, die für das (Über-)Leben der Untertanen, des Volkes zu sorgen hatte; damals schon gab es dafür die Abkürzung keizai 経済, die sich später zum Ökonomie-Begriff spezialisierte; damit hat dieser Begriff eine ähnliche Entwicklung wie in Europa genommen: *oikos* meinte das Hauswesen, das verschiedene Funktionsbereiche in sich vereinte und in dem jeder auf das ganzheitliche Wohl der jeweiligen sozialen Gemeinschaft (Familie, Stand, Provinz, Land) hin zu dienen hatte

39 auf dieses Problem wird ausführlich im letzten Teil der Arbeit im Zusammenhang mit der Betrachtung des Verhältnisses von Alter Schule (Kogaku 古学), Nationaler Schule (国学) und Rangaku zurückzukommen sein; am Beispiel von Ogyû Sorai (1666–1728) ist zu zeigen, wie in der späten Edo-Zeit nicht nur das wissenschaftliche Verständnis von Natur und sozialem Dasein auseinanderzudriften beginnen, sondern auch Moral zum Zwecke der Legitimierung politischen (machtorientierten) Handelns zunächst von diesem besondert und dann in dessen Dienst gestellt wird (im Sinne einer Verantwortungsethik, vgl. Minamoto 1988: 68)

40 "Im Gegensatz zum römischen 'pater familias' behielt der japanische Hausvorstand seine Position nicht für die Dauer seines gesamten Lebens. Nach Erreichen eines gewissen Alters (oder aufgrund anderer Umstände, S.R.) zog er sich gewöhnlich mit den jüngeren Kindern auf das Altenteil zurück und 'lebte dort im Schatten', wie der Begriff 'inkyo' für Altenteil wörtlich zu übertragen ist. Dies bezeugt, daß die Autorität des Hausvorstands nicht an seine Person gebunden war, sondern daran, inwieweit er die Pflichten, die mit einer Position verbunden waren, wahrnahm ... Die Kontinuität des Hausvorstands hatte jetzt Vorrang vor dessen individueller Befähigung..." (Neuss-Kaneko 1990: 22/23)

41 bislang konnte ich über das Schicksal der Familie Chôeis nach seinem Tod lediglich im Roman "Chôeis Flucht" (Chôei tôbô) von Yoshimura Akira einige Angaben finden; dort heißt es, Yuki sei in der Folge von den Behörden bestraft worden, und die drei Kinder habe man zu ihrem jüngeren Bruder, einem verkommenen Samurai, geschickt; dieser habe die Jungen an fremde Häuser weitergereicht, Moto hingegen in ein Freudenhaus in Shin-Yoshiwara verkauft; dort sei sie bei einem Erdbeben im Jahre 1855 im Feuer ums Leben gekommen (vgl. Yoshimura 1984 (2): 378–384)

42 zu den Umständen dieser Flucht heißt es bei Tsurumi und Satô, Chôei habe einen mitgefangenen Paria (hinin 非人) gegen ein Entgeld veranlaßt, das Gefängnis am 30.6.1844 in Brand zu stecken; damals war es üblich, daß die Häftlinge nach einem Brand sich erst nach drei Tagen wieder bei den Behörden zu stellen hatten, so daß Chôei sich zunächst in aller Ruhe auf weitere Schritte seines Vorhabens vorbereiten konnte (vgl. Tsurumi 1985: 209/210 und Satô 1980: 386)

43 Chôei bezieht sich dabei auf Überlieferungen aus der chinesischen Geschichte: zum einen auf den König Wen (jap. Bun, einer der Zhou-Fürsten, 11. Jahrhundert v.u.Z.), der von seinen Vasallen verleumdet und daraufhin für einige Zeit ins Gefängnis geworfen worden sei; zum anderen auf ein ähnliches Unglück, das einem Schüler des Konfuzius widerfahren sei; auf diese Argumentationstechnik - die Bedeutungsarbeit über die Historie, deren Symbolisierung - wird im dritten Teil der Arbeit (Abschnitt zur Kokugaku) ausführlich eingegangen

44 ähnlich äußert Chôei sich auch in der "Kurzen Beschreibung..." (1841), wo er Endô Katsusuke (Shôsuke, vgl. Anm. 36) als einen samurai charakterisiert (und freilich ihm diese Worte in den Mund legt!), der die Übel des lange währenden Friedens beklage: "der Weg des Kriegers verfalle wie auch das Schulwesen, das Militär ergehe sich vornehmlich in eitlem Gepränge, das Studium erliege der Buchstabengelehrtheit oder aber verfalle der Mode des Dichtens - beides bringe dem Gemeinwohl keinen Nutzen" (vgl. im Anhang Übersetzung, S. 258);

daß es sich bei dieser Haltung um ein allgemeines Empfinden der (aus unterschiedlichen Intentionen heraus wirkenden) Kritiker jener Zeit handelte, zeigt im Vergleich dazu ein Zitat aus den "Mußevollen Tischgesprächen nach den Amtsgeschäften" (Taishoku kanwa, 1842 (!) fertiggestellt, doch erst 1860 veröffentlicht) des Mito-Gelehrten Aizawa Seishisai (1782-1863): "In neuerer Zeit, da der Große Frieden bereits lange währt und die Sitten nachgelassen haben, beschränken sie (die Amtskonfuzianer, S.R.) sich zunehmend darauf, nach einem (guten) Namen zu fischen und sich ihre Talente streitig zu machen und halten Textlesungen (kôshaku), (das Abfassen von) Gedichten im chinesischen und japanischen Stil sowie Abhandlungen, Kalligraphie, Malerei und dergleichen für besondere Aufgaben des Gelehrten... Da sie auch die Neigungen des Menschen (ninjô) ebensowenig wie den Zustand der Welt (setai) erforschen und ihnen auch nicht bekannt ist, was dem Volk von Nutzen oder Schaden ist, hat sich das Studium von der Praxis gänzlich entfernt und erfüllt keinen Zweck mehr." (zitiert aus Kracht 1979: 383)

45 an der Rangaku interessierter Mediziner und Militärwissenschaftler im Dienst der Fürsten von Tawara (Provinz Mikawa, wie auch Watanabe Kazan); Satô (1980: 399-402) zufolge befaßte er sich zwischen 1835 und 1837 in Chôeis Schule mit der holländischen Sprache; seit dieser Zeit verband beide eine enge Freundschaft: nicht nur half Suzuki dem Freund nach der Flucht aus dem Gefängnis (1844), indem er ihm Verstecke organisierte, ihn über die wichtigsten Dinge informierte, mit ihm gemeinsam Militärtexte übersetzte (und ihn dafür bezahlte), er kümmerte sich in all den schweren Jahren auch um Chôeis Familie in Edo; wie im weiteren gezeigt wird, geht Satôs Version der gemeinsamen Übersetzungstätigkeit davon aus, daß Chôei sich wenigstens bis Shunzans Tod 1846 im wesentlichen in Edo versteckt hielt und nicht, wie Tsurumi u.a. meinen, durchs Land zog

46 Satô analysiert die Shunzan zugeschriebene Übersetzung "Sanhei kappo" und Chôeis "Sanhei takochiki", denen beiden die holländischsprachige Schrift des deutschen Heinrich von Brandt "Taktiek der drie wapens, infanterie, kavallerie en artillerie" von 1837 zugrundelag; Struktur der Arbeiten, der Sätze sowie die Wortwahl, so Satô, sprechen deutlich für eine solche Zusammenarbeit beider Gelehrten; beide Schriften (wie auch weitere, die Chôei 1847 nach der Fertigstellung der "Drei Taktiken" verfaßte), waren Auftragswerke für die Zentrale in Edo und die lokalen Herrscher in Uwajima bzw. Satsuma, durch die Chôei sich am Leben hielt - finanziell und indem man ihm offensichtlich für die Dauer der Arbeit Schutz gewährte

47 außer den im Anhang Chronologisches Verzeichnis der TCZ-Schriften (1846-48) aufgelisteten Arbeiten sei, so Satô (1980: 496), auch das um 1848 fertiggestellte Buch über neue Methoden der Herstellung (das Gießen) von Kanonen von Huguenin eine Übersetzung von Chôei gewesen, denn: in einem Brief von 1850 teilte Fürst Date Munenari (1817-1892) aus Uwajima dem Mito-Fürsten Tokugawa Nariaki (1800-1860) mit, über diese Übersetzung zu verfügen, und da zu jener Zeit in seiner Umgebung niemand weiter zu solcher Leistung in der Lage gewesen sei, könne man diese Schlußfolgerung ziehen; außerdem sei in jenen Jahren auch noch eine Arbeit über das Übersetzen westlicher Schriften entstanden: "Bôyaku yôbunkai"

48 in seinem Vergleich "Der Politiker Kazan und der Wissenschaftler Chôei" von 1972 ging Satô - wie die meisten Chôei-Biographen - noch davon aus, daß dieser in den Jahren 1845/46 durchs Land zog und auch noch einmal in seine Heimat nach Tôhoku zurückkehrte (vgl. Satô 1972: 77-80)

49 es handelt sich hier um einen Zweig des mächtigen Date-Clans im Nordosten Japans, die seit 1614 in Uwajima residierten; diese Tatsache mochte es Chôei - der seinem Haus einst versprach, keinem anderen Herrn je wieder zu dienen - 1848 erleichtert haben, für Date Munenari (vgl. Anm.47) zu arbeiten (die Takanos waren ja über das Rusu-Haus in

Mizusawa Untertanen des Haupthauses der Date in Sendai); als Chôei nach Uwajima auf der Insel Shikoku kam, waren die Date, ebenso wie die Shimazu auf Kyûshû (vgl. Anm. 32), in Machtkämpfe mit der Zentrale in Edo verstrickt, so daß man weniger an dem Mediziner Takano Chôei interessiert war als vielmehr an seiner Fähigkeit, militärische und andere politisch nutzbare Texte zu übertragen; zur Medizin kehrte er erst wieder in Edo zurück, als die Date ihn aus taktischen Gründen nicht mehr protegierten und er daraufhin sehr bald "enttarnt" und in den Tod getrieben wurde

50 in Kotohira, Land Sanuki auf Shikoku befindet sich das (seit 1872 shintôistische) Kompira-Heiligtum (auch als Zôzusan 象頭山 bekannt), benannt nach der indischen Gottheit Kumbhira, die einst dem Buddhismus Schutz geboten haben soll (es heißt, der Begründer des Shingon-Buddhismus in Japan, Kûkai (774-835), habe es im 9. Jahrhundert errichten lassen); vor allem Seeleute sowie Reisende allgemein beten hier um Schutz und Gelingen ihrer Mission

51 Satô (1980: 495) verweist u.a. auf einen Regierungserlaß aus dem Jahre 1850, in dem es heißt: (a) die mit den Holländern ins Land gelangenden Schriften seien erst durch den Stadtverwalter von Nagasaki zu kontrollieren und nur der genehmigte Teil davon den Lesern zugänglich zu machen, (b) zu konfiszieren seien die Bücher, die - obwohl nicht genehmigt - benutzt oder gar übersetzt wurden, ihre Besitzer/Übersetzer gelte es zu bestrafen, (c) die Feudalherren, die zwecks Küstenschutz holländische Bücher zu übersetzen wünschten, hätten die Titel dem Ältestenrat (rôjû 老中) einzureichen und nach Abschluß der Arbeit ein Belegexemplar an das regierungsamtliche Observatorium (vgl. Anm. 24) abzuliefern

52 an dieser Stelle möchte ich mich bei den Mitarbeitern der Takano-Chôei-Gedenkstätte bedanken, die mich nicht nur mit dieser interessanten Einrichtung der so geschichtsträchtigen kleinen Stadt Mizusawa, sondern auch mit ihren eigenen Forschungen bekannt machten; deren jüngstes Ergebnis ist die Veröffentlichung von Briefen, die Chôei zwischen 1820 und 1825 aus Edo in seine Heimat sandte ("Takano Chôei no tegami", Mizusawa 1991), die leider keine Berücksichtigung in dieser Arbeit mehr finden konnten; der Katalog sowie die Konzeption der Gedenkstätte selbst basieren großenteils auf den Forschungsresultaten Takahashi Shinichis über den Denker

53 es ist schwer nachzuvollziehen, ob das Verhältnis Chôeis zu seiner Mutter von diesem selbst so verklärt wurde (vgl. seine Aussagen im "Vogelgezwitscher" bzw. in der "Kurzen Beschreibung...", im Übersetzungsanhang, S. 245/246 bzw. 267) oder aber im nachhinein unter dem Einfluß von Diskussionen zum "Ajase-Komplexes" so gedeutet wurde (oder beides im engen Zusammenhang zu sehen ist); so habe der Psychologe Kosawa Heisaku - statt im "Ödipus-Komplex" - in der buddhistischen Legende vom König Ajase ein Modell psychischer Entwicklung gesehen, das sich mit japanischen Erfahrungen vereinbaren ließe:
"Im 'Ajase-Komplex' ist die Einführung in die Kultur ganz an der Mutter orientiert, während der Vater nicht in Erscheinung tritt. Die Emotionen sind auf die Mutter gerichtet, in der Interaktion mit ihr findet alles psychische Geschehen statt." (Heise 1990: 9; Mutter als Archetyp); in Situationen der Verzweiflung sei es die Mutter gewesen, der Chôei Gedichte widmete, die ihm im Traum erschien und die er um Verzeihung wegen seines pietätlosen Verhaltens bat, und in der Gedenkstätte in Mizusawa ist ein Gemälde "Mutter" zu sehen, das auf der unteren Hälfte den in einer Schneelandschaft sich gegen den Wind stemmenden Chôei auf dem Weg in die Heimat zeigt, während in der oberen Hälfte das geneigte Haupt Mutter über ihm schwebt (vgl. Takano kinenkan tenshiroku 1987: 36/37)

54 Yanagida Teizô (1800-?) entstammte einer Arzt-Familie, die im Dienst der Fürsten Asano stand; mit Chôei war dieser offensichtlich bereits bei dessen Aufenthalt in Jôshû in den

30er Jahren bekannt geworden; daß Yanagida ihn in seinem Haus versteckt hielt, geht u.a. daraus hervor, daß später zahlreiche Schriften dort entdeckt wurden, die Chôei gehörten oder von ihm geschrieben wurden (u.a. fand man in der Meiji-Zeit eine Handschrift von Siebold sowie ein Exemplar der "Traumgeschichte") Takahashi Keisaku (1799-1875) war der Sohn eines Dorfältesten (nanushi 名主), der in Chôeis Privatschule Holländische Medizin studierte und - statt ein Angebot anzunehmen, Arzt bei einem Fürsten zu werden - in sein Dorf zurückkehrte und dort praktizierte; daß in seinem umfangreichen Tagebuch zu bestimmten Zeiten keinerlei Notizen über Chôei zu finden waren, wertet Tsurumi (1985: 241-250) gerade als Beweis für deren Kontakte miteinander in den Fluchtjahren: hätte man diese gefunden, wäre es für beide Seiten das Ende gewesen; Chôei habe, so Tsurumi, als Dank für die ihm gewährte Unterkunft bei der Behandlung von schwierigen Patienten geholfen

55 das Problem Wahnsinn und Gesellschaft, Normalität und Abnormes wird - ausgehend vor allem auch von französischen Denkern - seit geraumer Zeit auch sozialwissenschaftlich und philosophisch diskutiert; beeindruckend war für mich diesbezüglich die Biographie "Friedrich Hölderlin" von Pierre Bertaux (1987), in der er zu begründen sucht, daß von einer pathologischen "geistigen Umnachtung" des Dichters nicht mehr die Rede sein könne, dieser vielmehr als ein psychologischer Fall zu betrachten sei:
"Im Falle Hölderlins ist es offensichtlich, daß der bei ihm sowohl angeborene als auch kultivierte Mangel an diskursiver, linearer Denkpraxis zugunsten des Eidetischen und Rhythmischen erst die volle und einzig dastehende Entwicklung des lyrischen Temperaments bewirkt hat. Von vornherein war es ausgeschlossen, er könne zugleich der Dichter Hölderlin, der er ist, und ein für unsere Begriffe normaler Mensch sein. Doch sollte ein aus der Norm fallender Mensch unbedingt als Kranker gelten? ... Sicher nicht." (ebenda: 666); es gelte, seine für abnorm erklärten Verhaltensweisen zudem in die jeweilige Situation einzuordnen, in der er auf ihn ereilende Widrigkeiten reagierte; eine ähnliche Problemstellung verfolgt Elias in seiner "Mozart"-Biographie (1991), indem er die immer wieder anzutreffende Gegenüberstellung des "Genies" und des "Menschen" Mozart, "seine Geistigkeit gegen seine Leiblichkeit" (Animalität, ebenda, 71) nicht nur als komplementäre Aspekte des Individuums Mozart als solches darstellt, sondern als Resultat des von ihm durchlaufenen Sozialisationsprozesses in eben seinem konkreten zeitlich-räumlichen Kontext: abgesehen davon, daß seine "verbalen Sauereien (unverhüllte Anspielungen auf die analen Ausscheidungsfunktionen der Menschen") auf der damaligen Stufe des Zivilisationsprozesses noch keineswegs mit einem solchen öffentlichen Tabu belegt waren, zeigt Elias die "Unlösbarkeit des Zusammenhangs zwischen der frühkindlichen künstlerischen Spezialisierung Mozarts und seiner umfassenderen menschlichen Entwicklung" (ebenda: 110) am Salzburger Hof und später im Umkreis europäischer Königshäuser sowie in Wien

56 nochmals ist hier darauf zu verweisen, daß dieses Informationsmonopol in der Zeit vor Meiji - nicht zuletzt wegen der Institution der turnusmäßigen Pflichtbesuche der Lehensfürsten in Edo (sankin kôtai 参勤交代) - nicht unbedingt auch im lokalen Sinne bestand (Zentrum/Edo - Peripherie, vgl. Anm. 8)

57 Kazan schrieb diesbezüglich bereits 1839 im "Shinkiron":
"Aber was im Westen für den (maßgebenden) Weg gehalten wird, und worin wir den (richtigen) Weg erblicken, ist im Prinzip ein und dasselbe ... und nur darin, wie die Dinge (von den einzelnen Seiten her) betrachtet werden, gibt es mehr oder weniger große Unterschiede... Die Ausführlichkeit, mit der im Abendland die Künste und Fertigkeiten betrieben, sowie die breite Basis, auf der dort Staatskunst und Lehre gefördert werden, scheinen in China offensichtlich nicht erreicht worden zu sein. Vermöge dieser Vorzüge erschließen sie (die Westländer) die ganze Welt bis hin zu ihren Grenzen, verbreiten ihre

Lehren und bringen ihrem Lande Nutzen. Auch hierin dürften sie China überlegen sein." (zitiert bei Dombrady 1968: 191–193)

58 der Begriff der *Lebensweise* steht im engen Zusammenhang mit den unmittelbaren Kommunikationsformen der Individuen in Gruppen und meint somit das, was hier auch als das Lebensweltliche bezeichnet wird; nach Kühne (1985) umfassen Lebensweisen "den gesellschaftlich charakteristischen Lebensprozeß menschlicher Individuen, wie er reproduzierbar durch die gesellschaftlichen Verhältnisse und durch die Lebensbedingungen objektiv und durch die Psyche der Individuen, Gewohnheiten, Emotionalität, Weltanschauung, subjektiv vermittelt wird. Die Lebensweise umfaßt folglich nicht nur das Alltagsleben der Menschen, sondern auch Feste und Feiern als wichtige Formierungsfaktoren ihres Lebens." (ebenda: 92)

59 von den *Wissenschaftsschriften*: das Vorwort zu den "Chinesischen und westlichen Lehren über das Innere (des menschlichen Körpers)" (1829/30), "Westliche Lehren über Erdbeben" (1829/30), "Die Auffassungen westlicher Gelehrter" (1835), "Über das Thermometer" und "Über das Barometer" (1837), "Westliche Auffassungen über das Wasser" (1837), "Eine Hilfe, andere zu verstehen" (1847), das Vorwort zur "Taktik dreier Waffengattungen" (1847); von den *Ereignisschriften*: "Eine Geschichte, geträumt im Jahre Bojutsu" (1838), "Vogelgezwitscher" (1839) sowie die "Kurze Beschreibung des Unheils, das dem Barbaren–Verein widerfuhr" (1841); vgl. dazu im Anhang das Chronologische Verzeichnis der TCZ–Schriften

60 vgl. Anmn. 5, 26; im Vorwort zum "Schlüssel zu der (westlichen) Medizin (1832) zählt Chôei die Schriften dieser Ärzte als Vorläufer seiner eigenen Arbeit auf (vgl. NShT 55, 214/215); Aochi Rinsô, der von Chôei im "Wasseraufsatz" explizit erwähnt wird, war Schüler des Sugita Gempaku und wurde 1822 von der Regierung in die 1811 eingerichtete *Dienststelle zur Übertragung von Barbarenschriften ins Japanische* (banshoyawarage goyô, vgl. auch Anm. 24) berufen; er zählt zu den Wegbereitern der Physik in Japan, wobei Yoshida Tadashi (1989: 131–135) auf die Schwierigkeiten eingeht, die das Übertragen einer auf quantitative Analysen ausgerichteten Begrifflichkeit damals noch bereitete: man denke z.B. an den metaphysischen Begriff der Leere (etwa im Buddhismus) und den der Newtonschen Mechanik

61 Kunimoto (1987: 208/209) zufolge entstand Chôeis "Chinesische und westliche Lehren..." unter unmittelbarem Einfluß von Ôtsuki Gentakus "Nachbesserung des Kaitai shinsho", 1826), das dieser wiederum als Fortsetzung der von Sugita u.a. verfaßten "Neuen Schrift über die Anatomie" ("Kaitai shinsho", vgl. Anm. 5) verstand, wobei Fortsetzung eine inzwischen subtilere Sprache meint, die von einem tieferen Erfassen der Medizintheorie zeugten – von Ôtsuki stammen eine Reihe von medizinischen Begriffen, die bis heute zum Standard der Fachsprache der Physiologie gehören: ketsueki 血液 – das Blut, shôka 消化 – die Verdauung, shibô 脂肪 – das Fett; eine Linie von Sugita Gempaku über Ôtsuki Gentaku zu Chôei läßt sich auch hinsichtlich der Rangaku-Geschichtsschreibung ziehen, wobei seit Ôtsuki nicht mehr nur die Medizin im Mittelpunkt stand, sondern vor allem in dessen "Hoei–Dialog" (Hoei mondô, 1807/1808, vgl. NShT 64: 401–441) landeskundliches Wissen, insbesondere über England und Amerika, vermittelt wurde, von dem Chôei in der "Traumgeschichte" und Kazan im "Gekizetsu wakumon" profitiert haben dürften (man beachte auch die gleiche Argumentationsform des Dialogs)

62 wie Chôeis "Yumemonogatari" entstand auch das "Shinkiron" anläßlich des erneuten Regierungsbeschlusses zur Vertreibung eines amerikanischen Schiffes (der "Morrison", vgl. Anm. 91 zu den Übersetzungen), von dem beide über die Shôshikai erfuhren; Kazan brachte seine Schrift – die vor übereilten Handlungen gegen westliche Länder warnt und dafür plädiert, sich gründlich mit der westlichen Kultur zu befassen, sich ihr vorsichtig zu

öffnen und sich zugleich militärisch auf eine mögliche gewaltsame Begegnung vorzubereiten – zwar nicht in Umlauf, doch geriet sie dennoch in die Hände seiner geistigen Widersacher (besonders der konfuzianische Dogmatiker Torii), die auch diese Gelegenheit beim Schopfe packten, um den Holland-Wissenschaften endlich einen Schlag zu versetzen (vgl. Anm. 37 zu *Bansha no goku*); eine vollständige Übersetzung ist enthalten in Dombrady 1968: 185-199

63 da die dialogische Strukturierung von Texten (mondô 問答 bzw. wakumon 或問) in der ostasiatischen Schriftkultur eine lange Tradition besitzt – schon in den "Gesprächen" des Konfuzius (Lun Yu) begegnet man ihr häufig –, wäre interessant zu verfolgen, welchen Veränderungen diese Textform im Laufe der Geschichte unterlag, wer wann mit welcher Absicht darauf zurückgriff, generell: welche Organisation der Denker die Organisation der Gedanken zugrunde lag;
Flasch z.B. konstatiert für die mittelalterliche europäische Universität, daß die literarische Form der "Frage" (quaestio) zunächst eng mit den scholastischen Kommentaren verbunden war, die die (kotextuellen und kontextuellen) Widersprüche traditioneller Schriften beseitigen sollten; ihre Struktur: einem Zitat einer Autorität wurde eine andere Autorität entgegengestellt, dann eine eigene Lösung angeboten, um abschließend beide Autoritäten (bzw. die Autorität mit zeitgenössischen Theorien) zu harmonisieren; Kommentar und quaestio seien unmittelbar aus dem Lehrbetrieb hervorgegangen, doch habe sich die "Frage" von den Kommentaren abgelöst. "Auch dazu gab es ... einen institutionellen Grund: die Disputationen. Es gab die 'ordentlichen Disputationen' (disputationes ordinariae), die alle 14 Tage stattfanden und die thematisch bei den Problemen der Vorlesungen blieben. Es gab aber auch 'wahllose Disputationen' (disputationes quodlibetales), bei denen jeder Anwesende Fragen aus allen Teilen der Wissenschaft stellen konnte. Diese Disputationen ... waren feierliche Veranstaltungen der Universität, oft mit großem Publikum. Sie fanden jährlich zweimal statt, in der Advents- und in der Fastenzeit." (Flasch 1987: 260/261)

64 Das "Kôdôkanki" sowie der von Fujita Tôkô (1806-1855) dazu verfaßte Kommentar (Kôdôkanki jutsugi, 1849) wurden anläßlich der Gründung der Lehensschule (hankô 藩校) für den Kriegeradel von Mito geschrieben, beide können jedoch allgemein als Programmschrift der (Späten) Mito-Schule (Mitogaku 水戸学) betrachtet werden, deren Bemühungen auf einen Synkretismus von Konfuzianismus und (u.a. von der Kokugaku erneuerten) Shintô (shinju itchi 神儒一致) gerichtet waren, dessen ideengeschichtlich wie auch politisch folgenreichstes Resultat die Konzeption der Ideologie des kokutai 国体 war: übersetzt als *Landeskörper, Staats- oder Nationalwesen, national polity* u.a. zielte dieser Begriff auf die Erklärung der Besonderheit Japans aus der göttlichen Abstammung des auf ewig an der Spitze des Landes stehenden Tennô-Hauses von der Sonnengöttin Amaterasu Ômikami sowie dessen familienartiger Verbundenheit mit dem japanischen Volk; zunächst im Sinne einer nationalen Konsolidierung konzipiert, wurde kokutai nach der meiji ishin 明治維新, 1868 begonnen, mehr und mehr zur Legitimation innerer Unterdrückung und äußerer Expansion mißbraucht; zur Mitogaku und Kokugaku vgl. Kracht 1975

65 im vierten Abschnitt seiner Aufsatzsammlung "Encouragement of Learning" (Gakumon no susume, 1874) schrieb Fukuzawa Yukichi über die Aufgaben der Gelehrten, daß diese zwar auch im Dienst des Ganzen zu stehen, jedoch sich von denen der Regierenden/Beamten zu unterscheiden hätten; die sogenannten Beamten-Gelehrten kritisierend (die oft nur auf Ruhm und persönliche Vorteile aus seien), plädiert er dafür, sich als privater Bürger zu verstehen, der sich aufklärend um Zivilisierung zu bemühen habe, um so überhaupt erst einmal ein Volk entstehen zu lassen; Fukuzawa unterschied somit als einer der ersten zwischen Staat und Gesellschaft, sprach von der Notwendigkeit eines Kräftegleichgewichtes zwischen Regierung und Volk; seine Privatheit als Gelehrter versuchte er an der von ihm

gegründeten privaten Keiô-Universität zu realisieren, die die Traditionen der shijuku fortsetzte (vgl. Fukuzawa 1969: 21–28);
diese Haltung kritisierten Katô, Mori, Tsuda und Nishi – alle aus der Rangaku/Yôgaku kommend – vor allem im zweiten Heft der "Meiroku-Zeitschrift" (Meiroku zasshi): sie argumentierten vor allem in der Richtung, das Volk sei zuwenig auf diese – noch illusorischen – Anforderungen vorbereitet, weshalb man seine Fähigkeiten als Gelehrter dem Staat zur Verfügung zu stellen habe (was sie real auch taten, Mori z.B. als Erziehungsminister), um das Land auf diese Weise zu stärken; einen Vergleich mit dem menschlichen Körper heranziehend (dieser Argumentationstechnik begegnet man auch in Chôeis "Eine Hilfe...", vgl. Übersetzung im Anhang, S. 290 bzw. 294, sie knüpfen an symbolische Ausdrucksweisen vormodernen Denkens an), meinte Tsuda, die Regierung sei der Geist und das Volk der Körper; und selbst den Geist mittragend (nicht – wie Fukuzawa – zwischen ihnen eher vermittelnd), hätten sie als Gebildete die Aufgabe, diesen in den Körper/das Volk zu verpflanzen (vgl. Meiroku zasshi 1976: 21–29)

66 Beispiele für **honyaku/taiyaku** sind: für *beenderen* das Zeichen hone – 骨 (Knochen), *hart* –心 kokoro (Herz), *bloed* – 血 chi (Blut); als Beispiele für **chokuyaku** wurden die gleichen holländischen Laute mit Zeichen wiedergegeben, denen furigana beigefügt waren: 面題験 ベンデレン – beenderen, 法盧多 ハルト – hart, 浦児度 ブルード – bloed; **giyaku** wurde vor allem dort praktiziert, wo die Analysen westlicher Medizin Körperteile, -elemente zutage befördert hatten, die bislang nicht im Blick der ostasiatischen Medizin lagen: für "Knorpel" kombinierte man z.B. die Zeichen für *Knochen* sowie für *weich*: 軟骨 nankotsu, *Blinddarm* entstand durch die beiden Zeichen für *blind* und *Darm*: 盲腸 môchô usw. (vgl. Yoshida 1989: 125/126)

67 fünf große Wissenszweige, so Chôei, würden demnach im Westen unterschieden; die mittels der Worte *darüberhinaus* noch hinzugefügten Disziplinen *letterkunde, historii, tijdrekenkunde* sowie *geschiedenis* waren für ihn offensichtlich schwer einzuordnen, was die ganze Kompliziertheit dieses kulturvergleichenden Unternehmens deutlich werden läßt; inwieweit sich ihm die innere Logik der griechisch-europäischen Wissensgeschichte – hier nicht als einzig mögliche Logik verstanden! –, die Metaphysik-Problematik erschlossen hatte, ist nur schwer einzuschätzen; auf jeden Fall handelte es sich bei dieser Klassifizierung, dieser europäischen Ideengeschichte nicht einfach um die Übersetzung irgendeines Originals (auch das wäre bereits eine enorme Leistung), sondern um die Zusammenfassung von Wissen aus verschiedenen Quellen; einer Hypothese Kawajiris zufolge (Kawajiri 1982: 172–182) haben Chôei dabei Kenntnisse über die unter Denis Diderots (1713–1784) Leitung herausgegebene "Enzyklopädie der Wissenschaften, Künste und Gewerbe" (1751–1780) als Grundlage zur Verfügung gestanden; in dieser seien die Wissenschaften je nach dem sie leitenden Erkenntnisorgan klassifiziert worden: Gedächtnis für Geschichte, Vernunft für Philosophie und Vorstellungskraft für Poesie; Philosophie wiederum wurde unterteilt in: allgemeine Metaphysik und Ontologie/Theologie/Menschenwissenschaften (Anthropologie); letztere wiederum umfaßte: Geisteswissenschaft/Logik/Ethik und Ethik: die allgemeine Lehre von Gut und Böse/Recht und Recht: Naturrecht sowie Recht in Politik und Wirtschaft;
Chôei nun habe die Reihenfolge umgekehrt: Geschichte (geschiedenes) stünde am Schluß nach Chronologie (tijdrekenkunde); historii – von ihm mit bussangaku 物産学 übersetzt – sei von ihm mit Naturgeschichte verwechselt worden, in der es um Tiere, Pflanzen und Minerale gehe und die er (im ostasiatischen Kontext) möglicherweise mit der nutzbringenden "Produktenkunde" (Mineralabbau z.B.) in Verbindung gebracht habe; Poesie erscheint bei ihm ebenfalls als "unklarer Anhang", als Literatur (letterkunde); dann zur "eigentlichen" Klassifizierung gelangend, richte sich sein Interesse an der Philosophie zunächst auf

Anthropologie: hier habe er als ersten Zweig die "redenkunde" (eigentlich Rhetorik, doch offensichtlich mit Logik verwechselt!) erwähnt, als zweiten die Ethik (die er – ähnlich der "Enzyklopädie" – in Naturrecht und Politisches unterteilt); dann geht er zu dem über, was in der "Enzyklopädie" unter Naturwissenschaften genannt wird und die wiederum dreigeteilt sind: allgemeine Naturlehre, Mathematik (reine M. = Algebra und Geometrie/Mechanik/ Optik/Lautlehre/geometrische Astronomie/Gastheorie/Analytik/physikalische Mathematik) und Einzelwissenschaften (Dynamik/physikalische Astronomie/Kosmologie/Meteorologie/ Zoologie/Mineralogie/Chemie); die Zweige drei bis fünf und die je genannten Disziplinen bei Chôei kommen dem durchaus nahe, weshalb – trotz zahlreicher Unstimmigkeiten – Kawajiris Annahme zutreffen könnte

68 Rangaku-Forscher (so etwa Kawajiri 1982: 134–140) verweisen auf die Bedeutung der Schriften des Ogyû Sorai – generell der Kogaku mit ihrer Unterscheidung von Natur- und Menschenwelt, von Gesetzmäßigkeit und Gesetzen, von So-Sein und Machen/Gestalten – für die Entwicklung der Holland-Wissenschaften, worauf im dritten Teil des Textes noch ausführlich eingegangen wird

69 der Begriff *Dieser Weg* gehörte zum theoretischen Fundament der politischen Konzeption der Mito-Schule, die konfuzianische und shintôistische Elemente in sich vereinte (vgl. Kracht 1975: 39–43); Dombrady weist darauf hin, daß Kazan nicht nur durch seinen Lehrer Satô Issai (1772–1859, der an der Überarbeitung des "Kôdôkanki jutsugi" – vgl. Anm. 64 – mitwirkte) von den Ideen dieser Schule beeinflußt wurde, er selbst habe eng mit Mito- Gelehrten verkehrt und sich an deren Interpretation der Prinzipien *Einheit von Wissen und Handeln, Einheit von Moral und Politik, Praktische Wissenschaft* u.ä. orientiert (vgl. Dombrady 1968: 58)

70 meist liegt solch einem Herangehen ein recht statisches Verständnis auch dessen zugrunde, was pauschal als das Wesen, als eigentliche Gestalt westlicher Wissenschaften bezeichnet wird: im Blick hat man oft nur das Cartesianische Wissenschaftsprogramm (das aufs engste mit dem seiner Philosophie – und mit seiner Zeit! – verbunden war), der Suche nach empirischen Daten im Dienste der *klaren und deutlichen Ideen (Gewißheiten)*; kaum berücksichtigt werden die Baconsche Linie der Orientierung am menschlichen Wohl (statt theoretischer Exaktheit) und die tatsächliche, vom Programm abweichende widersprüchliche Entwicklung immer neuer Wissenschaften – wie den Vergleichen mit der europäischen Kultur überhaupt meist deren selbstentworfene, selbsttäuschende Bilder zugrunde gelegt werden;

Tsuji Tetsuo (1989: 155–158) spricht von dem Paradoxon, die Japaner hätten – unter großen Mühen – westliche Wissenschaften rezipiert, ohne deren wahres Wesen zu erfassen ("gewußt, ohne zu verstehen"); Schritt für Schritt habe sich die Auffassung von Wissenschaft gewandelt: über die Stationen kyûri 窮理 – jitsugaku 実学 – rigaku 理学 hin zu kagaku 科学 habe sich etwas Eigenes herausgebildet, der Rezeptionsprozeß in Japan sei eine Transformation gewesen, in der die wissenschaftliche Universalisierung traditionellen Wissens stattfand (was im weiteren anhand von Naturanschauung illustriert wird)

71 einer der bedeutendsten Repräsentanten der Alten Schule (Kogaku), auf den/die im dritten Teil des Textes im Zusammenhang mit der korrelativen Betrachtung von Kogaku, Kokugaku und Rangaku ausführlicher einzugehen ist

72 Denker, der als erster Japaner zum Professor für Philosophie an der neu gegründeten Kaiserlichen Universität in Tôkyô berufen wurde; in jungen Jahren lernte er an einer Kangaku-shijuku, und von 1884–1890 studierte er in Deutschland Philosophie bei K. Fischer, Zeller, Wundt oder auch E.v. Hartmann (in Berlin lehrte er zugleich an dem 1889 eröffneten Seminar für Orientalische Sprachen Japanisch); der Einfluß des deutschen Idealismus – vor allem Kant, Hegel und Schopenhauer – führte auch seine Feder bei der

Aufarbeitung der Ideengeschichte Ostasiens, in deren Mittelpunkt dabei die neokonfuzianische Philosophie stand; bereits 1881 hatte er das erste philosophische Wörterbuch in Japan (Tetsugaku jii) herausgegeben, in dem u.a. der erwähnte Begriff keijijôgaku definiert wurde; Inoue wird allgemein als Verfechter einer nationalistischen Ideologie dargestellt, der mittels westlicher philosophischer Methoden und Begriffe um eine neue Systematisierung und philosophische Fundierung der kokutai-Ideologie bemüht war (vgl. z.B. Piovesana 1969: 37-42)

73 mittels dieser beiden Begriffe - keijijô und keijika - setzte sich bereits Arai Hakuseki (vgl. Anm. 19) mit dem Westen (Christentum und Wissenschaften) auseinander, indem er das von ethischen Vorstellungen geleitete konfuzianische Ordnungsdenken ersterem zuordnete und es als unanfechtbare Voraussetzung für die Diskussion über Erkenntnisse des Westens - letzterem zugeordnet - betrachtete: "Wenn er (Pater Sidotti, Arais Diskussionspartner, S.R.) seine Religion darlegte, gab es auch kein einziges Wort, das eine Annäherung an das dô (chin. tao) dargestellt hätte ... Hierbei wurde folgendes klar: die Wissenschaft seiner Gegend kennt allein die Feinheiten in der betreffenden Form und den Dingen, die eine Form haben (ki, chin. ch'i), sie kennt nur die sogenannten formunterworfenen Dinge (keijika), davon, was über der Form steht (keijijô), hat sie nichts vernommen. In diesem Fall ist die Behauptung der Existenz eines Etwas, das auch Himmel und Erde schuf, nicht weiter zu verwundern." (aus dem "Seiyô kibun", zitiert bei Kemper 1967: 94, Anm. 24); im Unterschied dazu verglich Chôei die je spezifischen Ausprägungen von keijijô und keijika in Ost und West

74 im 1231 vom Stauferkaiser Friedrich II. erlassenen "Liber Augustalis" sieht Schipperges Ansätze zu einer Medizinalordnung, die "von großer Bedeutung für die Weiterentwicklung des Medizinalwesens werden (sollte), für den Aufbau einer Ausbildungsordnung, für die zunehmende Professionalisierung der Ärzte und Apotheker, für die Rechtsgrundlage zahlreicher ärztlicher und pharmazeutischer Aufgabenbereiche, nicht zuletzt für die Entwicklung eines öffentlichen Gesundheitswesens, einer 'medicina publica' oder Staatsheilkunde" (Schipperges 1990: 181; 181-183 folgen Auszüge daraus);
Flasch nennt generell die Wissenschaft zwischen 1200-1400 eine Universitätswissenschaft. "Die Universitäten des 13. Jahrhunderts waren keine fürstlichen oder päpstlichen Gründungen, sondern sie entstanden in Analogie zu den städtischen Korporationen als der Zusammenschluß der Lehrer und Studenten." (Flasch 1987: 194/195)

75 ausdrücklich ist eingangs auf den idealtypischen Charakter der folgenden Ausführungen zu verweisen: es soll die Kulturbedeutung eines Denkstils in seiner Zeit sowie für die an ihn anknüpfende Rezeption geistiger Resultate einer anderen Entwicklungslinie des Denkens herausgearbeitet werden; entsprechend wurden Texte ausgewählt, auf die die Aussagen sich stützen: **Fujikawa** 1911 (1976); **Ishihara** 1987 (1963); **Itô/Murakami** (Hg.) 1989: 344-364 (**Ôtsuka**); **Kunimoto** 1987; **Môri** 1942; **Nichi ran gakkai** (Hg.) 1984; **Porkert** 1982; ders. 1961; **Satô** 1980; **Schipperges** 1990; **Sugimoto/ Swain** 1989; mein Ziel ist es demnach **nicht**, in Auseinandersetzungen von Sinologen um medizingeschichtliches Denken in China einzugreifen und dabei z.B. für die Porkert'sche Position und gegen die von P.U. Unschuld zu plädieren, indem diese hier etwa keine Berücksichtigung findet

76 benannt wurden diese Richtungen nach den konfuzianischen Medizinern (1) **Li Ai** (1180-1252), der die "Earth-supplementing school" (chin. Bu Tu Pai 補土派) formierte, und **Zhu Zhenheng** (1281-1358), Begründer der "Yin-nourishing school" (chin. Yang Yin Pai 養陰派), sowie (2) **Zhang Zongzheng** (1156-1228), der die "Catharic school" (chin. Gong Xia Pai 攻下派) begründete, und **Liu Wansu** (1110-1200), Begründer der "Cooling medication school" (chin. Han Liang Pai 寒涼派); beide unterschieden sich hauptsächlich in ihren Auffassungen über die Ursachen und Verlauf von Krankheiten und demzufolge

auch darin, welche Heilmittel und -methoden anzuwenden seien (vgl. Ishihara 1987: 87–93)

77 grundlegendes Werk der Späten Schule war der "Innere Klassiker des Gelben Fürsten" (chin.: Huang Di Nei Jing, kurz: Nei Jing; jap: Kôtei naikei, kurz: Naikei), das zwischen dem 3.–1. Jahrhundert v.u.Z. verfaßt wurde und mittels der Symbolik von Yin und Yang (in yô 陰陽) und von den *Fünf Wandlungsphasen* (gogyô 五行) eine Art spekulative Naturphilosophie fixierte; im Teil "Su Wen" (jap. Somon) geht es im wesentlichen um Fragen der Physiologie, Pathologie und der Körperpflege; im "Ling Shu" (jap. Reisu) werden vor allem Heilmethoden wie die Akupunktur und Moxa dargestellt;
die Alte Medizin bezog sich hingegen vor allem auf das "Shang Han Lun" (jap. Shôkanron), das berühmte klinische Handbuch aus dem frühen 3. Jahrhundert u.Z.; Zhang Zhongjing, der darin "die Grundzüge der bis heute für die traditionelle chinesische Medizin verbindlichen Symptomatologie entwarf, wählte als systematisches Gerüst dieser Symptomatologie zwar den im 'Nei-ching' vorgefundenen sechsgliedrigen Yinyang-Zyklus, unterlegte ihm aber nach eigenem Ermessen und auf Grund seiner klinischen Erfahrungen teilweise Bedeutungen, die von allen im 'Nei-ching' vorkommenden abweichen. Denn klassische Verbindlichkeit und eine einigermaßen homogene Interpretation erhält das 'Nei-ching' eigentlich erst seit der Sung-Zeit." (Porkert 1982: 38/39; weshalb die sich auf das Nei Jing stützenden Mediziner auch die "Späten" genannt wurden)

78 Porkert, der der chinesischen Wissenschaft allgemein einen induktiv-synthetischen Erkenntnismodus zuordnet (räumlich verschiedene Wirkungen bedingen sich gleichzeitig), sieht im Polpaar *Yin-Yang* und im Zyklus der *Fünf Wandlungsphasen* deren elementarste Wertkonventionen (qualitative Aussagen; Porkert 1982: 1–3); und da er ein wesentliches Merkmal traditionellen Denkens darin sieht, Realität nicht in Form dualistischer Unterscheidungen von Wesenheiten (Substanzen wie Körper und Geist) zu erfassen, sondern als ein Aufeinanderbezogensein von Kräften und Wirkungen, die dann bestimmte Kontexte, Situationen, Dinge konstituieren, entwickelt er die chinesische Wissenschaft/Medizin und die diese zum Ausdruck bringende Begrifflichkeit als eine Art Energetik; diese – wenn auch nicht einzige, so doch – mögliche Perspektive auf Wissenschaftsgeschichte greife ich insofern auf, als damit eine Variante angeboten wird, die bislang zu selbstverständliche Übertragung von Begrifflichkeit aus dem griechisch-europäischen Kontext auf andere Kulturen/Denkweisen zumindest zu problematisieren und die übliche "Sprache des Mangels" ("noch nicht", "nicht so..." usw.) weitestgehend zu eliminieren; fraglich ist allerdings Porkerts Verortung (und damit recht absolute Gegenüberstellung) des induktiv-synthetischen Erkenntnismodus einerseits nach China und des kausal-analytischen (gleicher Ort von Wirkpositionen zu verschiedenen Zeiten) in die europäischen Wissenschaften; zu untersuchen wäre wohl eher, wo wann welche der beiden Arten dominant war (und warum bzw. welche Unterschiede dann auch innerhalb eines Modus entdeckt werden können)

79 damit ist gemeint, daß auch der Wissenssuche und -organisation ein ästhetischer Aspekt immanent ist: etwas soll stimmig sein, einem bestimmten Bild entsprechen, wobei "Stimmigkeit" wie auch Gestalt des jeweiligen Bildes sowohl von konkreten soziokulturellen Gegebenheiten als auch von gewachsenen Traditionen bestimmt oder zumindest beeinflußt werden; so rufen einander widersprechende Aussagen in einem Text, wohl auch Redundanzen, bei von der westlichen Wissenschaft geprägten Forschern angesichts der verinnerlichten aristotelischen Identitätslogik (A kann nicht zugleich Nicht-A sein) auch ein gewisses Unbehagen hervor; theoretischer Exaktheit, Gewißheit und Vollkommenheit kann durchaus ein Vorrang vor erfahrungs- oder nutzengeleitetem Wissen eingeräumt werden, wie z.B. Eco mit der mittelalterlichen Ästhetik der Proportionen zeigt:

"Der mittelalterliche Mensch wird fortan der Erfahrung mit jenem Gepäck platonischer Gewißheiten gegenübertreten; und die Wege der Wissenschaft erscheinen wirklich als unendlich, wenn sich zeigt, daß in der Renaissance Astronomen allein deshalb an eine Eigenbewegung der Erde denken, weil diese, um die Tonleiter vollständig zu machen, einen achten Ton hervorbringen müßte. Andererseits erlaubt die Theorie der 'musica mundana' auch eine konkretere Vorstellung von der Schönheit der Zyklen, vom proportionierten Spiel der Witterung und der Jahreszeiten, von der Zusammensetzung der Elemente und den Abläufen der Natur, von den Bewegungen der Lebewesen und dem Leben der Körperflüssigkeiten." (Eco 1991: 54)
Kracht meint demgegenüber bezüglich der Anwendung von Kriterien wie logischer Stringenz und Kohärenz auf Diskurse im japanischen Kontext, daß diese "unter japanischen Geisteswissenschaftlern nicht überwiegend Zuspruch finden. Letztlich steht hinter der als 'inkohärent' beschriebenen Struktur auch das skeptische Bewußtsein des 'Gelehrten', daß die 'in sich schlüssige' Argumentationsweise des 'Wissenschaftlers', die zudem, was möglicherweise ein Angelpunkt des Verständnisses ist, als 'ästhetisch unbefriedigend' erfahren wird, Erkenntniszuwächsen gegenüber 'abgeschlossen' sei, während dem westlichen oder dem 'europäisch' denkenden japanischen Kollegen eine 'asymmetrische und inkohärente Abbildung der Wirklichkeit' innerhalb des akademischen Diskurses auch schon allein aus ästhetischen Gründen verdächtig erschiene. Die Ästhetik der Wahrheit ist ein braches Feld transsoziäteren Verstehens." (Kracht 1986: 254)

80 als Beispiel dafür stellt Satô (1980: 54–58) die "Medizinischen Auffassungen" (Isetsu) des buddhistischen Mönchs Takuan Sôhô (1573–1645) vor, der im Menschen einen kleinen Kosmos (kotenchi 小天地) zwischen Himmel und Erde sah, der von *Yin–Yang* und den *Fünf Wandlungsphasen* – den universalen Prinzipien – durchdrungen ist; das heißt für die äußere Gestalt: der Kopf entspricht dem Himmel, die vier Gliedmaßen den vier Himmelsrichtungen der Erde, die Augen Sonne und Mond; so wie unterm Himmel der Süden niedrig und der Norden hoch ist, sind es entsprechend auch Bauch und Rücken; die Nase gleicht dem Himmel (der – gestaltlos – ki 気 ist, demzufolge auch die Nase ki einatmet), der Mund der Erde (die – gestalthaft – die Dinge beherbergt, der Mund also Festes zu sich nimmt); Ähnliches läßt sich für das Innere des menschlichen Körpers feststellen, der sich in die einander entsprechenden *Sechs fu* 六腑 – als Äußeres zu *Yang* gehörend – und *Fünf zô* 五臟 (+ 1) – als Inneres zu *Yin* gehörend – unterteilt; die fu und zô wiederum sind je den *Fünf Wandlungsphasen* zugeordnet (so etwa die Milz der Erde, weshalb sie – wie die Erde zwischen den vier Enden liegt – den Mittelpunkt der vier anderen zô bildet); nach der Erläuterung von Lage und Funktion der zô/fu folgen dann auf der Grundlage des wechselseitigen Hervorbringens und Überwältigens der Fünf Wandlungsphasen Aussagen zur Physiologie, Pathologie und Hygiene von zô/fu:
unter den *Fünf zô* entspricht den am weitesten oben gelegenen Lungen die Wandlungsphase Metall, welches das Wasser hervorbringt, weshalb die diesem entsprechenden Nieren von den Lungen versorgt werden; da jedoch Metall vom Feuer überwältigt (geschmolzen) wird, ist für die Lungen Schaden zu befürchten, falls sie vom heißen ki – von den unteren vier zô erzeugt – befallen werden; so, wie Wasser Holz (dem die Leber entspricht) hervorbringt, können die Nieren (als "Wurzel des Menschen", denn ohne Wasser gibt es kein Leben) als "Mutter" der Leber betrachtet werden; Holz wiederum gebiert das Feuer, weshalb – wenn die Nieren schwach sind, es an Wasser mangelt – Holz stark ist und auch das Feuer zunimmt und entsprechende Krankheiten ausbrechen (Geistes- und Nervenkrankheiten z.B. entstehen, wenn das – dem Feuer entsprechende – Herz schwach ist, weil es dann dem Geist an Raum mangelt, wo er sich ansiedeln kann; ist es aber zu stark, so wallt das Blut, und es kommt zu Nasenbluten, Blutsturz);

wie gesagt, ist die Milz – und das ihr entsprechende fu, der Magen – der Mittelpunkt, um den alles lagert, weshalb sie auch die wichtigsten Funktions- und Energieträger sind, und sie nicht zu beschädigen (was den Tod hervorrufen würde), erreicht man durch Maßhalten in allen Dingen: so beim Essen, Trinken, der Wärme- und Kältezufuhr usw.

81 außer diesen – im folgenden idealtypisch erhöhten – Schulen und der – sozusagen kontrastiv behandelten neokonfuzianischen Shushi-Lehre (repräsentiert vor allem von der Shôheikô, vgl. Anm. 10) gab es realtypisch noch Richtungen wie: die sich an den Lehren des chinesischen Philosophen Wang Yangming (1477–1528) orientierende Yômeigaku (陽明学 "Schule des Ôyômei", begründet von Nakae Tôju, 1608–1648, dessen Schüler Kumazawa Banzan, 1619–1681, um die praktisch-politische Realisierung der Forderung nach Einheit von Wissen und Handeln, von Wissen und Gemüt/Herz 心 bemüht war); die Shingaku (心学 "Schule des Herzens", repräsentiert durch Ishida Baigan, 1685–1744, dem es um die Vervollkommnung der Herzen auch der nichtadligen städtischen Bevölkerung mittels Aufklärung über deren rechten Weg und entsprechendem Handeln ging); die Mitogaku (水戸学, Mito-Schule, die neokonfuzianische Ideen mit solchen der Kokugaku zu bereichern bemüht war und deren späte Phase Fujita Yûkoku, 1774–1826, dessen Sohn Tôkô, 1806–1855, und Aizawa Seishisai, 1782–1863, vertraten) sowie die Setchûgaku (折衷学 Eklektische Schule, deren Vertretern es um die Verbindung von Gedanken der Shushi-, Yômei- und Kogaku ging und die – z.B. auf dem Gebiet der Medizin – auch an Rangaku interessiert war: Katayama Kenzan, 1730–1782, Ôta Kinjô, 1765–1825 u.a.)

82 außer den bereits vorgestellten Itô Jinsai und Ogyû Sorai – vor allem deren Ansätze wurden von der Rangaku rezipiert – zählt auch Yamaga Sokô (1622–1685) zu den bekanntesten Kogaku-Gelehrten (vgl. Kracht 1986: 156–163 bzw. 302/303)

83 vgl. dazu Kracht 1986: 169–172:
Leitfaden der Wandlungen (chin. Yi Jing)
Leitfaden der Lieder (chin. Shi Jing)
Leitfaden der Urkunden (chin. Shu Jing)
Frühlings- und Herbstannalen (chin. Chun Qiu)/Kommentar zu den Chun Qiu (chin. Zuo Zhuan)
Aufzeichnungen über die Riten (chin. Li Ji)
Die Riten der Zhou-Dynastie (chin. Zhou Li)

84 dies vermag seine Haltung zur (Schildkröten- und Bambus-)Divination illustrieren, die – so Sorai – die Worte der Geister übermittelt: sein Interesse galt nicht so sehr dem Wissen über die Geister selbst, der Frage, ob deren Worte wahrheitsgetreu sind, vielmehr ging es ihm um deren symbolische Kraft in bezug auf die Bindung konkreter menschlicher Empfindungen; gleiches trifft auf die "Worte der Weisen" zu, die über die Geister sprechen: auch sie sind für Sorai wiederum vor allem Symbole, deren – codegemäße – Entschlüsselung schwankendes menschliches Fühlen in den Griff bekommen (vgl. Zitat nach Kracht 1986: 317 unten im Text) und somit rechtes Handeln ermöglichen soll; Reden über die Geister ist (nicht nur, aber auch) Reden über die Riten zwecks Aufrechterhaltung menschlicher Ordnung; diese Haltung geht mit Sorais Skeptizismus gegenüber den kognitiven Fähigkeiten insbesondere der einfachen Menschen (letztlich aber auch der Weisen) einher, mit seiner Kritik an der songkonfuzianischen "verhängnisvollen Annahme, die Menschen seien aufgrund der eigenen Erfahrung der Wirklichkeit imstande, jene Dinge, die Gegenstände des 'Glaubens' zu sein haben – den 'Himmel' (ten) und die 'Geister' (kishin), den 'Weg' (michi) und die 'Weisen' (seijin) – 'rational (ri) zu 'erkennen'..." (Kracht 1986: 172/173); dies bringt er deutlich in einem – auch unter dem Apsekt der im Text folgenden Überlegungen zu bestimmten Argumentationstechniken aufschlußreichen – Gleichnis in der "Abhandlung über die Namen" (Bemmei) zum Ausdruck: "Spätere Kon-

fuzianer sprachen vom Empfangen des (Himmlischen) Willens in der Schafgarben- und Schildkröten-Divination. Obwohl die Schafgarben- und Schildkröten-Divination Kraft (rei) besitzen, (verhält es sich) auch nur (so wie mit) dem Großkönig Stockfisch." (zitiert nach ebenda: 308); im Anmerkungsapparat zum Sorai-Band der NShT heißt es dazu, daß dieses Bild vom "Großkönig Stockfisch" allgemein zur Charakterisierung von Aberglauben an alles mögliche dient, der durch folgende Geschichte symbolisiert wird: ein Bauer habe auf seinem Feld eine Falle gelegt, in die ein Hirsch gelaufen war; ein anderer habe diesen dann mit einem Trockenfisch vertauscht, und als der Bauer dies entdeckte, fand er das seltsam, wähnte diesen Fisch eine Gottheit und verehrte ihn als solche, indem er ihn um Genesung und Glück bat; späterhin kam jener wieder, der den Tausch vorgenommen hatte, und meinte, es sei sein Trocken-(Stock-)Fisch, nicht etwa eine Gottheit, entfernte ihn aus dem Tempel und bereitete dem Spuk ein Ende (vgl. NShT 36: 583)

85 um dies an Takano Chôeis (vor allem ereignisbezogenen) Schriften zu exem-plifizieren, sei auf eine Passage in der "Traumgeschichte" verwiesen, wo er dafür plädierte, die vermeintlich in japanische Gewässer vordringenden Engländer nicht - wie sonst üblich - ohne weiteres zu vertreiben, sondern sie nach den "Dingen des Westens" zu befragen, von denen Japan sonst nur über die Holländer erführe:
"Auf diese Weise könnte man ohne eigenes Zutun über die Engländer - wie einst Su Wu und Zhang Jian - die wirkliche Lage des Auslandes genauer in Erfahrung bringen, etwas Besseres kann man sich doch als Staat gar nicht wünschen." (Übersetzungsanhang, S. 242); Su Wu (jap. Sobu) und Zhang Jian (jap. Chôken) waren einst Offiziere des chinesischen Heeres der Früheren Han-Dynastie (206-8 v.u.Z.) unter Kaiser Wu und im Zusammenhang mit der Vertreibung der ostasiatischen Hunnen lange Zeit in Zentralasien unterwegs, wobei mit den Expeditionen der Truppen unter Zhang Jian die "Seidenstraße" entstand; Chôei bedient sich demnach hier der symbolischen Bedeutung ihrer Mission, daß beide nach ihrer Rückkehr in die Hauptstadt "von einer den Chinesen bis dahin nicht bekannten Welt (berichteten), der des hellenisierten Iran" (von dem aus verschiedene Kulturpflanzen u.a. nach China gelangten; vgl. Franke/Trauzettel 1988: 85/86), und verweist somit auf den Nutzen des Austauschs zwischen den Ländern

86 während das Nihongi - erstes offizielles Geschichtswerk Japans, welches sich an seinen chinesischen Vorbildern orientierte - in rein chinesischer Sprache verfaßt wurde, schrieb man das Kojiki und Man'yôshû in einer Mischschrift nieder, die als *manyôgana* bezeichnet wird und welche "dem Schriftbild nach rein chinesisch, im Wesen aber eine logophonographische Mischschrift war, die sich auch in der Reihenfolge der wortwertig gebrauchten Zeichen und in ihrer Auswahl japanischer Syntax anbequemte und für Chinesen fast unverständlich wurde" (Lewin 1975: 8); die Zeichen wurden zum einen also, unabhängig von ihrer Bedeutung im Chinesischen - zur phonetischen Wie-dergabe japanischer Silbenmorpheme herangezogen, in anderen Fällen hin-gegen gemäß ihres semantischen Wertes verwendet; die so verfaßten Schriften reproduzierten zwar, "vom Ritualstil abgesehen, die damals gängige Umgangssprache und bewahren in Gebetsformeln, Sprichwörtern, poetische Tropen usw. Reste eines noch älteren Sprachguts" (ebenda: 9), sie waren jedoch sehr schwer zu verstehen, weshalb die Tätigkeit der Kokugaku-Gelehrten ebenfalls der Übersetzungsarbeit nahestand; dem Man'yôshû widmeten sich vor allem der einsiedlerische Mönch **Keichû** (1640-1701) und **Kamo Mabuchi** (1697 bis 1769), während **Motoori Norinaga** (1730-1801) mehr als 30 Jahre auf Kommentierung des Kojiki verwendete; zur "philologischen Phase" der Kokugaku gehört weiterhin **Kada Azumamarô** (1669 bis 1736), **Hirata Atsutane** (1776-1843) hingegen knüpfte insbesondere an die Tendenzen der politischen Funktionalisierung der alten japanischen Literatur an, die bereits bei Norinaga einsetzten, und war - dabei durchaus auch auf Resultate der Rangaku zurückgreifend -

um eine Systematisierung des Shintô zur Theologie (vgl. Koyasu 1973: 5) und Ideologie bemüht

87 zahlreiche der von Norinaga – anhand der Besprechung klassischer Literatur – geprägten Begriffe werden auch heute noch zur Charakterisierung (traditionellen) ästhetischen Denkens in Japan herangezogen, so z.B.: mono no aware 物のあわれ, was emotionale Beziehungen (zwischen Menschen, zwischen Mensch und Dingen/Phänomenen) allgemein zum Ausdruck bringen soll ebenso wie speziell Schönes (zur Kompliziertheit des Bestimmens dieser Konzeption vgl. z.B. Mikhailova 1988: 75–94); magokoro 真心 – das *Wahrhaftige Herz/Gemüt*, das mit Einfachheit/Natürlichkeit gleichgesetzt wurde und zu solchem Empfinden des Schönen, aber auch zum Erfassen des *Kami–Weges* (kami no michi 神の道) befähigt sei und somit ebenfalls moralische Inhalte impliziere; fûga 風雅, von Koyasu als das *Poetische* übersetzt, in dem Norinaga ein Verbindungselement zwischen der Wissenschaft vom Shintô und der Dichtung (waka) gesehen habe:

"Das Wesen des Poetischen (fûga) bei den Menschen des Altertums kennenzulernen, ist nicht nur bei der Erschließung von Dichtung (waka), sondern auch bei der Wissenschaft vom Weg (michi) im Altertum sehr nützlich." (aus: "Erste Schritte auf des Berges (Pfaden)", Uiyamabumi, zitiert nach Koyasu 1973: 8)

88 nicht einer Verabsolutierung von Kontinuität in dem Sinne soll hier also das Wort geredet werden, wie Lévi–Strauss sie in einem 1988 in Kyôto gehaltenen Vortrag für Japan im Unterschied zum Westen konstruiert: Kontinuität zwischen überlieferten Zeiten und der Gegenwart zeige sich nicht nur im Kojiki, wo nicht nur Verifizierbares historisch verhandelt wird, sondern auch im heutigen Japan könne man hier und da noch in "mythischer Atmosphäre" versinken; im japanischen Mythos seien die – anderswo verstreuten – Mythen zur Synthese gelangt und erhalten geblieben (vgl. Lévi–Strauss 1988: 69–74); abgesehen von dem Idealkonstrukt des heutigen Japan, das der auf die Probleme moderner Industriegesellschaften kritisch und feinfühlig reagierende Intellektuelle als ein Bild der Fremde entwirft, konnte vom "erhaltenen Mythos" – wie zu zeigen versucht wurde – in der Edo–Zeit wohl doch nicht mehr die Rede sein, wenn sich auch seine Überwindung/Aufhebung durch Umdeutung auf anderem Wege als beispielsweise in den europäischen Kulturen vollzog (dazu weiter unten im Text)

89 vgl. Anm. 81; aufgrund der seit Meiji erfolgten nationalistischen Funktionalisierung der politischen Theorie der Mito–Schule und der daraus resultierenden Brisanz dieser Ideen ist dieser Richtung – ähnlich wie der Kokugaku – in der westlichen Japanologie wesentlich mehr Aufmerksamkeit geschenkt worden als beispielsweise der Rangaku; einen Überblick über "Mito–Texte in westlichen Übersetzungen" gibt Kracht 1975: 196–198, der u.a. um die inzwischen ins Deutsche übertragene Schrift des Aizawa Seishisai "Neue Erörterungen" (Shinron), erschienen als "Japan: Haupt der Erde", Stanzel 1982) – einer Art Programmschrift der Schule – zu ergänzen ist

90 es ist unmöglich, hier einen Überblick über die kritischen Auseinandersetzungen japanischer Wissenschaftler mit diesem Thema zu geben, ich persönlich fand einst durch Arbeiten der beiden Vorkriegsmarxisten Nagata Hiroshi (1904–1947, vgl. Literaturverzeichnis) und Tosaka Jun (1900–1945, z.B.: Nihon ideorogi ron, 1935) sowie der Experten für politische Ideengeschichte Maruyama Masao und Matsumoto Sannosuke (z.B.: Nihon seiji shisôshi gairon) Zugang zur Problematik; auch die von westlichen Autoren sowie in russischer Sprache verfaßte Literatur kann hier nicht annähernd vollständig aufgeführt werden, und so seien nur die aus meiner Sicht wichtigsten erwähnt:

die Arbeiten von Klaus Kracht zur Mito–Schule; die Schriften der Amerikaner Harry D. Harootunian (z.B.: Toward Restoration. The Growth of Political Consciousness in Tokugawa Japan, Berkeley/Los Angeles/London 1970), Herschel Webb (z.B.: The Japanese

Imperial Institution in the Tokugawa Period, New York/London 1968) oder der Russen Yakov B. Radul'-Zatulovski (z.B.: Konfucianstvo i ego rasprostranenie v Japonii, Moskva/Leningrad 1947) und Yulia D. Mikhailova

91 Maruyama (1988: 7–88) versucht diesen Mechanismus auf sozialpolitischer Ebene mit folgendem Ansatz zu erklären: von einer Parallelität der politischen Struktur eines Staates und erkenntnistheoretischen Strukturen ausgehend, sei erstere im Japan seit der Meiji-Zeit durch zwei Pole geprägt gewesen: ganz "oben" das überkonstitutionelle Tennô-Haus und auf "unterster" Ebene die Dorfgemeinschaft; die auf beiden Ebenen fortbestehenden vormodernen Elemente funktionalisierend, habe sich in deren "Zwischenraum" sehr rasch die Modernisierung als Bürokratisierung und industrielle Revolution vollzogen, weil die Gesellschaft der Staatsmacht keine Hindernisse entgegenzusetzen hatte und sich auf diese Weise funktionale Rationalisierung (Amtshierarchie, *Staatszustand*) und patriarchalisch bestimmte zwischenmenschliche Beziehungen (*Naturzustand*) verbanden; auf erkenntnistheoretischer Ebene bedeute das Koexistenz des Anspruchs, unpersönlich-rational zu denken und des Festhaltens an Intuition und Bräuchen, Koexistenz zweier Denkstile: den japanischen Denkstil der "einfachen Leute" (der "Geist", an dem sich Literatur orientiert und den sie zugleich bedient) und den bürokratischen Denkstil ("Institution" und auch sozialwissenschaftliches Denken), zwischen denen eine tiefe Kluft bestehe; seit den 70er Jahren mehren sich kritische Stimmen auch aus dem nichtkonservativen Lager nicht nur gegen die radikale Forderung dieses engagierten Demokraten, um der (an westlichen Maßstäben gemessenen!) wirklichen Demokratisierung Japans willen müsse man sich von der eigenen Denktradition (und dem mit dieser verbundenen Familienprinzip) befreien; Maruyama habe zudem - so z.B. Yamamoto 1991: 58–62) - zuwenig Aufmerksamkeit der wirklichen Lebens-praxis der von ihm thematisierten "untersten" Ebene gewidmet, diese fast ausschließlich unter dem Blickpunkt eines ideologischen Pendants zu den (bürokratischen) Institutionen betrachtet, ohne ihr Eigenleben und dessen komplizierte Struktur zu berücksichtigen

92 auch hier möchte ich Verabsolutierungen vermeiden und nochmals auf mein idealtypisches Vorgehen verweisen, denn in beiden Schulen spielt natürlich auch der zeitliche Aspekt eine wichtige Rolle: der sich zur Kangaku (= China-Wissenschaften) zählenden Kogaku (= Alte Schule) ist er ja bereits per Namen immanent, und auch die Kokugaku verstand sich - zumindest im Falle Norinagas durchaus als Alte Schule: "Unabhängig von den Bestimmungen späterer Zeiten ist die Kogaku eine Wissenschaft, die stets auf den alten Schriften (kosho) beruht, deren Ursprünge reflektiert und bis ins Detail die Dinge der alten Zeit darlegt." (aus dem Uiyamabumi, zitiert nach Koyasu 1973: 6, Hervorhebung von mir); und genauso lassen sich natürlich ebenso in unseren Kulturen Tendenzen der Ver-Ortung von Verschiedenheit, von eigener Fremdheit nach "außen" nachweisen - so kann Exotismus, als eine Spielart von Eurozentrismus, doch auch aus der Perspektive der Morgendämmerung europäischer Moderne betrachtet werden, die die auseinanderbrechende Gemeinschaft, Ganzheitlichkeit nun in anderen Kulturen zu suchen begann (erinnert sei hier etwa an das Japan-Bild des Lafcardio Hearn, konstruiert vor dem Hintergrund tiefer Zweifel an den einst von der bürgerlichen Aufklärung verkündeten Idealen)

93 Tsuji Tetsuo (1989: 62–70) zeigt, daß in der Zeichenkombination geijutsu 芸術 (mit der anfangs der Westen charakterisiert wurde und die heute für Kunst steht) durchaus auch Wissenschaft im damaligen Verständnis mit enthalten war (so habe der Holland-Wissenschaftler Aochi Rinsô, 1775-1833, unter geijutsuka 芸術家 die Sternen- und Himmelskundler sowie Rechenkünstler verstanden); seit der Meiji-Zeit sei dann mit der Kombination gakujutsu gigei 学術技芸 die stark anwendungs- und technikorientierte Wissenschaft zum Ausdruck gebracht worden, dem Konfuzianer wie Motoda Nagazane

(1818–1891) – die westliche Daseinsweise wissenschaftsdominierter Kultur kritisierend – den Begriff der Gelehrtheit/Weisheit (gakumon 学問) gegenüberstellten – eine Konstellation, die durch "Östliche Moral – Westliche Kunstfertigkeit" bzw. "Japanische/r Seele/Geist – Westliche Fertigkeit" allgemeingültig formuliert wurde

94 Überwindung der Moderne (kindai no chôkoku 近代の超克) – unter dieser Losung wurde 1942 vor entsprechendem ideologischen Hintergrund von japanischen Intellektuellen eine Debatte über den Prozeß und die Resultate der Entwicklung von Moderne in Japan geführt, wobei man Modernisierung im wesentlichen mit Verwestlichung gleichsetzte, der nun wieder das "Eigene" entgegenzustellen sei (vgl. dazu den Diskussionsbeitrag "'The Overcoming of Modernity': A Culture Critical Symposium in Wartime Japan." von Detlef Bauer auf der 6. Tagung der European Association for Japanese Studies, Berlin 1991, unveröffentlichtes Manuskript); in den 80er Jahren wurde diese Losung von Neokonservativen – mit dem ehemaligen Premier Nakasone an der Spitze – inhaltlich wieder aufgegriffen und paradoxerweise unter dem Schlagwort der *Internationalisierung* (kokusaika 国際化) – etwa folgendermaßen zum Programm kultureller Entwicklung erhoben (aus einer Rede Nakasones auf dem Karuizawa-Seminar der LDPJ vom 20. Juli 1985):
für Japans Entwicklung zu einem internationalen Staat (kokusai kokka nihon 国際国家日本) erweise es sich als notwendig, eine Identität Japans auszuprägen; Japan sei wirtschaftlich zum reichsten Land der Welt, zu einer Art Paradies geworden und befinde sich derzeit in einer Situation, die jenem Zeitalter gleiche, da der Yamato-Hof das Nationalprestige ausweitete und das Kojiki und Nihonshoki hinterließ; in der sechzigjährigen Regierung des (Shôwa-)Tennô und den 40 Jahren seit Kriegsende, die zu einem Zeitalter des Friedens und Wohlstandes wurden, sei auch einiges Gedankengut aus dem Ausland eingedrungen, mit dem es jedoch gänzlich aufzuräumen gelte, um diese Identität Japans zu schaffen (vgl. Kyôto kyôiku senta: 12/13)

95 in der japanischen Monatszeitschrift "Chûô kôron" hob im Oktober 1987 ein Streit über japanische Intellektuelle und *Nihonbunka ron* an, den **Ian Buruma** mit einer Kritik an **Umehara Takeshi** (Umehara Takeshi shi wa yahari yamatoisuto) vom Zaun brach und in den sich neben weiteren japanischen Autoren (etwa **Aoki Tamotsu**: Bunka no hiteisei, 11/1987) z.B. auch **K. van Wolferen** einschaltete (Naze nihon no chishikijin wa hitasura kenryoku ni tsuijûsuru no ka, 1/1989); dessen Buch: Vom Mythos der Unbesiegbaren (München 1989) ist inzwischen ins Japanische übersetzt worden (Nihon kenryoku kôzô no nazo, Hayakawa shoten 1990) und wird sehr kontrovers diskutiert; ich selbst habe zu solcher Art von Auseinandersetzung Stellung genommen, vgl. dazu Richter 1991

96 dabei denke ich nicht nur an Chôeis Engagement, die Tätigkeit seiner Gefährten in den Provinzen mit neuestem Wissen auf den Gebieten der Medizin oder Landwirtschaft unterstützen zu wollen; persönlich konnte ich bei meinen Japan-Aufenthalten verschiedenste Formen von informeller Zirkelarbeit ("Studiengruppe für..." – ...benkyô kai 勉強会) kennenlernen, in denen nicht nur Wissenschaftler z.B. mit (Laien-)Künstlern in Form von Diskussionsrunden, Organisation von Ausstellungen u.ä. zusammenarbeiten; auch Hausfrauen, Angestellte, Arbeiter organisieren sich selbst Seminare, zu denen sie sich regelmäßig Referenten aus Intellektuellenkreisen einladen, um Fragen der Bildung, Politik, lokaler und Ideen- oder Kunst-Geschichte usw. oft über Jahre hinweg zu diskutieren und die sie auch finanziell selbst tragen

3. Anmerkungen/Übersetzungen

Vorbemerkung: Die Übersetzungsarbeiten an den Texten des Takano Chôei begann ich zu einem Zeitpunkt, als sich die ehemalige DDR noch im "sakoku"-Zustand befand und mir lediglich die Auswahl im Band 55 der Reihe "Nihon shisô taikei" zur Verfügung stand. Erst später konnte ich auf die sechs Bände "Takano Chôei zenshû (TCZ)" zurückgreifen, weshalb in den folgenden Quellenangaben "übersetzt nach..." mal diese, mal jene Sammlung an erster Stelle genannt wird. In den Klammern wird dann angegeben, wo der Text in der je anderen Ausgabe zu finden ist.

Briefe

1 übersetzt nach Satô 1972: 369–372 und Takano Chôun 1943: 161–166; hier wie auch bei den anderen Briefen ist das Datum nach dem alten japanischen Kalender angegeben, der – immer wieder korrigiert – bis zur Einführung des Gregorianischen Kalenders (1873) galt; es war dies der Mondkalender mit 12 Monaten pro Jahr, wobei ein Monat von Neumond bis Neumond dauerte; das dadurch "verkürzte" Jahr und die dabei allmählich entstehenden Verschiebungen des Beginns der Jahreszeiten wurden ausgeglichen, indem alle zwei bis drei Jahre ein 13. Schaltmonat eingefügt wurde (Doppelung eines Monats); allerdings zählte man auch nach 1873, bis zum heutigen Tag, die Jahre nach einer Ärabezeichnung (nengô 年号), nun nach der vom jeweiligen Tennô ausgegebenen Regierungsdevise benannt);
Takano Gensai ist Chôeis Adoptivvater, der ältere Bruder seiner leiblichen Mutter

2 Yoshida Dôseki, der Adoptivsohn seines 1824 verstorbenen Lehrers Yoshida Chôshuku, der Chôei 1821 in seine Privatschule aufnahm und ihn in der damals in Japan noch neuen Richtung der Physiologie unterwies;
Komadome Masami: Mitstreiter Chôeis in der Yoshida-Privatschule

3 Mitglied der bekannten Imamura-Familie in Nagasaki, die seit Generationen als Holland-Dolmetscher (oranda tsûji オランダ通詞) ihr Amt versahen; Hôan selbst war Unterdolmetscher;

4 wie alle Lehensfürsten, mußten auch der Faktoreivorsteher der Holländer regelmäßig der Zentralregierung in Edo (bakufu 幕府) aufwarten (sankinkôtai-System) und außer Geschenken vor allem Nachrichten über das Ausland überbringen (was die Holländer auch zu ihren Gunsten taten!); diese Gelegenheit der Anwesenheit der Holländer in Edo nutzten in der Zeit der Abschließung stets auch zahlreiche Gelehrte, um an neueste wissenschaftliche Informationen, Materialien und Gerätschaften heranzukommen

5 Philipp Franz von Siebold (1796–1866), deutscher Arzt und Naturforscher, der 1823 in Japan eintraf und als Faktoreiarzt auf der Insel Dejima vor Nagasaki Dienst bei den Holländern versah; er behandelte auch japanische Bürger der Stadt, und sein guter Ruf, der

bis nach Edo drang, bewirkte es, daß er sich als erster Europäer relativ frei in der näheren Umgebung Nagasakis bewegen, eine Privatschule gründen (die Narutaki-juku) und Japaner unterrichten durfte; 1828 wurde er des Landes verwiesen, nachdem einer seiner Schüler ihm eine Japan-Karte zukommenließ (was aufs stengste verboten war); vielen seiner Schüler drohten Strafen, und auch Chôei (der von 1825–1828 bei ihm lernte) verbarg sich eine gewisse Zeit vor den Behörden, bevor er 1831 nach Edo zurückkehrte

6 jap. Einheit zum Messen von Entfernungen, ca. 109 m

7 jap. Flächenmaß, etwa 100 Ar

8 Chôei meint hier wohl vor allem seine heilpraktischen, nicht die medizinwissenschaftlichen Studien

9 da Siebold seinen Unterricht zugleich praktisch orientierte, zielt dieser sicher vom Schwertadel geprägte Ausspruch auf das Verhältnis Theorie (in Edo auf den Reisstrohmatten sitzend Bücher studieren) und Praxis (in Nagasaki)

10 Ranpô igaku 蘭方医学, so bezeichnete man damals das (über die Holländer) aus Europa kommende medizinische Wissen im Unterschied zu der traditionellen, einst aus China rezipierten Chinesischen Medizin Kanpô igaku 漢方医学

11 alte jap. Währungseinheit, die in ihrem Wert ständig schwankte

12 Kanzakiya Genzô, aus der gleichen Gegend wie Chôei stammender Drogen- und Arzneimittelhändler, bei dem dieser in der schwierigen Anfangszeit in Edo zunächst Aufnahme gefunden hatte

13 eine der Fünf (Menschlichen) Beziehungen (gorin 五倫; Herr-Untertan, Vater-Sohn, Mann-Frau, Freund-Freund) im Konfuzianismus, deren normativer Wert auch über die Tugenden der Loyalität (chû 忠), Pietät (kô 孝), Menschlichkeit (jin 仁), Gerechtigkeit (gi 義) und Vertrauen (shin 信) zum Ausdruck gebracht wurde

14 Ort in der Nähe von Chôeis Heimatstadt Mizusawa, wo der jüngere Bruder seiner Mutter, Mogi Samanosuke, lebte

15 übersetzt nach Satô 1972: 372–374 und Takano Chôun 1943: 173/174

16 Arzt der Holländischen Richtung, der an die Holland-Abteilung des Medizinischen Amtes des Fürstenhauses Date in Sendai berufen wurde, was damals insofern eine Ehre und Maßstab für die Familie Takano war, als sie zum einen Untertanen der Date waren und zum anderen diese Abteilung die erste ihrer Art außerhalb Edos war; Chôei hatte Sasaki wahrscheinlich 1823 in Sendai besucht und dabei den "Kniefall" vollzogen

17 wahrscheinlich war das Haus der Takano um die Jahrhundertwende in Ungnade des lokalen Herrschers von Mizusawa gefallen und mußte den Ort für längere Zeit verlassen; darauf spielt Chôei hier wohl an

18 jüngerer Bruder Chôeis

19 übersetzt nach Satô 1972: 374 und Takano Chôun 1943: 181

20 Sohn des bekannten Arztes und Holland-Dolmetschers Yoshio Kôgyô (1724–1800); befaßte sich neben Rangaku auch mit der französischen und englischen Sprache (1831 gest.)

21 übersetzt nach Satô 1972: 374–376 und Takano Chôun 1943: 186/187

22 ichinichi sanshun 一日三秋: ein Tag gleicht drei Herbsten, auch ichinichi senshun 一日千秋: ein Tag gleicht tausend Herbsten, häufig anzutreffende Redewendung zum Ausdruck des Zeitgefühls

23 nagaya 長屋: Unterkunft der Vasallen von Herrschern in den Burgstädten

24 bunrijutsu 分離術; so übersetzt Chôei hier *Chemie*, die in Japan damals noch kaum als eigenständige Wissenschaft bekannt war; in der späteren Schrift "Auffassungen westlicher Gelehrter" verwendet er die Zeichenkombination bungôgaku 分合学 – *Lehre vom Zerlegen und Verbinden*

25 übersetzt nach Satô 1972: 376/377 und Takano Chôun 1943: 191/192

26 gemeint ist die Schrift "Aufzeichnungen über holländische Auffassungen zur Gesundheitspflege" (Ransetsu yôjô roku), der die Übersetzung einer Arbeit Hufelands (1762–1836) zur Hygiene zugrundelag und die im Auftrag des wohlhabenden Bürgers Kumaya Gorôzaemon aus Hagi, Chôshû, angefertigt wurde
27 sozusagen als Gegenleistung für ihre Unterrichtung hatten Siebolds Schüler ihm Material über die japanische Geschichte, Flora und Fauna, über Bräuche, Sitten usw. zusammenzutragen und ins Holländische zu übertragen; dieses Material (Chôeis Aufsätze vgl. im Anhang das chronologische Verzeichnis seiner Schriften) ging in Siebolds Monumentalwerk "Nippon" ein (vgl. Acta Sieboldiana und Siebold: 1975)
28 übersetzt nach Satô 1972: 377–379 und Takano Chôun 1943: 196–197
29 Tod des Adoptivvaters im Juli 1827, was faktisch bedeutete, daß Chôei als Erbe Familienoberhaupt wurde und nach Mizusawa zurückzukehren hatte
30 Gnade (on 恩) und ungehörig (fukô 不孝, Negation von kô 孝 – Pietät): zentrale Begriffe des Konfuzianismus, die die Vater-Sohn-Beziehung charakterisierten
31 übersetzt nach Satô 1972: 379/380
32 Mogi Kannojô: Mogi Samanosuke
Katô Hyôzô: Oberhaupt der Familie, aus der die Frau des verstorbenen Adoptivvaters stammte
Gotô Sosuke: Halbbruder Chôeis, der als ältester Sohn des leiblichen Vaters (aus erster Ehe) Erbe war und nun den Namen des Vaters trug
33 übersetzt nach Satô 1972: 380/381 und Takano Chôun 1943: 221/222
34 auf seiner Wanderschaft nach der Flucht aus Nagasaki (vgl. Anm. 5) verdiente Chôei sich seinen Lebensunterhalt durch Heilbehandlungen und Erteilen von Unterricht; diese Bemerkung soll sicher seinem einstigen Helfer gegenüber andeuten, daß er unter Fachleuten bereits anerkannt ist
35 vgl. Anm. 5
36 deutet darauf hin, daß Chôei wieder an einer größeren Übersetzung arbeitete, möglicherweise am "Igen sûyô/naihen" (1832), dem ersten physiologischen Grundlagenwerk in Japan
37 übersetzt nach Satô 1972: 381/382 und Takano Chôun 1943: 216/217
38 vgl. Anm. 22
39 Mogi Samanosuke
40 Abe Shônoshin: jüngerer Bruder des Takano Gensai
Obata Gennosuke: ebenfalls
Suda Tamiji: Mann der jüngeren Schwester Gensais
Gotô Sôsuke: vgl. Anm. 32
41 übersetzt nach Satô 1972: 382 und Takano Chôun 1943: 218/219
42 koku: Hohlmaß im alten Japan (180 l), womit auch der Reichtum, d.h. in Japan das Reiseinkommen (insbesondere der Lehnsfürsten und ihrer Vasallen) berechnet wurde
43 Kobayashi, möglicherweise Komori Tôu (1782–1843): bekannter Arzt in Kyôto, der sich auch für die Holländische Medizin interessierte
Koishi Genzui (1784–1849), wie Komori; ebenfalls an einer Synthese der Holländischen und Chinesischen Medizin interessiert Fujibayashi Fuzan (1781–1836), Holland--Wissenschaftler in Kyôto
Shingo Ryôtei (1787–1854), wie Komori und Koishi
44 übersetzt nach Satô 1972: 382–384 und Takano Chôun 1943: 223/224
45 mit dieser Passage will Chôei andeuten, daß er nicht gewillt ist, zukünftig als praktischer Arzt in der Heimat tätig zu sein, sondern weiterhin in Edo als Wissenschaftler sich einen Namen zu machen

46 Diener im Hause Takano, der Chôei nachgeschickt wurde, um ihn zur Heimkehr zu bewegen

47 bekräftigt Chôeis Absicht, in Edo eine Zweigfamilie der Takano zu gründen, statt das Erbe anzutreten

48 übersetzt nach Satô 1972: 384 und Takano Chôun 1943: 226
Taketani: Arzt im Fukuoka-Fürstentum

49 trotz des Interesses von Kyôtoer Ärzten an der Rangaku scheint dort die traditionelle Gelehrtheit wesentlich stärker verwurzelt gewesen sein als in Edo (oder Ôsaka), weshalb Chôei dort nicht seine Perspektive sah

50 übersetzt nach Satô 1972: 384/385 und Takano Chôun 1943: 329–331

51 von der Verwandtschaft als "Ersatz" für Chôei auserwählter Ehemann für Chio, die als älteste leibliche Tochter des Takano Gensai eigentlich Chôei versprochen war; doch dieser adoptierte sie nun selbst, ebenso, wie er es mit Genkyô vorhatte, der aber das Haus noch vor der Hochzeit verließ; 1832 endlich wurde Chio mit Tôei verheiratet (10. Generation des Hauses)

52 Chôei ging zum einen aus finanziellen Gründen nicht nach Mizusawa, um seine Angelegenheiten "zu ordnen"; zum anderen fürchtete er wohl die direkte Begegnung mit der Verwandtschaft

53 übersetzt nach Satô 1972: 385/386 und Takano Chôun 1943: 232–234

54 bereits hier kommt Chôeis Erweiterung des Loyalitätsbegriffes vom lokalen Herrscher (von dem er sich ja mit der Aufgabe seines Erbes und seiner Zugehörigkeit zum Stande der bushi gelöst hatte) auf das Land zum Ausdruck; als Gelehrter der Hollandwissenschaftler wollte er eine eigene Schule gründen und damit kein unmittelbares Dienstverhältnis eingehen, sondern eher für "den Markt" arbeiten

Schriften

Vorwort zu: Chinesische und westliche Lehren über das Innere

55 übersetzt nach TCZ 2, 397–400

56 gakujutsu gigei 学術技芸: scheinbar – so Tsuji Tetsuo – sind in diesem Begriff alle Elemente des japanischen Verständnisses von Wissen enthalten (Gelehrtheit, technische Fertigkeit, Kunst); doch noch im Edikt über die Kaiserlichen Universitäten (1886) steht diese Zeichenkomposition im Prinzip für (westliche) *Wissenschaft und Technik* im Sinne praktischer Fähigkeiten, denen *Gelehrtheit* (gakumon 学問) entgegenzustellen oder überzuordnen sei; etwa 50 Jahre früher hatte Sakuma Shôzan für diese Konstellation die Formel "Östliche Moral – Westliche Kunstfertigkeit" (tôyô dôtoku seiyô geijutsu 東洋道徳西洋芸術) geprägt, die zwei die japanische Modernisierung wesentlich beeinflussende geistige Habitusformen zum Ausdruck brachten (vgl. Tsuji Tetsuo 1989: 62–78)

57 ri wo kiwameru 理を究める oder kyûri 究理: im Neokonfuzianismus inhaltlich ethisch dominierter Begriff (mittels der Ergründung des Prinzips der Dinge, sich selbst vervollkommnen und zu hoher Sittlichkeit und Weisheit befähigen), der nun vor allem durch die Rangaku naturwissenschaftlich gewendet wurde

58 Chôeis hier gegebene Aufzählung von Wissenszweigen wurde später in den "Auffassungen westlicher Gelehrter" noch detailliert und systematisiert

59 kaibô 解剖, Sugita Genpaku und Ôtsuki Gentaku benutzten vor allem noch die Kombination kaitai 解体

60 Beispiel für über die Holländer nach Japan gelangte Technik; vgl. Abbildung in Saitô 1989: 133
61 hier ist interessant, daß Chôei einzelne Zeichen für diese Tierarten anführt und nicht das allgemeine Wort dôbutsu (動物) verwendet
62 tenzô 天造, meint hier die Natur
63 unki gogyô 運気五行: Begriff aus der Chinesischen Medizin, der die Wirkzusammenhänge zwischen Makrokosmos und Mikrokosmos zum Ausdruck bringen sollte; nach Porkert beinhaltet er die sogenannte Phasenenergetik, in der gogyô die Fünf Energetischen Qualitäten Holz, Feuer, Erde, Metall und Wasser bezeichnet, die zyklisch ineinander übergehen (daher auch *Wandlungsphasen* genannt), und unki 運気 die beiden Komponenten go'un 五運 (die Fünf Umlaufphasen) und rokki 六気 (Sechs Energetischen Konstellationen) zusammenfaßt (vgl. Porkert 1982: 8–87 bzw. meine Ausführungen im "Exkurs in die Geschichte medizinischen Denkens in Japan")
64 Ling Shu (jap. Reisu): ebenso wie das unter Anm. 65 genannte Su Wen (jap. Somon) Teil des chinesischen medizinischen "Inneren Klassikers des Gelben Fürsten" (chin. Huang Di Nei Ching), das zwischen dem 3. – 1. Jahrhundert v.u.Z. verfaßt wurde und in dem mittels der Symbolik von Yin und Yang (inyô 陰陽) und von den Fünf Wandlungsphasen gogyô eine Art spekulative Naturphilosophie der Entsprechungen fixiert wurde; während das Ling Shu vor allem Heilmethoden wie Akupunktur und Moxa darstellt, geht es im Su Wen im wesentlichen um Fragen der Physiologie, Pathologie und der Körperpflege (vgl. Ishihara 1987: 29–32);
Hou Han Shu (jap. Gokanjo): um 426 von Fan Ye (398–445) verfaßtes chinesisches Geschichtswerk über die Spätere Han-Dynastie (25–220)
65 Su Nan (jap. Sonan): Zusammenfassung für die Werke Su Wen (vgl. Anm. 64) und Nan Jing (jap. Nankei))
66 Chôei setzte sich hier mit der Schwierigkeit auseinander, die in unterschiedlichen Diskursen geformte (medizinische) Begrifflichkeit ineinander zu übertragen; während die westliche Medizin mit der Anatomie ein eher substanzorientiertes System (Organe, Skelett u.ä.) schuf, dominierte in der chinesischen Tradition der funktionale, Entsprechungen von Bahnen, Geweben usw. herstellende Herangang (*Leitbahnen, Reizpunkte, Energieströme* u.ä.); das kam besonders in den Termini keiraku (経絡) und zôfû (臓腑, Chôei benutzte letzteres nicht zur Bezeichnung von *Organ*, sondern Verbindungen mit ki 気) zum Ausdruck (vgl. dazu Porkert 1982: 88–230 bzw. meine Ausführungen im "Exkurs in die Geschichte medizinischen Denkens in Japan")
67 mit der Wertschätzung des *Stils* (zokubunshô 俗文章) ist hier China, mit der *schlichten Natürlichkeit* (shitchoku 質直) der Westen gemeint

Die Auffassungen westlicher Gelehrter

68 1835 als Teil des *Bunken manroku* verfaßt; dieser erste Überblick über die europäische Philosophie- und Wissenschaftsgeschichte in Japan wurde hier übersetzt nach dem von Satô Shôsuke bearbeiteten Text in NShT 55: 203–210 (TCZ 4: Handschriftenteil)
69 dieser Angabe liegt die Zeitzählung nach dem Alten Testament zugrunde; demnach hatte Chôei entweder Kenntnis von dieser damals strengstens verbotenen christlichen Quelle und diese Berechnung selbst angestellt, oder er verfügte über andere, holländischsprachige Schriften mit solch einer Zählweise
70 Chôei spielt hier offensichtlich auf die drei Perioden der Daseinsweise des buddhistischen Gesetzes an: die des *Wahren Gesetzes* (shôhô 正法, 1000 Jahre nach Buddhas Tod), des

Verfälschten Gesetzes (zôhô 像法, weitere 1 000 Jahre) und schließlich die 10 000 Jahre währende Zeit des *Letzten Gesetzes* (mappô 末法), in dem die Menschen nicht mehr aus eigener Kraft zur Erlösung gelangen; dieser Mappô-Gedanke (*Letztes Gesetz*) spielte vor allem in Schulen des Amida-Buddhismus eine zentrale Rolle, mit denen der Buddhismus seit etwa dem 12. Jahrhundert auch im japanischen Volk verwurzeln konnte.

71 Chôei verwendet dafür die Zeichenkombination bunrigaku 文理学 (etwa: *Lehre vom richtigen Stil*) und fügt in Klammern die Katakana-Silbenschriftzeichen für *redenkunde* hinzu; es ist nicht ganz einzusehen, weshalb Satô Shôsuke dies in einer Anmerkung mit *Logik* (ronri) übersetzt

72 seikyô no michi 政教の道

73 Yan Zi (oder Yan Hui) war der Lieblingsschüler Konfuzius'

74 kyorei fumai 虚霊不昧: Begriff des Neokonfuzianismus, der die höchste Tugend zu Ausdruck bringen will, die durch nichts getrübt ist und daher hell wie ein Spiegel leuchtet; hier soll damit der Platonsche Gedanke von der Reinheit des Geistes (der Seele) zum Ausdruck gebracht werden, der (die) durch die Berührung mit dem Fleischlichen verunreinigt wird; diese Übertragung ist ein schönes Beispiel für jene Methode des Übersetzungs, bei der die eigene Begrifflichkeit zur Rezeption anderer Gedankensysteme herangezogen wird und somit beide Seiten Modifizierungen erfahren (taiyaku 対訳)

75 kakubutsu kyûri 格物究理: ebenfalls neokonfuzianischer Begriff, der wesentlich ethisch geprägt war, denn sich Ordnungswissen (über Mikro- und Makrokosmos) anzueignen, galt hier als unabdingbare Voraussetzung, selbst rein und damit zu höchstem sittlichen Handeln fähig zu sein; die Holland-Wissenschaftler begannen in ihren Übersetzungen, mit diesem Begriff vor allem naturwissenschaftliche Einsichten zum Ausdruck zu bringen

76 die alten Griechen gingen davon aus, daß alle Dinge aus letzten Wesenheiten hervorgingen und begründeten damit das die europäische Denktradition dominierende Substanz- oder identitätslogische Denken; seit Empedokles (5. Jahrhundert v.u.Z.) galten die vier Elemente Feuer, Erde, Luft und Wasser als die Grundstoffe, die allem Werden und Vergehen zugrunde liegen; im Unterschied dazu sind die gogyô 五行 (Holz, Feuer, Erde, Metall, Wasser) der ostasiatischen Tradition weniger als Substanzen, sondern eher als wechselnde energetische Qualitäten zu verstehen, mit denen Wirkzusammenhänge, Funktionen der Realität beschrieben werden

77 jitsugaku 実学: einst von den Neokonfuzianern gegen den buddhistischen Begriff der Leere, des Nichts gerichtete Konzeption, die nun von den Holland-Wissenschaftlern aufgegriffen und gegen diese selbst, gegen ihr spekulatives Verhältnis zur Realität gewendet wurde

78 offensichtlich hat Chôei hier den Vornamen Bacons, Francis, mit der Be-zeichnung Frankreichs (Furansu フランス) verwechselt, ebenso wie er irrtümlicherweise den Titel Freiherr als Einsiedler (frei von der Gesellschaft) interpretiert; ein imposantes Beispiel für die damals enormen Schwierigkeiten, die andere Kultur sprachlich zu erfassen, ohne sie je selbst erfahren zu können

79 wohl lediglich ein Schreibfehler, statt 1800 ist 1700 gemeint

80 zôka 造化 steht hier im Sinne von Natur, nicht etwa eines Gottes; die Gegenüberstellung zur menschlichen Kraft (jinryoku 人力) soll hier wohl nicht nur eine gewisse Schicksalshaftigkeit der Prozesse zum Ausdruck bringen, sondern - mit Blick auf die Entfaltung der angefeindeten Rangaku in Japan - die eigene Tätigkeit legitimieren: "So ist der Gang der Dinge, man sollte dem nichts entgegenstellen."

81 wiederum ist Chôei darum bemüht, die andere Kultur mit der eigenen traditionellen Begrifflichkeit zu beschreiben und sie dadurch zu universalisieren: Schatten und Licht, die Vier Elemente (inyô shigyô 陰陽四行) spielen auf die grundlegenden konfuzianischen

Instrumentarien zur Beschreibung der Realität an, die hier mit Spekulation gleichgesetzt werden, denn *Wissen vom Gestaltlosen* (keijô no gaku 形以上の学) meint, über Dinge ohne Gestalt, also über nichts zu reden; diese Zeichenkombination war der Vorläufer für den späteren Begriff Metaphysik (keijijô gaku 形而上学), während das Wissen vom Gestalthaften (keiika no gaku 形以下の学) später zu den Wissenschaften vom Konkreten, den Naturwissenschaften (keijikagaku 形而下学) wurde

82 vgl. Anm. 71

83 chirigigaku 知理義学

84 hôkyô 法教, gemeint ist offensichtlich die Ethik, die Lehre vom rechten Verhalten

85 bungôgaku 分合学, so bezeichnete Chôei hier die Chemie

86 während die vorher aufgezählten Disziplinen also die Naturwissenschaft (keijika no gaku bzw. kakubutsu kyûri, vgl. Anmn. 8 und 14) repräsentierten, ist hier im Prinzip die Metaphysik gemeint

87 wird im Kommentar von Satô Shôsuke im Text als nichtidentifizierbar angegeben

88 bussangaku 物産学: dieser Begriff, von Chôei hier im Sinne von Naturgeschichte verwendet, steht bei anderen Holland-Wissenschaftlern meist für Produktenkunde, für das Wissen der aus Europa neu nach Japan kommenden Dinge (Techniken)

Eine Geschichte, geträumt im Jahre Bojutsu

89 übersetzt nach NShT 55: 162-170 (TCZ 4: 1-8)
Jahr Bojutsu (戊戌) ist das Jahr 35 der aus China übernommenen zyklischen Jahreszählung (5 x 12 = 60 Jahre) und entspricht dem Jahr 1837 (Erklärung dieser Jahresrechnung vgl. z.B. Porkert 1982: 53-56)

90 sekigaku kôju 碩学鴻儒: das letzte Zeichen weist darauf hin, daß es sich bei diesen "großen Gelehrten" auch um Konfuzianer handelt; wohl schon dadurch "sichert" Chôei sich ab, denn ihnen wird dann der heikle Dialog über Dinge des Staates, die es nicht privat zu erörtern gilt, in den Mund gelegt

91 Morrison, Robert (1782-1834): englischer Sinologe, der lange Zeit in China weilte und "A Dictionary of the Chinese Language, in three Parts. 6 vols. Macao, China. 1815-1823" erarbeitete; auf der Titelseite des zweiten Teils stehen die Zeichen Wu Che Yun Fu (五車韻府; jap. Goshainpu), das mit seinem Erscheinen sogleich in Nagasaki unter den Dolmetschern Verbreitung fand und über das Chôei bereits seit dem Studium in Nagasaki von diesem Gelehrten wußte; 1837 den Namen Morrison vernehmend, meinte er, dieser sei mit einem englischen Schiff (von dessen Kommen gerüchteweise die Rede war) in Japan eingetroffen; es handelte sich aber um ein amerikanisches Schiff namens *Morrison*, das - aus Macao kommend - drei japanische Schiffbrüchige an Bord hatte, deren Übergabe zum Anlaß genommen werden sollte, Kontakte zwecks Handel mit dem selbstisolierten Japan zu knüpfen (näheres vgl. Schwebell 1981: 78-85)

92 alte ostasiatische Maßeinheit für die Entfernung von etwa einer Wegstunde (ca. 4 km)

93 tami wo tomashi, kuni wo tsuyokusuru (民を富まし、国を強くする, in Kango: fukoku kyôhei 富国強兵): diese in der späten Edo-Zeit geprägte Losung wurde mit der Meiji-Zeit (ab 1868) nicht nur offizielle Politik, sondern auch Leitfaden der Rezeption europäisch-nordamerikanischer wissenschaftlich- technischer und geistiger Errungenschaften, um das Land ökonomisch und militärisch zu stärken, eine leistungsfähige Gesellschaft aufzubauen

94 tenjiku 天竺: alte Bezeichnung für Indien in Japan und China (seit dem Geschichtswerk "Hou Han Shu"); vgl. Anm. 64

95 (1644-1911) Zeit der Mandschu-Herrschaft (vgl. Franke/Trauzettel 1988: 275-310)

96 (1736–1795) Regierungszeit des sechsten Qing–Kaisers Gao Zong (1711 bis 1799) unter der Devise "Qianlong" (jap. Kenryû); vgl. Franke/Trauzettel 1988: 288/289)

97 Kaiser Ren Zong, Nachfolger von Gao Zong, regierte von 1796–1820 unter der Devise Jiaqing (jap. Kakei)

98 bussangaku 物産学: hier von Chôei im damals üblichen im Sinne von Produktenkunde, von Wissen der aus Europa neu nach Japan kommenden Dinge (Techniken) verwendet (vgl. Anm. 88)

99 vgl. Anm. 42

100 vgl. Anm. 91

101 Anspielung auf das 1825 erlassene Edikt, "fremde Schiffe ohne weitere Überlegung zu vertreiben" (muninen uchiharai rei 無二念打払令): "Es ist unmöglich, diese frechen Vorgänge und auch die Versuche, die christliche Religion wieder einzuführen, länger zu übersehen. Nicht nur die Engländer, sondern auch die südlichen Barbaren und Bewohner der westlichen Länder sind Christen. ... Darum, falls in Zukunft Schiffe der Barbaren sich irgendeinem Hafen nähern, sollen die Bewohner sie mit Gewalt vertreiben. Falls sie friedlich fortsegeln, braucht man sie nicht verfolgen. Sollten die Barbaren aber irgendwo landen, so soll man sie töten und das Schiff zerstören." (zitiert nach Schwebell 1981: 77); der Befehl fand 1837 im Falle der amerikanischen "Morrison" Anwendung

102 da die Holländer der Zentralregierung gegenüber das Informationsmonopol besaßen und sie davon zu ihren Gunsten auch Gebrauch machten, beteiligten sie sich wohl indirekt an dem unter Anm. 101 genannten Edikt, indem sie Verleumdungen gegen andere westliche Länder verbreiteten

103 gemeint ist die Ära der Regierung des Tokugawa–Hauses, die mit der vollendeten Einigung des Reiches (1600) unter Tokugawa Ieyasu (1542–1616) und seiner Ernennung zum Shôgun (1603) begann und bis zur Wiederübernahme der Regierung durch einen Tennô (1868 erstmals seit etwa 1000 Jahren) andauerte (auch Edo– oder Tokugawa–Zeit genannt und in der Periodisierung der japanischen Geschichte als *Frühe Neuzeit* (kinsei 近世) bezeichnet)

104 jimmin 人民, dieser Begriff des Volkes ging seit der Meiji–Zeit (1868–1912) – im Unterschied zum Begriff *Staatsvolk* (kokumin 国民) – in die Traditionen demokratischer Bewegungen ein

105 jingi 仁義: zwei der Fünf (konfuzianischen) Grundtugenden (gojô 五常: Weisheit chi 智, Vertrauen shin 信, Schicklichkeit 礼 rei, die Chôei hier auch zur Charakterisierung der allgemein als Barbaren bezeichneten Europäer verwendet und deren Verletzung (fujin 不仁 und fugi 不義) er indirekt Japan unterstellt

106 reigi no kuni 礼儀の国: reigi vgl. Anm. 105

107 nach einem Spruch aus dem "Leitfaden der Lieder" (Shi Jing, jap. Shikyô); *gemeine Leute* ist hier mit der symbolträchtigen Zeichenkombination sûjô 芻蕘 (Grasmäher und Reisigsammler) wiedergegeben

108 vgl. Anm. 102

109 Su Wu (jap. Sobu) und Zhang Jian (jap. Chôken): Offiziere des chinesischen Heeres der Früheren Han–Dynastie (206–8 v.u.Z.) unter Kaiser Wu; im Zusammenhang mit der Vertreibung der ostasiatischen Hunnen lange Zeit in Zentralasien unterwegs gewesen, wobei mit den Expeditionen der Truppen unter Zhang Jian die "Seidenstraße" entstand; Chôei spielt hier auf die Tatsache an (bedient sich ihrer symbolischen Bedeutung!), da beide nach ihrer Rückkehr in die Hauptstadt "von einer den Chinesen bis dahin nicht bekannten Welt (berichteten), der des hellenisierten Iran" (von dem aus verschiedene Kulturpflanzen u.a. nach China gelangten; vgl. Franke/Trauzettel 1988: 85/86) und verweist somit auf den Nutzen des Austauschs zwischen den Ländern

110 Bunka-Zeit: 1804-1817; Chôei berichtet hier kurz von dem Versuch des russischen Unterhändlers des Zaren Alexander, Graf Rezanov, der 1804 in Nagasaki einlief mit dem Ziel, Handelsbeziehungen mit Japan zu knüpfen; nach viermonatiger Inhaftierung scheiterte auch seine Mission; daraufhin unternahm Rezanov mit Khvostov und Davydov 1806 Racheaktionen im Norden Japans, auf den Kurilen (Plünderungen, Brandschatzungen); vgl. Schwebell 1981: 59-61

111 Ezo: heute Hokkaidô

112 aufgeklärte Zeit: bunmei no miyo 文明の御世
weise Herrscher: meikun 明君 und kluge Minister: kenshin 賢臣; diese stellte er den unteren Beamten gegenüber (vgl. auch weiter oben das Beispiel mit dem Teehandel und den niederen Beamten in Kanton)

113 mokutaku 木拆: Holzklötzchen, deren rhythmisches Zusammenschlagen in den von Holzhäusern gesäumten Gassen vor Feuer warnen sollte

114 Ebisu-Tag (von ebisukô 恵比寿講): Fest zu Ehren von Ebisu, einem der japanischen Glücksgötter und dem vor allem die Händler huldigen; findet jährlich am 20. des 11. Mondes statt, fiel also nach Satô Shôsukes Berechnung 1837 auf den 21. Oktober

Aus dem "Vogelgezwitscher"

115 Übersetzung dieses 1839 im Gefängnis geschriebenen Aufsatzes nach TCZ 4: 9-20 (NShT 55: 172-183)

116 vgl. Anm. 37 vom Text

117 Zhao Sheng: chinesischer Stratege der "Zeit kämpfender Staaten" (481-221 v.u.Z.); dieser Vergleich spielt auf das Verhältnis von Theorie und Praxis an: die Politiker (Praktiker) würden den Ratschlägen konfuzianischer Gelehrter (hier sind offensichtlich Teilnehmer der Diskussionsrunden der "Gesellschaft der Alten" (Shôshikai) gemeint, die in den Jahren der großen Hungersnöte der Tempo-Zeit (1830-1844, Hungerjahre: 1832-37/38) auch unter Beteiligung von Holland-Wissenschaftlern stattfanden, um Gegenmaßnahmen zu beraten) nicht berücksichtigen

118 Erdkunde: chirigaku 地理学 hatte damals eine umfassendere Bedeutung für die Holland-Wissenschaftler; als eine Art Landeskunde umfaßte sie auch historisches Wissen sowie Kenntnisse über Sitten, Bräuche usw.

119 "nicht einmal leichter Rauch stieg (aus den Häusern) auf": Anspielung auf den Mangel an Nahrungsmitteln in jenen Hungerjahren, denn so konnte nichts auf dem Herd zubereitet werden; dieses Bild mag Chôei aus dem "Dialog über die Armut des" Man'yôshû-Dichters Yamanoe no Ôkura (um 660 bis etwa 733) entnommen haben, in dem es auch heißt: "Und von der Herdstatt steigt Rauch schon längst nicht mehr auf" (Übersetzung von Jürgen Berndt in: Rotes Laub, Leipzig 1972, S.22-25)
Feuergott Shukuyû 祝融: chinesischer Geist (Dämon), der die Macht des Feuers in seinen Händen hält; bei einem der vielen Brände, die immer wieder in Edo wüteten, verbrannte im Mai 1838 auch Chôeis Haus

120 während hier (TCZ 4: 14, 1. Zeile) "Unglück" steht, ist im Text des NShT 55: 176, 17. Zeile, zu lesen: "einer Pietätlosigkeit eine weitere hinzuzufügen"

121 Suzuki Shunzan (1801-1846): an der Holland-Wissenschaft interessierter Mediziner und Militärwissenschaftler im Dienst der Fürsten von Tawara; mit ihm verband Chôei eine enge Freundschaft; er half Chôei nicht nur nach der Flucht aus dem Gefängnis (1844), sich zu verbergen und übersetzte mit ihm gemeinsam Militärtexte, sondern er kümmerte sich auch um Chôeis Familie in all den schweren Jahren

122 ein riskanter Versuch, seine von ihm selbst als Schwerverbrecher bezeichneten Mitgefangenen mit dem Schwertadel zu vergleichen; erstere als mutig und entschlossen kennzeichnend, seien letztere in den Friedenszeiten eher verweichlicht und würden sich eitlem Gepränge hingeben; diese Kritik an seiner Zeit war damals sehr verbreitet und taucht auch in anderen Texten Chôeis immer wieder auf

123 diese Haltung ließ – trotz weiter unten auch zum Ausdruck kommender Verzagtheit ("All das ist himmlisches Schicksal und daher unvermeidlich.") – Chôeis Entschlossenheit deutlich werden, auch diese Schwierigkeit zu meistern und nach Möglichkeiten zu suchen, selbst unter diesen "höllischen" Bedingungen sich nützlich zu machen

124 vgl. Anm. 23

125 trotz ständigen Hoffens, man erkenne seine Unschuld, wurde er Ende des gleichen Jahres (1839) zu lebenslanger Haft verurteilt

126 König Wen (jap. Bun): einer der Zhou-Fürsten (11. Jahrhundert v.u.Z.); wurde verleumdet und für einige Zeit im Gefängnis Youli (jap. yûri) verhaftet
Gong Yezhang (jap. Kôyachô): einer der Schüler von Konfuzius

127 seikei 聖経: die konfuzianischen Klassiker ("Vier Bücher" und "Fünf Leitfäden", vgl. Anm. 6 zum Text); diese Bemerkung meint hier wohl die Tatsache, daß Chôei diese Schriften nicht an einer für bushi-Söhne vorgesehenen Lehreinrichtung studierte, sondern von Bekannten der Familie unterwiesen wurde

128 gemeint ist hier das in der "Traumgeschichte" zum Fall Morrison Erörterte

129 Watanabe Kazan (1793–1841): Gelehrter und Maler, der als Politiker im Dienst des Miyake-Fürsten von Tawara in deren Residenz in Edo zugleich den Holland-Wissenschaften großes Interesse entgegenbrachte (gefördert von seinem "aufgeklärten Fürsten"); Chôei war ihm – als dienstliches Verhältnis – nicht nur Rangaku-Lehrer, sondern offensichtlich zugleich auch Freund; ähnlich Chôeis "Traumgeschichte" schrieb Kazan zum Fall Morrison seine Gedanken in der "Befürwortung von Besonnenheit in (kritischen) Zeiten" (Shinkiron, vgl. Übersetzung von Dombrady 1968: 185–199) nieder, was seinen politischen Feinden Anlaß wurde, ihn verhaften zu lassen (1839); er nahm sich dann das Leben – im Unterschied zu Chôei, beide können auch in dieser Hinsicht als zwei Typen von Rangakusha betrachtet werden;
Tokusai: anderer Name für Ozeki San'ei (1787–1839), der ein enger Freund Chôeis war und als Rangakusha (Arzt) ebenfalls bei Kazan diente; offensichtlich befaßte er sich mit dem damals streng verbotenen Christentum und nahm sich, um im Zusammenhang mit dem Fall *Bansha no goku* nicht in Gefangenschaft zu geraten, das Leben

130 gemeint ist Torii Yôzô (1815–1874), damals Statthalter von Edo und zweiter Sohn des Hayashi Junsai (1768–1841, Oberhaupt der Shôheikô, der halbstaatlichen Akademie zur Ausbildung junger bushi in Edo); als Gegner der Lockerung der Abschließungspolitik war er den Holland-Wissenschaften ebenfalls feindlich gesonnen

131 1838 verfaßt, Schrift des Kazan, in der er versucht, die Nützlichkeit westlichen Wissens zu begründen (vgl. die Übersetzung von Dombrady 1971)

132 vgl. Anm. 91

133 vgl. Anm. 129

134 shitendai 司天台: Observatorium (tenmondai 天文台) der Zentralregierung, an der Gelehrte Beobachtungen, Messungen u.ä. zwecks der Kalenderbestimmung durchführten; seit 1811 arbeitete hier auch eine Gruppe offizieller Übersetzer westlicher Bücher, in die Ozeki 1835 aufgenommen wurde; 1856 entstand daraus das "Amt zur Kontrolle barbarischer Schriften" (Bansho shirabesho 蕃書調所), das einer der Vorläufer der späteren Kaiserlichen Universität Tôkyô (gegr. 1877) war

135 die im Fall *Bansha no goku* Angeklagten wurden von den Behörden mit einem anderen Fall jener Tage - dem der Reise zu den unbewohnten Inseln - in Verbindung gebracht: dabei handelte es sich um Leute, die angeblich zu einer später Ogasawara-Inseln genannten Inselgruppe reisen wollte, um diese zu besiedeln und in Freiheit miteinander zu leben (vgl. dazu Tsurumi 1985: 125-180 bzw. Chôeis folgende Schrift "Kurze Beschreibung...")

136 Hikobei: Kaufmann aus Edo
Hidesaburô: Lackmaler

137 tenshi 天子, gemeint ist der Tennô

138 Ashikaga Yoshimitsu (1358-1408): Shôgun, unter dem der Austausch mit China einen erneuten Aufschwung nahm und der 1401 den Status eines gegenüber dem Ming-Kaiser "tributpflichtigen Königs" akzeptierte, was in späteren historischen Abhandlungen oft zum Symbol verräterischen Verhaltens geriet

139 konfuzianische Entsprechungsbeziehung von *Menschlichkeit* (jin, seitens des Herrschers) und *Loyalität* (chû, seitens des Untertans), die Chôei hier konstituiert zwischen Volk und Tennô-Haus (dessen Geschichte er als mit der Thronbesteigung des legendären Jimmu-Tennô 660 v.u.Z. beginnend und seither 121 Generationen während betrachtet)

140 jitsuri 実理: vgl. dazu im Text die Ausführungen zum Begriff *Realitätsbezogene Wissenschaften* jitsugaku 実学

Kurze Beschreibung des Unheils, das dem Barbarenverein widerfuhr

141 Übersetzung dieses 1841 im Gefängnis geschriebenen Abrisses der Geschichte der Rangaku nach NShT 55: 186-201 (TCZ 4: 21-35); zugleich stellt Chôei hier seine Sicht und Wertung des Falles *Bansha no goku* (vgl. Anm. 37 zum Text) dar, die mit der Realität nicht in allen Punkten übereinstimmen; die folgenden Anmerkungen gehen darauf jedoch nicht ein

142 Ashikaga-Zeit: Zeit der Herrschaft der Shôgune aus dem Geschlecht der Ashikaga (1338-1573);
gemeint ist hier Fürst Ôtomo Yoshishige (1530-1587), der sich zum Christentum bekannte (und mit ihm seine Gefolgschaft)

143 nanban 南蛮: ursprünglich bezeichneten die Chinesen fremde Völker südlich ihres Herrschaftsgebietes so; da sich die zu den Philippinen gehörende Insel Luzon im Süden Japans befindet, nannte man nun die von dort kommenden Spanier und Portugiesen so

144 erste Verfolgungen christlicher Missionare sowie japanischer Christen gab es schon unter Toyotomi Hideyoshi (1536-1598), der diese Religion bereits 1587 verbot; unter der Herrschaft des Tokugawa-Clans (seit 1600) fanden dann regelrechte Jagden auf Anhänger des Christentums statt, das als (auch sozial motivierte) Bewegung 1638 endgültig vernichtet wurde; bis zur Meiji-Zeit (ab 1868) ging man dem Glauben in tiefster Verborgenheit nach (sog. kakure kirishitan 隠れキリシタン); 1639 wurde das Edikt über die Abschließung des Landes erlassen: kein Japaner durfte mehr ins Ausland, und aus dem Westen durften nur noch die Holländer Handel mit Japan treiben (England hatte die Beziehungen in den 20er Jahren von sich aus eingestellt)

145 Tokugawa Yoshimune (1677-1751): in seiner Regierungszeit (1720) wurde das Verbot der Einfuhr westlicher Schriften (bzw. deren chinesischen Übersetzungen, ausgenommen direkt christliche Bücher) aufgehoben, und er persönlich förderte das private Studium der Rangaku

146 Arai Hakuseki (1656-1725): neokonfuzianischer Gelehrter, der aufgrund seines vielfältigen Wissens (Staatslehre, Historiographie, Länderkunde, Wirtschaft, Recht u.a.) zur Beratung der Regierung herangezogen wurde; die hier ihm zugeschriebene Schrift meint offensichtlich

das 1715 veröffentlichte Seiyô kibun, das Einblick in einige Errungenschaften westlicher Wissenschaften gab und Anlaß zu den unter Anm. 146 genannten Maßnahmen gewesen sein soll; Chôei stellte es somit als einen wichtigen Markstein in der Geschichte der Rangaku dar

147 Aoki Kon'yô (1698–1769): Konfuzianer, der sich zugleich intensiv mit dem Erlernen der holländischen Sprache beschäftigte und 1745 ein holländisch-japanisches Wörterbuch erstellte, das für die weitere Entfaltung der Rangaku von großer Bedeutung war;
Maeno Ranka (auch Ryôtaku, 1723–1803): Arzt, der 1774 gemeinsam mit den Ärzten *Katsuragawa Getsuchi* (1751–1809), *Sugita Genpaku* (Isai, 1733–1818) und *Nakagawa Jun'an* (1718–1776) erstmals eine holländischsprachige Schrift "Tafel Anatomia" ins Japanische übersetzte (Kaitai shinsho), die der Entwicklung der Medizin Holländischer Richtung ein enormer Impuls war (vgl. Sugita 1942);
Udagawa Shinsai (1769–1834): ebenfalls bedeutender Arzt der Holländischen Richtung; die hier genannten Pioniere der Holland-Wissenschaft sind zugleich Vertreter dreier Generationen, die Chôei und seinen Zeitgenossen vorausgingen und den ersten beiden Entwicklungsetappen der Rangaku zuzurechnen sind (vgl. den "Exkurs in die Geschichte der Rangaku")

148 Takahashi Sakuzaemon (1785–1829): Astronom am Observatorium der Regierung (vgl. Anm. 134); er übergab übrigens 1828 Siebold geheime geographische Unterlagen, woraufhin Siebold des Landes verwiesen wurde und Takahashi eingekerkert wurde (er starb im Gefängnis, vgl. Anm. 5)

149 kiun 気運: dieser Passus findet sich fast wortwörtlich in Sugita Genpakus "Anfänge der Holland-Wissenschaft" wieder und verweist auf ein schicksalshaftes Zeitverständnis ("die energetischen Konstellationen bargen diese Entwicklung in sich"; vgl. Sugita 1983: 68)

150 "leeres Geschwätz...": gekizetsu 鴃舌 ist eine Metapher, die in China von alters her für unverständliche Sprachen vor allem der aus dem Süden kommenden Randvölker stand und zugleich deren kulturelle Unterlegenheit zum Ausdruck bringen sollte; nun brachte sie die ablehnende und abwertende Haltung zum Westen bzw. zur Holland-Wissenschaft zum Ausdruck;
kôki 孔姫: Kombination der je ersten Zeichen von Konfuzius (551–479 v.u.Z) und Zhou Gong (Fürst von Zhou, etwa 11. Jahrhundert v.u.Z.); letzterer war Bruder des Gründers der Zhou-Dynastie (11. Jahrhundert – 221 v.u.Z.), des Königs Wu; angeblich geht auf Zhou Gong die Vorstellung vom *Wechsel des himmlischen Mandats* (kakumei 革命) zurück (vgl. Moritz 1990: 21);
Yao (2333–2234), einer der legendären heiligen Herrscher ("Urkaiser"), die eine Art Goldenes Zeitalter verkörpern;
tenshin kengo 天津鵑語: Anspielung auf eine historische Überlieferung, derzufolge einst der chinesische Philosoph Shao Yung, (jap. Shôyô, 1011–1077) auf der Himmlischen Brücke von Luoyang (jap. rakuyô no amatsubashi 洛陽の天津橋) stand und die Stimme eines Kuckucks vernahm, derzufolge er bevorstehende Unruhen voraussagte; hier soll es demnach auf die unheilvolle Rolle der Rangaku verweisen, deren Gefährlichkeit jedoch nicht wahrgenommen werde

151 Volk der Xian Yun (der Dschurdschen, jap. shô no ken'in), die als nomadisierendes Hirten- und Jäger-Volk in der Östlichen Mandschurei zu einer bedrohlichen Macht aufgestiegen waren und 127 Mio. Chinesen unter ihre Herrschaft brachten (vgl. Franke/Trauzettel1988: 211 ff.);
Volk der Qi Dan (jap. so no kittan), das in der Mandschurei lebte und seit Jahrhunderten die Nordgrenze Chinas immer wieder angriff und dann während der Song-Dynastie (960–1279) unter die Herrschaft der Chinesen geriet

152 Mamiya Rinzô (1775 oder 1780–1844): Spion im Dienst der Zentralregierung, der mit dem Verrat Takahashis (vgl. Anm. 148) den "Fall Siebold" auslöste

153 Bunsei-Jahre: 1818–1829

154 Zuikô: Pseudonym Chôeis

155 山の手: Ortsteil von Edo, in dem sich die Anwesen der Lehensfürsten befanden; hier wirkte die sog. Gruppe der Yamanote-Rangakusha, zu der neben Chôei, Ozeki San'ei, Watanabe Kazan auch Suzuki Shunzan (vgl. Anm. 121) und Uchida Yatarô (vgl. Anm. 165) gehörten; es gab auch noch die Gruppe der Shitamachi-Rangakusha (下町の蘭学者), ebenfalls nach einem Ortsteil Edos benannt, in dem das einfache Volk lebte), die unten noch im Zusammenhang mit der Reise zu den unbewohnten Inseln erwähnt werden

156 vgl. Anm. 89

157 vgl. Anm. 129

158 Hayashi-Haus: neokonfuzianische Gelehrtenfamilie, die – beginnend mit Hayashi Razan (1583–1657) – ein sehr enges Verhältnis zu den Machthabern in Edo hatte und deren – zunächst private – Schule allmählich zum Ausbildungszentrum von jungen samurai für eine Beamtenlaufbahn wurde; 1797 wurde diese Schule unter dem Namen Shôheikô (*Schule/Akademie des blühenden Friedens*) im Prinzip zur Lehranstalt der Zentralregierung

159 bunjin 文人

160 Miyake Tomonobu (1806–1886): Angehöriger des Fürstengeschlechts der Miyake, der sich jedoch aus dem offiziellen Leben zurückgezogen hatte, um sich seinen literarischen Neigungen zu widmen; er förderte auch die Rangaku-Studien seines Untergebenen Kazan (sowie Chôeis), indem er ihnen Bücher zur Verfügung stellte; er gehörte somit zu den Befürwortern der Öffnung des Landes (kaikoku ha 開国派)

161 Endô Shôsuke (1789–1851), leitete in Edo die Lehranstalt des Kishû-Lehens

162 "im Zivilen ... wie im Militärischen" (bunbu 文武): die Einheit von Zivilem und Militärischem (bunbu fugi 文武不岐), eine vor allem von den Konfuzianern der Mito-Schule geprägte Forderung, war in jenen Tagen immer wieder auch Kritik am "sorglosen" Dahinleben der bushi, die über der Verfeinerung ihrer Sitten das Militärische (gemeint ist vielleicht auch die Verantwortung vor der Gesellschaft) vergessen hätten – vgl. dazu Kracht 1975: 60–62; die anschließend als Auffassung des Endô Shôsuke wiedergegebene Argumentation/Kritik findet sich fast wortwörtlich im "Taishoku kanwa" des Mito-Gelehrten Aizawa Seishisai (1782–1863) wieder (vgl. Kracht 1979: 382/383)

163 saisei no jitsuyô 済世の実用

164 Shôshikai 尚歯会: "Zusammenkunft zur Respektierung der Alten"; diese Bezeichnung stammt Satô Shôsuke zufolge bereits aus der Zeit, als man ehrwürdige Alte zur Beratung von Problemen hinzuzog; in der Edo-Zeit gab es mehrere solcher Vereine; dieser hier wurde um der Beratung von Gegenmaßnahmen während der Tempô-Hungersnöte willen gegründet (weshalb es auch den Versuch gibt, den Namen als "Zusammenkunft zur Verlängerung des Alters" zu interpretieren) und vereinte Beamte-Gelehrte (Kazan, Endô u.a.) mit Privatgelehrten wie Chôei

165 Uchida Yatarô (1805–1882): einer der engsten Vertrauten Chôeis, der bei ihm in die Rangaku eingeführt wurde und für den Chôei auch Übersetzungen/Einführungen zur Westlichen Wissenschaftsgeschichte anfertigte; Uchida war ein anerkannter Meister des Wasan (der altjapanischen Mathematik) und zugleich hervorragender Kenner der westlichen Mathematik und Astronomie, der sich für die Umstellung des chinesischen (Mond-)Kalenders auf den Gregorianischen (Sonnen-)Kalender (1873) einsetzte

Okumura Kisaburô (Lebensdaten unbekannt): Spezialist der (westlichen) Vermessungskunde

166 vgl. Anm. 91

167 Mizuno Tadakuni (1793–1851): hochrangiger Politiker in der Zentralregierung jener Zeit, der mit den sog. Tempô-Reformen der innen- und außenpolitischen Krise begegnen wollte – u.a. durch die Verschärfung der Zensur (vgl. Hall 1980: 234/235)
168 vgl. Anm. 110
169 vgl. Anm. 101
170 vgl. Anm. 105
171 vgl. Anm. 92
172 vgl. Anm. 129 bzw. 131;
"Private Aufzeichnungen..." (Bansetsu shiki): Autor unbekannt, Schrift ist auch nicht überliefert;
"Kurze Erzählung..." (Bojutsu shôsetsu)
173 Verkehrung des Sprichwortes "Ein Hund bellt wegen nichts und zehntausend Hunde geben es als Wahrheit weiter" ("Unwahre Gerüchte breiten sich wie ein Lauffeuer aus")
174 Yume-Yume monogatari: Kritik der "Traumgeschichte", deren Autor unbekannt ist;
Zoku-Yumemonogatari: Autor ebenfalls unbekannt und nicht überliefert
175 Kawaji Toshiakira (nicht Saemon, 1801–1868): Politiker der Zentral- Regierung;
Egawa Tarôzaemon (1801–1855): einer der Hauptakteure im Fall *Bansha no goku*; er trat im Unterschied zu den konservativen Politikern um Torii Yôzô (vgl. Anm. 130) für fortgeschrittene (auf westliche Erfahrungen beruhende) Vermessungs- und Verteidigungsmethoden ein und stützte sich daher bei einem Auftrag, die Küste von Uraga (dem Tor zu Edo, weshalb sie auch Kehle für Edo genannt wurde) zu vermessen, auf die von Kazan und Chôei empfohlenen Rangakusha, was ihm – auch wegen der genaueren Resultate – den Zorn seiner Widersacher einbrachte;
Matsumoto Tokizô (Lebensdaten unbekannt): Gefährte Kazans und Egawas, der wegen seiner Kritik am "Erlaß zur Vertreibung fremder Schiffe" (vgl. Anm. 101) ebenfalls von den Behörden bestraft wurde
176 die Mächtigkeit der Lehensfürsten wurde nach ihrem Reiseinkommen in koku 石 (180 l) bemessen; hier wurde die Verantwortlichkeit für die Feste Uraga offensichtlich nach der Verläßlichkeit, nicht der Stärke der Fürsten, neu verteilt (Ôkubo, Matsudaira und Hotta sind alte Fürstengeschlechter, die ihre Besitzungen in dieser Gegend um Edo hatten)
177 vgl. Anm. 130
178 Wen Tianxiang (1236–1282), mutiger Krieger
179 vgl. Anm. 155
180 aus dieser Aufzählung soll deutlich werden, daß der "Bazillus" der Rangaku in alle Rangstufen innerhalb der bushi-Hierarchie eingedrungen war; Chôei selbst diente ja einst bei den Miyake und übersetzte später dann, als er nach seiner Flucht nach Uwajima in den Dienst eines Zweiges des Date-Geschlechts trat, auch für die Shimazu-Fürsten
181 Gruppe, die angeblich zu den "unbewohnten Inseln" fahren wollte
182 Ôshio Heihachirô (1793–1837): Beamter im Stadtmagistrat von Ôsaka, der angesichts der Auswirkungen der jahrelangen Hungersnöte versuchte, 1837 mit Teilen der Stadtarmut die Reisspeicher zu stürmen und den Reis unter den Armen zu verteilen; zwar wurde dieser Aufstand rasch niedergeschlagen, doch machte er zum einen der Regierung den Ernst der Lage im Land deutlich, zum anderen löste er weitere Unruhen aus (vgl. dazu Morris, Ivan: Samurai oder von der Würde des Scheiterns. Tragische Helden in der Geschichte Japans, Frankfurt/M. 1989: 223–265); der hier geäußerte Verdacht einer Verbindung mit dem Rebellen bedeutete natürlich eine enorme Belastung für die Angeklagten
183 vgl. Anm. 119
184 Hayashi Shihei (1738–1793): Gelehrter, der mit den bekanntesten Rangakusha seiner Zeit (vgl. Anm. 147) in Verbindung stand und in seinen Schriften (hier wird das Kaikoku

heidan angeführt) angesichts der russischen Bedrohung im Norden für die Modernisierung der militärischen Techniken und Einrichtungen eintrat; zu jener Zeit war jedoch gerade wieder eine Verschärfung der Zensur im Gange, und so wurde er für seine "Einmischung in politische Angelegenheiten" (Hayashi war ein herrenloser Samurai, ein rônin) mittels seiner Bücher mit Verbannung nach Sendai zu seinem Bruder bestraft, wo er bald verstarb; Chôei vergleicht hier sein eigenes Schicksal mit dem Hayashis

185 dem liegt eine Aussage aus dem Sun zi (jap. Sonshi) aus der späteren Zhou-Zeit (771 - 221 v.u.Z.) zugrunde, das dem General Sun Wu zugeschrieben wird: "Verlasse man sich nicht darauf, daß der Feind nicht kommt, sondern darauf, daß man selbst auf ihn vorbereitet ist."

Regeln des Studiums

186 Übersetzung dieser wahrscheinlich während seines Uwajima-Aufenthaltes (1848/49) als Anleitung für seine Schüler verfaßten Regeln nach Tsurumi 1985: 281/282 (sie sind weder im NShT 55 noch in einem der sechs Bände der TCZ enthalten);
eine gleichnamige Schrift gibt es u.a. auch von Ogyû Sorai (1697-1769), der sich darin mit der Historizität von Sprache und dem Problem des Verhältnisses zwischen dem Chinesischen und Japanischen auseinandersetzt (vgl. NShT 36: 188-197 bzw. 256-258 sowie Minear 1976: 10-32)

187 gekizetsu: zu dieser Metapher vgl. Anm. 150

188 oder: der Sonne und dem Mond, doch wußte Chôei um das heliozentrische Weltbild,weshalb hier diese Variante gewählt wurde

189 kishin 鬼神

190 Chôei gibt hier eine Klassifizierung westlicher Wissenschaften, die sich - dem verschiedenen Zweck der jeweiligen Abhandlungen folgend - von der in den "Auffassungen westlicher Gelehrter" unterscheidet; zudem ging es ihm dort um einen Gesamtüberblick, während es hier um sprachwissenschaftliche Fragen geht, diese Einteilung also auch als eine Sublimierung des in den "Auffassungen..." unter erstens (*redenkunde*) genannten Wissenszweiges betrachtet werden kann

191 Chôei verwendet hier die von den Rangakusha als chokuyaku bezeichnete Übersetzungsmethode: zunächst übernimmt er das Fremdwort mittels einer lautgetreuen Zeichenkombination; anschließend wird die Bedeutung erklärt; für *Syllabik* steht demnach shirurabe

192 garanmachika

193 seitakisu

194 taiyô 体用: wichtiger, für das mehr funktionale als substantielle Denken stehender Begriff der ostasiatische-chinesischen Tradition

195 rojikku

196 shin kon chiryo

197 möglicherweise kritisiert Chôei hier indirekt bisherige Kommentar- und Übersetzungsmethoden; dieses hier geschilderte Prinzip ist zu einer Art Redewendung geworden und meint, Texte (entsprechend den Erfordernissen oder dem eigenen Verständnis) zu kürzen oder ihnen etwas hinzuzufügen

198 der alten chinesischen Zeitrechnung zufolge teilte sich der Tag in 12 Doppelstunden (toki 時), benannt nach den 12 Tierkreiszeichen des chinesischen Kalenders; Zeit des Drachens ist demnach morgens 7-9 Uhr, Zeit des Rindes mittags 11-13 Uhr, Zeit des Vogels (siehe unten) 17-19 Uhr

199 so nannte sich offensichtlich die kleine Schule Chôeis in Uwajima

Aus: Eine Hilfe, andere zu verstehen

200 Übersetzung aus dem ersten Teil dieser 1847 für den zentralregierungsfeindlich gesonnenen Fürsten Date Muneki (1817–1882) geschriebenen zweiteiligen Abhandlung nach TCZ 4: 37–50; der ganze Text ist in TCZ 5: 357–391 enthalten

201 Jin-Dynastie (221–207 v.u.Z.), das erste Kaiserreich Chinas, in dem eine Große Mauer gegen die nördlichen Anrainer gebaut wurde (die jedoch nicht mit dem noch heute bestehenden Bauwerk identisch ist, das im wesentlichen erst im 15. Jahrhundert entstand); yonbu no ichi ei 四分の一営: Chôei verwechselt hier das holländische Wort kwartier mit kwart: einem Viertel

202 Landeseinigung meint die Wiedererrichtung einer Zentralregierung unter der Herrschaft des Tokugawa-Clans 1603, als Tokugawa Ieyasu (1542–1616) zum Shôgun ernannt wurde; 1639 wurde dann die Verordnung zur Abschließung des Landes (sakoku 鎖国) verkündet

203 Satô Shôsuke zufolge wird mit dieser und anderen Bemerkungen deutlich, daß Chôei – aus seiner Unvorsichtigkeit bei der "Traumgeschichte" lernend – hier Zugeständnisse an die Herrschenden macht, um das große Ziel – Informationen zwecks Erhöhung der Verteidigungsfähigkeit zu liefern – nicht zu verfehlen; diese Schrift habe mit seiner wirklichen Haltung zur sakoku-Politik nichts zu tun (Satô 1980: 460–463)

204 fudo kyôhei 富土強兵: eine Losung, die – in abgewandelter Form: fukoku kyôhei富国強兵 – besonders seit der Meiji-Zeit ein tragender Gedanke der Innen- und Außenpolitik Japans war und hinter den Bemühungen um eine rasche Industrialisierung stand; hier stützt Chôei sich auf eine Passage aus Engelbert Kämpfers (1651–1716, wie auch Siebold ein deutscher Arzt und Naturforscher im Dienst der Holländer in Nagasaki tätig) Aufzeichnungen über seinen Japan-Aufenthalt, die von dem Rangakusha Shizuki Tadao (1760–1806) unter dem Titel "Abhandlung über die Landesabschließung" (Sakoku ron) ins Japanische übertragen worden sind;
alle Personen- und geographische Namen sind in dieser Schrift als Zeichenkomposita wiedergegeben, die entsprechend lauten

205 Rorudo shi: auch in Satôs Textkommentaren (TCZ 5) nicht identifiziert

206 gemeint ist der erste Opiumkrieg (1839–1842) zwischen China und England

207 das China der Qing-Dynastie (1644–1911), der Zeit der Herrschaft der Mandschuren

208 gemeint sind die Ryûkyû-Inseln (Okinawa, Miyako, Yaeyama), über die China seit dem 15. Jahrhundert die Oberhoheit hatte (1879 annektierte Japan die Inseln, die zum Distrikt Okinawa wurden)

209 vgl. Anm. 92

210 vgl. Anm. 111; Chôei meint hier wohl die in diese rauhen Gegenden ver-triebene Urbevölkerung des nördlichen Japans, die Ainu, die in der japanischen Geschichtsschreibung damals als Barbaren (ebisu 夷) bezeichnet wurden

211 Maruchi shi: auch in Satôs Textkommentaren (TCZ 5) nicht identifiziert

212 die folgenden Ausführungen beruhen im wesentlichen auf Aufzeichnungen eines Vorstehers der holländischen Faktorei in Nagasaki (auf Dejima)

213 sen 銭: kleine jap. Währungseinheit

214 Arai Hakuseki: vgl. Anm. 146

215 Bunka-Jahre: 1804–1817

216 Bunsei-Zeit: 1818–1829

Tempô-Zeit: 1830–1843

217 es folgen dann ausführliche Beschreibungen zum Aufbau des französischen Heeres (Waffengattungen, Dienstgrade, Kleidung usw.)

4. Übersicht über Leben und Werk des Takano Chôei

1804
T.C. wird im Mai als dritter Sohn des Gotô Sôsuke Saneyoshi und dessen zweiter Frau Miya aus dem Hause der Takano (deren zweiter Sohn) in Mizusawa, geboren (ein dem Clan der Date unterstehendes Lehen, dem die Gotô wie auch die Takano als Vasallen dienen). Er wird zunächst Etsusaburô genannt, sein ältester (Halb-)Bruder heißt Jitsumoto, der zweitälteste Bruder Tansai und der jüngere Keizô.

1812
Im Alter von 59 Jahren stirbt sein Vater. Bereits damals war vorgesehen, daß er einst das Erbe des Hauses Takano übernehmen solle, weshalb er oft dort weilt.

1813
Tsurumi Shunsuke zufolge wird er vom Oberhaupt der Takano, T. Gensai, älterer Bruder von C.'s Mutter und Arzt der Holländischen Richtung, adoptiert und mit dessen einziger Chio Tochter verlobt.

1814
Der Großvater C.'s (und Vater der Mutter bzw. des Adoptivvaters), Takano Gentan, geht nach Higashiyama-Okita, wo er eine Schule betreibt und Dorfkinder in den Chinesischen Klassikern unterweist. C. folgt ihm und lernt bei ihm außerdem die Massagekunst.

1815
C. unterrichtet bereits selbst an der Schule des Großvaters.

1817
Hangai Jirô zufolge wird die um die Jahrhundertwende in Ungnade gefallene Familie Takano rehabilitiert, T. Gensai wird Oberhaupt und adoptiert jetzt erst C. (der nach der Initiation Kyôsai genannt wird).

1819
T. Gentan stirbt.

1820
Mit dem bei einem Glücksspiel gewonnenen Geld begibt C. sich - gemeinsam mit dem Bruder Tansai und einem Cousin - nach Edo, um sich dem Studium der Rangaku zu widmen. Zunächst machte er bei einem Rangaku-Arzt namens Toda halt, wandte sich aber bald an den Adoptivsohn des Rangaku-Pioniers Sugita Genpaku, S. Hakugen, um dort zu lernen.

1821
Hakugen nimmt ihn nicht in seine Haus-Schule auf, doch kann C. tagsüber am Unterricht teilnehmen. Er wohnt bei einem Landsmann, der in Edo eine Drogerie betreibt (Kanzakiya) und verdient sich seinen Unterhalt mit Massagen. Bald darauf wurde er an die Schule des Rangaku-Arztes und Heilpraktikers Yoshida Chôshuku vermittelt.

1822
Yoshida sieht in C. seinen begabtesten Schüler und bedeutet ihm durch die Namensverleihung Chôei (das chô aus seinem eigenen Namen), er möge einst die Schule übernehmen und weiterführen. C. unternimmt im Auftrag seines Lehrers eine Reise in die weitere Umgebung Edos (Nikkô, Berg Tsukuba, Kashima, Ichinomiya), um Heilkräuter zu sammeln, er widmet sich demnach dem Studium der Holländischen Medizin und der Heilkunst.

1823
Sein Bruder Tansai, bei einem Arzt der Chinesischen Richtung studierend, stirbt in Edo. C. übernimmt dessen Schulden, um sie durch Heilbehandlungen zu tilgen. Durch diese Belastung scheint auch seine Gesundheit angeschlagen. Zu dieser Zeit erfährt er von der Krankheit seines Vaters und beschließt, ihn in Mizusawa aufzusuchen. Doch weist dieser ihn als unfertig ab, woraufhin C. nach Edo zurückkehrt. Unterwegs schließt sich ihm ein junger Mann an, dem er in Edo eine Arbeit verschafft und für den er bürgt.

1824
C. muß für einen Diebstahl seines Zöglings einstehen und für einige Monate Dienst als chûgen (unter seinem Status als bushi) in der Edo-Residenz des Matsudaira-Clans leisten.
Sein Lehrer Yoshida stirbt auf einer Reise in Kanazawa. C. praktiziert als städtischer Arzt, besucht andere Rangaku-Schulen und bemüht sich zugleich um die Fortführung der Yoshida-Schule, gemeinsam mit den anderen Schülern, die in ihm eine Art Oberhaupt (jukutô) sehen.

1825
C. begibt sich auf Studienreise nach Nagasaki, wo er Schüler der Siebold-schen Narutaki-Schule wird und im Haus der Imamura (Holländisch-Dolmetscher) Unterkunft findet.

1826
C. und seine Gefährten erhalten von Siebold den Doktortitel für die von ihnen in holländischer Sprache verfaßten Aufsätze (C.s Thema war der Walfang der Japaner), die als Zuarbeiten ebenso wie andere Themen in Siebolds Werk "Nippon" eingehen. C.s Adoptivvater stirbt (laut Hangai erst 1827). Es beginnt ein jahrelanges zähes Ringen mit der Verwandtschaft, die auf seine Rückkehr drängt, damit er seinen Aufgaben als Erbe gerecht werde und in den Dienst des Mizusawa-Fürsten trete.

1828
C. reist nach Tsushima, Iki und nach Hirado, wo er zeitweise für den Fürsten Matsuura übersetzte.
Ende des Jahres muß er im Zusammenhang mit dem Fall Siebold (Siebold wird wegen unerlaubten Landkartenbesitzes des Landes verwiesen, seine Anhänger werden verfolgt und verhaftet) Nagasaki verlassen und untertauchen.

1829
So begibt er sich nach Hita (Frühjahr), wo er einige Zeit an der berühmten Privatschule Kangi'en des Hirose Tansô weilt. Unterwegs lehrend, praktizierend, lernend und schreibend, kehrt er dann nach Zwischenaufenthalten in Hiroshima (Sommer 1829 bis Frühjahr 1830), Kyôto und Nagoya nach Edo zurück (Ende 1830 oder 1831).

1830
C. entschließt sich endgültig, vom Erbe zurückzutreten, und bittet die Verwandtschaft schriftlich, die Verlobung zu lösen, Chio statt dessen zur Adoptivtochter zur erklären und ihr einen neuen Mann als Erben zu suchen. Im Oktober eröffnet er in Edo eine Heilpraxis sowie seine Schule "Halle des weiten Blicks" (Daikandô), in der er mit seinen Schülern seinen wissenschaftlichen Interessen nachkommt und übersetzt.

1831
Endlich stimmt man in Mizusawa seinen Vorschlägen zu und setzt ihn in den "Ruhestand". So wird er zwar nicht verstoßen, doch brechen die offiziellen Beziehungen zur Heimat bald darauf - nach der Verheiratung Chios mit Tôei (1832) - ganz ab. C. holt seine leibliche Mutter nach Edo, um seinen Kindespflichten nachzukommen. Er lernt Ozeki San'ei und Uchida Yatarô kennen.

1832
C. lernt über Ozeki Watanabe Kazan in der Edo-Residenz des Fürsten Miyake kennen, wo erstere letzterem beim Studium der Rangaku behilflich sind (und so ihre Finanzen aufbessern).

1833
Ozeki und C. werden in die "Gesellschaft der Alten" (Shôshikai) einbezogen, die in den Tempô-Hungerjahren Maßnahmen zur Linderung der Not beriet. Über diese Ebene kommt C. unmittelbar mit politischen Problemen des Landes in Berührung. Sein Onkel Mogi Samanosuke stirbt in Maesawa.

Jahre bis 1838
Rege Schreib- und Lehrtätigkeit in Edo (vgl. Schriftenverzeichnis) im Rahmen seiner Schule sowie der Shôshikai (Studium der Geographie, Geschichte, Gesellschaft, Kultur des Westens sowie des Küstenschutzes). In dieser Zeit lernt er Suzuki Shunzan kennen (1835).

1837 stirbt sein jüngerer Bruder.

1838 brennt sein Haus bei einem Großfeuer in Edo ab. Er heiratet die Geisha Yuki.

1839
Im Zusammenhang mit der "Verhaftung der (Leute des) Barbaren-Vereins" (Bansha no goku) wird auch C. von den Behörden gesucht - vor allem wegen seiner "Traumgeschichte". Nachdem Kazan verhaftet ist und Ozeki Selbstmord begeht, stellt C. sich im Mai selbst und wird bald darauf zu lebenslanger Haft im Gefängnis Kodenba verurteilt.
Seine Tochter Moto wird geboren. Vor allem Uchida und Suzuki kümmern sich von nun an um C.s Familie.

1841
Kazan begeht Selbstmord.
C. wird im Gefängnis zum Oberhaupt der Häftlinge.

1844
C. läßt im Juni durch einen Mithäftling das Gefängnis in Brand stecken und nutzt die in solchem Fall den Häftlingen gewährten drei Tage Freiheit zur Flucht. Landesweit gesucht, gelangt er über Urawa, Nakanojô (Jôshû, wo er ehemalige Schüler aufsucht) im Spätherbst nach Naoetsu. (Das folgende gibt die Version von Tsurumi u.a. wieder, während Satô Shôsuke - wie im Text ausgeführt - davon ausgeht, daß C. bis 1848 im wesentlichen in Edo weilte und mit/für Suzuki und Uchida übersetzte.)
Chio stirbt.

1845
Ende des Jahres trifft C. in Mizusawa seine Mutter. Um die Jahreswende befindet er sich in Yonezawa, wo ihn wiederum - sich selbst und ihre Familien gefährdend - Freunde verstecken.

1846
C. kehrt nach Edo zurück, wo Uchida ihm und seiner Familie ein Versteck sowie Übersetzungsaufträge (für die Fürsten von Satsuma, die Shimazu, und Uwajima, die Date) organisiert. Später versteckt Uchida ihn in Ashigara, wo er Arbeiten zur Astronomie übersetzt.
Sein ältester Sohn Yuzuru wird geboren.

1848
C. wird über Uchida ins Fürstentum der Date, Uwajima auf Shikoku, eingeladen, um die Söhne der bushi Rangaku zu lehren und Schriften militärischen Inhalts zu übersetzen. Im Verlauf des knappen Jahres hat er offensichtlich eine Nebenfrau, Trinksucht wird ihm nachgesagt.

1849
C. wird von den Häschern der Regierung aufgespürt und muß erneut fliehen. Im Februar besucht er in Kotohira den berühmten Kompira-Schrein, wo er in einem Gedicht sein Leid zum Ausdruck bringt. Ob C. auf seinem Fluchtweg auch nach Kyûshû (Kagoshima) zu den Shimazu kam, ist unklar. Doch hätte er auch dort wegen der inneren Machtkämpfe zwischen Anhängern der Öffnungspolitik und ihren Gegnern nicht bleiben können.
Im Juli kam er über Ôsaka nach Nagoya, von wo aus er jedoch bald - wegen der "provinziellen Atmosphäre" - wieder in Richtung Edo aufbrach. Mit verätztem Gesicht, um nicht erkannt zu werden, kam er dort gegen Ende des Jahres an, noch immer unter dem Schutz der Date stehend, für die er übersetzte.

1850
Erneut muß er aus Edo flüchten (Katori in Shimôsa), kehrt aber bald zurück. Mitte des Jahres brechen die Date die Beziehungen zu C. ab. Er muß nun wieder als Heilpraktiker tätig werden, z.T. seine Schriften/Bücher verkaufen oder verpfänden, und wird daraufhin bald aufgespürt. Kurz nach der Geburt seines zweiten Sohnes Kaname gab er sich nach einem Handgemenge mit den Häschern der Stadt selbst den Tod (30.10.).
Über das Schicksal seiner Familie gibt es keine gesicherten Aussagen. Im Roman "Chôeis Flucht" (Chôei tôbô) von Yoshimura Akira, heißt es, Yuki sei bestraft worden, während die drei Kinder zu ihrem jüngeren Bruder, einem verkommenen gokenin, geschickt worden seien. Dieser habe die Jungen an fremde Häuser weitergereicht. Moto habe er in ein Freudenhaus in Shin-Yoshiwara verkauft. Dort sei sie bei einem Erdbeben im Jahre 1855 im Feuer umgekommen (vgl. Akira 1984: 378-384).

Chronologisches Verzeichnis der in den Gesammelten Werken des Takano Chôei (TCZ) enthaltenen Schriften

Von Chôei für Siebold in Holländisch verfaßte Aufsätze:

1826

De Kunst bloemen en takken sierlijk in vazen te steken vertaald. (Bd. 6: 5–10, mit Rückübersetzung ins Japanische. Dem Übersetzer Shôji Mitsuo zufolge hat Chôei vor allem das Buch "Rikka seidôshû" 立華正集 zusammengefaßt und übertragen; vgl. Bd.6: 7)

Ankweeking van den theeheester en bereiding van den thee op Japan. (Bd. 6: 11–16, mit Rückübersetzung. Diese Ausführungen über die Teezeremonie hat Chôei wahrscheinlich auf der Grundlage des von einem Freund Vernommenen zusammengetragen; vgl. Bd.6: 7)

Zedeleer van Japansche vrouwen. Van het opschikken der vrouwen. Plegtigheden bij het huwelik. (Bd. 6: 17–31, mit Rückübersetzung. Drei Artikel über die Frauen, die sich an gängigen Etikettebüchern orientieren.)

Land beschrijving van Luu kuu. Deel 1. Deel 2. (Bd. 6: 33–71, mit Rückübersetzung. Dieser Aufsatz ist im wesentlichen eine Übersetzung der Schrift "Nantôshi", 南島志 "Über die Südlichen Inseln" von Arai Hakuseki (1657–1725); vgl. Bd. 6: 8)

1827

Eenige aantekeningen over rijstbouw. (Bd. 6: 73–78; mit Rückübersetzung. Hier hat Chôei sich wahrscheinlich auf die Schriften "Gakka shinsho" 学稼親書, "Neues über das Studium des Reisanbaus", von zwei Gelehrten aus Mito und "Nôka tokuyô shi" 農家徳用志, "Über die Wirtschaftlichkeit der Bauernhäuser" von Satô Seifu gestützt; vgl. Bd. 6: 8)

In jenem Jahr übersetzte er gemeinsam mit dem ebenfalls bei Siebold lernenden Oka Kensuke (1799–1839) auch aus dem Holländischen ins Japanische:

Ransetsu yôjô roku 蘭説養生録 – Aufzeichnungen über holländische Auffassungen zur Gesundheitspflege. (Bd. 1: 517–555; Takano Chôun bemerkt dazu, daß dieser Übersetzung, die auf Bitten des wohlhabenden Kumaya Gorôzaemon aus Hagi, Chôshû, angefertigt wurde, eine Arbeit von Hufeland zur Hygiene zugrunde lag; vgl. Bd. 1: 516)

1828

Bekendmaking van de Japansche en Indiaansche godsdienstige kerken en tempelen te Jedo. (Bd. 6: 79–105; mit Rückübersetzung. Diese Arbeit ist eine Zusammenfassung des "Edo meisho zukai" 江戸名所図会, "Erläuterungen zu den Sehenswürdigkeiten von Edo"; vgl. Bd. 6: 9)

Beknopte Lijst van de tempelen en kerken te Mijako (Bd. 6: 107–163; mit Rückübersetzung. Auch das ist eine zusammenfassende Übersetzung, von "Miyako meisho kuruma" 都名所車, "Entlang den Sehenswürdigkeiten der Hauptstadt (Kyôto)"; vgl. Bd. 6: 9)

Korte verzameling van de voortbrengzelen in Japan, welke tot het eetbaare behooren en tegen de ziekten gebruikt worden. (Bd. 6: 165–225; mit Rückübersetzung. Hier wurde das "Inzen tekiyô, 飲膳摘要 "Das Wichtigste über das Servieren von Getränken" – herangezogen; vgl. Bd. 6: 10)

1829/1830

Taisei kyôsui shinsho 泰西胸水親書 – Neues aus dem Westen über Flüssigkeit, (die sich bei Entzündungen des) Brust(fells ansammelt). (Bd. 1: 125–201)

Kyakujû anshô 客中案證 – Niederschriften auf Wanderschaft. (Bd. 1: 351–427; Aufzeichnungen, die Chôei auf seiner Reise von Kyûshû nach Kyôto über Krankheiten und deren Heilmethoden anfertigte)

Taisei jishin setsu 泰西地震説 – Westliche Lehren über Erdbeben. (Bd. 4: 53–60; anläßlich eines gewaltigen Erdbebens in Kyôto verfaßte, auf Aufklärung über Ursachen und Stärke von Erdbeben gerichtete Studie, die neueste Erkenntnisse aus westlichen Ländern zusammenfaßte)
Außerdem entstand etwa um diese Zeit oder sogar noch früher:

Kanyô naikei setsu 漢洋内景説 – Chinesische und westliche Lehren über das Innere (des menschlichen Körpers) (Bd. 2: 395–421). Tsurumi, Sugano geben 1836 als deren Entstehungsdatum an, doch weist Satô Shôsuke überzeugend nach, daß diese stark an Ôtsuki Gentakus "Jûtei kaitai shinsho" 重訂解体親書, "Überarbeitete Ausgabe des Kaitai shinsho" (1798), angelehnte Schrift zu den frühen gehörte, da Chôei sich sehr bald (siehe 1832) westlichen physiologischen Schriften zuwandte, die dem Vitalismus verpflichtet waren (vgl. Satô 1980: 98–102)

1832

Igen sûyô/naihen 医原枢要内編 – Schlüssel zu den Quellen der (westlichen) Medizin/ Innere (Medizin). (Bd. 1: 1–106; erste Schrift zur Physiologie als Grundlagenwissenschaft in Japan, die Arbeiten des Franzosen George de la Faye (1699–1781) sowie der Deutschen Johann F. Blumenbach (1752–1840) und Theodor G. Roose (1771–1803) folgte. Die Hefte zur Chirurgie – gaihen – erschienen 1836)

Ika biyô 居家備用. (Bd. 2: 1–338; Übersetzung der medizinischen Schrift eines Engländers, mit einer Sammlung von Heilmitteln und -methoden)

1835

Bunken manroku 聞見漫録 – Allerlei Gehörtes und Gesehenes. (Bd. 4: Handschriftenteil; diese zusammenfassenden Überlegungen zu Übersetztem fertigte Chôei auf Bitten Uchida Yatarôs an; hierzu gehört der später so betitelte Aufsatz Seiyô gakushi no setsu 西洋学師ノ説 – "Die Auffassungen westlicher Gelehrter", der als erste Darstellung westlicher Philosophie- und Wissenschaftsgeschichte in Japan gilt).

1836

Hieki yôhô 避疫要法 – Wichtiges zum Vermeiden von Epidemien (Bd. 1: 215–230)

Kyûkô nibutsukô 救荒二物考 – Gedanken zu zwei Produkten, die bei Mißernten helfen (Bd. 4: Handschriftenteil)
Beide Aufsätze wurden als Versuche verfaßt, die schlimmen Folgen der Hungerkatastrophen in der Tempô-Zeit (1830–1844) zu mildern.

1837

Ganmoku kyûri hen 眼目窮理編 – Studie über das Sehen (Bd. 1: 233–240; in Form von Fragen und Antworten verfaßt)

Ken'on kanryaku setsu 験温管略説 – Über das Thermometer (Bd. 4: 79–84)

Kenkikanryaku setsu 験気管略説 – Über das Barometer (Bd. 4: 85–88)

Ensai suishitsu ron 遠西水質論 – Westliche Auffassungen über das Wasser (Bd. 4: 61–78)

Diese Entstehungsdaten folgen den Angaben von Sugawa und Tsurumi, auch hier ist es jedoch möglich, daß sie viel früher geschrieben wurden. Außerdem verfaßte Chôei in jenen Jahren seiner Forschungs- und Lehrertätigkeit an seiner Privatschule folgende, zumeist auf Übersetzungen beruhende Schriften, von denen nicht klar ist, wann sie genau enstanden:

Gyûtô setsuhô 牛痘接法 – Erläuterungen (zur Schutzimpfung gegen) Pocken (Bd. 1: 203–214)

Zuikôdô hôshû 瑞皐堂方集 – Sammlung von Rezepten aus der Halle des Zuikô (Bd. 1: 245–263)

Hôji mitsu riji 法爾密里説 – Erläuterungen zu Eigenschaften und Gebrauchsweisen westlicher Arzneien (Bd. 1: 267–349)

Ri ron 痢論 – Über die Ruhr (Bd. 1: 429–442)

Genbyô hatsumi 原病發微 – Über die Ursachen von Krankheitsausbrüchen (Bd. 1: 445 bis 459; Übersetzung)

Kakubyô ron 各病論 – Über verschiedene Krankheiten (Bd. 1: 461–481; zu dieser Schrift bemerkt Takano Chôun, daß sie noch zu seinen Zeiten – dreißiger Jahre des 20. Jahrhunderts – gültiges Material beinhalte; ebenda: 462)

Geka yakuzai hiroku 外科薬剤秘録 – Geheime Aufzeichnungen über chirurgische Arzneimittel (Bd. 1: 483–513; Übersetzung, die laut Chôun von der Öffentlichkeit mit großer Dankbarkeit und Bewunderung aufgenommen wurde; ebenda: 484)

Sanka teiyô 産科提要 – Grundlegendes zur Geburtshilfe (Bd. 2: 337–395; Übersetzung)

Taisei nijûyon hô 泰西二十四方 – 24 Rezepte aus dem Westen (Bd. 2: 420–538)

Baisô wakumon 黴瘡或問 – Über Syphilis. Fragen und Antworten (Bd. 2: 537–561)

Baisô tekiyô 黴瘡摘要 – Das Wichtigste über Syphilis (Bd. 2: 563–592; Übersetzung einer Arbeit von Josephus Jakobus Frenk, die auf praktischen Erfahrungen beruhte)

Byôgaku hen 病学編 – Über die Wissenschaft von den Krankheiten (Bd. 2: 593–605; Übersetzung)

Heitai ron 平体論 – Über den gesunden Körper (Bd.2: 607–611)

Hankan tokushi sôkô 繙巻得師草稿 – Manuskript zur Erläuterung der holländischen Grammatik von Chôei für seine Schüler (Bd. 4: Handschriftenteil)

Kesseki wô gudo ron 結石を–グド – Über Nierensteine (Bd. 4: Handschriftenteil)

Im 4. Band sind außerdem holländischsprachige Manuskripte enthalten, die als Abschriften von Arbeiten über:
Kinderkrankheiten
Pocken
Astronomie entstanden.

Der 3. Band enthält zwei wörterbuchartige Listen:

Gekagaku jisho 外科学辞書 – Chirurgisches Wörterbuch (S. 541–602)

Haruma Jisho ハルマ辞書 – Halma-Wörterbuch (S. 491–540; eine auszugsweise Abschrift aus einer der vielen japanischen Versionen des: Nieuw Nederduitsch en Fransch Woordenbook, das 1717 von Fran ois Halma (1652–1722) herausgegeben wurde; vgl. Sugimoto/Swain 1989: 332/333)

1838

Bojutsu yume monogatari 戊戌夢物語 – Eine Traumgeschichte aus dem Jahre Bojutsu (Bd. 4: 1–8)

1839

Tori no nakugoe 鳥の鳴音 – Vogelgezwitscher (bzw. Wasuregatami わすれがたみ – Memento) (Bd. 4: 9–20)

1841

Bansha sôyaku shôki 蛮者遭厄小説 – Kurze Beschreibung des Unheils, das dem Barbaren–Verein widerfuhr (Bd. 4: 21–36)

1846

Seigaku ryakki 星学略記 – Abriß zur Sternkunde (Bd. 4: Handschriftenteil)

Sonmoru shisei hen 遜謨児四星編 – Über die vier von Sommer (neu entdeckten) Sterne (Bd. 4: Handschriftenteil)
Beide Arbeiten entstanden als zusammenfassende Übersetzungen neuester astronomischer Erkenntnisse des Westens für seinen Freund Uchida Yatarô.

1847

Chihi ichijo 知彼一助 – Eine Hilfe, andere zu verstehen (Bd. 5: 355–391)

San hei takochiki 三兵答古知幾 – Taktik dreier Waffengattungen (Bd. 3: 1–374; Übersetzung der von J.J. van Mulken ins Holländische übertragenen Arbeit des Heinrich von Brandt: Taktiek der drie wapens, infanterie, kavallerie en artillerie, Breda 1837)

1848

Yakugyô hitsuyô no shoseki mokuroku 訳業必要之書籍目録 – Verzeichnis der Bücher, die zu übersetzen sind (Bd. 4: Handschriftenteil)

Hôka hitsudoku 砲家必読 – Was man über die Batterien lesen sollte (Bd. 5: 1–349; Übersetzung der Schrift des G.J. Stieltjes: Handleiding tot de kennis der versechillende soorten van batterijen, Breda 1832)

Im 3. Band sind außerdem zwei Abschriften holländischsprachiger Aufsätze militärischen Inhalts enthalten (S.375–490).

5. Literaturverzeichnis

Abkürzungen

AA	Acta Asiatica, Tôkyô
AO	Acta Orientalia, Kopenhagen
BJOAF	Bochumer Jahrbuch zur Ostasienforschung
CK	Chûô kôron, Tôkyô
DZfPh	Deutsche Zeitschrift für Philosophie, Berlin
HJAS	Harvard Journal of Asiatic Studies, Cambridge, Mass.
JJS	The Journal of Japanese Studies, Washington
MN	Monumenta Nipponica, Tôkyô
NOAG	Nachrichten der Gesellschaft für Natur- und Völkerkunde Ostasiens, Hamburg
NShT	Nihon shisô taikei
TCZ	Takano Chôei zenshû

Sammlungen und Quellentexte

Bansha sôyaku shôki, NShT 55
Bojutsu yumemonogatari, NShT 55

Chihi ichijo, TCZ 4

Ensai suishitsu ron, TCZ 4

Gakusoku, Tsurumi Shunsuke 1985
Gakusoku (Ogyû Sorai), NShT 36
Gekizetsu wakumon, NShT 55

Heitairon, TCZ 2

Igen sûyô/naihen, TCZ 1

Kaitai shinsho, NShT 65
Kanyô naikei setsu, TCZ 2
Kenkikanryaku setsu
Ken'onkanryaku setsu, TCZ 4
Kyûkô ni butsukô

Nihon shisô taikei, 67 Bde, Iwanami shoten, Tôkyô 1970–1982
Rangakukoto hajime, Iwanami classics, Tôkyô 1983

San hei takichiki, TCZ 3
Seiyô gakushi no setsu, TCZ 4
Shinkiron, NShT 55
Shinron, NShT 53

Taisei jishin setsu, TCZ 4
Taishoku kanwa, NShT 53
Takano Chôei zenshû, Bde. 1–3 Takano Chôei zenshû kanko kai, Mizusawa 1930–31; Bde. 4–6 Iwanami shoten, Tôkyô 1978–82

Wasuregatami, TCZ 4

Sekundärliteratur/Quellenübersetzungen

Abe Yoshio: Development of Neo-Confucianism in Japan, Korea and China: A Comparative Study, in: AA 19/1970, 16–39
Acta Sieboldiana. Die Sieboldiana-Sammlung der Ruhr-Universität Bochum, beschrieben von V. Schmidt, Wiesbaden 1989
Ästhetik der Kunst, Autorenkollektiv unter Leitung v. Erwin Pracht, Berlin 1987
Asada Teruhiko: Dasshû Takano Chôei, Shu'nyû bunko, Tôkyô 1990

von Barloewen, Constantin/Werhahn-Mees, Kai (Hg.): Japan und der Westen, Frankfurt/M. 1986
Band 1: Philosophie, Geistesgeschichte, Anthropologie
Band 2: Wirtschafts- und Sozialwissenschaften, Technologie
Band 3: Politik, Kultur, Gesellschaft

Barth, Johannes: Edo. Geschichte einer Stadt und einer Epoche Japans, Tôkyô 1979
Bellah, Robert N.: Tokugawa Religion. The Values of Preindustrial Japan, Glencoe, Ill. 1957
ders.: Analogien zur protestantischen Ethik in Asien, in: Seminar: Religion und gesellschaftliche Entwicklung, hg. Seyfarth, C. u. Spröndel, M., Frankfurt/M.1973, 179-189
ders.: Religiöse Evolution, in: ebenda, 267-302
Berndt, Ja./Richter St.: Das "Kokusai nihon bunka kenkyûsentâ" - Eine Herausforderung für Japanologen, Japan-Studien der Sektion Asien wissenschaften der Humboldt-Universität zu Berlin, Berlin 1989
Bertaux, Pierre: Friedrich Hölderlin, Berlin 1987
BI-Lexikon Ostasiatische Literaturen, Autorenkollektiv unter Leitung v. Jürgen Berndt, Berlin 1985
Bitô Masahide: Nihon hôken shisôshi kenkyû. Bakuhan taisei no genri to shushigakuteki shii, Aoki shoten, Tôkyô 1961
ders.: Ogyû Sorai and the Distinguishing Features of Japanese Confucianism, in: Najita/Schreiner 1978
Braisted, Willam R. (Hg.): Meiroku zasshi. Journal of the Japanese Enlightenment, Tôkyô 1976
Brüll, Lydia: Die japanische Philosophie. Eine Einführung, Darmstadt 1989
dies.: Die traditionelle japanische Philosophie und ihre Probleme bei der Rezeption der abendländisch-westlichen Kultur, in: BJOAF 1.1978, 318-347
Craig, Albert M.: Science and Confucianism in Tokugawa Japan, in: Jansen 1965, 133-160

Dölling, Irene: Individuum und Kultur. Ein Beitrag zur Diskussion, Berlin 1986
Dombrady, G. Siegfried: Das Gekizetsu-wakumon, ein Befragungsprotokoll des Gelehrten Watanabe Kazan, in: NOAG 110/1971, 49-72
ders.: Die "Traumerzählung" (Yume-monogatari) des Gelehrten Takano Chôei, in: NOAG 104/1968, 5-20
ders.: Watanabe Kazan - ein japanischer Gelehrter des 19. Jh., Hamburg 1968

Eco, Umberto: Kunst und Schönheit im Mittelalter, München/Wien 1991
ders.: Zeichen. Einführung in einen Begriff und seine Geschichte, Frankfurt/M. 1977
Elias, Norbert: Die Gesellschaft der Individuen, Frankfurt/M. 1988b

ders.: Engagement und Distanzierung. Arbeiten zur Wissenssoziologie, Frankfurt/M. 1987
ders.: Mozart. Zur Soziologie eines Genies, Frankfurt/M. 1991
ders.: Über den Prozeß der Zivilisation. Soziogenetische und psychogenetische Untersuchungen, Frankfurt/M. 1988a
ders.: Über die Zeit. Arbeiten zur Wissenssoziologie, Frankfurt/M., 1989
Engler, Wolfgang: Das genuin philosophische Verhältnis zur Welt, in: DZfPh 8/1990a, 775–781
ders.: Docta Ignorantia. Pierre Bourdieus soziologische Kritik der wissen schaftlichen Vernunft, in: Krüger, H.-P.(Hg.) 1991, 175–196
ders.: Macht, Wissen und Freiheit. Was Foucaults dreifacher Bruch mit der Ideengeschichte zu sagen hat, in: DZfPh 9/1990b, 874–886
Europäische Enzyklopädie zu Philosophie und Wissenschaft (hg. v. H.J. Sandkühler), 4 Bde., Hamburg 1990

Flasch, Kurt: Das philosophische Denken im Mittelalter. Von Augustin zu Machiavelli, Stuttgart 1986
Florenz, Karl: Die historischen Quellen der Shintô-Religion, Göttingen/ Leipzig 1919
Forke, Alfred: Geschichte der neueren chinesischen Philosophie, Hamburg 1938
Foucault, Michel: Die Geburt der Klinik. Eine Archäologie des ärztlichen Blicks, Frankfurt/M. 1988
Franke, Herbert/Trauzettel, Rolf: Das chinesische Kaiserreich, Frankfurt/M. 1988
Fujikawa Yutaka: Der Arzt in der japanischen Kultur, Tôkyô 1911 (Faksimile-Nachdruck Esslingen 1976)
Fukuzawa Hiroomi: Zur Rezeption des europäischen Wissenschaftsvokabulars in der Meiji-Zeit, in: NOAG 143/1988, 9–18
Fukuzawa Yukichi: An Encouragement of Learning, transl. by D.A. Dilworth/U. Hirano, Tôkyô 1969
ders.: The Autobiography of Fukuzawa Yukichi with Preface to the collected Works of Fukuzawa. Transl. by Eiichi Kiyooka with an Introduction by Shinzô Koizumi, Tôkyô 1981
Furuta Hikaru/Koyasu Nobukuni (Hg.): Nihon shisôshi tokuhon, Tôkyô keizai shimpôsha 1979

Genschorek, Wolfgang: Im Land der aufgehenden Sonne. Das Leben des Japanforschers Philipp Franz von Siebold, Leipzig 1988

Graf, Olaf: Kaibara Ekiken. Ein Beitrag zur japanischen Geistesgeschichte des 17. Jahrhunderts und zur chinesischen Sung-Philosophie, Leiden 1942
Granet, Marcel: Das chinesische Denken. Inhalt, Form, Charakter; München 1980
Greene, S.D.C.: Life of Takano Nagahide, in: Transactions of The Asiatic Society of Japan, vol. 41/3, Tôkyô 1913, 379-492
Griševljova, L.D.: Formirovanie japonskoi nacional'noi kul'tury konec XVI. - načalo XX. veka, Moskva 1986
Gurjewitsch, Aaron J.: Das Weltbild des mittelalterlichen Menschen, Dresden 1978

Habermas, Jürgen: Strukturwandel der Öffentlichkeit. Untersuchungen zu einer Kategorie der bürgerlichen Gesellschaft, Frankfurt/M. 1990 (Neuauflage)
Hall, John Whitney: Das Japanische Kaiserreich, Frankfurt/M. 1980
ders.: Changing Conceptions of the Modernization of Japan, in: Jansen 1965, 7-41
Hammitzsch, Horst: Japan-Handbuch, Wiesbaden 1981
Hangai Jirô: Takano Chôei, Ôshi sha, Tôkyô 1983
Haucke, Kai: Tradition und Moderne. Zur Soziologie moderner Gesellschaften, 1990, Humboldt-Universität zu Berlin, Diplomarbeit
Heise, Jens(Hg.): Die kühle Seele. Selbstinterpretationen der japanischen Kultur, Frankfurt/M. 1990
ders.: Nihonron - Materialien zur Kulturhermeneutik, in: Menzel 1989, Bd.1, 76-97
Herder, Johann Gottfried: Ideen zur Philosophie der Geschichte der Menschheit, in: Sämtliche Werke XIII, hrsg. v. B. Suphan, Hildesheim-New York (o.J.)
Hijiya-Kirschnereit, Irmela: Das Ende der Exotik, Frankfurt/M. 1988
dies.: Was heißt: Japanische Literatur verstehen?, Frankfurt/M. 1990
Hiraishi Naoaki: Ogyû Sorai's Confucianism: An Analysis of its Modern Nature, University of Tôkyô, Institute of Social Science, 1987, Occasional Papers in Politics and Political Thought, Nr.1
Hirata Atsutane: Taidô Wakumon - Es fragte einer nach dem Großen Weg, übersetzt v. W. Schiffer in: MN 2, 1939, 212-236
Hirner, Andrea C.T.: Feudales Leben in der japanischen Stadt. Charakteristiken und Entwicklungsformen der Kakyû bushi in der Edo-Zeit bis zum Beginn der Meiji-Epoche, 1979, Bonn, Dissertation

Ida Yoshiharu: Growth and Development of Western Learning in Japan - Mainly from Dutch to English Studies, in: AA 42/1982, 41-55
Ishida Takeshi: Die Einführung westlicher politischer Begriffe in Japan. Zur Reaktion nicht-westlicher Gesellschaften auf den Einfluß des Westens, in: Peripherie 27 (1987), 7-21
Ishihara Akira: Rampô. Chôgoku igaku no seika, Chûô kôronsha (Chûkô shinsho), Tôkyô 1987
Ishiyama Hiroshi: The Yôgaku Scholars' Awareness of the Outer World - Japanese World Geography in the Tokugawa Period, in: AA 42/1982, 18-40
Itô Shuntarô/Murakami Yôichirô (Hg.): Kôza kagakushi 4. Nihon kagakushi no shatei, Baifu kan, Tôkyô 1989
ders./ders./Sakamoto, Kenzô/Yamada, Keiji (Hg.): Kagakushi gijutsushi jiten, Kôbun sha, Tôkyô 1983
Itô Tasaburô : The Book Banning Policy of The Tokugawa Shogunate, in: AA 22/1972, 36-61
Itô Tetsuo: Chôei den misai no shokan nitsû to sono kankei shiryô nitsuite, in: TCZ 5, 399-431

Jansen, Marius B.(Hg.): Changing Japanese Attitudes toward Modernization, Princeton/New Jersey 1965

Kamo Mabuchi: Kokuikô - Gedanken über den "Sinn des Landes", übersetzt v. H. Dumoulin in: MN 2 (1939), 165-192
Karatani Kôjin: Hitotsu no seishin, futatsu no jûkyû seiki, in: Gendai shisô 12/1987, 175-183
ders.: Nihon seishin bunseki, (Fortsetzungsreihe, laufend) in: Hihyô kûkan (Critical space quarterly) 4/1992 ff.
Kasai Tadaši: Izučenie istorii obščestvennoi mysli Japonii na sovremennom etappe. Materialističeskie vzgljady Vatanabe Kazana i Takano Čoeja, in: Japonskie materialisty, hg. von Mori Koiči, Moskva 1985, 133-186
Katagiri Kazuo: The Rise and Development of Dutch Learning (Rangaku) in Japan, in: AA 42/1982, 1-17
Kawaguchi K./Ikeda T./Ikeda M.: Edo jidai yakushoku jiten, Tôkyô bijutsu sensho, Tôkyô 1988
Kawajiri Nobuo: Bakumatsu ni okeru Yoroppa gakujutsu juyô no ichi dammen, Tôkai daigaku shuppankai, Tôkyô 1982
Kawamura Nozomu: Nihon bunka wo meguru shomondai, in: Yuibutsuron kenkyû Heft 6, Sekibunsha, Tôkyô 1982, 2-13

Kemper, Ulrich: Arai Hakuseki und seine Geschichtsauffassung. Ein Beitrag zur Historiographie Japans in der Tokugawa-Zeit (Studien zur Japanologie 9), Wiesbaden 1967

Knorr-Cetina, Karin: Die Fabrikation von Erkenntnis. Zur Anthropologie von Naturwissenschaft, Frankfurt/M. 1991

Koyasu Nobukuni: Die Aufgabe der "Kokugaku" als Kommentarwissenschaft und deren Entwicklung, in: NOAG 113 (1973), 5-17

Kozai Yoshishige (Hg.): Kôhîtaimu no tetsugaku juku, Dôjidaisha 1987

Kracht, Klaus: Antimodernismus als Wegbereiter der Moderne. Einige Anmerkungen zur Dialektik feudalistischen Reformdenkens im Japan der ausgehenden Tokugawa-Zeit, in: BJOAF 1/1978, 285-317

ders.: Das Kôdôkanki-jutsugi des Fujita Tôko (1806-1855). Ein Beitrag zum politischen Denken der Späten Mito-Schule (Studien zur Japanologie 12), Wiesbaden 1975

ders.: Eine Wende in der japanischen Geistesgeschichte des 18. Jahrhunderts. Randbemerkungen zu Olof G. Lidins Sorai-Biographie, in: AO 40/1979a, 253-267

ders.: Philosophische Reflexionen am Abend der Feudalgesellschaft. Das Taishoku kanwa des Aizawa Seishisai in Übersetzung, in: BJOAF 2/1979b, 353-398

ders.: Studien zur Geschichte des Denkens im Japan des 17. bis 19. Jahrhunderts. Chu-Hsi-konfuzianische Geist-Diskurse (Veröffentlichungen des Ostasien-Instituts der Ruhr-Universität Bochum 31), Wiesbaden 1986

ders.: Tennô-Institution und japanische Politik, in: Kracht, K. (Hg.): Japan nach 1945. Beiträge zur Kultur und Gesellschaft, Wiesbaden 1979c, 70-86

ders.: Über 'Ostasien' sprechen: Sprache des Mangels, Sprache des Da-Seins, in: BJOAF 3/1980

ders.: Zur Problematik der Endogenese von Modernität in der japanischen Geschichte. Einige Überlegungen zur Struktur der Zeitbegriffe, in: Referate des IV. Deutschen Japanologentages in Tübingen, hg. v. Fritz Opitz u. Roland Schneider, Hamburg 1978, 77-91

Kristeva, Julia: Fremde sind wir uns selbst, Frankfurt/M. 1990

Krüger, Hans-Peter: Kommunikationstheoretische Fragen der Wissenschaftsentwicklung, in: Wissenschaft - Das Problem ihrer Entwicklung. Band 2: Komplementäre Studien zur marxistisch-leninistischen Wissenschaftstheorie, Berlin 1988, 113-136

ders.: Kritik der kommunikativen Vernunft. Kommunikationsorientierte Wis-

senschaftsforschung im Streit mit Sohn-Rethel, Toulmin und Habermas, Berlin, 1990a
ders.: Ohne Versöhnung handeln, nur nicht leben. Zur Diskussion um DDR-Intellektuelle, in: Sinn und Form, Januar/Februar 1992
ders.: Postmoderne als moderne Rekonstruktion der Moderne. Stephen E. Toulmins Kritik moderner Wissenschaft, in: Krüger, H.-P. (Hg.): Objekt- und Selbsterkenntnis. Zum Wandel im Verständnis moderner Wissenschaften, Berlin 1991a
ders.: Reflexive Modernisierung und der neue Status der Wissenschaften, in: DZfPh 12/1991b, 1310-1330
ders.: Zur Differenz zwischen kapitalistischer und moderner Gesellschaft, in: DZfPh 3/1990b, 202-217
Kühne, Lothar: Zum Begriff und zur Methode der Erforschung der Lebensweise, in: Haus und Landschaft, Dresden 1985, 87-118
Kunimoto Keikichi: Iwate no igaku tsûshi. Tambô to hakkutsu, Nikkan Iwate kensetsu kôgyô shimbunsha, Morioka 1987
Kyôto kyôiku senta: "Nihon bunkaron" hihan to rinkyôshin, Azumi no shobô, Kyôto 1987

Langer, Susanne K.: Philosophie auf neuem Wege. Das Symbol im Denken, im Ritus und in der Kunst, Frankfurt/M. 1987
Lenz, Ilse: Die unsichtbare weibliche Seite des japanischen Aufstiegs: Das Verhältnis von geschlechtlicher Arbeitsteilung und kapitalistischer Entwicklung, in: Menzel, U. (Hg.) 1989, Bd. 3, 227-271
Lévi-Strauss, Claude: Kongô to dokusô no bunka, in: Chûô kôron 5/1988, 67-83
Lewin, Bruno: Abriß der japanischen Grammatik, Wiesbaden 1975

Martens, Ekkehart/Schnädelbach, Herbert (Hg.): Philosophie. Ein Grundkurs, Hamburg 1985
Maruyama Masao: Auf der Suche nach einer Methode der Ideengeschichte übers. von W. Seifert in: Leviathan. Zeitschrift für Sozialwissenschaft 2/1989, 176-200
ders.: Denken in Japan, hrsg. und übers. von W. Schamoni und W. Seifert, Frankfurt/M. 1988
ders.: Denken und Literatur im modernen Japan - Eine Fallstudie, übers. von E. Araki u.a. in: BJOA 5 (1982), 228-279
ders.: Kaikoku - Öffnung des Landes, Japans Modernisierung, übers. von K.-Th. Humbach in: Saeculum 18 (1967), 116-145
May, Ekkehard: Die Kommerzialisierung der japanischen Literatur in der

späten Edo-Zeit (1750-1868). Rahmenbedingungen und Entwicklungstendenzen der erzählenden Prosa im Zeitalter ihrer ersten Vermarktung, Wiesbaden 1983

Menzel, Ulrich (Hg.): Im Schatten des Siegers: Japan, Frankfurt/M. 1989
Band 1: Kultur und Gesellschaft
Band 2: Staat und Gesellschaft
Band 3: Ökonomie und Politik
Band 4: Weltwirtschaft und Weltpolitik

Mikhailova, Yulia Dmitrievna: Motoori Norinaga. Žižn i tvorčestvo, Moskva 1988

Minamoto Ryôen: Kindaika ronsô e no ichi shiten, in: Jiyû 2/1968, 65-77

ders.: Tokugawa gôri shisô no keifu, Chûô kôronsha, Tôkyô 1972a

ders.: Tokugawa jidai ni okeru jitsugaku shisô no tenkai, in: Nihon joshi daigaku kiyô 2/1972b, 241-259

ders.: Tokugawa shisô shoshi, Chûôkôronsha (Chûôkô shinsho),Tôkyô 1988

Minear, Richard H.: Ogyû Sorai's "Instructions for Students": A Translation and Commentary, in: HJAS, vol. 36/1976, 5-81

Môri Kôichi: Rangaku kotohajime (Die Anfänge der "Holland-Kunde"), in: MN, vol. 5/1942, 144-166 (No.1) und 501-522 (No.2)

Moritz, Ralf: Die Philosophie im alten China, Berlin 1990

Motoori Norinaga: Naobi no Mitama - Geist der Erneuerung, übers. v. H. Stolte in: MN 2 (1939), 193-211

Müller, Klaus: Namban-Kultur und die Entwicklung westlicher Wissenschaft in Japan, in: Japanisches Kulturinstitut/Jahrbuch

Murakami Yôichirô: Japan und die moderne Wissenschaft, in: von Barloewen, C./Werhahn-Mees, K. (Hg.) 1986, Bd. 3, 167-175

Nagata Hiroshi: Nihon hôkensei ideorogî, Hôsei daigaku shuppankyoku Tôkyô 1968

ders.: Nihon tetsugaku shisô shi, Hôsei daigaku shuppankyoku, Tôkyô 1977 (Russische Übersetzung: Istoria filosovskoi mysli Japonii, hg. von Kozlovski, Y.B., übersetzt von Ignatovič, A.N./Lavrentjev, B.P./ Rozanova, T.A., Moskva 1991)

Najita Tetsuo: Die historische Entwicklung der kulturellen Identität im modernen Japan und die humanistische Herausforderung der Gegenwart, in: von Barloewen, C./WerhahnMees, K. 1986, Bd. 3, 176-192

Nakamura Hajime: Nihon no shisô no sekaishiteki rikai, in: Takeda Kiyoko (Hg.): Shisôshi no hôhô to taishô. Nihon to seiyô, Sôbunsha Tôkyô 1961, 149-191

ders.: Der religionsgeschichtliche Hintergrund der Entwicklung Japans in der Neuzeit, in: von Barloewen, C./Werhahn-Mees, K. (Hg.) 1986, Bd. 1: 1986, 56-94

Neuss-Kaneko, Margret: Familie und Gesellschaft in Japan. Von der Feudalzeit bis in die Gegenwart, München 1990

Nichi ran gakkai (Hg.): Yôgakushi jiten, Yûshôdô shuppan, Tôkyô 1984

Nishikawa Nagao: Kindai nihon ni okeru bunkajuyô no shomondai, in: Gengo bunka kenkyû, Bd. 2 Hefte 5/6, Ritsumeikan daigaku Kokusai gengo bunka kenkyûsho 1991, 23-56

Numata Jirô: Dutch Learning (Ranagku) in Japan - A Response Pattern to the Foreign Impact, in: AA 22/1972, 62-72

ders: Studies of the History of Yôgaku: A Bibliographical Essay, in: AA 42/1982, 75-101

Passin, Herbert: Modernization and the Japanese Intellectual: Some Comparative Observations, in: Jansen 1965, 447-487

Porkert, Manfred: Die theoretischen Grundlagen der chinesischen Medizin, Stuttgart 1982

ders.: Wissenschaftliches Denken im alten China - Das System der energetischen Beziehungen, in: Antaios/6 (1961), 532-551

Radul'-Zatulovski, Y.B.: Iz istorii materialističeskich idei v Japonii XVII - pervoi polovine XIX v., Moskva 1972

Richter, Steffi/Waligora, Melitta: Die Religionssoziologie Max Webers - ein kulturhistorischer Vergleich?, in: DZfPh 3/1989, 320-330

Richter, Steffi: Zur Herausbildung philosophischen Denkens in Japan, in: Wie und warum entstand Philosophie in verschiedenen Regionen der Erde, Berlin 1988, 101-124

dies.: Schwierigkeiten, sich zu engagieren, Schwierigkeiten, sich zu distanzieren - Intellektuelle in Japan und Modernisierung, in: Peripherie Nr. 43/44 (172-185) 1991,

Rubinger, Richard: Private Academies of Tokugawa Japan, Princeton/New Jersey 1982

Saegusa Hiroto: Nihon no yuibutsuron sha, Chûô kôronsha, Tôkyô 1972

ders.: Die Entwicklung der Theorien vom "Ki" (Chhi) als Grundproblem der Natur-"Philosophie" im alten Japan, in: Japanese Studies in the History of Science", Tôkyô 1/1962 51-56

Saitô Eiko: Die Frau im alten Japan, Leipzig 1989

Satô Shôsuke: Keiseika Kazan to kagakusha Chôei, in: Nihon no meichô 25 (Watanabe Kazan, Takano Chôei), Chûô kôronsha, Tôkyô 1972

ders.: Watanabe Kazan to Takano Chôei, in: NShT 55, 506–551

ders.: Yôgakushi no kenkyû, Chûô kôronsha 1980

Schipperges, Heinrich: Der Garten der Gesundheit. Medizin im Mittelalter, München 1990

Schwebell, Gertrude C. (Hg.): Die Geburt des modernen Japan in Augenzeugenberichten, München 1981

Scurla, Herbert (Hg.): Reisen in Nippon. Berichte deutscher Forscher des 17. und 19. Jahrhunderts aus Japan, Berlin 1982

Shiborto to nihon, Katalog zur Ausstellung "380 Jahre freundschaftliche Beziehungen zwischen Japan und Holland, Tôkyô/Kyôto/Nagoya 1988

Siebold, Phillip Franz von: Nippon. Archiv zur Beschreibung von Japan, hg. v. Japanisch–Holländischen Institut Tôkyô, 1975

Stanzel, Volker: Japan: Haupt der Erde. Die 'Neuen Erörterungen' des japanischen Philosophen und Theoretikers Seishisai Aizawa aus dem Jahre 1825, Würzburg 1982

Sugawa Chikara: Kagakusha Takano Chôei, Iwate shuppan, Mizusawa 1990

Sugimoto Masayoshi/Swain, L. David: Science and Culture in Traditional Japan, Rutland/Vermont/Tôkyô 1989

Suzuki Bokushi: Leben unter dem Schnee. Geschichte und Bilder aus dem anderen Japan, übersetzt von Rose Lesser, München 1989

Takahashi Shinichi: Takano Chôei. Sono shisô to jissen, in: Bunka hyôron 3/1972 (Nr.127), S. 107–120

ders.: Yôgaku shisôshiron, Shin nihon shuppansha, Tôkyô 1985 (1972)

Takahashi Tomio: Nihon shisôshi jô no chûô to chihô, in: Kikan Nihon shisôshi 3/1977, 3–19

Takano Chôei Kinenkan – Tenshiroku, Mizusawa 1989

Takano Chôun: Takano Chôei den, Iwanami shoten, Tôkyô 1943

Takashima Taiji (Hg.): Kotowaza no izumi. Nichi ei doku futsu hikaku taishô, Hokuseidô shoten, Tôkyô 1983

Takeuchi Yoshirô: Postu–modan ni okeru chino kansei, in: Sekai 11/1986 (Tôkyô), 92–115

Tetsugaku jiten, Heibonsha, Tôkyô 1976

Tokunaga Makoto/Shimizu Takichi/Asada Akira: Shin no postumodanizumu wo tou, in: CK 7/1990, 308–319

Tsuji Tatsuya: Edo jidai wo kangaeru, Chûô kôronsha (Chûkô shinsho), Tôkyô 1990

Tsuji Tetsuo: Nihon no kagaku shisô. Sono jitatsu e no mosaku, Chûô kôronsha (Chûkô shinsho), Tôkyô 1989
Tsunoda Ryusaku/de Bary, William Theodore/Keen, Donald (comp.): Sources of Japanese Tradition (2 vol.), New York 1964
Tsurumi Shunsuke: Takano Chôei, Asahi shinbunsha (Asahi sensho), Tôkyô 1985

Uchiyama/Motoda (Hg.): Yushima seidô to Edo jidai, Ausstellungskatalog, Tôkyô 1990
Ueda Minoru: Sakoku kiyôfû bunka no juyô to denpa, in: Kikan Nihon shisôshi 3/1977, 66–81
Umehara Takeshi: Nihonbunka ron, Kôdansha gakujutsu bunko, Tôkyô 1990
ders.: Nihonjin no "ano yo kan", in: CK 5/1988, 102–130
ders.: Nihonjin no tamashii. Ano yo wo miru, Kôbunsha 1992
Umezao Hideo: Shôheikô shushigaku to yôgaku, in: Shisô 4/1988, 199–207
Watanabe Masao: Nihonjin to kindai kagaku, Iwanami shinsho, Tôkyô 1989
Weber, Max: Gesammelte Aufsätze zur Religionssoziologie, Band 1: Tübingen 1922; Band 2: Tübingen 1978
Weimann, Robert: Shakespeare und die Macht der Mimesis, Berlin/Weimar 1988
van Wolferen, Karel G.: Naze nihon no chishikijin wa hitasura kenryoku ni tsuijûsuru no ka, in: CK 1/1989, 69–98

Yamamoto Tetsuji: On Japanese Contemporary Intellectual History: a critical note, in: iichiko intercultural Nr.3/1991, 57–96
Yanabu Akira: Honyakugo seiritsu jijô, Iwanami shinsho, Tôkyô 1982
Yawata Yasusada: Religionssoziologische Untersuchungen zur Geschichte Japans, in: Kölner Zeitschrift für Soziologie und Sozialpsychologie, Sonderheft 7 (hg. von Rene König), Köln/Opladen 1963
Yoshida Kenkô: Betrachtungen aus der Stille (übers. von Oscar Benl), Frankfurt/M. 1985
Yoshida Mitsukuni: Nihon kagakushi, Kôdansha gakujutsu bunkô, Tôkyô 1990
Yoshida Tadashi: Rangaku to seiyô kagaku – yakugo ni yoru senmon yôgo no keisei, in: Itô Shuntarô/Murakami Yôichirô 1989, 121–141
Yoshimura Akira: Chôei tôbô (2 Bde.), Shinchô bunko, Tôkyô 1990

6. Namenverzeichnis

7. Sachwortverzeichnis

Printed and bound by CPI Group (UK) Ltd, Croydon, CR0 4YY
30/09/2026
14973049-0005